中文版
AutoCAD 2020
建筑设计
完全自学
一本通

孟令明 赵自勤 庄凌屹 编著

U0217670

电子工业出版社
Publishing House of Electronics Industry
北京·BEIJING

内 容 简 介

本书以 AutoCAD 2020 为平台，从实际操作和应用的角度出发，全面讲述了 AutoCAD 2020 的基本功能及其在建筑工程行业中的应用。

本书共 19 章，对建筑设计与 AutoCAD 建筑制图基础、AutoCAD 2020 的基础操作、建筑图纸设计流程做了详细且全面的讲解。本书从软件的基本应用及行业知识入手，以 AutoCAD 2020 软件模块和建筑制图的应用流程为主线，以实例为引导，按照由浅入深、循序渐进的方式，讲解软件的新特性和操作方法，使读者快速掌握建筑设计和软件制图技巧。

本书旨在为建筑设计、建筑结构设计、室内设计等初学者奠定良好的工程设计基础，同时使读者学习相关专业的基础知识。本书也可作为大、中专院校和相关培训机构的教材。

图书在版编目（CIP）数据

AutoCAD 2020 中文版建筑设计完全自学一本通 / 孟令明，赵自勤，庄凌屹编著 . —北京：电子工业出版社，2020.9

ISBN 978-7-121-39513-0

Ⅰ . ①A… Ⅱ . ①孟… ②赵… ③庄… Ⅲ . ①建筑设计－计算机辅助设计－AutoCAD 软件 Ⅳ . ①TU201.4

中国版本图书馆 CIP 数据核字（2020）第 164290 号

责任编辑：高　鹏　　　文字编辑：马洪涛　　　特约编辑：田学清
印　　刷：天津千鹤文化传播有限公司
装　　订：天津千鹤文化传播有限公司
出版发行：电子工业出版社
　　　　　北京市海淀区万寿路 173 信箱　　　邮编：100036
开　　本：787×1092　　1/16　　印张：37　　字数：947.2 千字
版　　次：2020 年 9 月第 1 版
印　　次：2020 年 9 月第 1 次印刷
定　　价：89.00 元

凡所购买电子工业出版社图书有缺损问题，请向购买书店调换。若书店售缺，请与本社发行部联系，联系及邮购电话：（010）88254888，88258888。

质量投诉请发邮件至 zlts@phei.com.cn，盗版侵权举报请发邮件至 dbqq@phei.com.cn。

本书咨询联系方式：（010）88254161～88254167 转 1897。

AutoCAD 是 Autodesk 公司开发的通用计算机辅助绘图和设计软件，被广泛应用于建筑、电子、航天、造船、石油化工、土木工程、冶金、气象、纺织、轻工等领域。在中国，AutoCAD 已成为工程设计领域应用最广泛的计算机辅助设计软件之一。AutoCAD 2020 是适应当今科学技术快速发展和用户需要而开发的面向 21 世纪的 CAD 软件包，贯彻了 Autodesk 公司一贯为广大用户考虑的方便性和高效率，为多用户合作提供了便捷的工具与规范和标准，以及方便的管理功能，因此用户可以与设计组密切而高效地共享信息。

本书内容

本书以 AutoCAD 2020 为平台，从实际操作和应用的角度出发，全面讲述了 AutoCAD 2020 的基本功能及其在建筑工程行业中的应用。

本书包括 19 章，对建筑设计与 AutoCAD 建筑制图基础、AutoCAD 2020 的基础操作、建筑图纸设计流程等方面做了详细、全面的讲解。通过学习本书，读者可以彻底掌握 AutoCAD 2020 在建筑工程设计中的实际应用。

- 第 1 章：主要介绍建筑设计与制图的基础知识。
- 第 2～4 章：主要介绍 AutoCAD 2020 入门与基础操作知识，包括 AutoCAD 2020 的软件介绍、基本界面认识、绘图环境设置、AutoCAD 命令执行方式、坐标系、视图操作及辅助作图工具的应用等。
- 第 5～10 章：主要介绍建筑图形中各部分组成要素的绘制方法与详细的操作步骤，包括图形的绘制与编辑、建筑图块与图层、尺寸标注与注解等。
- 第 11～18 章：主要介绍建筑制图的所有图纸的制图方法、图形表达形式、建筑零件三维建模技巧等。
- 第 19 章：主要介绍如何利用 AutoCAD 打印与输出建筑图纸。

本书特色

本书从软件的基本应用及行业知识入手，以 AutoCAD 2020 软件模块和建筑制图的应用流程为主线，以实例为引导，按照由浅入深、循序渐进的方式，讲解软件的新特性和操作方法，使读者能够快速掌握建筑设计和软件制图技巧。

本书对 AutoCAD 2020 在建筑制图中的拓展应用讲解得非常详细。

本书的最大特色在于：

➢ 功能指令全。

➢ 穿插海量典型实例。

➢ 大量的视频教学，结合书中内容介绍，有助于读者更好地融会贯通。

➢ 附送大量有价值的学习资料及练习内容，帮助读者充分利用软件功能进行相关设计。

本书旨在为建筑设计、建筑结构设计、室内设计等初学者奠定良好的工程设计基础，同时让读者学习到相关专业的基础知识。本书可作为大、中专院校和相关培训机构的教材。

作者信息

本书由水利部松辽水利委员会高级工程师孟令明、中水东北勘测设计研究有限责任公司赵自勤和空军航空大学信息技术室庄凌屹老师共同编著。

感谢您选择了本书，希望我们的努力对您的工作和学习有所帮助，也希望您把对本书的意见和建议告诉我们。

读 者 服 务

为了方便解决本书的疑难问题，读者在学习过程中遇到与本书有关的技术问题时，可以发邮件到邮箱 caxart@126.com，或者访问博客 http://blog.sina.com.cn/caxart 并留言，我们会尽快针对相应问题进行解答，并竭诚为您服务。

同时，读者也可以关注"有艺"公众号，通过公众号与我们取得联系。此外，通过关注"有艺"公众号，您还可以获取更多的新书资讯、书单推荐、优惠活动等相关信息。

扫一扫关注"有艺"

资源下载方法：关注"有艺"公众号，在"有艺学堂"的"资源下载"中获取下载链接，如果遇到无法下载的情况，可以通过以下三种方式与我们取得联系。

1．关注"有艺"公众号，通过"读者反馈"功能提交相关信息；

2．请发邮件至 art@phei.com.cn，邮件标题命名方式：资源下载+书名；

3．读者服务热线：（010）88254161～88254167 转 1897。

投稿、团购合作：请发邮件至 art@phei.com.cn。

目录
CONTENTS

第 1 章
建筑设计与制图基础

本章内容

在国内，AutoCAD 在建筑设计中的应用非常广泛，熟练应用该软件，是每个建筑学子必不可少的技能。为了使读者能够顺利地学习和掌握这些知识与技能，在正式讲解之前有必要对建筑设计的特点、建筑设计过程，以及 AutoCAD 在此过程中大致充当的角色进行初步了解。另外，不管是手动制图还是计算机制图，都要运用常用的建筑制图知识，并且遵循国家有关制图标准、规范。因此，在正式讲解 AutoCAD 制图之前，有必要对这部分知识和要点进行简要回顾。

知识要点

☑　建筑设计概述
☑　建筑制图的基本常识
☑　建筑图样的画法
☑　AutoCAD 制图的尺寸标注
☑　建筑设计过程与设计阶段

1.1　建筑设计概述

建筑设计是指建筑物在建造之前，设计者按照建设任务，把施工过程和使用过程中所存在的或可能发生的问题，事先做好通盘的设想，拟订好解决这些问题的办法和方案，用图纸和文件表达出来。

从总体上说，建筑设计一般由三大阶段构成，即方案设计、初步设计和施工图设计。

方案设计主要是构思建筑的总体布局，包括各个功能空间的设计、高度、层高、外观造型等内容。

初步设计是对方案设计的进一步细化，确定建筑的具体尺度和大小，包括建筑平面图、建筑剖面图和建筑立面图等。

施工图设计则是将建筑构思变成图纸的重要阶段，也是建造建筑的主要依据。除了建筑平面图、建筑剖面图和建筑立面图，建筑施工图还包括各个建筑大样图、建筑构造节点图及其他专业设计图纸，如结构施工图、电气设备施工图、暖通空调设备施工图等。总体来说，建筑施工图越详细越好，要准确无误。

1.1.1　建筑设计的参考标准

在建筑设计中，需要按照国家规范及标准进行设计，以确保建筑的安全、经济、适用等，需要遵守的国家建筑设计规范主要包括以下几点。

- 《房屋建筑制图统一标准》（GB/T 50001—2017）。
- 《建筑制图标准》（GB/T 50104—2010）。
- 《建筑内部装修设计防火规范》（GB 50222—2017）。
- 《建筑工程建筑面积计算规范》（GB/T 50353—2013）。
- 《民用建筑设计统一标准》（GB 50352—2019）。
- 《建筑设计防火规范（2018年版）》（GB 50016—2014）。
- 《建筑采光设计标准》（GB 50033—2013）。
- 《高层民用建筑设计防火规范》（GB 50016—2014）。
- 《建筑照明设计标准》（GB 50034—2013）。
- 《汽车库、修车库、停车场设计防火规范》（GB 50067—2014）。
- 《自动喷水灭火系统设计规范》（GB 50084—2017）。
- 《公共建筑节能设计标准》（GB 50189—2015）。

> **提示：**
> 建筑设计规范中 GB 是国家标准，此外还有行业规范、地方标准等。

建筑设计是为人们工作、生活与休闲提供环境空间的综合艺术和科学。建筑设计与人们的日常生活息息相关，从住宅到商场大楼，从写字楼到酒店，从教学楼到体育馆等，都与建筑设计联系紧密。图 1-1 和图 1-2 所示是建设与使用中的国内外建筑。

图 1-1 高层办公大楼方案

图 1-2 国外某建筑局部

1.1.2 建筑设计的方法

建筑设计是根据建筑物的使用性质、所处环境和相应标准，运用物质技术手段和建筑美学原理，创造功能合理、舒适优美、满足人们物质和精神生活需要的室内外空间环境。设计构思时，需要运用物质技术手段，即各类装饰材料和设施设备等；还需要遵循建筑美学原理，综合考虑使用功能、结构施工、材料设备、造价标准等多种因素。

如果从设计者的角度来分析建筑设计的方法，主要有以下几点。

1. 总体推敲与细部深入

总体推敲，即建筑设计应考虑的几个基本观点，有一个设计的全局观念。细部深入是指具体设计时，必须根据建筑的使用性质，深入调查、收集信息，掌握必要的资料和数据，从最基本的人体尺度、人流动线、活动范围和特点、家具与设备等的尺寸和使用它们必需的空间等着手。

2. 里外、局部与整体协调统一

建筑的室内环境需要与建筑整体的性质、标准、风格及室外环境协调统一，它们之间具有相互依存的密切关系，设计时需要从里到外、从外到里多次反复协调，务必使设计更趋完善与合理。

3. 立意与表达

设计的构思、立意至关重要。可以说，一项设计，没有立意就等于没有"灵魂"，设计的难度也往往在于要有一个好的构思。一个较为成熟的构思，往往需要足够的信息量，有商讨和思考的时间，在设计前期和制订方案的过程中使立意、构思逐步明确，形成一个好的立意。

> **提示：**
> 对于建筑设计来说，正确、完整，又有表现力地表达建筑室内外空间环境设计的构思和意图，使建造者和评审人员能够通过图纸、模型、说明等，全面地了解设计意图，也是非常重要的。

1.1.3 建筑设计阶段

根据设计的进程，建筑设计通常可以分为 4 个阶段，即设计准备阶段、方案设计阶段、施工图设计阶段和实施阶段。

1．设计准备阶段

设计准备阶段主要是接受委托任务书，签订合同，或者根据标书要求参加投标，明确设计任务和要求，如建筑设计任务的使用性质、功能特点、设计规模、等级标准、总造价，以及根据任务的使用性质所需创造的建筑室内外空间环境氛围、文化内涵或艺术风格等。

2．方案设计阶段

方案设计阶段是在设计准备阶段的基础上，进一步收集、分析、运用与设计任务有关的资料和信息，构思立意，进行初步方案设计，深入设计，进行方案的分析与比较。确定初步设计方案，提供设计文件，如平面图、立面图、透视效果图等。某体育场建筑设计方案效果图如图 1-3 所示。

图 1-3　某体育场建筑设计方案效果图

3．施工图设计阶段

施工图设计阶段提供有关平面、立面、构造节点大样及设备管线图等施工图纸，满足施工的需要。图 1-4 所示是某项目的建筑平面施工图（局部）。

4．实施阶段

实施阶段就是工程的施工阶段。建筑工程在施工前，设计人员应向施工单位进行设计意图说明及图纸的技术交底；工程施工期间需要按图纸要求核对施工实况，有时还需要根据现场实况提出对图纸的局部修改或补充；施工结束时，还要会同质检部门和建设单位进行工程验收。图 1-5 所示是正在施工中的建筑。

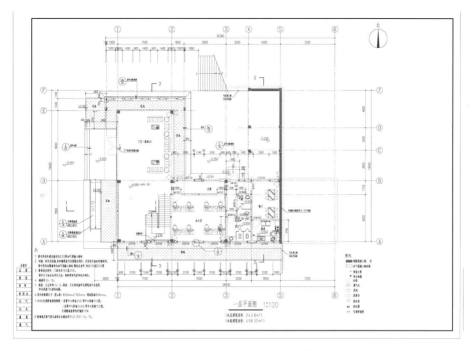

图 1-4 　某项目的建筑平面施工图（局部）

图 1-5 　正在施工中的建筑

> **提示：**
>
> 　　为了使设计取得预期效果，建筑设计人员必须抓好设计各个阶段的细节，充分重视设计、施工、材料、设备等各个方面，协调好与建设单位和施工单位之间的相互关系，在设计意图和构思方面进行有效沟通并达成共识，以期取得理想的设计工程成果。

1.1.4 　建筑分类及其房屋组成

建筑是技术与艺术的结合，建筑的三要素包括实用、经济和美观。

1. 建筑的分类

可以按照不同的标准对建筑进行分类。

- 按照功能不同可以分为工业建筑、民用建筑（居住、公共）。
- 按照建筑材料不同可以分为木结构、砖石结构、钢结构和钢筋混凝土结构。

- 按照建筑结构不同可以分为砖混结构、框架结构。
- 按照层数不同可以分为低层建筑、多层建筑和高层建筑。

2. 建筑房屋的结构与组成

根据使用功能和使用对象的不同，房屋建筑分为很多类，一般可归纳为民用建筑和工业建筑两大类，但其基本组成内容是相似的。

图 1-6 所示是某建筑房屋的剖开结构图，从中可以清晰地观察房屋结构。

图 1-6　某建筑房屋的剖开结构图

建筑房屋一般由以下结构组成。

- **基础：** 位于墙或柱的最下部，起支承建筑物的作用。
- **墙体：** 承受屋顶及楼层传来的荷载并传给基础，抵御风雨对室内的侵蚀，外墙起围护作用，内墙可分隔房间。
- **楼面：** 在垂直方向将房屋分隔成若干层，并且是水平承重结构。
- **楼梯：** 房屋的垂直交通设施。
- **门窗：** 具有联系内外、通风和采光的作用。
- **屋顶：** 房屋最上部的承重结构，同时具有防水、隔热和保温等作用。
- **配件：** 阳台、雨篷、台阶、勒脚、散水、雨水管、天沟。

1.1.5　建筑设计施工图纸

一套工业建筑或民用建筑的建筑施工图，通常包括的图纸有建筑总平面图、建筑平面图、建筑立面图、建筑剖面图、建筑详图与建筑透视图等。

1. 建筑总平面图

建筑总平面图反映了建筑物的平面形状、位置及周围的环境，是施工定位的重要依据。建筑总平面图的特点如下。

- 由于建筑总平面图包括的地方范围大，所以绘制时采用较小比例，一般为 1∶2000、1∶1000、1∶500 等。

● 总平面图上的尺寸标注一律以米（m）为单位。
● 标高标注以米（m）为单位，一般注至小数点后 2 位，采用绝对标高（注意室内外标高符号的区别）。

建筑总平面图的内容包括新建筑物的名称、层数、标高、定位坐标或尺寸、相邻有关的建筑物（已建、拟建、拆除）、附近的地形和地貌、道路、绿化、管线、指北针或风玫瑰图、补充图例等，如图 1-7 所示。

图 1-7　建筑总平面图

2. 建筑平面图

建筑平面图是按照一定比例绘制的建筑的水平剖切图。

可以这样理解，建筑平面图就是将建筑房屋窗台以上的部分进行剖切，将剖切面以下的部分投影到一个平面上，然后用直线和各种图例、符号等直观地表示建筑在设计与使用上的基本要求和特点。

建筑平面图一般比较详细，通常采用较大的比例，如 1∶200、1∶100 和 1∶50，并标出实际的详细尺寸。某建筑标准层平面图如图 1-8 所示。

3. 建筑立面图

建筑立面图主要用来表达建筑物各个立面的形状、尺寸及装饰等。它表示的是建筑物的外部形式，说明建筑物长、宽、高的尺寸，表现楼地面标高、屋顶的形式、阳台的位置和形式、门窗洞口的位置和形式，以及外墙装饰的设计形式、材料和施工方法等。某图书馆建筑的立面图如图 1-9 所示。

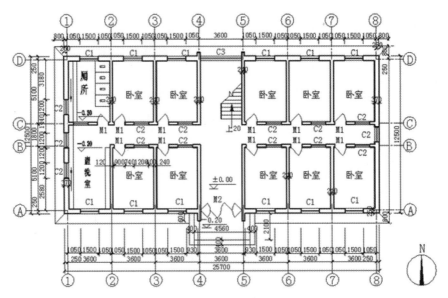

图 1-8 某建筑标准层平面图

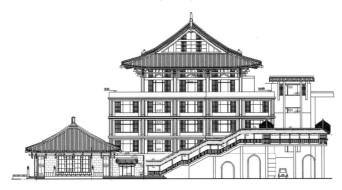

图 1-9 某图书馆建筑的立面图

4. 建筑剖面图

建筑剖面图是将某个建筑立面进行剖切而得到的一个视图。建筑剖面图表达了建筑内部的空间高度、室内立面布置、结构和构造等情况。

在绘制建筑剖面图时，剖切位置应选择能反映建筑全貌、构造特征，以及有代表性的位置，如楼梯间、门窗洞口及构造较复杂的部位。

建筑剖面图可以绘制一个或多个，这要根据建筑房屋的复杂程度而定。

某楼房建筑的剖面图如图 1-10 所示。

5. 建筑详图

由于建筑总平面图、建筑平面图及建筑剖面图等所反映的建筑范围较大，难以表达建筑细部构造，所以需要绘制建筑详图。

绘制建筑详图主要用于表达建筑物的细部构造、节点连接形式，以及构件、配件的形状、大小、材料与做法，如楼梯详图、墙身详图、构件详图、门窗详图等。

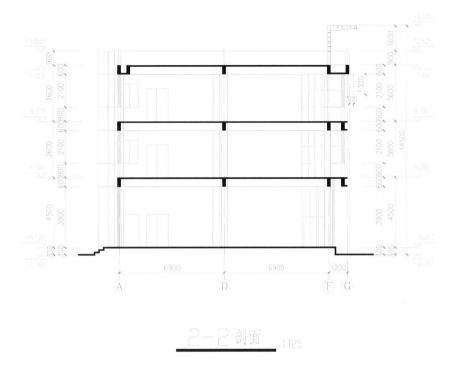

图 1-10　某楼房建筑的剖面图

　　详图要用较大的比例绘制（如 1：20、1：5 等），尺寸标注要准确齐全，文字说明要详细。建筑局部详图如图 1-11 所示。

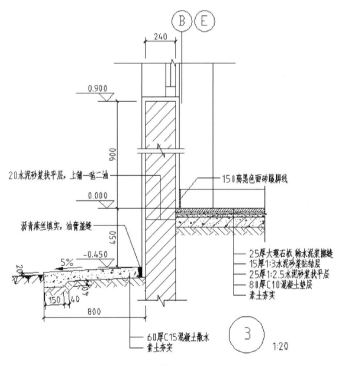

图 1-11　建筑局部详图

6. 建筑透视图

除上述图纸外，在实际建筑工程中还经常绘制建筑透视图。建筑透视图表示建筑物内部空间或外部形体与实际所能看到的建筑本身相似的主体图像，具有强烈的三维空间透视感，可以非常直观地表现建筑的造型、空间布置、色彩和外部环境等多方面内容。因此，建筑透视图经常在建筑设计和销售时作为辅助使用。

建筑透视图一般要严格按比例绘制，并进行绘制上的艺术加工，这种图通常被称为建筑表现图或建筑效果图。一幅精美的建筑透视图就是一件艺术作品，具有很强的艺术感染力。某楼盘的建筑透视图如图 1-12 所示。

图 1-12　某楼盘的建筑透视图

1.2　建筑制图的基本常识

设计图纸是交流设计思想、传达设计意图的技术文件。尽管各种 CAD 软件功能强大，但它们毕竟不是专门为建筑设计定制的软件，不仅需要在用户的正确操作下才能实现其绘图功能，还需要用户遵循统一的制图规范，并且在正确的制图理论及方法的指导下操作才能生成合格的图纸。因此，即使在当今大量采用计算机制图的形势下，仍然有必要掌握基本的绘图知识。

1.2.1　建筑制图的概念

建筑图纸是建筑设计人员用来表达设计思想、传达设计意图的技术文件，是方案投标、技术交流和建筑施工的要件。建筑制图是根据正确的制图理论及方法，按照国家统一的建筑制图规范将设计思想和技术特征清晰、准确地表现出来。建筑图纸包括方案图、初设图、施工图等。《房屋建筑制图统一标准》（GB/T 50001—2017）、《总图制图标准》（GB/T 50103—2010）、《建筑制图标准》（GB/T 50104—2010）是建筑专业手动制图和计算机制图的依据。

1. 建筑制图的方式

建筑制图包括手动制图和计算机制图两种方式。手动制图又分为徒手绘制和工具绘制两种。

手动制图既是建筑设计师必须掌握的技能，也是学习各种绘图软件的基础。手动制图体现出一种绘图素养，直接影响计算机图面的质量，而其中的徒手绘制，则往往是建筑师职场上的闪光点和敲门砖，不可偏废。采用手动绘图的方式可以绘制全部的图纸文件，但是需要花费大量的精力和时间。计算机制图是指操作计算机绘图软件绘制所需图形，并形成相应的图形电子文件，可以进一步通过绘图仪或打印机将图形文件输出，形成具体图纸的过程。计算机制图快速、便捷，便于文档存储，便于图纸的重复利用，可以大大提高设计效率。因此，目前手动制图主要用在方案设计的前期，而后期的成品方案图、初设图及施工图都采用计算机制图。

2. 建筑制图的程序

建筑制图的程序与建筑设计的程序相对应。从整个设计过程来看，按照方案图、初设图、施工图的顺序来进行。后面阶段的图纸在前一阶段的基础上进行深化、修改和完善。就每个阶段来看，一般按照平面图、立面图、剖面图、详图的过程来绘制。后面章节会结合 AutoCAD 讲解每种图样的制图程序。

1.2.2 建筑制图的要求及规范

要设计建筑工程图，就要遵循建筑设计制图的相关标准。下面介绍建筑制图的规范。

1. 图幅

图幅即图面的大小，分为横式和立式两种。根据国家标准的相关规定，按图面长和宽的大小确定图幅的等级。建筑常用的图幅有 A0（也可称为 0 号图幅，其余以此类推）、A1、A2、A3 及 A4，图幅标准如表 1-1 所示。

表1-1 图幅标准 单位：mm

幅面代号 尺寸代号	A0	A1	A2	A3	A4
$b×l$	841×1189	594×841	420×594	297×420	210×297
c	10			5	
a	25				

需要微缩复制的图纸，其一个边上应附有一段准确的米制尺度，4 个边上均附有对中标志，米制尺度的总长应为 100mm，分格应为 10mm。对中标志应画在图纸各边长的中点处，线宽应为 0.35mm，伸入框内部分应为 5mm。

A0～A3 图纸可以在长边加长，但短边一般不加长。图纸长边加长尺寸如表 1-2 所示。如有特殊需要，可采用 $b×l$=841mm×891mm 或 1189mm×1261mm 的幅面。

表1-2 图纸长边加长尺寸   单位：mm

图幅	长边尺寸	长边加长后尺寸									
A0	1189	1486	1635	1783	1932	2080	2230	2378			
A1	841	1051	1261	1471	1682	1892	2102				
A2	594	743	891	1041	1189	1338	1486	1635	1783	1932	2080
A3	420	630	841	1051	1261	1471	1682	1892			

2. 标题栏

标题栏包括设计单位名称、工程名称、签字区、图名区及图号区等内容，一般标题栏格式如图 1-13 所示。如今很多设计单位采用自己个性化的标题栏格式，但是仍必须包括这几项内容。

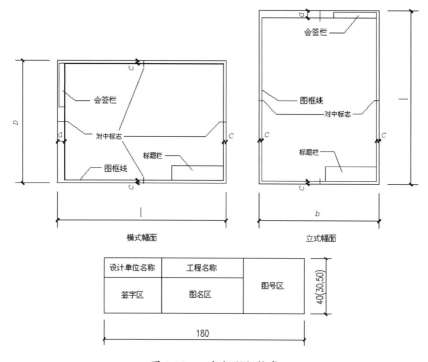

图 1-13 一般标题栏格式

3. 会签栏

会签栏是各工种负责人审核后签名使用的表格，如图 1-14 所示。对于不需要会签的图纸，可以不设此栏。

图 1-14 会签栏格式

4．线型要求

建筑图纸主要由各种线条构成，不同的线型表示不同的对象和不同的部位，表示不同的含义。为了使图面能够清晰、准确、美观地表达设计思想，工程实践中采用了一套常用的线型，并规定了它们的使用范围。常用线型统计表如表1-3所示。

表1-3 常用线型统计表

名 称		线 型	线 宽	适 用 范 围
实线	粗	——————	b	平面图、剖面图、构造详图的被剖切主要构件截面轮廓线；立面图外轮廓线；图框线；剖切线；总图中的新建建筑物轮廓
	中	——————	$0.5b$	平面图、剖面图中被剖切的次要构件的轮廓线；平面图、立面图、剖面图构件的轮廓线；详图中的一般轮廓线
	细	——————	$0.25b$	尺寸线、图例线、索引符号、材料线及其他细部刻画用线等
虚线	中	– – – – – –	$0.5b$	主要用于构造详图中不可见的实物轮廓；平面图中的起重机轮廓；拟扩建的建筑物轮廓
	细	– – – – –	$0.25b$	其他不可见的次要实物轮廓线
点画线	细	—·—·—·—	$0.25b$	轴线、构件的中心线、对称线等
折断线	细	——／\———	$0.25b$	省画图样时的断开界线
波浪线	细	～～～～	$0.25b$	构造层次的断开界线，有时也表示省略画出时的断开界线

图线宽度 b 宜从下列线宽中选取：2.0mm、1.4mm、1.0mm、0.7mm、0.5mm、0.35mm。不同的 b 值，产生不同的线宽组。在同一张图纸内，各个不同线宽组中的细线，可以统一采用较细的线宽组中的细线。对于需要微缩的图纸，线宽不宜小于或等于0.18mm。

5．尺寸标注

尺寸标注的一般原则主要包括以下几点。

● 尺寸标注应力求准确、清晰、美观、大方。在同一张图纸中，标注风格应保持一致。

● 尺寸线应尽量标注在图样轮廓线之外，从内到外依次标注从小到大的尺寸，不能将大尺寸标在内，而将小尺寸标在外，如图1-15所示。

● 最内一道尺寸线与图样轮廓线之间的距离不应小于10mm，两道尺寸线之间的距离一般为7～10mm。

● 尺寸界线朝向图样的端头距图样轮廓的距离应大于或等于2mm，不宜直接与之相连。

● 在图线拥挤的地方，应合理安排尺寸线的位置，但不宜与图线、文字及符号相交；可以考虑将轮廓线用作尺寸界线，但不能作为尺寸线。

● 如果室内设计图中存在连续重复的构件，当不易标明定位尺寸时，可以在总尺寸的控制下，定位尺寸不用数值而用"均分"或"EQ"字样表示，如图1-16所示。

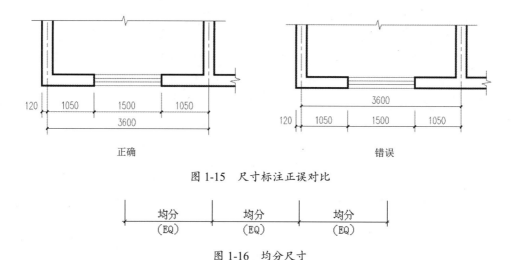

图 1-15　尺寸标注正误对比

图 1-16　均分尺寸

6．文字说明

在一幅完整的图纸中，用图线方式表现得不充分或无法用图线表示的地方，就需要进行文字说明，如设计说明、材料名称、构件名称、构造做法、统计表及图名等。文字说明是图纸内容的重要组成部分，制图规范对文字标注中的字体、字号、字体与字号搭配等方面做了一些具体规定。

（1）一般原则：字体端正，排列整齐，清晰准确，美观大方，避免过于个性化的文字标注。

（2）字体。图样及说明中的汉字，宜优先采用 TrueType 字体中的宋体，采用矢量字体时应为长仿宋体。同一图纸中的字体种类不应超过 2 种。矢量字体的宽高比宜为 0.7，并且应符合如表 1-4 所示的规定，打印线宽宜为 0.25～0.35mm，TrueType 字体的宽高比宜为 1。

表1-4　长仿宋体的字高和字宽　　　　　　　　　　　　单位：mm

字高	3.5	5	7	10	14	20
字宽	2.5	3.5	5	7	10	14

一般标注推荐采用仿宋体，大标题、图册封面、地形图等的汉字，也可以采用其他字体（如仿宋、黑体、楷体等），但应易于辨认。

（3）字体大小：标注的文字高度要适中。同一类型的文字采用相同大小的字。较大的字用于较概括性的说明内容，较小的字用于较细致的说明内容。文字的字高应从如下系列中选用：3.5mm、5mm、7mm、10mm、14mm、20mm。字高大于 10mm 的文字宜采用 TrueType 字体。如果需要使用更大的字，其高度应按 $\sqrt{2}$ 的比值递增。需要注意的是，字体和字号的搭配应具有层次感。

7．常用的图示标志

1）详图索引符号及详图符号

在平面图、立面图、剖面图中，如果某个部位需要另设详图表示，则需要标注一个索引符号，用于表明该详图的位置，这个索引符号就是详图索引符号。详图索引符号采用细实线绘制，圆圈直径为 10mm。图 1-17 中的（d）、（e）、（f）、（g）用于索引剖面详图，当详图就在本张图纸时，采用（a），详图不在本张图纸时，采用（b）、（c）、（d）、（e）、（f）、（g）的形式。

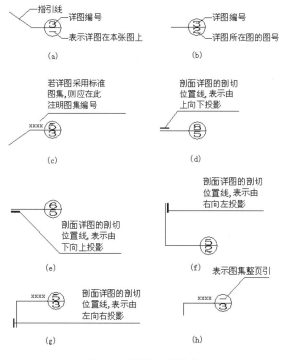

图 1-17 详图索引符号

详图符号即详图的编号，用粗实线绘制，圆圈直径为 14mm，如图 1-18 所示。

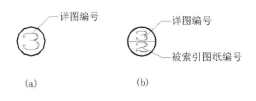

图 1-18 详图符号

2）引出线

由图样引出一条或多条线段指向文字说明，该线段就是引出线。引出线与水平方向的夹角一般采用 0°、30°、45°、60°、90°，常见的引出线形式如图 1-19 所示。图 1-19 中的（a）、（b）、（c）、（d）为普通引出线，（e）、（f）、（g）、（h）为多层构造引出线。使用多层构造引出线时，构造分层的顺序应与文字说明的分层顺序一致。文字说明可以放在引出线的端头，如图 1-19（a）～图 1-19（h）所示，也可以放在引出线水平段之上，如图 1-19（i）所示。

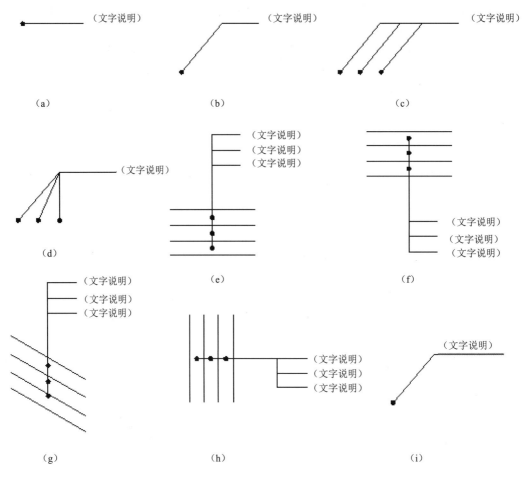

图 1-19　常见的引出线形式

3）内视符号

内视符号标注在平面图中，用于表示室内立面图的位置及编号，建立平面图和室内立面图之间的联系。内视符号的形式如图 1-20 所示，图中的立面图编号可用英文字母或阿拉伯数字表示，黑色的箭头指向表示的立面方向。图 1-20（a）所示为单向内视符号；图 1-20（b）所示为双向内视符号；图 1-20（c）所示为四向内视符号，且 A、B、C、D 顺时针标注。

图 1-20　内视符号的形式

建筑常用符号图例如表 1-5 所示。

表1-5　建筑常用符号图例

符号图例	说明	符号图例	说明
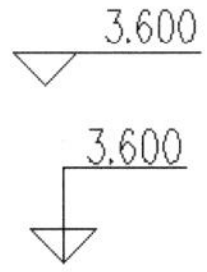 $\triangledown$ 3.600　3.600 $\triangledown$	标高符号，线上数字为标高值，单位为米　下面一个在标注位置比较拥挤时采用	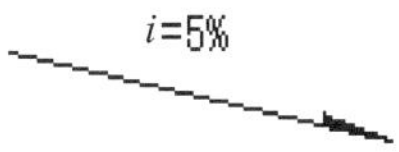 $i=5\%$	表示坡度
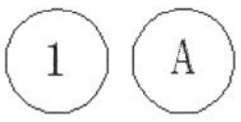 ① Ⓐ	轴线号	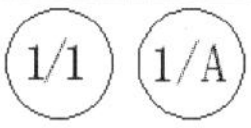 (1/1) (1/A)	附加轴线号
1　1	标注剖切位置的符号，标数字的方向为投影方向，"1"与剖面图的编号"1-1"对应	2　2	标注绘制断面图的位置，标数字的方向为投影方向，"2"与断面图的编号"2-2"对应
	对称符号。在对称图形的中轴位置画此符号，可以省画另一半图形	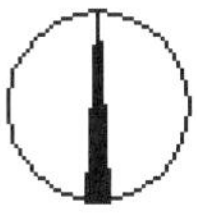	指北针
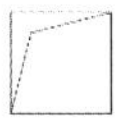	方形坑槽	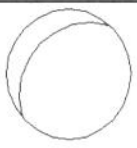	圆形坑槽
	方形孔洞		圆形孔洞
@	表示重复出现的固定间隔，如"双向木格栅@500"	Φ	表示直径，如Φ30
 平面图 1:100	图名及比例	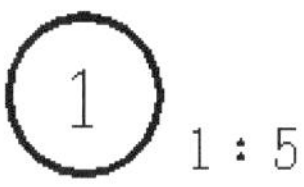 ① 1:5	索引详图名及比例
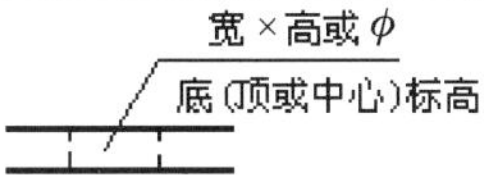 宽×高或Φ 底(顶或中心)标高	墙体预留洞	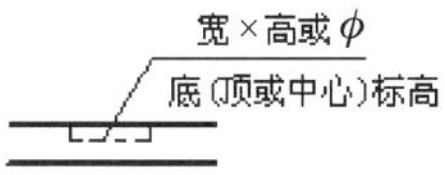 宽×高或Φ 底(顶或中心)标高	墙体预留槽
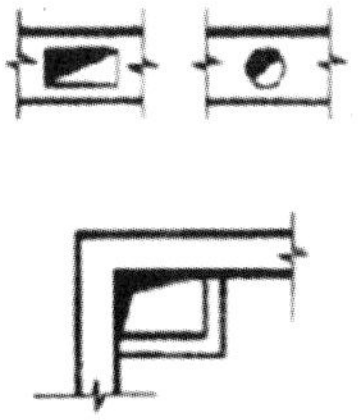	烟道	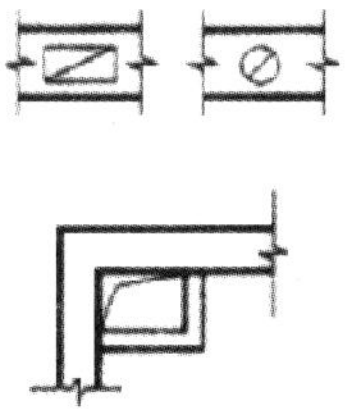	通风道

8．常用的材料图例

建筑制图中经常用材料图例表示材料，在无法用图例表示的地方，也可以采用文字说明。为了方便读者学习，我们将常用的材料图例汇集在表 1-6 中。

表1-6　常用的材料图例

材 料 图 例	说　明	材 料 图 例	说　明
	自然土壤		夯实土壤
	毛石砌体		普通转
	石材		砂、灰土
	空心砖		松散材料
	混凝土		钢筋混凝土
	多孔材料		金属
	矿渣、炉渣		玻璃
	纤维材料		防水材料，上下两种根据绘图比例大小选用
	木材		液体，必须注明液体名称

9．常用的绘图比例

下面列出常用的绘图比例，读者可以根据实际情况灵活使用。

（1）总图：1：500、1：1000、1：2000。

（2）平面图：1：50、1：100、1：150、1：200、1：300。

（3）立面图：1：50、1：100、1：150、1：200、1：300。

（4）剖面图：1：50、1：100、1：150、1：200、1：300。

（5）局部放大图：1：10、1：20、1：25、1：30、1：50。

（6）配件及构造详图：1：1、1：2、1：5、1：10、1：15、1：20、1：25、1：30、1：50。

1.2.3　建筑制图的内容及编排顺序

建筑制图包括总图、平面图、立面图、剖面图、构造详图和透视图、设计说明、图纸封面、图纸目录等。

图纸编排顺序一般为图纸目录、总图、建筑施工图、结构施工图、给水排水图、暖通空调图、电气图等。建筑制图的编排顺序一般为目录、施工图设计说明、附表（装修做法表、门窗表等）、平面图、立面图、剖面图、详图等。

1.3　建筑图样的画法

熟悉并掌握建筑图样的画法知识至关重要，它关系到读者是否能读懂建筑工程图。下面对图样的画法进行详细介绍。

1.3.1　投影法

在建筑制图中，常用第一角投影（国际标准）的方法来绘制图样。如图 1-21 所示，自前方 A 投影称为正立面图，自上方 B 投影称为平面图，自左方 C 投影称为左侧立面图，自右方 D 投影称为右侧立面图，自下方 E 投影称为底面图，自后方 F 投影称为背立面图。

当视图用第一角画法绘制不易表达时，可以用镜像投影法绘制，如图 1-22（a）所示。但应在图名后注写"镜像"两个字，如图 1-22（b）所示。也可以按照如图 1-22（c）所示的方法画出镜像投影识别符号。

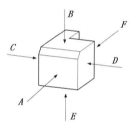

图 1-21　第一角画法

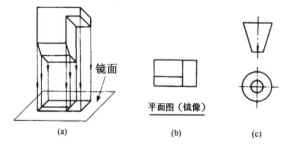

图 1-22　镜像投影画法

1.3.2　视图配置

如果需要在同一张图纸上绘制若干视图，各个视图的位置宜按如图 1-23 所示的顺序进行配置。

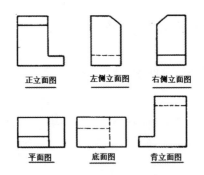

图 1-23　视图配置

每个视图一般均应标注图名，图名宜标注在视图的下方或一侧，并在图名下方用粗实线绘一条横线，其长度应以图名所占长度为准。使用详图符号作为图名时，符号下不再画线。

分区绘制的建筑平面图，应绘制组合示意图，并指出该区在建筑平面图中的位置。各分区视图的分区部位及编号均应一致，并与组合示意图一致，如图 1-24 所示。

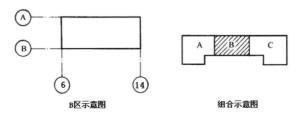

图 1-24　分区绘制建筑平面图

同一工程不同专业的总平面图，在图纸上的布图方向均应一致；单体建（构）筑物平面图在图纸上的布图方向，必要时可与其在总平面图上的布图方向不一致，但必须标明方位；不同专业的单体建（构）筑物平面图，在图纸上的布图方向均应一致。

建（构）筑物的某些部分，如果与投影面不平行（如圆形、折线形、曲线形等），在画立面图时，可将该部分展至与投影面平行，再以正投影法绘制，并且在图名后注写"展开"字样。

1.3.3　剖面图和断面图

剖面图除应画出剖切面切到部分的图形外，还应画出沿投射方向看到的部分，被剖切面切到部分的轮廓线用粗实线绘制，剖切面没有切到但沿投射方向可以看到的部分用中实线绘制。断面图则只需要（用粗实线）画出剖切面切到部分的图形，如图 1-25 所示。

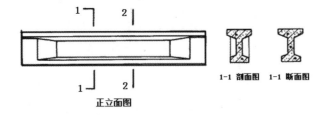

图 1-25　剖面图与断面图的区别

剖面图和断面图应按下列方法剖切后绘制。

- 用一个剖切面剖切，如图 1-26 所示。
- 用两个或两个以上平行的剖切面剖切，如图 1-27 所示。
- 用两个相交的剖切面剖切，如图 1-28 所示。用此法剖切时，应在图名后注明"展开"字样。

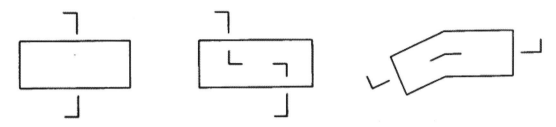

图 1-26　用一个剖切面剖切　　图 1-27　用两个或两个以上平行的　　图 1-28　用两个相交的剖切面剖切
　　　　　　　　　　　　　　　　　　剖切面剖切

分层剖切的剖面图，应按层次以波浪线将各层隔开，波浪线不应与任何图线重合，如图 1-29 所示。

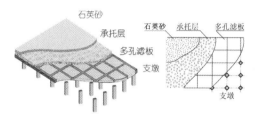

图 1-29　分层剖切的剖面图

有的物体内部结构层次较多，用一个剖切面剖开物体无法将物体内部全部显示出来，可用两个或两个以上相互平行的剖切面剖切。

采用阶梯剖切画剖面图应注意以下两点。

- 标注剖切符号时，为了使转折的剖切位置线不与其他图线发生混淆，应在转折处的外侧加注与该符号相同的编号，如图 1-30 所示。

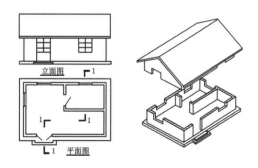

图 1-30　转折剖切的剖切符号标注

- 画剖面图时，应把几个平行的剖切面视为一个剖切面，在图中不可画出平行的剖切面所剖切的两个断面在转折处的分界线，如图 1-31 所示。

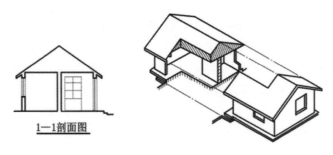

1—1剖面图

图 1-31　转折剖切的视图表达方法

1.3.4　简化画法

构件的视图如果有 1 条对称线，那么可只画该视图的 1/2；视图如果有 2 条对称线，那么可只画该视图的 1/4，并画出对称符号，如图 1-32 所示。图形也可稍超出其对称线，此时可不画对称符号，如图 1-33 所示。

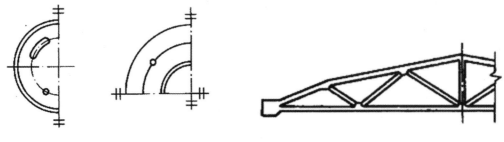

图 1-32　画出对称符号　　　　　　　　　　图 1-33　不画对称符号

构件内有多个完全相同而连续排列的构造要素，可以仅在两端或适当位置画出其完整形状，其余部分以中心线或中心线交点表示，如图 1-34（a）所示。

如果相同构造要素少于中心线交点，则其余部分应在相同构造要素位置的中心线交点处用小圆点表示，如图 1-34（b）所示。

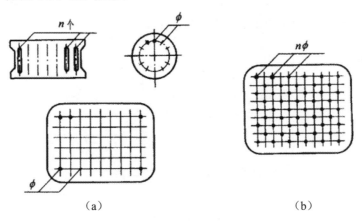

（a）　　　　　　　　　　　　　　（b）

图 1-34　相同要素简化画法

较长的构件,如果沿长度方向的形状相同或按一定规律变化,则可断开省略绘制,断开处应以折断线表示,如图 1-35 所示。

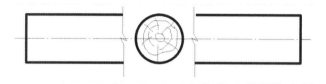

图 1-35　折断简化画法

1.4　AutoCAD 制图的尺寸标注

建筑图样上标注的尺寸具有以下几个独特的元素:尺寸界线、尺寸线、尺寸起止符号和尺寸数字（标注文字）,如图 1-36 所示,对于圆的标注还有圆心标记和中心线。

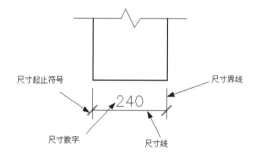

图 1-36　尺寸标注元素

《房屋建筑制图统一标准》（GB/T 50001—2017）中对建筑制图中的尺寸标注有详细的规定。下面分别介绍该标准对尺寸界线、尺寸线、尺寸起止符号和尺寸数字（标注文字）等的一些要求。

1. 尺寸界线、尺寸线及尺寸起止符号

● 尺寸界线应用细实线绘制,应与被注长度垂直,其一端应离开图样轮廓线不小于 2mm,另一端宜超出尺寸线 2～3mm。图样轮廓线可用作尺寸界线,如图 1-37 所示。

● 尺寸线应用细实线绘制,应与被注长度平行,两端宜以尺寸界线为边界,也可超出界线 2～3mm。图样本身的任何图线均不得用作尺寸线。

● 尺寸起止符号一般用中粗斜短线绘制,其倾斜方向应与尺寸界线成顺时针 45°,长度宜为 2～3mm。轴测图中用小圆点表示尺寸起止符号,小圆点直径为 1mm,如图 1-38（a）所示。半径、直径、角度与弧长的尺寸起止符号宜用箭头表示,箭头宽度 b 不宜小于 1mm,箭头长度宜为 $4b$～$5b$,如图 1-38（b）所示。

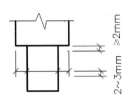

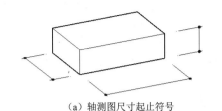

（a）轴测图尺寸起止符号

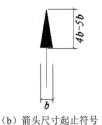

（b）箭头尺寸起止符号

图 1-37　尺寸标注范例　　　　　　　　　　图 1-38　尺寸起至符号

2. 尺寸数字

图样上的尺寸，应以尺寸数字为准，不应从图上直接量取。但建议按比例绘图，这样可以减少绘图错误。图样上的尺寸单位，除标高及总平面以米为单位外，其他必须以毫米为单位。

尺寸数字的方向，按如图 1-39（a）所示的形式注写。若尺寸数字在 30°斜线区内，也可按如图 1-39（b）所示的形式注写。

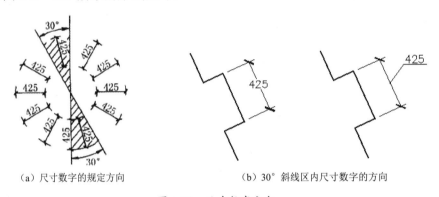

（a）尺寸数字的规定方向　　　　　　　　（b）30°斜线区内尺寸数字的方向

图 1-39　尺寸数字方向

尺寸数字应依据其方向注写在靠近尺寸线的上方中部。如果没有足够的注写位置，最外边的尺寸数字可注写在尺寸界线的外侧，中间相邻的尺寸数字可错开注写，也可用引出线表示标注尺寸的注写位置，如图 1-40 所示。

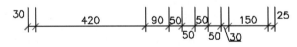

图 1-40　尺寸数字的注写位置

3. 尺寸的排列与布置

尺寸宜标注在图样轮廓以外，不宜与图线、文字及符号等相交，如图 1-41 所示。

互相平行的尺寸线，应从被注写的图样轮廓线由近向远整齐排列，较小尺寸应离轮廓线较近，较大尺寸应离轮廓线较远，如图 1-42 所示。

图样轮廓线以外的尺寸界线，距图样最外轮廓之间的距离不宜小于 10mm。平行排列的尺寸线的间距宜为 7～10mm，并应保持一致。

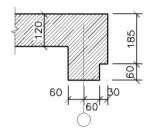

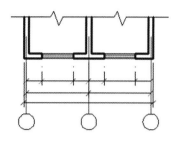

图 1-41　尺寸数字的注写　　　　　　　　　　图 1-42　尺寸的排列

总尺寸的尺寸界线应靠近所指部位，中间的分尺寸的尺寸界线可稍短，但其长度应相等。

4. 半径、直径、球的尺寸标注

半径的尺寸线应一端从圆心开始，另一端画箭头指向圆弧。半径数字前应加注半径符号"R"。标注圆的直径尺寸时，直径数字前应加注直径符号"Φ"。在圆内标注的尺寸线应通过圆心，两端画箭头指至圆弧。

半径与直径的尺寸标注方法如图 1-43 所示。

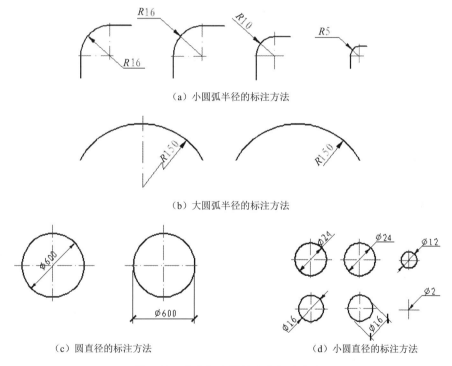

（a）小圆弧半径的标注方法

（b）大圆弧半径的标注方法

（c）圆直径的标注方法　　　　　　　　（d）小圆直径的标注方法

图 1-43　半径与直径的尺寸标注方法

标注球的半径尺寸时，应在尺寸前加注符号"SR"。标注球的直径尺寸时，应在尺寸数字前加注符号"$S\Phi$"。注写方法与圆弧半径和圆直径的尺寸标注方法相同。

5. 角度、弧度、弧长的标注

角度的尺寸线应以圆弧表示。该圆弧的圆心应是该角的顶点，角的两条边为尺寸界线。

起止符号应以箭头表示，如果没有足够位置画箭头，可用圆点代替，角度数字应按尺寸线方向注写，如图1-44（a）所示。

标注圆弧的弧长时，尺寸线应以与该圆弧同心的圆弧线表示，尺寸界线应指向圆心，起止符号用箭头表示，弧长数字上方应加注圆弧符号"⌒"，如图1-44（b）所示。

标注圆弧的弦长时，尺寸线应以平行于该弦的直线表示，尺寸界线应垂直于该弦，起止符号用中粗斜短线表示，如图1-44（c）所示。

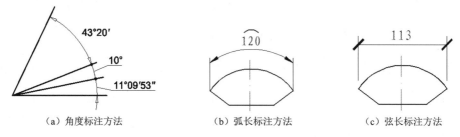

| （a）角度标注方法 | （b）弧长标注方法 | （c）弦长标注方法 |

图1-44　角度、弧度、弧长的标注方法

6. 薄板厚度、正方形、坡度、非圆曲线等尺寸标注

● 在标注薄板板厚尺寸时，应在厚度数字前加厚度符号"t"，如图1-45所示。网格法标注曲线尺寸标注如图1-46所示。在标注正方形的尺寸时，可用"边长×边长"的形式，也可在数字前加正方形符号"□"，如图1-47所示。

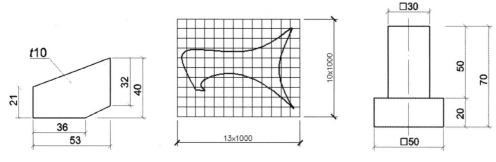

图1-45　薄板厚度标注　　图1-46　网格法标注曲线尺寸标注　　图1-47　正方形尺寸标注

● 标注坡度尺寸时应加坡度符号"↙"或"←"，也可用直角三角形的形式标注，如图1-48所示。

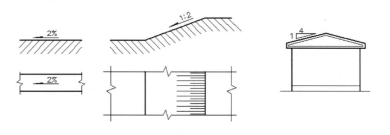

图1-48　坡度尺寸标注

● 外形为非圆曲线的构件，可用坐标形式标注尺寸，如图1-49所示。

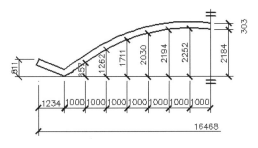

图 1-49　坐标法标注曲线尺寸

7. 尺寸的简化标注

建筑制图中的简化尺寸标注方法如下。

- 等长尺寸简化标注方法如图 1-50 所示。
- 相同要素尺寸标注方法如图 1-51 所示。

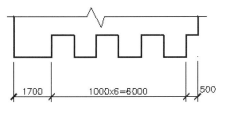

图 1-50　等长尺寸简化标注方法

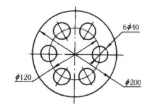

图 1-51　相同要素尺寸标注方法

- 对称构件尺寸标注方法如图 1-52 所示。
- 相似构件尺寸标注方法如图 1-53 所示。

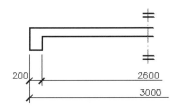

图 1-52　对称构件尺寸标注方法

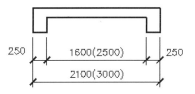

图 1-53　相似构件尺寸标注方法

- 相似构件尺寸表格式标注方法如图 1-54 所示。

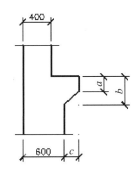

构件编号	a	b	c
Z-1	200	200	200
Z-2	250	450	200
Z-3	200	450	250

图 1-54　相似构件尺寸表格式标注方法

1.5 建筑设计过程与设计阶段

建筑设计一般分为初步设计和施工图设计两个阶段，但大型的、比较复杂的工程还有一个技术设计阶段。

建筑设计需要遵循的文件如下。

- 主管部门有关建设任务使用要求、建筑面积、单方造价和总投资的批文，以及国家有关部委或各省、市、地区规定的有关设计定额和指标。
- 工程设计任务书。
- 城建部门同意设计的批文。
- 委托设计工程项目表。

1.5.1 设计前的准备工作

1. 熟悉设计任务书

设计任务书的内容主要包括以下几点。

- 建设项目总的要求和建造目的的说明。
- 建筑物的具体使用要求、建筑面积，以及各类用途房间之间的面积分配。
- 建设项目的总投资和单方造价，并说明土建费用、房屋设备费用，以及道路等室外设施费用情况。
- 建设基地的范围、大小，对周围原有建筑、道路、地段环境的描述，并附有地形测量图。
- 供电、供水和采暖、空调等设备方向的要求，并附有水源、电源接用许可文件。
- 设计期限和项目的建设进程要求。

2. 收集必要的设计原始数据

需要收集的气象资料主要包括以下几点。

- 基地地形及地质水文资料。
- 水电等设备管线资料。
- 设计项目的有关定额指标。

3. 设计前的调查研究

设计前调查研究的内容主要包括以下几点。

- 建筑物的使用要求。
- 建筑材料供应和结构施工等技术条件。
- 基地勘察。

● 当地传统建筑经验和生活习惯。

4. 学习有关方针政策及同类型设计的图纸资料、文字资料

在设计的准备过程及各个阶段中，设计人员需要认真学习并贯彻有关建设方针和政策，同时需要学习并分析有关设计项目的图纸资料、文字资料等设计经验。

1.5.2　初步设计阶段

初步设计的图纸和设计文件如下。
● 建筑总平面图。
● 各层平面图及主要剖面图、立面图。
● 说明书。
● 建筑概算书。
● 根据设计任务的需要，可能辅以建筑透视图或建筑模型。

1.5.3　施工图设计阶段

施工图设计的图纸及设计文件如下。
● 建筑总平面图。
● 各层建筑平面图、各个立面图及必要的剖面图。
● 建筑构造节点详图。
● 各工种相应配套的施工图。
● 建筑、结构及设备等的说明书。
● 结构及设备的计算书。
● 工程预算书。

第 2 章
AutoCAD 2020 应用入门

本章内容

AutoCAD 专门用于建筑二维绘图,学会这个软件需要掌握一些基础知识。本章主要介绍入门的软件界面与文件管理方面的知识,为后面的建筑绘图奠定良好的基础。

知识要点

- ☑ 下载 AutoCAD 2020
- ☑ 安装 AutoCAD 2020
- ☑ AutoCAD 2020 欢迎界面
- ☑ AutoCAD 2020 工作界面
- ☑ 绘图环境的设置
- ☑ AutoCAD 系统变量与命令执行方式

2.1　下载 AutoCAD 2020

除了通过正规渠道购买正版 AutoCAD 2020，还可以在 Autodesk 公司的官网上免费下载。

动手操练——在 Autodesk 公司的官网上下载 AutoCAD 2020 的方法

① 打开计算机上安装的任意一款浏览器，然后输入 "http://www.autodesk.com.cn" 进入 Autodesk 公司中国大陆地区官方网站，如图 2-1 所示。

图 2-1　进入 Autodesk 公司中国大陆地区官方网站

② 在首页的标题栏中单击【免费试用版】按钮，展开 Autodesk 公司提供的所有免费使用的软件程序，然后选中【AutoCAD 产品】选项，如图 2-2 所示。

图 2-2　选中【AutoCAD 产品】选项

③ 进入介绍 AutoCAD 产品的网页，并在左侧单击【下载免费试用版】按钮，如图 2-3 所示，然后进入下载页面。

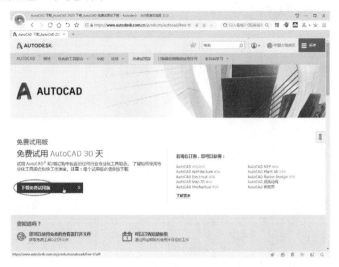

图 2-3 选择【下载免费试用版】选项

④ 新用户要注册一个账号才能下载试用版软件，此外还要填写用户所在单位及所在地信息。如果已经注册了 Autodesk 公司的官网账号，可以立即登录，然后在 AutoCAD 产品下载页面设置试用版软件的语言和操作系统，但仍然需要填写用户单位及所在地信息，最后单击【开始下载】按钮，进入在线安装 AutoCAD 2020 的环节。图 2-4 所示为下载 AutoCAD 2020 安装器。

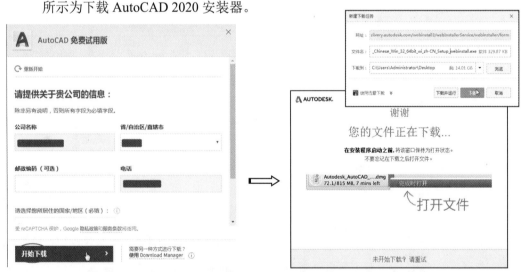

图 2-4 AutoCAD 2020 下载安装器

提示：

在选择操作系统时，一定要查看计算机的操作系统是 32 位还是 64 位。查看方法如下：在 Windows 7/Windows 8 系统的桌面上右击【计算机】图标，在打开的菜单中选择【属性】命令，在弹出的窗口中可以看见计算机的系统类型是 32 位还是 64 位，如图 2-5 所示。

图 2-5　查看系统类型

⑤ 完成安装器的下载后，系统会自动启动安装器，随后弹出安装 AutoCAD 2020 的【Autodesk Download Manager - Install】对话框，选中【I Agree】单选按钮，然后单击【Install】按钮，如图 2-6 所示。

⑥ 接下来会自动在线下载并安装 AutoCAD 2020，如图 2-7 所示。

图 2-6　接受许可协议并安装软件

图 2-7　下载并安装 AutoCAD 2020

> **提示：**
>
> 软件的下载管理器下载完成后，接着会通过下载管理器自动下载 AutoCAD 2020，此时可将软件程序保存在用户的计算机硬盘中（见图 2-8），以备在后期重装软件时重复使用，而不必再到官网中下载。

图 2-8　通过迅雷下载

2.2　安装 AutoCAD 2020

AutoCAD 2020 的安装过程可分为安装、注册与激活两个步骤。

在独立的计算机上安装 AutoCAD 2020 之前，需要确保计算机满足最低系统需求。

动手操练——安装 AutoCAD 2020

安装 AutoCAD 2020 的操作步骤如下。

① 在安装程序包中双击【setup.exe】（如果是在线安装则会自动弹出），AutoCAD 2020 安装程序进入安装初始化进程，并弹出【安装初始化】界面，如图 2-9 所示。

② 安装初始化进程结束以后，弹出【AutoCAD 2020】安装窗口，如图 2-10 所示。

图 2-9　安装初始化

图 2-10　【AutoCAD 2020】安装窗口

③ 在【AutoCAD 2020】安装窗口中单击【安装】按钮，弹出 AutoCAD 2020 安装"许可协议"的界面窗口。在窗口中选中【我接受】单选按钮，保留其余选项的默认设置，再单击【下一步】按钮，如图 2-11 所示。

> **提示：**
> 如果不同意许可的条款并希望终止安装，可单击【取消】按钮。

④ 设置产品和用户信息的安装步骤完成后，在【AutoCAD 2020】安装窗口中弹出【配置安装】选项区，若保留默认的配置进行安装，单击窗口中的【安装】按钮，系统开始自动安装 AutoCAD 2020 简体中文版。在此选项区中勾选或取消安装内容的选择，如图 2-12 所示。

图 2-11　接受许可协议

图 2-12　执行安装命令

⑤　随后系统依次安装 AutoCAD 2020 用户所选择的程序组件，并最终完成 AutoCAD 2020 主程序的安装，如图 2-13 所示。

⑥　AutoCAD 2020 的程序组件安装完成后，单击【AutoCAD 2020】安装窗口中的【完成】按钮，结束安装操作，如图 2-14 所示。

图 2-13　安装 AutoCAD 2020 的程序组件

图 2-14　完成 AutoCAD 2020 的安装

动手操练——注册与激活 AutoCAD 2020

用户在第一次启动 AutoCAD 时，将显示产品激活向导，可在此时激活 AutoCAD，也可以先运行 AutoCAD 以后再激活。

软件的注册与激活的操作步骤如下。

①　在桌面上双击【AutoCAD 2020-Simplified Chinese】图标，启动 AutoCAD 2020。AutoCAD 程序开始检查许可，如图 2-15 所示。

②　随后弹出软件许可定义界面。选择【输入序列号】方式，如图 2-16 所示。

图 2-15　检查许可

图 2-16　选择许可定义方式

③　程序弹出【Autodesk 许可】对话框，单击【我同意】按钮，如图 2-17 所示。

④　如果已经有正版软件许可，接下来可以单击【激活】按钮，如图 2-18 所示；否则，单击【运行】按钮进行软件试用。

⑤　在弹出的【请输入序列号和产品密钥】界面中输入序列号与产品密钥（买入时产品外包装已提供），然后单击【下一步】按钮，如图 2-19 所示。

图 2-17　阅读隐私保护政策

图 2-18　单击【激活】按钮激活软件

图 2-19　输入序列号与产品密钥

提示：

　　在此处输入的信息是永久性的，将显示在 AutoCAD 软件的窗口中，由于以后无法更改此信息（除非卸载该产品），所以请确保在此处输入的信息是正确的。

⑥　在弹出的【产品许可激活选项】界面中提供了两种激活方法。一种是通过 Internet 连接来注册并激活，另一种是直接输入 Autodesk 公司提供的激活码。选中【我具有 Autodesk 提供的激活码】单选按钮，并在展开的激活码列表中输入激活码（使用复制—粘贴方法），然后单击【下一步】按钮，如图 2-20 所示。

⑦　随后自动完成产品的注册，单击【Autodesk 许可-激活完成】对话框中的【完成】按钮，结束 AutoCAD 产品的注册与激活操作，如图 2-21 所示。

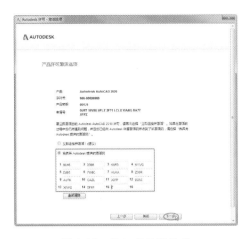

图 2-20　输入产品激活码

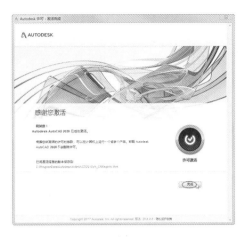

图 2-21　完成产品的注册与激活

技巧点拨：

上面介绍的主要是单机注册与激活的方法。如果连接了 Internet，可以使用联机注册与激活的方法，也就是选中【立即连接并激活】单选按钮。

2.3　AutoCAD 2020 欢迎界面

AutoCAD 2020 欢迎界面延续了 AutoCAD 旧版本的新选项卡功能，启动 AutoCAD 2020 打开的界面如图 2-22 所示。

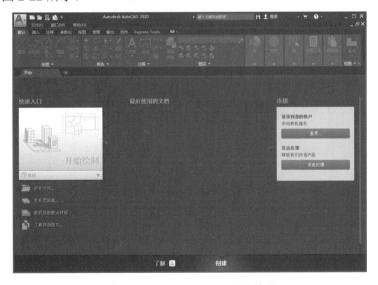

图 2-22　AutoCAD 2020 欢迎界面

将 AutoCAD 2020 欢迎界面称为新选项卡页面。启动程序、打开新选项卡（+）或关闭上一个图形时，将显示新选项卡。新选项卡为用户提供便捷的绘图入门功能介绍，即【了解】页面和【创建】页面，默认打开的状态为【创建】页面。下面介绍【了解】页面和【创建】页面的基本功能。

2.3.1 【了解】页面

在【了解】页面中可以看到【新特性】、【快递入门视频】、【功能视频】、【安全更新】和【联机资源】等基本功能。

💻动手操练——熟悉【了解】页面的基本功能

① 【新特性】功能。【新特性】能帮助您观看 AutoCAD 2020 中新增功能的视频，如果您是新手，那么请务必观看该视频。单击【新特性】中的视频播放按钮，就可以通过 AutoCAD 2020 自带的视频播放器播放【新功能概述】画面，如图 2-23 所示。

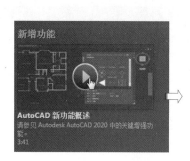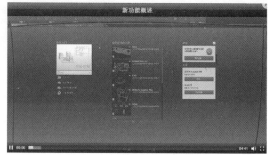

图 2-23　观看新增功能视频

② 当播放完成或中途需要关闭播放器时，单击播放器右上角的【关闭】按钮⊗即可，如图 2-24 所示。

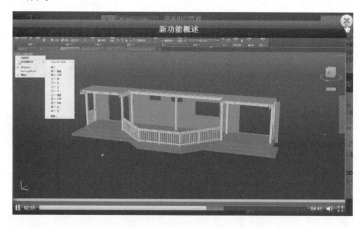

图 2-24　关闭播放器

③ 熟悉【快速入门视频】功能。在【快速入门视频】列表中，您可以选择其中的视频观看，这些视频是帮助您快速熟悉 AutoCAD 2020 工作界面及相关操作的功能指令。例如，单击【漫游用户界面】按钮可以观看【漫游用户界面】的演示视频，如图 2-25 所示。【漫游用户界面】主要介绍 AutoCAD 2020 视图、视口及模型的操控方法。

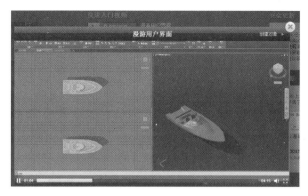

图 2-25　观看【漫游用户界面】的演示视频

④　熟悉【功能视频】功能。【功能视频】可以帮助新手了解 AutoCAD 2020 的高级功能。当您具备了 AutoCAD 2020 的基础设计能力之后，观看这些视频可以提升您操作软件的水平。例如，单击【改进的图形】视频可以看到 AutoCAD 2020 的新增功能——【平滑线显示图形】。之前的版本在绘制圆形或斜线时，会显示极不美观的"锯齿"，在有了【平滑线显示图形】功能后，可以很清晰、平滑地显示图形，如图 2-26 所示。

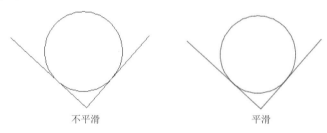

图 2-26　改进的图形——平滑显示

⑤　熟悉【安全更新】功能。【安全更新】是发布 AutoCAD 及其插件程序的补丁程序和软件更新信息的窗口。单击【单击此处以获取修补程序和详细信息】可以打开 Autodesk 公司官网的补丁程序的信息发布页面，如图 2-27 所示。

图 2-27　AutoCAD 及其插件程序的补丁下载信息

⑥　默认页面是用英文显示的，要想用中文显示网页中的内容，有两种方法：一种是使

用 Google Chrome 浏览器打开完成自动翻译；另一种是在此网页右侧语言下拉列表中选择【Chinese (Simplified)】选项，再单击【View Original】按钮，这样就可以使用简体中文显示网页，如图 2-28 所示。

图 2-28　简体中文显示的网页

⑦　熟悉【联机资源】功能。【联机资源】是进入 AutoCAD 2020 联机帮助的窗口。在【AutoCAD 基础知识漫游】图标处单击就可以打开联机帮助文档网页，如图 2-29 所示。

图 2-29　打开联机帮助文档网页

2.3.2　【创建】页面

【创建】页面中包括【快速入门】、【最近使用的文档】和【连接】这 3 个基本功能，下面通过操作来演示如何使用这些基本功能。

动手操练——熟悉【创建】页面的基本功能

①　【快速入门】是新用户进入 AutoCAD 2020 的第一步，作用是教会您如何选择样板

文件、打开已有文件、打开已创建的图纸集、获取更多联机的样板文件和了解样例
图形等。

② 如果直接单击【开始绘制】图标，将进入 AutoCAD 2020 的工作空间中，如图 2-30
　　所示。

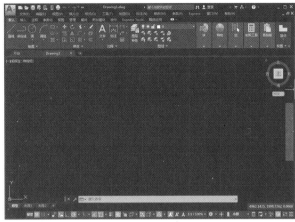

图 2-30　直接进入 AutoCAD 2020 的工作空间

③ 若展开样板列表，就会发现有很多 AutoCAD 样板文件可供选择，选择何种样板取
　　决于您即将绘制公制图纸还是英制图纸，如图 2-31 所示。

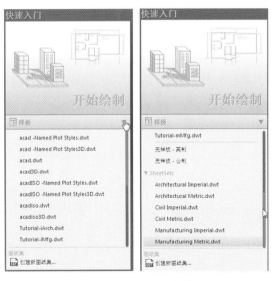

图 2-31　展开样板列表

图 2-32　AutoCAD 样板文件

④　如果单击【打开文件】选项，就会弹出【选择文件】对话框，如图 2-33 所示，从您的系统路径中找到 AutoCAD 文件并打开。

⑤　单击【打开图纸集】选项，就可以打开【打开图纸集】对话框，如图 2-34 所示，然后选择用户先前创建的图纸集打开即可。

图 2-33　【选择文件】对话框　　　　　　　图 2-34　【打开图纸集】对话框

提示：

关于图纸集的作用以及如何创建图纸集，我们会在后面详细介绍。

⑥　单击【联机获取更多样板】选项，就可以到 Autodesk 公司的官网上下载各种符合您设计要求的样板文件，如图 2-35 所示。

图 2-35　联机获取更多的样板文件

⑦　单击【了解样例图形】选项，然后在随后弹出的【选择文件】对话框中打开 AutoCAD
自带的样例文件，这些样例文件包括建筑、机械、室内等图纸样例和图块样例。可
以在 "E（AutoCAD 2020 软件安装盘）:\Program Files\Autodesk\ AutoCAD 2020\
Sample\SheetSets\Manufacturing" 路径下打开机械图纸样例【VW252-02-0200.dwg】，
如图 2-36 所示。

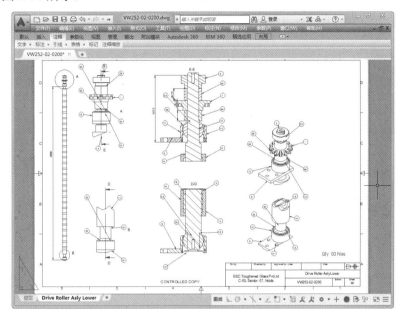

图 2-36　打开的图纸样例文件

⑧　使用【最近使用的文档】功能可以快速打开之前建立的图纸文件，而不用通过【打
开文件】寻找文件，如图 2-37 所示。

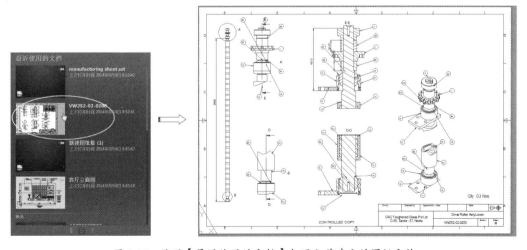

图 2-37　使用【最近使用的文档】打开之前建立的图纸文件

技巧点拨：

　　【最近使用的文档】最下方有 3 个按钮，即▋、▋和▋，可以用来显示大小不同的文档预览图片，如
图 2-38 所示。

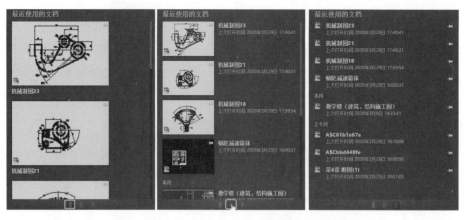

图 2-38　不同大小的文档预览图片

⑨　在【连接】功能中，除了可以登录 Autodesk 360，还可以将用户在使用 AutoCAD
2020 的过程中所遇到的困难或发现的软件自身的缺陷反馈给 Autodesk 公司。单击
【登录】按钮会弹出【Autodesk-登录】对话框，如图 2-39 所示。

图 2-39　登录 Autodesk 360

⑩　如果您没有账户，可以单击【Autodesk-登录】对话框下方的【需要 Autodesk ID？】
选项，在打开的【Autodesk-创建账户】对话框中创建属于自己的新账户，如图 2-40
所示。

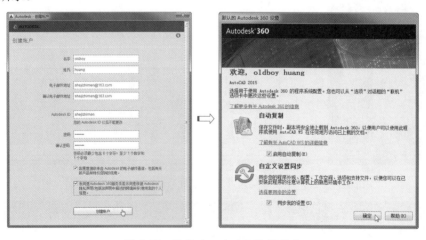

图 2-40　注册 Autodesk 360 新账户

2.4　AutoCAD 2020 工作界面

AutoCAD 2020 提供了【二维草图与注释】、【三维建模】和【AutoCAD 经典】这 3 种工作空间模式，用户在工作状态下可以随时切换工作空间。

在程序默认状态下，在窗口中打开的是【二维草图与注释】工作空间。【二维草图与注释】工作空间的工作界面主要由快速访问工具栏、信息搜索中心、菜单栏、功能区、文件选项卡、绘图区、命令行和状态栏等元素组成，如图 2-41 所示。

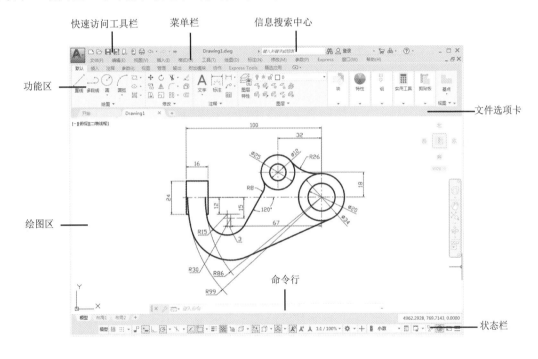

图 2-41　AutoCAD 2020【二维草图与注释】工作空间的工作界面

提示：

初始打开 AutoCAD 2020 时显示的界面为黑色背景，与绘图区的背景颜色一致，如果您觉得黑色不美观，可以在菜单栏中选择【工具】→【选项】命令，打开【选项】对话框，然后在【显示】选项卡设置窗口的配色方案为【明】即可，如图 2-42 所示。

技巧点拨：

同样，如果需要设置绘图区的背景颜色，也可以在【选项】对话框的【显示】选项卡中进行颜色设置，如图 2-43 所示。

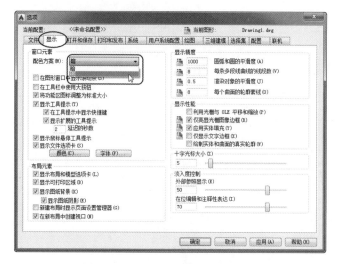

图 2-42　设置功能区窗口的背景颜色

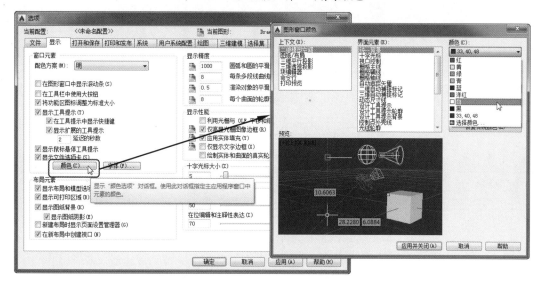

图 2-43　设置绘图区的背景颜色

2.5　绘图环境的设置

在通常情况下，用户可以在 AutoCAD 2020 默认设置的环境下绘制图形，但有时为了使用特殊的定点设备、打印机，或者提高绘图效率，需要在绘制图形前先对系统参数、绘图环境进行必要的设置。这些绘图环境的设置包括选项设置、草图设置、特性设置、图形单位设置及绘图图限设置等，下面依次展开介绍。

2.5.1　选项设置

【选项】是用户自定义的程序设置，包括文件、显示、打开和保存、打印和发布、系统、用户系统配置、绘图、三维建模、选择集、配置等系列设置。选项设置是通过【选项】对话框来完成的，用户可以通过如下方式打开【选项】对话框。

- 菜单栏：执行【工具】→【选项】命令。
- 右键菜单：在命令窗口中右击，或者（在未运行任何命令也未选择任何对象的情况下）在绘图区域中右击，然后在弹出的快捷菜单中选择【选项】命令。
- 命令行：输入【OPTIONS】。

打开的【选项】对话框如图 2-44 所示。该对话框中包含【文件】、【显示】、【打开和保存】、【打印和发布】、【系统】、【用户系统配置】、【绘图】、【三维建模】、【选择集】和【配置】等选项卡。

图 2-44　【选项】对话框

1.【文件】选项卡

【文件】选项卡不仅列举了程序在其中搜索支持文件、驱动程序文件、菜单文件和其他文件的文件夹，还列举了用户定义的可选设置，如哪个目录可以进行拼写检查。【文件】选项卡如图 2-44 所示。

2.【显示】选项卡

【显示】选项卡如图 2-45 所示。该选项卡中包括【窗口元素】、【布局元素】、【显示精度】、【显示性能】、【十字光标大小】和【淡入度控制】选项组，其主要功能含义如下。

- 【窗口元素】选项组：控制绘图环境特有的显示设置。
- 【布局元素】选项组：控制现有布局和新布局的选项，布局是图纸空间环境，用户可以在其中设置图形进行打印。
- 【显示精度】选项组：控制对象的显示质量，如果设置较高的值提高显示质量，则性能将受到显著影响。
- 【显示性能】选项组：控制影响性能的显示设置。
- 【十字光标大小】选项组：控制十字光标的尺寸。

● 【淡入度控制】选项组：控制影响性能的显示设置，指定在位编辑参照的过程中对象的褪色度值。

图 2-45　【显示】选项卡

【显示】选项卡中包含【颜色】和【字体】按钮。【颜色】按钮用于设置应用程序中每个上下文的界面元素的显示颜色。单击【颜色】按钮会弹出如图 2-46 所示的【图形窗口颜色】对话框。

在命令行中显示的字体如果需要更改，可以通过【字体】按钮进行设置。单击【字体】按钮会弹出如图 2-47 所示的【命令行窗口字体】对话框。

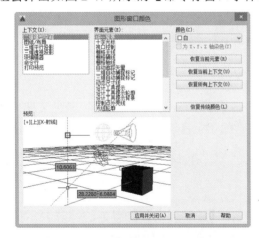

图 2-46　【图形窗口颜色】对话框

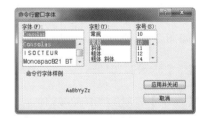

图 2-47　【命令行窗口字体】对话框

提示：

屏幕菜单字体是由 Windows 系统字体设置控制的。如果使用屏幕菜单，应将 Windows 系统字体设置为符合屏幕菜单尺寸限制的字体和字号。

3.【打开和保存】选项卡

【打开和保存】选项卡用于打开和保存文件，如图 2-48 所示。

【打开和保存】选项卡中包括【文件保存】、【文件安全措施】、【文件打开】、【应用程序菜单】、【外部参照】和【ObjectARX 应用程序】选项组，其功能含义如下。

- 【文件保存】选项组：控制保存文件的相关设置。
- 【文件安全措施】选项组：帮助避免数据丢失及检测错误。
- 【文件打开】选项组：控制与最近使用过的文件及打开的文件相关的设置。
- 【应用程序菜单】选项组：控制应用程序菜单中【最近使用的文档】快捷菜单所列出的最近使用过的文件数。
- 【外部参照】选项组：控制和编辑与加载外部参照有关的设置。
- 【ObjectARX 应用程序】选项组：控制【AutoCAD 实时扩展】应用程序及代理图形的有关设置。

在该选项卡中，用户还可以控制保存图形时是否更新缩略图预览。单击【缩略图预览设置】按钮会弹出如图 2-49 所示的【缩略图预览设置】对话框。

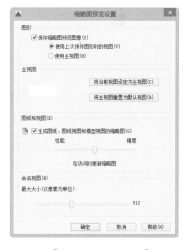

图 2-48　【打开和保存】选项卡　　　　　图 2-49　【缩略图预览设置】对话框

4.【打印和发布】选项卡

【打印和发布】选项卡中包含控制与打印和发布相关的选项，如图 2-50 所示。

【打印和发布】选项卡中包括【新图形的默认打印设置】、【打印到文件】、【后台处理选项】、【打印和发布日志文件】、【自动发布】、【常规打印选项】和【指定打印偏移时相对于】选项组，其主要功能含义如下。

- 【新图形的默认打印设置】选项组：控制新图形或在 AutoCAD R14 或更早版本中创建的没有用 AutoCAD 2000 或更高版本格式保存的图形的默认打印设置。
- 【打印到文件】选项组：为打印到文件操作指定默认位置。
- 【后台处理选项】选项组：指定与后台打印和发布相关的选项。可以使用后台打印启动要打印或发布的作业，然后立即返回从事绘图工作，系统将在用户工作的同时打印或发布作业。

图 2-50 【打印和发布】选项卡

提示：

当在脚本（SCR 文件）中使用 -PLOT、PLOT、-PUBLISH 和 PUBLISH 命令时，BACKGROUNDPLOT 系统变量的值将被忽略，并在前台执行 -PLOT、PLOT、-PUBLISH 和 PUBLISH 命令。

- 【打印和发布日志文件】选项组：用于将打印和发布日志文件另存为逗号分隔值（CSV）文件（可以在电子表格程序中查看）的选项。
- 【自动发布】选项组：指定图形是否自动发布为 DWF 或 DWFx 文件，还可以控制用于自动发布的选项。
- 【常规打印选项】选项组：控制常规打印环境（包括图纸尺寸设置、系统打印机警告方式和图形中的 OLE 对象）的相关选项。
- 【指定打印偏移时相对于】选项组：指定打印区域的偏移是从可打印区域的左下角开始，还是从图纸的边缘开始。

5.【系统】选项卡

【系统】选项卡主要控制 AutoCAD 的系统设置。【系统】选项卡如图 2-51 所示。

【系统】选项卡中包括【硬件加速】、【当前定点设备】、【触摸体验】、【布局重生成选项】、【常规选项】、【信息中心】、【安全性】和【数据库连接选项】等选项组，其功能含义如下。

- 【硬件加速】选项组：控制与三维图形显示系统的配置相关的设置。
- 【当前定点设备】选项组：控制与定点设备相关的选项。
- 【触摸体验】选项组：控制触摸模式功能区面板是否显示。
- 【布局重生成选项】选项组：指定【模型】选项卡和【布局】选项卡上的显示列表如何更新。对于每个选项卡，更新显示列表的方法可以是切换到该选项卡时重生成图形，也可以是切换到该选项卡时将显示列表保存到内存并只重生成修改的对象。修改这些设置可以提高性能。

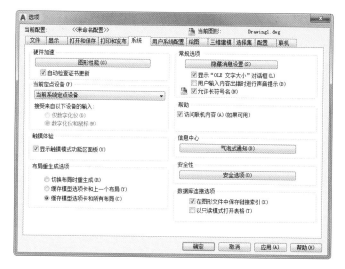

图 2-51 【系统】选项卡

- 【常规选项】选项组：控制与系统设置相关的基本选项。
- 【信息中心】选项组：控制绘图区窗口右上角的气泡式通知的内容、频率和持续时间。
- 【安全性】选项组：提供用于控制如何加载包含可执行代码的文件的选项。
- 【数据库连接选项】选项组：控制与数据库连接信息相关的选项。

6.【用户系统配置】选项卡

【用户系统配置】选项卡中包含控制优化工作方式的选项，如图 2-52 所示。

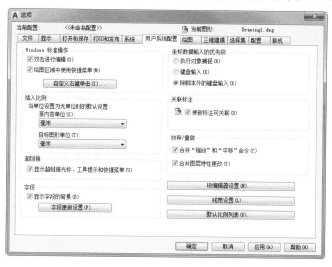

图 2-52 【用户系统配置】选项卡

【用户系统配置】选项卡中包括【Windows 标准操作】、【插入比例】、【超链接】、【字段】、【坐标数据输入的优先级】、【关联标注】和【放弃/重做】选项组，其功能含义如下。

- 【Windows 标准操作】选项组：控制单击和右击操作。
- 【插入比例】选项组：控制在图形中插入图块和图形时使用的默认比例。
- 【超链接】选项组：控制与超链接的显示特性相关的设置。

● 【字段】选项组：设置与字段相关的系统配置。

● 【坐标数据输入的优先级】选项组：控制程序响应坐标数据输入的方式。

● 【关联标注】选项组：控制是创建关联标注对象还是创建传统的非关联标注对象。

● 【放弃/重做】选项组：控制【缩放】和【平移】命令的【放弃】与【重做】。

在【用户系统配置】选项卡中还包含【自定义右键单击】和【线宽设置】等其他功能设置。【自定义右键单击】控制在绘图区域中右键的作用，单击【自定义右键单击】按钮会弹出如图 2-53 所示的【自定义右键单击】对话框。

【线宽设置】对话框用于设置当前线宽及其单位、控制线宽的显示和显示比例，以及设置图层的默认线宽值。单击【线宽设置】按钮会弹出如图 2-54 所示的【线宽设置】对话框。

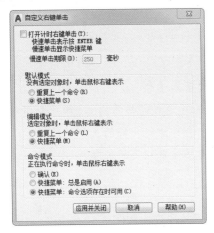

图 2-53　【自定义右键单击】对话框

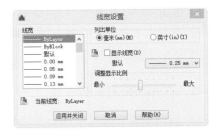

图 2-54　【线宽设置】对话框

7.【绘图】选项卡

【绘图】选项卡中包含用于设置多个编辑功能的选项（包括自动捕捉和自动追踪），如图 2-55 所示。

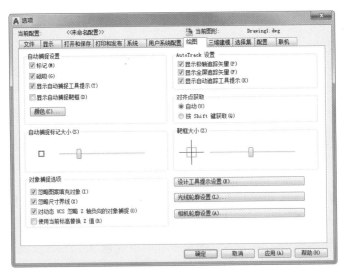

图 2-55　【绘图】选项卡

【绘图】选项卡中包括【自动捕捉设置】、【自动捕捉标记大小】、【对象捕捉选项】、【AutoTrack 设置】、【对齐点获取】和【靶框大小】选项组，以及【设计工具提示设置】、【光线轮廓设置】和【相机轮廓设置】功能按钮，其功能含义如下。

- 【自动捕捉设置】选项组：控制使用对象捕捉时显示的形象化辅助工具（称作自动捕捉）的相关设置。
- 【自动捕捉标记大小】选项组：设置自动捕捉标记的显示尺寸。
- 【对象捕捉选项】选项组：指定对象捕捉的选项。
- 【AutoTrack 设置】选项组：控制与 AutoTrack（自动追踪）方式相关的设置，此设置在极轴追踪或对象捕捉追踪打开时可用。
- 【对齐点获取】选项组：控制在图形中显示对齐矢量的方法。
- 【靶框大小】选项组：设置自动捕捉靶框的显示尺寸。
- 【设计工具提示设置】功能按钮：控制绘图工具提示的颜色、大小和透明度。
- 【光线轮廓设置】功能按钮：显示光线轮廓的当前外观并在更改时进行更新。
- 【相机轮廓设置】功能按钮：指定相机轮廓的外观。

在【绘图】选项卡中，用户还可以通过【设计工具提示设置】、【光线轮廓设置】和【相机轮廓设置】功能按钮等设置相关选项。【设计工具提示设置】功能按钮主要控制工具提示的外观，单击此按钮会弹出【工具提示外观】对话框。通过【工具提示外观】对话框可以设置工具提示的相关选项，如图 2-56 所示。

图 2-56　【工具提示外观】对话框

> **提示：**
>
> 使用 TOOLTIPMERGE 系统变量可以将绘图工具提示合并为单个工具提示。

【光线轮廓设置】功能按钮用于指定光线轮廓的外观。单击【光线轮廓设置】按钮会弹出如图 2-57 所示的【光线轮廓外观】对话框。

【相机轮廓设置】功能按钮用于指定相机轮廓的外观。单击【相机轮廓设置】按钮会弹出如图 2-58 所示的【相机轮廓外观】对话框。

图 2-57 【光线轮廓外观】对话框

图 2-58 【相机轮廓外观】对话框

8. 【三维建模】选项卡

【三维建模】选项卡中包含用于设置在三维中使用实体和曲面的选项，如图 2-59 所示。

图 2-59 【三维建模】选项卡

【三维建模】选项卡中包括【三维十字光标】、【在视口中显示工具】、【三维对象】、【三维导航】和【动态输入】选项组，其功能含义如下。

● 【三维十字光标】选项组：设置三维操作中十字光标的显示样式。
● 【在视口中显示工具】选项组：控制 ViewCube 和 UCS 图标的显示。
● 【三维对象】选项组：设置三维实体和曲面的显示。
● 【三维导航】选项组：设置漫游、飞行和动画选项以显示三维模型。
● 【动态输入】选项组：控制坐标项的动态输入字段的显示。

9. 【选择集】选项卡

【选择集】选项卡中包含用于设置选择对象的选项，如图 2-60 所示。

图 2-60　【选择集】选项卡

【选择集】选项卡中包括【拾取框大小】、【选择集模式】、【夹点尺寸】、【夹点】和【预览】等选项组，其功能含义如下。

- 【拾取框大小】选项组：控制拾取框的显示尺寸。拾取框是在编辑命令中出现的对象选择工具。
- 【选择集模式】选项组：控制与对象选择方法相关的设置。
- 【夹点尺寸】选项组：控制夹点的显示尺寸。
- 【夹点】选项组：控制与夹点相关的设置。在对象被选中后，其上将显示夹点，即一些小方块。
- 【预览】选项组：当拾取框光标滚动过对象时，亮显对象。

在【选择集】选项卡中，用户还可以设置选择预览的外观。单击【视觉效果设置】按钮会弹出如图 2-61 所示的【视觉效果设置】对话框，该对话框用来设置选择区域预览效果和选择集过滤器。

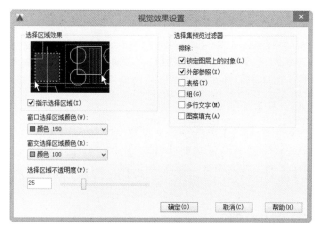

图 2-61　【视觉效果设置】对话框

10.【配置】选项卡

【配置】选项卡控制配置的使用，而配置是由用户定义的。【配置】选项卡如图 2-62 所示。

图 2-62 【配置】选项卡

【配置】选项卡的功能按钮的含义如下。

- 【置为当前】功能按钮：使选定的配置成为当前配置。
- 【添加到列表】功能按钮：用其他名称保存选定配置。
- 【重命名】功能按钮：单击此按钮可以重命名所选配置。
- 【删除】功能按钮：删除选定的配置（除非它是当前配置）。
- 【输出】功能按钮：将配置文件输出为扩展名为.arg 的文件，以便可以与其他用户共享该文件。
- 【输入】功能按钮：输入使用【输出】选项创建的配置文件（文件扩展名为.arg）。
- 【重置】功能按钮：将选定配置中的值重置为系统默认设置。

2.5.2 草图设置

草图设置主要是为绘图工作的一些类别进行设置，如【捕捉和栅格】、【极轴追踪】、【对象捕捉】、【动态输入】、【快捷特性】等。这些类别的设置是通过【草图设置】对话框实现的，用户可以通过如下方式打开【草图设置】对话框。

- 菜单栏：执行【工具】→【绘图设置】命令。
- 状态栏：在状态栏绘图工具区域的【捕捉】、【栅格】、【极轴】、【对象捕捉】、【对象追踪】、【动态】或【快捷特性】工具上单击鼠标右键，在弹出的快捷菜单中选择【设置】命令。
- 命令行：输入【DSETTINGS】。

执行上述命令后打开的【草图设置】对话框如图 2-63 所示。

图 2-63　【草图设置】对话框

【草图设置】对话框中包含多个选项卡，下面介绍【捕捉和栅格】、【极轴追踪】、【对象捕捉】、【动态输入】和【快捷特性】选项卡。

1.【捕捉和栅格】选项卡

【捕捉和栅格】选项卡主要用于指定捕捉和栅格设置，如图 2-63 所示，各选项的含义如下。

- 启用捕捉：打开或关闭捕捉模式。也可以通过单击状态栏中的【捕捉模式】按钮 ⠿ 来启用捕捉模式。
- 【捕捉间距】选项组：控制捕捉位置的不可见矩形栅格，以限制光标仅在指定的 X 和 Y 间隔内移动。
  - 捕捉 X 轴间距：指定 X 方向的捕捉间距，间距值必须为正实数。
  - 捕捉 Y 轴间距：指定 Y 方向的捕捉间距，间距值必须为正实数。
  - X 轴间距和 Y 轴间距相等：为捕捉间距和栅格间距强制使用同一间距值。捕捉间距可以与栅格间距不同。
- 【极轴间距】选项组：控制极轴追踪的增量距离输入。

  极轴距离：当在【捕捉类型】选项组中选择【PolarSnap】类型时，设置捕捉增量距离。如果该值为 0，则 PolarSnap 距离采用【捕捉 X 轴间距】的值。【极轴距离】设置与极坐标追踪和/或对象捕捉追踪结合使用。如果两个追踪功能都未启用，则【极轴距离】选项设置无效。

- 【捕捉类型】选项组：设定捕捉样式和捕捉类型。
  - 栅格捕捉：设置栅格捕捉类型。如果指定点，光标将沿垂直或水平栅格点进行捕捉。

提示：

栅格捕捉类型包括【矩形捕捉】和【等轴测捕捉】。如果用户绘制的是二维图形，则采用【矩形捕捉】类型；如果用户绘制的是三维或等轴测图形，则采用【等轴测捕捉】类型绘图较为方便。

- PolarSnap：将捕捉类型设置为 PolarSnap。如果启用了【捕捉模式】并在极轴追踪打开的情况下指定点，那么光标将在【极轴追踪】选项卡上相对于极轴追踪起点设置的极轴对齐角度进行捕捉。

● 启用栅格：打开或关闭栅格显示。

> **提示：**
>
> 用户也可以通过单击状态栏中的【栅格显示】按钮▦、按 F7 键或使用 GRIDMODE 系统变量，来打开或关闭栅格模式。

● 【栅格样式】选项组：设定在二维草图与注释空间中的栅格样式。

　　➢ 二维模型空间：启用此选项，将二维模型空间的栅格样式设定为点栅格。

　　➢ 块编辑器：启用此选项，将块编辑器的栅格样式设定为点栅格。

　　➢ 图纸/布局：启用此选项，将图纸和布局的栅格样式设定为点栅格。

● 【栅格间距】选项组：控制栅格的显示，有助于直观显示距离。

　　➢ 栅格 X 轴间距：指定 X 方向上的栅格间距。如果该值为 0，则栅格采用【捕捉 X 轴间距】的值。

　　➢ 栅格 Y 轴间距：指定 Y 方向上的栅格间距。如果该值为 0，则栅格采用【捕捉 Y 轴间距】的值。

　　➢ 每条主线之间的栅格数：指定主栅格线相对于次栅格线的频率。

● 【栅格行为】选项组：控制当 VSCURRENT 设置为除二维线框之外的任何视觉样式时，所显示栅格线的外观。

　　➢ 自适应栅格：缩小时，限制栅格密度；放大时，生成更多间距更小的栅格线。主栅格线的频率确定这些栅格线的频率。

　　➢ 显示超出界限的栅格：显示超出 LIMITS 命令指定区域的栅格。

　　➢ 遵循动态 UCS：更改栅格平面以跟随动态 UCS 的 XY 平面。

2.【极轴追踪】选项卡

【极轴追踪】选项卡的作用是控制自动追踪设置，如图 2-64 所示。

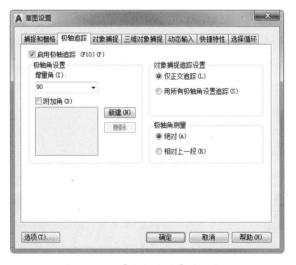

图 2-64　【极轴追踪】选项卡

> **提示:**
>
> 单击状态栏中的【极轴追踪】按钮 ⏣ 和【对象捕捉追踪】按钮 ∠，也可以打开或关闭极轴追踪和对象捕捉追踪。

【极轴追踪】选项卡中各选项的含义如下。

● 启用极轴追踪：打开或关闭极轴追踪。

● 极轴角设置：设置极轴追踪的对齐角度。

　　➢ 增量角：设置用来显示极轴追踪对齐路径的极轴角增量。可以输入任意角度，也可以从列表中选择【90】、【45】、【30】、【22.5】、【18】、【15】、【10】或【5】这些常用角度数值。

　　➢ 附加角：对极轴追踪使用列表中的任意一种附加角度。

　　➢ 角度列表：如果勾选【附加角】复选框，将列出可用的附加角度。若要添加新的角度，单击【新建】按钮即可。要删除现有的角度，单击【删除】按钮。

> **提示:**
>
> 附加角度是绝对的，而非增量的。

　　➢ 新建：最多可以添加 10 个附加极轴追踪对齐角度。

> **技巧点拨:**
>
> 添加分数角度之前，必须将 AUPREC 系统变量设置为合适的十进制精度以防止不需要的舍入。例如，系统变量 AUPREC 的值为 0（默认值），则输入的所有分数角度将舍入为最接近的整数。

● 【对象捕捉追踪设置】选项组：设定对象捕捉追踪选项。

　　➢ 仅正交追踪：当对象捕捉追踪打开时，仅显示已获得的对象捕捉点的正交（水平/垂直）对象捕捉追踪路径。

　　➢ 用所有极轴角设置追踪：将极轴追踪设置应用于对象捕捉追踪。使用对象捕捉追踪时，光标将从获取的对象捕捉点起沿极轴对齐角度进行追踪。

> **技巧点拨:**
>
> 在【对象捕捉追踪设置】选项卡中，若绘制二维图形就设置为【仅正交追踪】选项，若绘制三维及轴测图形就设置为【用所有极轴角设置追踪】选项。

● 【极轴角测量】选项组：设定测量极轴追踪对齐角度的基准。

　　➢ 绝对：根据当前用户坐标系（UCS）确定极轴追踪角度。

　　➢ 相对上一段：根据绘制的上一条线段确定极轴追踪角度。

3.【对象捕捉】选项卡

【对象捕捉】选项卡用于控制对象捕捉设置，如图 2-65 所示。使用执行对象捕捉设置（也称为对象捕捉），可以在对象上的精确位置指定捕捉点。选择多个选项后，将应用选定的捕捉模式，以返回距离靶框中心最近的点。按【Tab】键可以在这些选项之间循环。

> **提示:**
>
> 在精确绘图过程中，【最近点】捕捉选项不能设置为固定的捕捉对象，否则将对图形的精确程度影响至深。

图 2-65 【对象捕捉】选项卡

4.【动态输入】选项卡

【动态输入】选项卡的作用是控制指针输入、标注输入、动态提示及绘图工具提示外观，如图 2-66 所示。

图 2-66 【动态输入】选项卡

【动态输入】选项卡中各选项的含义如下。

- 启用指针输入：打开指针输入。如果同时打开指针输入和标注输入，则标注输入在可用时将取代指针输入。

- 指针输入：工具提示中的十字光标位置的坐标值将显示在光标旁边。命令提示输入点时，可以在工具提示中输入坐标值，而不用在命令行中输入。

- 可能时启用标注输入：打开标注输入。标注输入不适用于某些提示输入第二个点的命令。

- 标注输入：当命令提示输入第二个点或距离时，将显示标注和距离值与角度值的工具提示。标注工具提示中的值将随光标移动而更改。可以在工具提示中输入值，而不用在命令行中输入值。

● 动态提示：需要时将在光标旁边显示工具提示中的提示，以完成命令。可以在工具提示中输入值，而不用在命令行中输入值。如果勾选【在十字光标附近显示命令提示和命令输入】复选框，则显示【动态输入】工具提示中的提示。

● 绘图工具提示外观：控制工具提示的外观。

5.【快捷特性】选项卡

【快捷特性】选项卡可以指定用于显示快捷特性面板的设置，如图 2-67 所示。

图 2-67　【快捷特性】选项卡

【快捷特性】选项卡中各选项的含义如下。

● 选择时显示快捷特性选项板：根据对象类型打开或关闭快捷特性面板的显示。

● 【选项板显示】选项组：用于设定快捷特性选项板的显示设置。

> 针对所有对象：将快捷特性选项板设置为对选择的任何对象都显示。

> 仅针对具有指定特性的对象：将快捷特性选项板设置为仅对已在自定义用户界面（CUI）编辑器中定义为显示特性的对象显示。

● 【选项板位置】选项组：用于设置快捷特性选项板的位置。

> 由光标位置决定：在【由光标位置决定】模式下，除非手动重新定位快捷特性选项板的位置，否则将显示在相对于光标的位置。

◇ 象限点：在十字光标的四个象限之一来指定快捷特性选项板的位置。

◇ 距离（以像素为单位）：用光标指定距离（以像素为单位）以显示快捷特性选项板。

> 固定：在【固定】模式下，快捷特性选项板将固定在相对于所选对象的位置。

● 【选项板行为】选项组：设置快捷特性选项板的收拢动作。

> 自动收拢选项板：使快捷特性选项板在空闲状态下仅显示指定数量的特性。

> 最小行数：为快捷特性选项板设置在收拢的空闲状态下显示的默认特性数量。可以指定 1～30 的值（仅限整数值）。

2.5.3 特性设置

特性设置是指要复制到目标对象的源对象的基本特性和特殊特性设置。特性设置可以通过【特性设置】对话框来完成。用户可以通过如下方式打开【特性设置】对话框。

● 菜单栏：执行【修改】→【特性匹配】命令，选择源对象后在命令行中输入【S】。

● 命 令 行 ： 输 入 【 MATCHPROP 】 或【PAINTER】，执行命令并选择源对象后再输入【S】。

打开的【特性设置】对话框如图 2-68 所示。在此对话框中，用户可以通过勾选或取消勾选复选框设置要匹配的特性。

图 2-68 　【特性设置】对话框

2.5.4 图形单位设置

绘图时使用的长度单位、角度单位，以及单位的显示格式和精度等参数是通过【图形单位】对话框设置的。用户可以通过如下方式打开【图形单位】对话框。

● 菜单栏：执行【格式】→【单位】命令。

● 命令行：输入【UNITS】。

打开的【图形单位】对话框如图 2-69 所示。

图 2-69 　【图形单位】对话框

【图形单位】对话框中各选项的含义如下。

● 【长度】选项组：指定测量的当前单位及当前单位的精度。

> 【类型】文本框：设置测量单位的当前格式，该值包括【工程】、【小数】、【建筑】、【分数】和【科学】格式。其中，【工程】和【建筑】格式提供英尺与英寸显示，并假定每个图形单位表示 1 英寸（1 英寸≈2.54 厘米）。其他格式可表示任何真

实的世界单位。

- ➢ 【精度】文本框：设置线性测量值显示的小数位数或分数大小。
- ● 【角度】选项组：指定当前角度格式和当前角度显示的精度。
  - ➢ 【类型】文本框：设置当前角度格式。
  - ➢ 【精度】文本框：设置当前角度显示的精度。
  - ➢ 【顺时针】复选框：以顺时针方向计算正的角度值，默认的正角度方向是逆时针方向。

> **提示：**
> 当提示用户输入角度时，可以单击所需方向或输入角度，而不必考虑【顺时针】设置。

- ● 【插入时的缩放单位】选项组：控制插入当前图形中的图块和图形的测量单位。如果图块或图形创建时使用的单位与该选项指定的单位不同，则在插入这些图块或图形时，将对其按比例缩放。插入比例是源图块或图形使用的单位与目标图形使用的单位之比。如果插入图块时没有按指定单位缩放，则需要选择【无单位】选项。

> **提示：**
> 当源块或目标图形中的【插入比例】设置为【无单位】时，将使用【选项】对话框中【用户系统配置】选项卡的【源内容单位】和【目标图形单位】设置。

- ● 【输出样例】选项组：显示用当前单位和角度设置的例子。
- ● 【光源】选项组：控制当前图形中光度控制光源强度的测量单位。

2.5.5　绘图图限设置

图限就是图形栅格显示的界限、区域。用户可以通过如下方式设置图形界限。

- ● 菜单栏：执行【格式】→【图形界限】命令。
- ● 命令行：输入【LIMITS】。

执行上述命令后，命令行操作提示如下。

指定左下角点或[开(ON)/关(OFF)] <0.0000,0.0000>:

当在图形左下角指定一个点后，命令行操作提示如下。

指定右上角点<277.000,201-500>:

按照命令行的操作提示在图形的右上角指定一个点，随后将栅格界限设置为通过两个点定义的矩形区域，如图 2-70 所示。

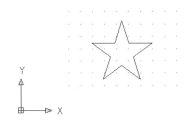

图 2-70　定义的矩形区域图形界限

技巧点拨：

> 要显示两个点定义的栅格界限矩形区域，需要在【草图设置】对话框中勾选【启用栅格】复选框。

2.6　AutoCAD 系统变量与命令执行方式

系统变量是计算机语言中能存储计算结果或能表示值的抽象概念，简单来说就是一个参数。

AutoCAD 提供了各种系统变量（System Variables），用于存储操作环境设置、图形信息和一些命令的设置（或值）等。利用系统变量可以显示当前状态，也可以控制 AutoCAD 的某些功能和设计环境、命令的工作方式。

2.6.1　系统变量的定义与类型

AutoCAD 系统变量是控制某些命令工作方式的设置。系统变量可以打开或关闭模式，如【捕捉模式】、【栅格显示】或【正交模式】等；也可以设置填充图案的默认比例；还能存储有关当前图形和程序配置的信息；有时用户使用系统变量来更改一些设置；在其他情况下，还可以使用系统变量显示当前状态。

系统变量通常使用 6～10 个字符的缩写名称，许多系统变量有简单的开/关设置。系统变量主要有整数、实数、点、开/关和文本字符串等几种类型，如表 2-1 所示。

表2-1　系统变量类型

类　型	定　义	相　关　变　量
整数	（用于选择）该类型的变量用不同的整数值确定相应的状态	如变量 SNAPMODE、OSMODE
	（用于数值）该类型的变量用不同的整数值进行设置	如 GRIPSIZE、ZOOMFACTOR 等变量
实数	该类型的变量用于保存实数值	如 AREA、TEXTSIZE 等变量
点	（用于坐标）该类型的变量用于保存坐标点	如 LIMMAX、SNAPBASE 等变量
	（用于距离）该类型的变量用于保存 X 和 Y 方向的距离值	如 GRIDUNIT、SCREENSIZE 等变量
开/关	该类型的变量有 ON（开）/OFF（关）两种状态，用于设置状态的开关	如 HIDETEXT、LWDISPLAY 等变量
文本字符串	该类型的变量用于保存字符串	如变量 DWGNAME（当前图纸的文件名）、SAVEFILE（自动保存文件的扩展名，高版本可以显示最近自动保存的文件）

2.6.2　系统变量的查看与设置

有些系统变量具有只读属性，用户只能查看而不能修改。而对于没有只读属性的系统变量，用户可以在命令行中输入系统变量名或使用 SETVAR 命令改变这些变量的值。

> **提示：**
>
> DATE 是存储当前日期的只读系统变量，可以显示但不能修改该值。

通常，一个系统变量的取值可以通过相关命令来改变。例如，当使用 DIST 命令查询距离时，只读系统变量 DISTANCE 将自动保持最后一个 DIST 命令的查询结果。除此之外，用户还可以通过如下两种方式直接查看和设置系统变量。

- 在命令行直接输入变量名。
- 使用 SETVAR 命令指定系统变量。

1．在命令行直接输入变量名

对于只读变量，系统将显示其变量值。而对于非只读变量，系统在显示其变量值的同时还允许用户输入一个新值来设置该变量。

2．使用 SETVAR 命令指定系统变量

SETVAR 命令不仅可以对指定的变量进行查看和设置，还可以使用【?】选项查看全部的系统变量。另外，对于一些与系统命令相同的变量，如 AREA 等，只能用 SETVAR 命令查看。

SETVAR 命令可以通过如下方式来执行。

- 菜单栏：执行【工具】→【查询】→【设置变量】命令。
- 命令行：输入【SETVAR】。

命令行操作提示如下。

```
命令：
SETVAR 输入变量名或 [?]:                    //输入变量以查看或设置
```

> **提示：**
>
> SETVAR 命令可透明使用。AutoCAD 2020 系统变量大全请参见本书附录 A。

2.6.3　命令执行方式

前面介绍了系统变量的定义与类型，本节针对系统变量及一般命令的输入方进行简要介绍。

在 AutoCAD 中，执行命令的常见方式包括 3 种：在菜单栏中选择命令执行、在命令行中输入命令执行，以及在功能区选项卡中单击按钮执行。

除了常见的 3 种命令执行方式，还可以在命令行中输入替代命令（即常说的"快捷键命令"）、在命令行中输入系统变量、利用键鼠功能操作对象，以及使用键盘快捷键来执行绘图命令等。

3 种常见的命令执行方式是本书介绍的主要方式，相关操作会在后续章节中介绍。下面

仅介绍几种其他的命令执行方式。

1．在命令行中输入系统变量

用户可以通过在命令行中直接输入系统变量来设置命令的工作方式。例如，GRIDMODE 系统变量用来控制打开或关闭点栅格显示。在这种情况下，GRIDMODE 系统变量在功能上等价于 GRID 命令。当命令行显示如下操作提示时：

```
命令：GRIDMODE                              //输入变量
输入 GRIDMODE 的新值 <0>：                   //输入变量值
```

按命令提示输入【0】，可以关闭栅格显示；若输入【1】，则可以打开栅格显示。

2．利用键鼠功能操作对象

利用键鼠功能操作对象是一种通过鼠标键和键盘键来发出操作指令而立即执行的方式。在绘图窗口，光标通常显示为"十"字线形式。当光标移至菜单选项、工具或对话框内时，它会变成一个箭头。无论光标是"十"字线形式还是箭头形式，当单击或按住鼠标左键时，都会执行相应的命令或动作。在 AutoCAD 中，鼠标键是按照下述规则定义的。

- 左键：是指拾取键，用于指定屏幕上的点，也可以用来选择 Windows 对象、AutoCAD 对象、工具栏按钮和菜单命令等。
- 右键：是指回车键，功能相当于键盘上的 Enter 键，用于结束当前使用的命令，此时程序将根据当前绘图状态而弹出不同的快捷菜单。
- 中键：按住中键，相当于 AutoCAD 中的 PAN 命令（实时平移）。滚动中键，相当于 AutoCAD 中的 ZOOM 命令（实时缩放）。
- Shift+右键：弹出【对象捕捉】快捷菜单（见图 2-71）。对于 3 键鼠标，弹出按钮通常是鼠标的中间按键。
- Shift+中键：三维动态旋转视图，如图 2-72 所示。
- Ctrl+中键：上、下、左、右旋转视图，如图 2-73 所示。
- Ctrl+右键：弹出【对象捕捉】快捷菜单。

图 2-71 【对象捕捉】快捷菜单

图 2-72 三维动态旋转视图

图 2-73 上、下、左、右旋转视图

3．快捷键命令与命令简写输入

快捷键是指用于启动命令的键组合。例如，可以按【Ctrl+O】打开文件，按【Ctrl+S】保存文件，结果与从【文件】菜单中选择【打开】和【保存】相同。

表 2-2 显示了【保存】快捷键的特性，其显示方式与在【特性】窗格中的显示方式相同。

表2-2　【保存】快捷键的特性

【特性】窗格项目	说　　明	群　　例
名称	该字符串仅在 CUI 编辑器中使用，并且不会显示在用户界面中	保存
说明	文字用于说明元素，不显示在用户界面中	保存当前图形
扩展型帮助文件	当光标悬停在工具栏或面板按钮上时，将显示已显示的扩展型工具提示的文件名和 ID	
命令显示名称	包含命令名称的字符串，与命令有关	QSAVE
宏	命令宏，遵循标准的宏语法	^C^C_qsave
键	指定用于执行宏的按键组合。单击【…】按钮可以打开【快捷键】对话框	Ctrl+S
标签	与命令相关联的关键字。标签可提供其他字段用于在菜单栏中进行搜索	
元素 ID	用于识别命令的唯一标记	ID_Save

提示：

快捷键从用于创建它的命令中继承了自己的特性。

在命令行中输入系统默认的命令简写，然后按【Enter】键或空格键来执行，可有效提高绘图效率。例如，在命令行中可以输入系统默认的简写命令 C（代替 CIRCLE）来启动圆绘制命令，并以此来绘制一个圆。命令行操作提示如下。

```
命令：C                                              //输入命令别名
CIRCLE 指定圆的圆心或 [三点(3P)/两点(2P)/切点、切点、半径(T)]：   //在图形窗口中指定圆心
指定圆的半径或 [直径(D)]：200                         //输入圆半径并按【Enter】键
```

绘制的圆如图 2-74 所示。

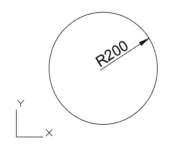

图 2-74　输入命令别名绘制的圆

用户可以为常用命令指定快捷键（有时称为加速键），还可以指定临时替代键，以便通过按键来执行命令或更改设置。

4．临时替代键

临时替代键可临时打开或关闭在【草图设置】对话框中设置的某个绘图辅助工具（如【正交模式】、【对象捕捉】或【极轴追踪】模式）。表 2-3 显示了【对象捕捉替代：端点】临时替代键的特性，其显示方式与在【特性】窗格中的显示方式相同。

表2-3　【对象捕捉替代：端点】临时替代键的特性

【特性】窗格项目	说　明	样　例
名称	该字符串仅在 CUI 编辑器中使用，并且不会显示在用户界面中	对象捕捉替代：端点
说明	文字用于说明元素，不显示在用户界面中	对象捕捉替代：端点
键	指定用于执行临时替代的按键组合。单击【...】按钮可以打开【快捷键】对话框	Shift+E
宏 1（按下键时执行）	用于指定应在用户按下按键组合时执行宏	^P'_.osmode 1 $(if,$(eq,$(getvar, osnapoverride),'_.osnapoverride 1)
宏 2（松开键时执行）	用于指定应在用户松开按键组合时执行宏。如果保留为空，那么 AutoCAD 会将所有变量恢复至以前的状态	

 动手操练——定制快捷键

为自定义的命令创建快捷键的操作步骤如下。

① 在功能区【管理】选项卡的【自定义设置】面板中单击【用户界面】按钮，程序弹出【自定义用户界面】窗口，如图 2-75 所示。

图 2-75　【自定义用户界面】窗口

② 在【自定义用户界面】窗口的【所有自定义文件】的下拉列表中单击【键盘快捷键】
节点旁边的【+】，将此节点展开，如图 2-76 所示。

③ 在【按类别过滤命令列表】的下拉列表中选择【自定义命令】选项，将用户自定义
的命令显示在下方的命令列表框中，如图 2-77 所示。

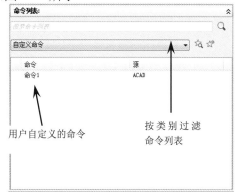

图 2-76　展开【键盘快捷键】节点　　　　　　　图 2-77　显示用户自定义的命令

④ 使用鼠标左键将自定义的命令从命令列表框向上移到【键盘快捷键】节点中，如
图 2-78 所示。

⑤ 选择前面步骤创建的新快捷键，为其指定一个组合键。然后在【自定义用户界面】窗
口右边的【特性】选项面板中选择【键】选项行，并单击【…】按钮，如图 2-79
所示。

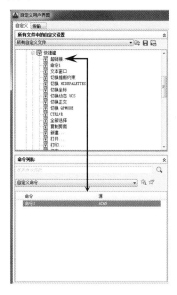

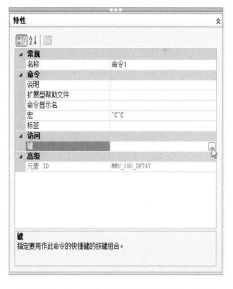

图 2-78　使用鼠标左键移动命令　　　　　　　图 2-79　为新创建的快捷键指定组合键

⑥ 随后程序会弹出【快捷键】对话框，再使用键盘为【命令 1】快捷键指定组合键，
指定后单击【确定】按钮，完成自定义键盘快捷键的操作。创建的组合快捷键将在
【特性】选项面板的【键】选项行中显示，如图 2-80 所示。

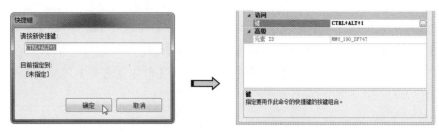

图 2-80　使用键盘指定组合快捷键

⑦　最后单击【自定义用户界面】窗口的【确定】按钮，完成操作。

2.7　入门案例：绘制门

通过绘制 1200mm×2000mm 的门，您可以学习基本曲线命令的用法。门的绘制主要包括画出门洞、门扇及门的装饰线，可以先绘制出一扇门，然后使用镜像命令绘制另外一扇门。要绘制的门如图 2-81 所示。

操作步骤

①　执行菜单栏中的【文件】→【新建】命令，创建一个新的图形文件。

②　执行菜单栏中的【绘图】→【矩形】命令，绘制一扇门的轮廓线，如图 2-82 所示。

```
命令：_RECTANG
指定一个角点或 [倒角(C)/标高(E)/圆角(F)/厚度(T)/宽度(W)]： //在屏幕上任意选取一点
指定另一个角点或 [尺寸(D)]： @600,2000
```

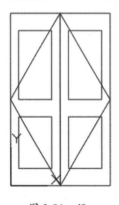

图 2-81　门

图 2-82　绘制一扇门的轮廓线

技巧点拨：

点的输入主要分为两种方式：一种是通过鼠标在绘图窗口中直接单击取点；另一种是通过键盘输入点的坐标取点。坐标的输入方式包括绝对直角坐标、相对直角坐标、相对极坐标、球面坐标和柱面坐标，本案例使用的是相对直角坐标的输入方式。

③　在命令行中输入【OSNAP】后按【Enter】键，弹出【草图设置】对话框。在【对象捕捉】选项卡中，确保选中【端点】和【中点】复选框，使用端点和中点对象捕捉模式，如图 2-83 所示。

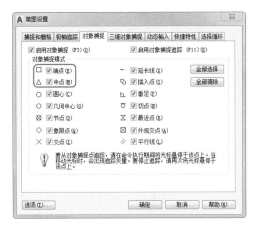

图 2-83　设置对象捕捉模式

> **提示：**
>
> 对象捕捉的作用是帮助用户准确地在工作区定位图形上某个确定的点，当对象捕捉打开后，无论是移动、拉伸或选取图形，鼠标都会自动选取满足对象捕捉的点，这样可以大大提高作图的准确性和效率。

④　在命令行中输入【UCS】后按【Enter】键，改变坐标原点，将新的坐标原点作为门的轮廓线的左下端点。

```
命令：UCS
当前 UCS 名称：*世界*
输入选项
[新建(N)/移动(M)/正交(G)/上一个(P)/恢复(R)/保存(S)/删除(D)/应用(A)/?/世界(W)]
<世界>：o
指定新原点 <0,0,0>：                //对象捕捉到矩形下条边的左端点
```

> **提示：**
>
> 在建筑绘图过程中，有时候建筑物本身的一些特征尺寸是已知的，在确定这个特征点的坐标时，如果用绝对坐标，由于需要计算它的坐标值，往往非常麻烦。这时如果通过 UCS 命令改变坐标的原点，则很容易得到该图形。

⑤　执行【绘图】→【矩形】命令，绘制门的上下两扇门，如图 2-84 所示。

```
命令：_RECTANG
指定一个角点或 [倒角(C)/标高(E)/圆角(F)/厚度(T)/宽度(W)]：100,200
指定另一个角点或 [尺寸(D)]：@400,600
命令：_RECTANG
指定一个角点或 [倒角(C)/标高(E)/圆角(F)/厚度(T)/宽度(W)]：100,1000
指定另一个角点或 [尺寸(D)]：@400,800
```

⑥　执行【绘图】→【直线】命令，绘制门的装饰线，需要使用点的对象捕捉命令，如图 2-85 所示。

```
命令：_LINE
指定第 1 点：                      //对象捕捉到矩形的一个顶点
指定下一点或 [放弃(U)]：           //对象捕捉到矩形的一个中点
指定下一点或 [放弃(U)]：           //对象捕捉到矩形的一个顶点
指定下一点或 [闭合(C)/放弃(U)]：✓  //按【Enter】键结束命令
```

⑦　执行【修改】→【镜像】命令，绘制另外一扇门，并最终完成门的绘制，如图 2-86 所示。

```
命令：_MIRROR
选择对象：指定对角点：找到 5 个        //选中绘制的单扇门
选择对象：                          //按【Enter】键
指定镜像线的第 1 点：               //对象捕捉到门外轮廓线的左侧端点
指定镜像线的第 2 点：               //对象捕捉到门外轮廓线的左侧端点
是否删除源对象？[是(Y)/否(N)] <N>：
```

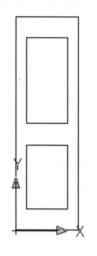

图 2-84 绘制上下两扇门   图 2-85 绘制门的装饰线

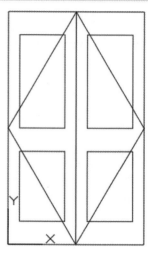

图 2-86 绘制完成后的门

提示：

　　MIRROR（镜像）命令在 AutoCAD 作图中非常重要，无论图形的形状是否规则，只要满足对称的要求，就可以只作其中二分之一的图形，甚至四分之一、八分之一的图形，然后使用此命令就可以作出整个图形。

2.8 AutoCAD 认证考试习题集

一、单选题

1. 可以安装 AutoCAD 2020 的系统是（　　　）

　　A. Windows Vista Enterprise　　　　　B. Windows 2000 Professional

　　C. Windows XP　　　　　　　　　　　D. Windows 7/8/10

2. AutoCAD 2016 在【二维草图与注释的工作空间】中位于绘图区顶部的区域被称作（　　　）。

　　A. 功能区　　　　　　　　　　　　　B. 下拉菜单

　　C. 子菜单　　　　　　　　　　　　　D. 快捷菜单

3. 在 AutoCAD 2020 中，工作空间的切换按钮放在（　　　）。

　　A. 绘图区的上方　　　　　　　　　　B. 状态栏

　　C. 菜单栏　　　　　　　　　　　　　D. 功能区

4．要将当前图形文件保存为另一个文件名，应使用（　　　）命令。

    A．【保存】　　　　　　B．【另存为】　　　　　C．【新建】　　　　　　D．【修改】

5．【选项】命令在（　　　）下拉菜单中。

    A．【文件】　　　　　　　　　　　　　　　B．【视图】

    C．【窗口】　　　　　　　　　　　　　　　D．【工具】

6．创建新图形【使用样板】时，符合中国技术制图标准的样板名代号是（　　　）。

    A．Gb　　　　　　　　B．Din　　　　　　　　C．Ansi　　　　　　　　D．Jis

7．【打开】和【保存】按钮在（　　　）上。

    A．【CAD】标准工具栏　　　　　　　　　B．【标准】工具栏

    C．【文件】菜单栏　　　　　　　　　　　D．【快速访问】工具栏

8．在十字光标处被调用的菜单称为（　　　）。

    A．鼠标菜单　　　　　　　　　　　　　　B．十字交叉线菜单

    C．此处不出现菜单　　　　　　　　　　　D．快捷菜单

9．取消命令执行的键是（　　　）。

    A．按【Esc】键　　　　　　　　　　　　B．按鼠标右键

    C．按【Enter】键　　　　　　　　　　　D．按【F1】键

10．重复执行上一个命令最快的方法是（　　　）。

    A．按【Enter】键　　　　　　　　　　　B．按空格键

    C．按【Esc】键　　　　　　　　　　　　D．按【F1】键

11．可以进入文本窗口的是（　　　）。

    A．功能键 F2　　　　　　　　　　　　　B．功能键 F3

    C．功能键 F1　　　　　　　　　　　　　D．修改

12．以下说法错误的是（　　　）。

    A．系统临时保存的文件与原图形文件名称相同，后缀不一样，默认保存在系统的临时文件夹中

    B．用户可以设定 SAVETIME 系统变量为 0

    C．手动执行 QSAVE、SAVE 或 SAVEAS 命令后，SAVETIME 系统变量的计时器将被重置并重新开始计时

    D．AutoCAD 文件保存后产生的备份文件可以使用 AutoCAD 直接打开

二、绘图题

1．按如图 2-87 所示的标注尺寸绘制一个矩形和一条直线，左下角的坐标为任意坐标位置。

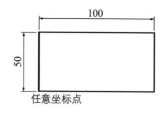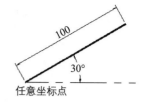

图 2-87　绘制矩形和直线

2. 先执行 LINE 命令绘制一个三角形，三角形的 3 个顶点分别为（45,125）、（145,125）、（95,210），然后绘制这个三角形的内切圆和外接圆，如图 2-88 所示。

（1）画外接圆：使用 CIRCLE 命令（【三点】选项）。

（2）画内切圆的方法有两种。

● 第一种方法：执行 CIRCLE 命令，选择【相切、相切、相切】选项，分别单击三角形的三个边。

● 第二种方法：先执行 XLINE 命令（参照线），选择命令中的【平分线】选项平分三角形的顶点，平分线的交点就是三角形的中心点；以中心点为圆的圆心，执行 CIRCLE 命令绘制内切圆（此种方法要使用【对象捕捉】命令，但不如第一种方法简单、快捷）。

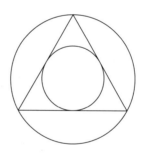

图 2-88　画图练习

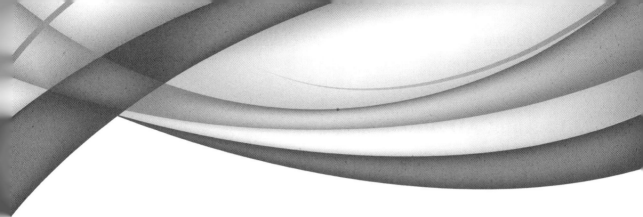

第 3 章

AutoCAD 基本操作

本章内容

本章主要介绍 AutoCAD 2020 的视图操作、AutoCAD 坐标系、导航栏和 ViewCube、模型视口、选项板、绘图窗口的用法和管理。

这些基本功能在三维建模和平面绘图中经常使用，希望大家熟记并掌握。

知识要点

- ☑ AutoCAD 2020 坐标系
- ☑ 控制图形视图
- ☑ 测量工具
- ☑ 快速计算器

3.1 AutoCAD 2020 坐标系

用户在绘制精度要求较高的图形时，经常使用用户坐标系的二维坐标系、三维坐标系来输入坐标值，以满足设计需要。

3.1.1 认识 AutoCAD 坐标系

坐标(x,y)是表示点的最基本的方法。为了输入坐标并建立工作平面，需要使用坐标系。在 AutoCAD 中，坐标系由世界坐标系（World Coordinate System，WCS）和用户坐标系（User Coordinate System，UCS）构成。

1. 世界坐标系

世界坐标系是一个固定的坐标系，也是一个绝对坐标系。通常在二维视图中，世界坐标系的 X 轴水平，Y 轴垂直。世界坐标系的原点为 X 轴和 Y 轴的交点$(0,0)$。图形文件中的所有对象均由世界坐标系的坐标来定义。

2. 用户坐标系

用户坐标系是可移动的坐标系，也是一个相对坐标系。在一般情形下，所有坐标输入及其他许多工具和操作，均参照当前的用户坐标系。使用可移动的用户坐标系创建和编辑对象通常更方便。

在默认情况下，用户坐标系和世界坐标系是重合的，如图 3-1（a）所示，设置后的用户坐标系如图 3-1（b）所示。

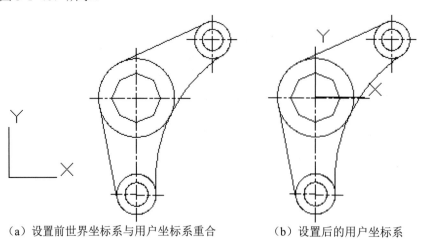

（a）设置前世界坐标系与用户坐标系重合　　　（b）设置后的用户坐标系

图 3-1　设置用户坐标系

3.1.2　笛卡儿坐标系

笛卡儿坐标系有 3 个轴，即 X 轴、Y 轴和 Z 轴。输入坐标值时，需要指示沿 X 轴、Y 轴和 Z 轴相对于坐标系原点（0,0,0）的距离（以单位表示）及其方向（正或负）。在二维线框视图中，在 XY 平面（也称为工作平面）上指定点。工作平面类似于平铺的网格纸。笛卡儿坐标的 X 值指定水平距离，Y 值指定垂直距离。原点（0,0）表示两轴相交的位置。

若要输入笛卡儿坐标来指定点，在命令行中输入以逗号分隔的 X 值和 Y 值即可。笛卡儿坐标输入分为绝对坐标输入和相对坐标输入。

1. 绝对坐标输入

当已知要输入点的精确坐标的 X 值和 Y 值时，最好使用绝对坐标。若在浮动工具条上（动态输入）输入坐标值，坐标值前面可选择添加符号"＃"（不添加也可以），如图 3-2 所示。

若在命令行中输入坐标值，则无须添加符号"＃"。例如，命令行操作提示如下。

```
命令：LINE
指定第一点：30,60↙              //输入直线的第一点坐标
指定下一点或 [放弃(U)]：150,300↙    //输入直线的第二点坐标
指定下一点或 [放弃(U)]：*取消*       //输入【U】，或者按【Enter】键或按【Esc】键
```

绘制的直线如图 3-3 所示。

图 3-2　动态输入时添加前缀

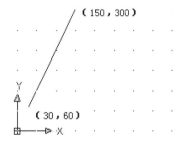

图 3-3　命令行输入无须前缀

2. 相对坐标输入

【相对坐标】是基于上一输入点的。如果知道某点与前一点的位置关系，可以使用相对坐标。指定相对坐标需要在坐标前面添加符号"@"。

例如，在命令行中输入【@3,4】指定一个点，此点沿 X 轴方向有 3 个单位，沿 Y 轴方向距离上一个指定点有 4 个单位。在图形窗口中绘制了一个三角形的 3 条边，命令行的操作提示如下。

```
命令：LINE
指定第一点：-2,1↙                    //第一点绝对坐标
指定下一点或 [放弃(U)]：@5,0↙          //第二点相对坐标
指定下一点或 [放弃(U)]：@0,3↙          //第三点相对坐标
指定下一点或 [闭合(C)/放弃(U)]：@-5,-3↙ //第四点相对坐标
指定下一点或 [闭合(C)/放弃(U)]：C↙      //闭合直线
```

绘制的三角形如图 3-4 所示。

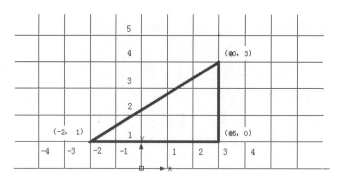

图 3-4　绘制的三角形

动手操练——利用笛卡儿坐标绘制五角星和多边形

使用相对笛卡儿坐标绘制五角星和正五边形，如图 3-5 所示。

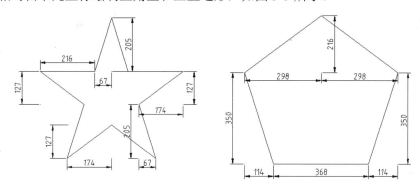

图 3-5　绘制五角星和正五边形

操作步骤

绘制五角星的步骤如下。

① 新建一个文件，然后进入 AutoCAD 绘图环境中。

② 使用【直线】命令，在命令行中输入【L】，然后按空格键确定，在绘图窗口指定第一点，提示下一点时输入坐标（@216,0），按空格键确定后即可即可绘制五角星的左上边的第一条横线。

③ 再次输入坐标（@67,205），按空格键确定后即可绘制第二条斜线。

④ 再次输入坐标（@67,-205），按空格键确定后即可绘制第三条斜线。

⑤ 再次输入坐标（@216,0），按空格键确定后即可绘制第四条横线。

⑥ 再次输入坐标（@-174,-127），按空格键确定后即可绘制第五条斜线。

⑦ 再次输入坐标（@67,-205），按空格键确定后即可绘制第六条斜线。

⑧ 再次输入坐标（@-174,127），按空格键确定后即可绘制第七条斜线。

⑨ 再次输入坐标（@-174,-127），按空格键确定后即可绘制第八条斜线。

⑩ 再次输入坐标（@67,205），按空格键确定后即可绘制第九条斜线。

⑪ 再次输入坐标（@-174,127），按空格键确定后即可绘制第十条斜线。

绘制正五边形的步骤如下。

① 使用【直线】命令，在命令行中输入【L】，然后按空格键确定，在绘图窗口指定第一点，提示下一点时输入坐标（@298,216），按空格键确定后即可绘制正五边形左上边的第一条斜线。

② 再次输入坐标（@298,-216），按空格键确定后即可绘制第二条斜线。

③ 再次输入坐标（@-114,-350），按空格键确定后即可绘制第三条斜线。

④ 再次输入坐标（@-368,0），按空格键确定后即可绘制第四条横线。

⑤ 再次输入坐标（@-114,350），按空格键确定后即可绘制第五条斜线。

3.1.3　极坐标系

在平面内，由极点、极轴和极径组成的坐标系称为极坐标系。在平面上取定一点 O，称为极点。从 O 出发引一条射线 Ox，称为极轴。再取定一个长度单位，通常规定角度取逆时针方向为正。这样，平面上任意一点 P 的位置就可以用线段 OP 的长度 ρ 及从 Ox 到 OP 的角度 θ 来确定，有序数对 (ρ,θ) 就称为 P 点的极坐标，记为 $P(\rho,\theta)$；ρ 称为 P 点的极径，θ 称为 P 点的极角，如图 3-6 所示。

在 AutoCAD 中表达极坐标，需要在命令行中输入角括号"<"（表示分隔的距离和角度）。在默认情况下，角度按逆时针方向增加，按顺时针方向减小。要指定顺时针方向，则角度输入负值。例如，输入 1<315 和 1<-45 代表相同的点。极坐标的输入包括绝对极坐标输入和相对极坐标输入。

1. 绝对极坐标输入

当知道点的准确距离和角度坐标时，通常使用绝对极坐标。绝对极坐标从用户坐标系原点（0,0）开始测量，此原点是 X 轴和 Y 轴的交点。

当使用动态输入时，可以使用前缀"#"指定绝对坐标。如果在命令行而不是工具提示中输入【动态输入】坐标，则不使用前缀"#"。例如，输入【#3<45】指定一点，此点距离原点有 3 个单位，并且与 X 轴的夹角为 45°。命令行操作提示如下。

```
命令：LINE
指定第一点：0,0                              //指定直线起点
指定下一点或 [放弃(U)]：4<120✓              //指定第二点
指定下一点或 [放弃(U)]：5<30✓               //指定第三点
指定下一点或 [闭合(C)/放弃(U)]：*取消*      //按【Esc】键或【Enter】键
```

以绝对极坐标方式绘制的线段如图 3-7 所示。

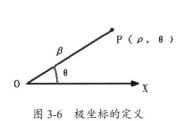

图 3-6　极坐标的定义

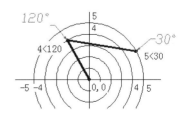

图 3-7　以绝对极坐标方式绘制的线段

2. 相对极坐标输入

相对极坐标是基于上一输入点确定的。如果知道某点与前一点的位置关系，就可以使用相对极坐标（X,Y）来输入。

要输入相对极坐标，需要在坐标前面添加符号"@"。例如，输入【@1<45】来指定一点，此点距离上一指定点有 1 个单位，并且与 X 轴的夹角为 45°。

例如，使用相对极坐标来绘制两条线段，线段都是从标有上一点的位置开始的。在命令行中输入如下操作提示。

```
命令：LINE
指定第一点：-2，3                          //指定直线起点
指定下一点或 [放弃(U)]：2，4              //指定第二点
指定下一点或 [放弃(U)]：@3<45            //指定第三点
指定下一点或 [放弃(U)]：@5<285           //指定第四点
指定下一点或 [闭合(C)/放弃(U)]：*取消*   //按【Esc】键或【Enter】键
```

以相对极坐标方式绘制的线段如图 3-8 所示。

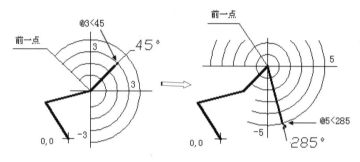

图 3-8　以相对极坐标方式绘制的线段

🖥 动手操练——利用极坐标绘制五角星和多边形

使用相对极坐标绘制五角星和正五边形，如图 3-9 所示。

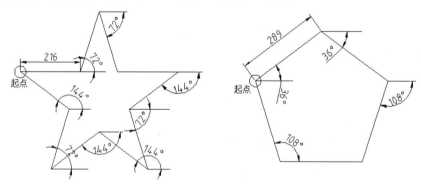

图 3-9　绘制五角星和正五边形

⚙ 操作步骤

绘制五角星的步骤如下。

① 新建一个文件，然后进入 AutoCAD 绘图环境。

② 使用【直线】命令，在命令行中输入【L】，然后按空格键确定，在绘图窗口指定第一点，提示下一点时输入坐标（@216<0），按空格键确定后即可绘制五角星的左上边的第一条横线。

③ 再次输入坐标（@216<72），按空格键确定后即可绘制第二条斜线。

④ 再次输入坐标（@216<-72），按空格键确定后即可绘制第三条斜线。

⑤ 再次输入坐标（@216<0），按空格键确定后即可绘制第四条横线。

⑥ 再次输入坐标（@216<-144），按空格键确定后即可绘制第五条斜线。

⑦ 再次输入坐标（@216<-72），按空格键确定后即可绘制第六条斜线。

⑧ 再次输入坐标（@216<144），按空格键确定后即可绘制第七条斜线。

⑨ 再次输入坐标（@216<-144），按空格键确定后即可绘制第八条斜线。

⑩ 再次输入坐标（@216<72），按空格键确定后即可绘制第九条斜线。

⑪ 再次输入坐标（@216<144），按空格键确定后即可绘制第十条斜线。

绘制正五边形的步骤如下。

① 使用【直线】命令，在命令行中输入【L】，然后按空格键确定，在绘图窗口指定第一点，提示下一点时输入坐标（@289<36），按空格键确定后即可绘制正五边形左上边的第一条斜线。

② 再次输入坐标（@289<-36），按空格键确定后即可绘制第二条斜线。

③ 再次输入坐标（@289<-108），按空格键确定后即可绘制第三条斜线。

④ 再次输入坐标（@289<180），按空格键确定后即可绘制第四条横线。

⑤ 再次输入坐标（@289<108），按空格键确定后即可绘制第五条斜线。

技巧点拨：

在输入笛卡儿坐标时，绘制直线可开启【正交模式】，如五角星上边两条直线，在打开【正交模式】的状态下，用光标指引向右的方向，直接输入【216】代替（@216,0）更加方便、快捷，再如正五边形下边的直线，打开【正交模式】后，光标向左，直接输入【368】代替（@-368,0）更加便于操作；在输入极坐标时，直线同样可启用【正交模式】，用光标指引直线的方向，直接输入【216】代替（@216<0）更加方便、快捷，输入【289】代替（@289<180）更便于操作。

3.2　控制图形视图

在中文版 AutoCAD 2020 中，用户可以使用多种方法观察绘图窗口中绘制的图形，如使用【视图】菜单中的命令，使用【视图】选项卡中的按钮，以及使用视口和鸟瞰视图等。通过这些方式可以灵活地观察图形的整体效果或局部细节。

3.2.1　缩放视图

按一定比例、观察位置和角度显示的图形称为视图。在 AutoCAD 中，用户可以通过缩放视图来观察图形对象。视图的放大如图 3-10 所示。

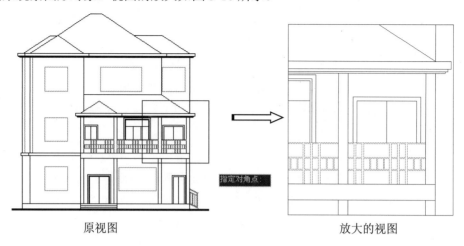

原视图   放大的视图

图 3-10 视图的放大

缩放视图可以增加或减小图形对象的屏幕显示尺寸，但对象的真实尺寸保持不变。通过改变显示区域和图形对象的大小可以更准确、更详细地绘图。用户可以通过如下方式执行【缩放】命令。

● 菜单栏：执行【视图】→【缩放】命令。

● 右键菜单：在绘图区域单击鼠标右键，在弹出的快捷菜单中选择【缩放】命令。

● 命令行：输入【ZOOM】。

【缩放】菜单如图 3-11 所示。

图 3-11 【缩放】菜单

1.【实时】命令

【实时】命令就是利用定点设备，在逻辑范围内向上或向下动态缩放视图。进行视图缩放时，鼠标光标将变为带有加号（+）或减号（-）的放大镜，如图 3-12 所示。

缩小　　　　　　　　　　　　　　放大

图 3-12　视图的实时缩放

2.【上一个】命令

【上一个】命令用于缩放显示上一个视图，最多可以恢复此前的 10 个视图。

3.【窗口】命令

【窗口】命令用于缩放显示由两个角点定义的矩形窗口框定的区域，如图 3-13 所示。

 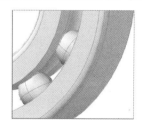

定义矩形放大区域　　　　　　　　　　放大效果

图 3-13　放大视图

4.【动态】命令

【动态】命令用于缩放显示在视图框中的部分图形。视图框表示视口，可以改变它的大小，或者在图形中移动。移动视图框或调整它的大小，将其中的图像平移或缩放，以充满整个视口，如图 3-14 所示。

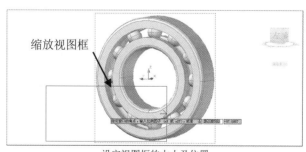

缩放视图框

设定视图框的大小及位置

图 3-14　视图的动态缩放

动态放大后的效果

图 3-14 视图的动态缩放（续）

技巧点拨：

使用【动态】命令缩放视图，应首先显示平移视图框。将其拖动到所需位置并单击，继而显示缩放视图框，调整其大小然后按【Enter】键进行视图缩放。

5.【比例】命令

【比例】命令用指定的比例因子缩放显示。

6.【圆心】命令

【圆心】命令用于缩放显示由圆心和放大比例（或高度）所定义的窗口。高度值较小时增加放大比例，高度值较大时减小放大比例，如图 3-15 所示。

指定中心点

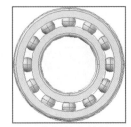

比例放大效果

图 3-15 视图的圆心缩放

7.【对象】命令

【对象】命令就是缩放以便尽可能大地显示一个或多个选定的对象，并使其位于绘图区域的中心。

8.【放大】命令

【放大】命令是指在图形中选择一个定点，并输入比例值来放大视图。

9.【缩小】命令

【缩小】命令是指在图形中选择一个定点，并输入比例值来缩小视图。

10.【全部】命令

【全部】命令就是在当前视口中缩放显示整个图形。在平面视图中，所有图形将被缩放到栅格界限和当前范围中较大的区域。在三维视图中,【全部】命令与【范围】命令等效。即使图形超出了栅格界限也能显示所有对象,如图 3-16 所示。

图 3-16　全部缩放视图

11.【范围】命令

【范围】命令是指缩放以显示图形范围,并尽最大可能显示所有对象。

3.2.2　平移视图

使用平移视图命令可以重新定位图形,以便看清图形的其他部分。此时不会改变图形中对象的位置或比例,只改变视图。用户可以通过如下方式来做平移视图操作。

- 菜单栏:执行【视图】→【平移】→【实时】命令或子菜单上的其他命令。
- 面板:在【默认】选项卡的【实用程序】面板中单击【平移】按钮 。
- 右键菜单:在绘图区域单击鼠标右键,在弹出的快捷菜单中选择【平移】命令。
- 状态栏:单击【平移】按钮 。
- 命令行:输入【-PAN】。

技巧点拨:
如果在命令提示下输入【-PAN】,PAN 将显示另外的命令提示,用户可以指定要平移图形显示的位移。

【平移】菜单命令如图 3-17 所示。

1.【实时】命令

【实时】命令就是利用定点设备,在逻辑范围内上、下、左、右平移视图。在平移视图时,光标的形状变为手形,按住鼠标拾取键,视图将随着光标向同一方向移动,如图 3-18 所示。

图 3-17　【平移】菜单命令

图 3-18　实时平移视图

2.【左】、【右】、【上】和【下】命令

当平移视图到达图纸空间或窗口的边缘时，将在此边缘上的手形光标上显示边界栏。程序根据边缘处于图形顶部、底部还是两侧，将相应地显示出水平（顶部或底部）或垂直（左侧或右侧）边界栏，如图 3-19 所示。

图 3-19 手形光标上的边界栏

3.【点】命令

【点】命令通过指定视图的基点与第二点之间的距离来平移视图。执行此操作的命令行提示如下。

```
命令：'_-PAN 指定基点或位移：指定第二点：          //指定基点（位移起点）
命令：'_-PAN 指定基点或位移：指定第二点：          //指定位移的终点
```

使用【点】命令平移视图的示意图如图 3-20 所示。

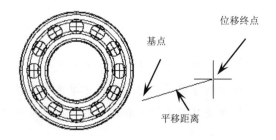

图 3-20 使用【点】命令平移视图的示意图

3.2.3 【重画】与【重生成】命令

【重画】命令用于刷新显示所有视口。当控制点标记打开时，可以使用【重画】命令将所有视口中编辑命令留下的点标记删除，如图 3-21 所示。

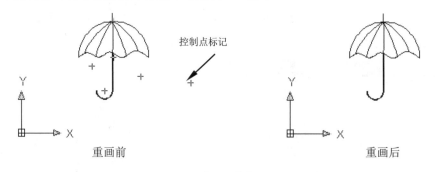

图 3-21 使用【重画】命令删除点标记

【重生成】命令用于在当前视口中重生成整个图形并重新计算所有对象的屏幕坐标，并

且重新创建图形数据库索引，从而优化显示和对象选择的性能。

3.2.4　显示多个视口

为了编辑图形的需要，有时会将模型视图窗口划分为若干独立的小区域，这些小区域则称为模型空间视口。视口是显示用户模型的不同视图的区域，用户可以创建一个或多个视口，也可以新建或重命名视口，还可以合并或拆分视口。创建的 4 个视口效果图如图 3-22 所示。

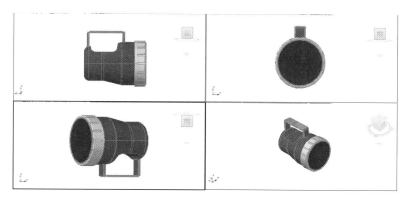

图 3-22　创建的 4 个视口效果图

1. 新建视口

要创建新的视口，可以通过【视口】对话框的【新建视口】选项卡（见图 3-23）来配置模型空间并保存设置。用户可以通过如下方式打开【视口】对话框。

- 菜单栏：执行【视图】→【视口】→【新建视口】命令。
- 命令行：输入【VPORTS】。

在【视口】对话框中，【新建视口】选项卡显示标准视口配置列表并配置模型空间视口。【新建视口】选项卡中各选项的含义如下。

- 【新名称】选项：为新建的模型空间视口配置指定名称。如果不输入名称，则新建的视口配置只能应用而不被保存。
- 【标准视口】选项：列出并设定标准视口配置，包括当前配置。
- 【预览】选项：显示选定视口配置的预览图像，以及在配置中被分配到每个单独视口的默认视图。
- 【应用于】选项：将模型空间视口配置应用到【显示】窗口或【当前视口】。【显示】是将视口配置应用到整个显示窗口，此选项是默认设置。【当前视口】仅将视口配置应用到当前视口。
- 【设置】选项：指定二维或三维设置。若选择【二维】选项，新的视口配置将最初通过所有视口中的当前视图来创建；若选择【三维】选项，一组标准正交三维视图将被应用到配置中的视口。

- 【修改视图】选项：使用从【标准视口】列表中选择的视图替换选定视口中的视图。
- 【视觉样式】选项：将视觉样式应用到视口。【视觉样式】下拉列表包括【当前】、【二维线框】、【三维隐藏】、【三维线框】、【概念】和【真实】等视觉样式。

2. 命名视口

命名视口是通过【视口】对话框的【命名视口】选项卡来完成的。【命名视口】选项卡用于显示图形中任意已保存的视口配置，如图 3-24 所示.。

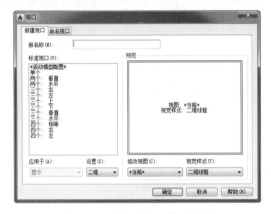

图 3-23　【新建视口】选项卡　　　　　　图 3-24　【命名视口】选项卡

3. 拆分或合并视口

视口拆分就是将单个视口拆分为多个视口，或者在多个视口的一个视口中再进行拆分。若在单个视口中拆分视口，直接在菜单栏中选择【视图】→【视口】→【两个】命令就可以将单个视口拆分为两个视口。

例如，将图形窗口的两个视口中的一个视口再次拆分，具体的操作步骤如下。

① 在图形窗口中选择要拆分的视口，如图 3-25 所示。

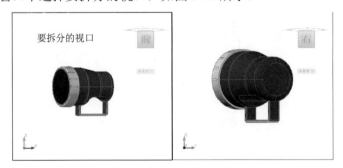

图 3-25　选择要拆分的视口

② 在菜单栏中选择【视图】→【视口】→【两个】命令，程序自动将选择的视口拆分为两个小视口，如图 3-26 所示。

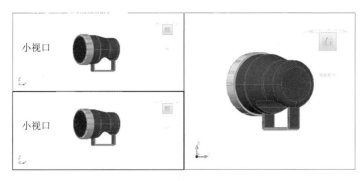

图 3-26　拆分的结果

合并视口是将多个视口合并为一个视口的操作。用户可以通过如下方式合并视口。

● 菜单栏：执行【视图】→【视口】→【合并】命令。

● 命令行：输入【VPORTS】。

合并视口操作需要先选择一个主视图，然后选择要合并的其他视图。执行命令后，选择的其他视图将合并到主视图中。

3.2.5　命名视图

用户可以在一张工程图纸上创建多个视图。当观看、修改图纸上的某部分视图时，将该视图恢复即可。要创建、设置、重命名、修改和删除命名视图（包括模型命名视图）、相机视图、布局视图与预设视图，可以通过【视图管理器】对话框来设置。用户可以通过如下方式命名视图。

● 菜单栏：执行【视图】→【命名视图】命令。

● 命令行：输入【VIEW】。

执行 VIEW 命令，程序将弹出【视图管理器】对话框。在如图 3-27 所示的【视图管理器】对话框中可以设置模型视图、布局视图和预设视图。

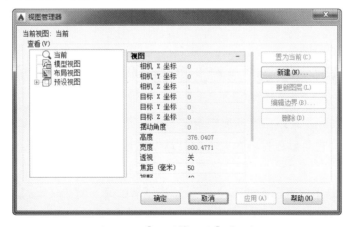

图 3-27　【视图管理器】对话框

3.2.6　ViewCube 和导航栏

ViewCube 和导航栏主要用来恢复与更改视图方向、模型视图的观察及控制等。

1．ViewCube

ViewCube 是用户在二维模型空间或三维视觉样式中处理图形时显示的导航工具。通过 ViewCube，用户可以在标准视图和等轴测视图之间进行切换。

在 AutoCAD 功能区【视图】选项卡的【视口工具】面板中可以通过单击【ViewCube】按钮 来显示或隐藏图形区右上角的 ViewCube 界面。ViewCube 界面如图 3-28 所示。

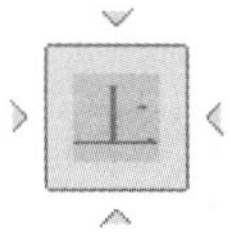

ViewCube 的视图控制方法之一是单击 ViewCube 界面中的 、 、 和 ，也可以在图形区左上方选择【俯视】、【仰视】、【左视】、【右视】、【前视】及【后视】命令，如图 3-29 所示。

图 3-28　ViewCube 界面

ViewCube 的视图控制方法之二是单击 ViewCube 界面中的角点、边或面，如图 3-30 所示。

图 3-29　选择视图

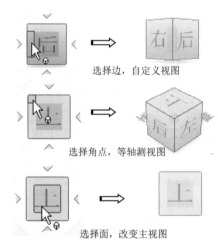

选择边，自定义视图

选择角点，等轴测视图

选择面，改变主视图

图 3-30　选择 ViewCube 改变视图

技巧点拨：

也可以在 ViewCube 上按住左键拖曳鼠标来自定义视图方向。

在 ViewCube 的外围是指南针，用于指示为模型定义的北向。可以单击指南针上的基本方向字母旋转模型，也可以单击并拖动指南针环以交互方式围绕轴心点旋转模型。指南针如图 3-31 所示。

指南针的下方是用户坐标系的下拉菜单选项：【WCS】和【新 UCS】。WCS 是当前的世界坐标系，也是工作坐标系；UCS 是指用户自定义的坐标系，可以为其指定的坐标轴进行定义。ViewCube UCS 坐标系菜单如图 3-32 所示。

图 3-31 指南针　　　　　　　　　图 3-32 ViewCube UCS 坐标系菜单

2. 导航栏

导航栏是一种用户界面元素，用户可以从中访问通用导航工具和特定于产品的导航工具，如图 3-33 所示。

图 3-33 导航栏

导航栏提供了如下通用导航工具。

- 【导航控制盘】◎菜单：提供在专用导航工具之间快速切换的控制盘集合。
- 【平移】🖐：用于平移视图中的模型及图纸。
- 【范围缩放】🔍菜单：用于缩放视图的所有命令集合。
- 【动态观察】✛菜单：用于动态观察视图的命令集合。
- 【ShowMotion】▣：用户界面元素，可以提供创建和回放功能，以便进行设计查看、演示和书签样式导航的屏幕显示。

3.3 测量工具

使用 AutoCAD 提供的查询功能可以查询面域的信息、测量点的坐标、两个对象之间的距离、图形的面积与周长等。下面介绍各种查询工具的应用方法。

💻**动手操练——查询坐标**

① 在功能区【默认】选项卡的【实用工具】面板中单击 🔲点坐标 按钮。

② 随后命令行提示【指定点:】，用户可以在图形中指定要测量坐标值的点对象，如图 3-34 所示。

③ 当用户指定点对象后，命令行将列出指定点的 X 值、Y 值和 Z 值，并将指定点的坐标存储为上一点的坐标，如图 3-35 所示。

> **技巧点拨:**
>
> 在绘图操作中，用户可以通过在输入点的提示时输入【@】来引用查询到的点坐标。

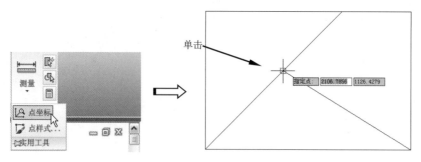

图 3-34　选择点来查询该点的坐标

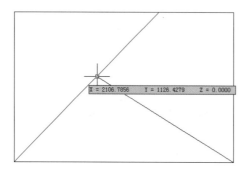

图 3-35　显示该点的坐标

动手操练——查询距离

使用距离测量工具可以计算出 AutoCAD 中真实的三维距离。可以在 *XY* 平面中测量两点之间的距离，也可以测量基于 *X*、*Y* 与 *Z* 坐标的空间中任意两点之间的距离。如果忽略 *Z* 轴的坐标值，计算的距离将采用第一个点或第二个点的当前距离。

① 在功能区【默认】选项卡的【实用工具】面板中单击 测量 下拉按钮。

② 在弹出的下拉列表中选择【距离】选项，命令行将提示【指定第一个点:】，用户需要指定测量的第一个点，如图 3-36 所示。

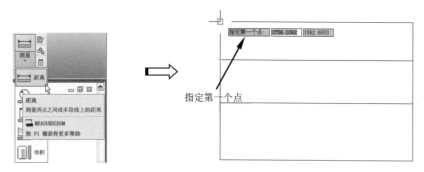

图 3-36　指定第一个点

③ 当用户指定测量的第一个点后，命令行将继续提示【指定第二个点:】，当用户指定测量的第二个点后，命令行将显示测量的结果，如图 3-37 所示。

④ 在弹出的菜单中选择【退出】命令结束操作。

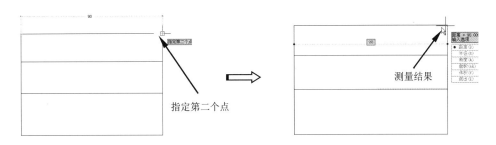

图 3-37　指定第二个点并得到测量结果

动手操练——查询半径

① 单击【实用工具】面板中的【测量】下拉按钮。

② 在弹出的下拉列表中选择【半径】选项，命令行将提示【选择圆弧或圆:】，当用户指定测量的对象后，命令行将显示半径的测量结果，如图 3-38 所示。

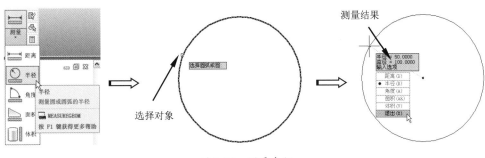

图 3-38　测量半径

③ 在弹出的菜单中选择【退出】命令结束操作。

动手操练——查询夹角的角度

① 单击【实用工具】面板中的【测量】下拉按钮。

② 在弹出的下拉列表中选择【角度】选项，命令行将提示【选择圆弧、圆、直线或<指定顶点>:】，这时，用户只需要指定测量的对象或夹角的第一条线段，如图 3-39 所示。

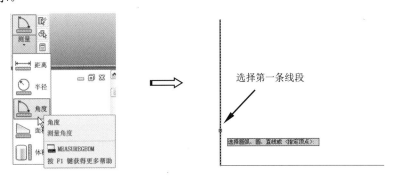

图 3-39　为查询角度选择第一条线段

③ 当用户指定测量的第一条线段后，命令行将继续提示【选择第二条直线:】，当用户指定测量的第二条线段后，命令行将显示角度的测量结果，如图 3-40 所示。

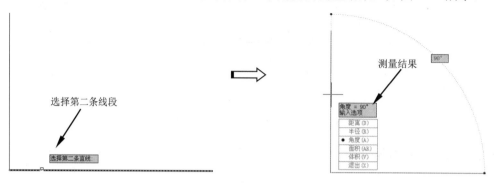

图 3-40　选择第二条线段并完成测量角度

④ 在弹出的菜单中选择【退出】命令结束操作。

动手操练——查询圆或圆弧的弧度

① 单击【实用工具】面板中的 测量 下拉按钮，在弹出的下拉菜单中单击【角度】按钮。

② 在弹出的下拉列表中选择【角度】选项后，直接选择要测量的对象即可显示测量的结果，如图 3-41 所示。

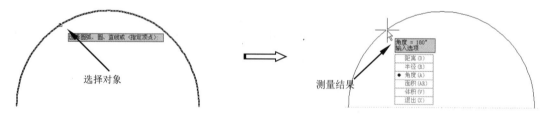

图 3-41　查询弧度

③ 按【ESC】键结束查询操作。

动手操练——查询对象的面积和周长

① 单击【实用工具】面板中的 测量 下拉按钮，在弹出的下拉列表中单击【面积】按钮。

② 随后命令行中显示操作提示，在操作提示中选择【对象（O）】选项，如图 3-42 所示。

图 3-42　选择命令行中的【对象（O）】选项

③ 命令行将提示【选择对象:】，当选择要测量的对象后，命令行将显示测量的结果（见图 3-43），包括对象的面积和周长，然后在弹出的菜单中选择【退出】命令结束操作。

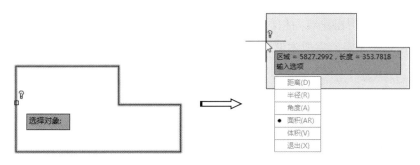

图 3-43　测量的结果

动手操练——查询区域的面积和周长

测量区域的面积和周长时，需要依次指定构成区域的角点。

① 打开素材文件【建筑平面.dwg】，如图 3-44 所示。

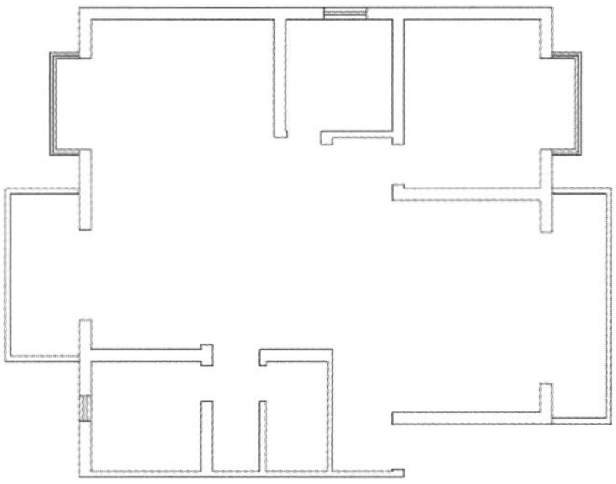

图 3-44　打开的图形

② 单击【实用工具】面板中的 测量 下拉按钮，在弹出的下拉列表中选择【面积】选项。

③ 当命令行提示【指定第一个角点或[对象(O)/增加面积(A)/减少面积(S)/退出(X)] <对象(O)>:】时，指定建筑区域的第一个角点，如图 3-45 所示。

④ 当命令行提示【指定下一个点或[圆弧(A)/长度(L)/放弃(U)]:】时，指定建筑区域的下一个角点，如图 3-46 所示。

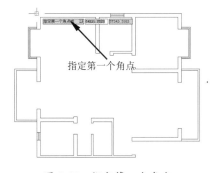

指定第一个角点

图 3-45　指定第一个角点

指定下一个角点

图 3-46　指定第二个角点

⑤ 根据命令行的提示，继续指定建筑区域的其他角点，然后按空格键确定，命令行将显示测量出的结果，如图 3-47 所示，记下测量值后退出操作。

⑥ 根据测量值得出建筑面积约为 100m²，然后执行【文字】命令，记录测量的结果，如图 3-48 所示，完成本案例的制作。

图 3-47　显示测量结果

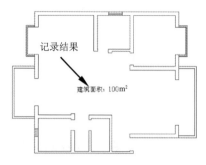

图 3-48　记录测量结果

🖥 **动手操练——查询体积**

① 单击【实用工具】面板中的 [测量] 下拉按钮。

② 在弹出的下拉列表中选择【体积】选项，命令行将提示【指定第一个角点或[对象(O)/增加面积(A)/减少面积(S)/退出(X)] <对象(O)>:】。在此提示下输入【O】，或者选择【对象(O)】命令。

③ 命令行继续提示【选择对象:】，当用户选择要测量的对象后，命令行将显示体积的测量结果（见图 3-49），然后在弹出的菜单中选择【退出】命令结束操作。

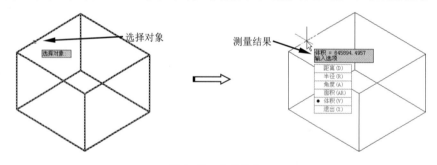

图 3-49　查询体积

技巧点拨：

　　查询区域体积的方法与查询区域面积的方法基本相同，在执行测量【体积】命令后指定构成区域体积的点，再按空格键确定，系统即可显示测量的结果。

3.4　快速计算器

　　快速计算器包括与大多数标准数学计算器类似的基本功能。另外，快速计算器还具有特别适用于 AutoCAD 的功能，如几何函数、单位转换区域和变量区域。

3.4.1　了解快速计算器

与大多数计算器不同的是，快速计算器是一个表达式生成器。为了获取更大的灵活性，它不会在用户单击某个函数时立即计算出结果。相反，它会让用户输入一个可以轻松编辑的表达式。

在功能区【默认】选项卡的【实用工具】面板中单击【快速计算器】按钮，打开【快速计算器】面板，如图 3-50 所示。

图 3-50　【快速计算器】面板

使用【快速计算器】面板可以进行以下操作。

- 执行数学计算和几何计算。
- 访问和检查以前输入的计算值，并重新进行计算。
- 从【特性】选项板访问计算器来修改对象特性。
- 转换测量单位。
- 执行与特定对象相关的几何计算。
- 向【特性】选项板与命令提示复制和粘贴值与表达式。
- 计算混合数字（分数）、英寸和英尺。
- 定义、存储和使用计算器变量。
- 使用 CAL 命令中的几何函数。

技巧点拨：

单击【快速计算器】面板中的【更少】按钮，将只显示输入框和【历史记录】区域。使用【展开】按钮或【收拢】按钮可以选择打开或关闭区域。还可以通过拖动【快速计算器】面板的边框控制其大小，通过拖动【快速计算器】面板的标题栏可以改变其位置。

3.4.2　使用快速计算器

在功能区【默认】选项卡的【实用工具】面板中单击【快速计算器】按钮，打开【快速计算器】面板，然后在文本输入框中输入要计算的内容。

输入要计算的内容后单击【快速计算器】面板中的【等号】按钮 = 或按【Enter】键确定，将在文本输入框中显示计算的结果，在【历史记录】区域中将显示计算的内容和结果。在【历史记录】区域中单击鼠标右键，在弹出的快捷菜单中选择【清除历史记录】命令，可以将【历史记录】区域的内容删除，如图 3-51 所示。

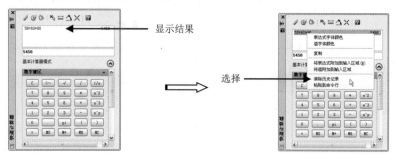

图 3-51　使用快速计算器

动手操练——使用快速计算器

① 打开素材文件【平面图.dwg】，如图 3-52 所示。

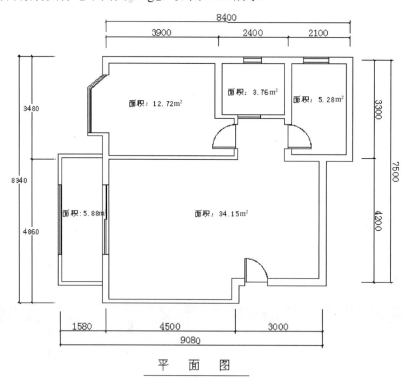

图 3-52　打开素材文件

② 单击【实用工具】面板中的【快速计算器】按钮，打开【快速计算器】面板。

③ 在文本输入框中输入各房间面积相加的算式【12.72+3.76+5.28+34.15+5.88】，如图 3-53 所示。

④　单击【快速计算器】面板中的【等号】按钮 ＝ ，在文本输入框中将显示计算结果，如图 3-54 所示。

图 3-53　输入面积相加的算式

图 3-54　计算结果

⑤　执行【文字】命令，将计算结果记录在图形下方"平面图"的右侧，完成本案例的制作，如图 3-55 所示。

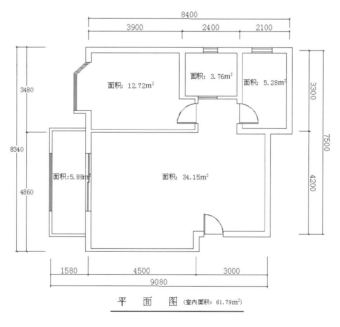

图 3-55　记录结果

3.5　AutoCAD 认证考试习题集

一、单选题

1. 默认的世界坐标系的简称是（　　　）。

  A. CCS   B. UCS   C. WCS   D. UCIS

2. 将当前图形生成 4 个视口，在一个视口中新画一个圆并将全图平移，其他视口的结果是（   ）。

    A．其他视口生成圆且同步平移   B．其他视口不生成圆但同步平移

    C．其他视口生成圆但不平移   D．其他视口不生成圆也不平移

3．【缩放】命令在执行过程中改变了（   ）。

    A．图形界限的范围   B．图形的绝对坐标

    C．图形在视图中的位置   D．图形在视图中显示的大小

4．按比例改变图形实际大小的命令是（   ）。

    A．OFFSET   B．ZOOM   C．SCALE   D．STRETCH

5．【移动】和【平移】命令相比（   ）。

    A．都是移动命令，效果一样

    B．移动速度快，平移速度慢

    C．移动的对象是视图，平移的对象是物体

    D．移动的对象是物体，平移的对象是视图

6．当图形中只有一个视口时，【重生成】命令的功能与（   ）相同。

    A．【重画】   B．【窗口缩放】

    C．【全部重生成】   D．【实时平移】

7．对于图形界限非常大的复杂图形，（   ）命令能快速简便地定位图形中的任意一部分以便观察。

    A．【移动】   B．【缩小】

    C．【放大】   D．【鸟瞰视图】

8．（   ）是绝对坐标输入方式。

    A．10   B．@10,10,0   C．10,10,0   D．@10＜0

9．要快速显示整个图限范围内的所有图形，可以使用（   ）命令。

    A．【视图】→【缩放】→【窗口】   B．【视图】→【缩放】→【动态】

    C．【视图】→【缩放】→【范围】   D．【视图】→【缩放】→【全部】

10．在 AutoCAD 中，要将左右两个视口改为左上、左下、右这 3 个视口可选择（   ）命令。

    A．【视图】→【视口】→【一个视口】

    B．【视图】→【视口】→【三个视口】

    C．【视图】→【视口】→【合并】

    D．【视图】→【视口】→【两个视口】

11．在 AutoCAD 中，使用（   ）可以在打开的图形间来回切换，但是，在某些时间较长的操作（如重生成图形）期间不能切换图形。

    A．【Ctrl+F9】键或【Ctrl+Shift】键   B．【Ctrl+ F8】键或【Ctrl+Tab】键

    C．【Ctrl+F6】键或【Ctrl +Tab】键   D．【Ctrl+F7】键或【Ctrl+Lock】键

二、绘图题

1. 将长度和角度精度设置为小数点后 3 位，绘制如图 3-56 所示图形，A 点的坐标是
（　　）。

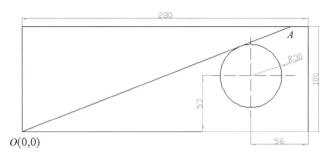

图 3-56　绘图练习一

    A.（249.246,100）　　　　　　　　B.（274.246,90.478）

    C.（263.246,100）　　　　　　　　D.（269.246,109.478）

2. 将长度和角度精度设置为小数点后 3 位，绘制如图 3-57 所示的图形，图形的面积为
（　　）。

    A. 28 038.302　　　　　　　　　　B. 28 937.302

    C. 27 032.302　　　　　　　　　　D. 29 034.302

3. 将长度和角度精度设置为小数点后 3 位，绘制如图 3-58 所示的图形，阴影部分的面
积为（　　）。

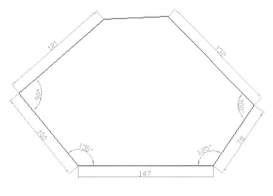
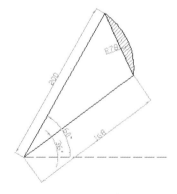

图 3-57　绘图练习二　　　　　　　　图 3-58　绘图练习三

    A. 644.791　　　　B. 763.479　　　　C. 667.256　　　　D. 663.791

第 4 章

高效辅助作图工具

本章内容

绘制图形时，AutoCAD 有一些精确的辅助绘图工具，可以帮助用户极大地提高绘图效率。本章将对这些常用的 AutoCAD 精确绘制图形的辅助工具、修改图形的工具、图形对象的选择方法等进行详细介绍。

知识要点

- ☑ 精确绘制图形的辅助工具
- ☑ 修改图形的工具
- ☑ 图形对象的选择技巧

4.1　精确绘制图形的辅助工具

在绘图过程中，经常需要指定一些已有对象上的点，如端点、圆心和两个对象的交点等。如果仅凭观察来拾取，不可能非常准确地找到这些点。为此，AutoCAD 提供了精确绘制图形的功能，可以迅速、准确地捕捉到某些特殊点，从而精确地绘制图形。

4.1.1　设置捕捉模式

在绘制图形时，尽管可以通过移动鼠标光标来指定点的位置，但是很难精确指定点的某个位置。因此，要精确定位点，必须使用坐标输入或启用捕捉功能。

> **技巧点拨：**
>
> 【捕捉模式】可以单独打开，也可以和其他模式一同打开。

【捕捉模式】用于设定鼠标光标移动的间距。使用【捕捉模式】可以提高绘图效率。如图 4-1 所示，打开【捕捉模式】后，鼠标光标按照设定的移动间距来捕捉点的位置，并绘制图形。

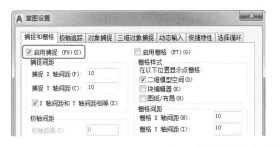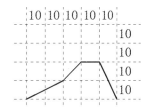

图 4-1　打开【捕捉模式】绘制图形

用户可以通过如下方式打开或关闭【捕捉模式】功能。

- 状态栏：单击【捕捉模式】按钮 。
- 键盘快捷键：按【F9】键。
- 【草图设置】对话框：在【捕捉和栅格】选项卡中勾选或取消勾选【启用捕捉】复选框。
- 命令行：输入【SNAPMODE】。

4.1.2　栅格显示

【栅格】是一些标定位置的小点，起坐标纸的作用，可以提供直观的距离和位置参照。利用栅格可以对齐对象并直观显示对象之间的距离。若要提高绘图的速度和效率，不仅可以显示并捕捉矩形栅格，还可以控制其间距、角度并对齐。

用户可以通过如下方式打开或关闭【栅格】功能。

- 状态栏：单击【栅格】按钮▦。
- 键盘快捷键：按【F7】键。
- 【草图设置】对话框：在【捕捉和栅格】选项卡中勾选或取消勾选【启用栅格】复选框。
- 命令行：输入【GRIDDISPLAY】。

栅格可以显示为点矩阵，也可以显示为线矩阵。仅在当前视觉样式设置为【二维线框】时栅格才显示为点，否则栅格将显示为线，如图 4-2 所示。在三维中工作时，所有视觉样式都显示为线栅格。

栅格显示为点

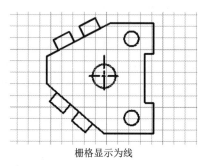
栅格显示为线

图 4-2　栅格的显示

技巧点拨：

在默认情况下，用户坐标系的 X 轴和 Y 轴以不同于栅格线的颜色显示。用户可在【图形窗口颜色】对话框控制颜色，此对话框可以从【选项】对话框的【草图】选项卡中访问。

4.1.3　对象捕捉

不论何时提示输入点，都可以指定对象捕捉。在默认情况下，当鼠标光标移到对象的对象捕捉位置时，将显示标记和工具提示，此功能称为 AutoSnap（自动捕捉），提供了视觉提示，指示哪些对象捕捉正在使用。

1．特殊点对象捕捉

AutoCAD 提供了状态栏和右键快捷菜单这 2 种执行特殊点对象捕捉的方法。

方法一：使用如图 4-3 所示的【对象捕捉】工具栏。

方法二：执行绘图命令后，单击鼠标右键，在弹出的快捷菜单中选择【捕捉替代】命令，将弹出对象捕捉工具子菜单。也可以直接按【Shift 键+鼠标右键】来打开【对象捕捉】快捷菜单。【对象捕捉】菜单中列出了 AutoCAD 提供的常见特殊点对象捕捉模式，如图 4-4 所示。

图 4-3　【对象捕捉】工具栏

图 4-4　【对象捕捉】快捷菜单

表 4-1 列举了捕捉模式的快捷命令及其功能，与【对象捕捉】工具栏图标及【对象捕捉】快捷菜单命令相对应。

表4-1　特殊位置点捕捉

捕捉模式	快捷命令	功　　能
临时追踪点	TT	建立临时追踪点
两点之间的中点	M2P	捕捉两个独立点之间的中点
自	FRO	与其他捕捉方式配合使用建立一个临时参考点，作为指出后继点的基点
端点	ENDP	用于捕捉对象（如线段或圆弧等）的端点
中点	MID	用于捕捉对象（如线段或圆弧等）的中点
圆心	CEN	用于捕捉圆或圆弧的圆心
节点	NOD	捕捉用 POINT 或 DIVIDE 等命令生成的点
象限点	QUA	用于捕捉距光标最近的圆或圆弧上可见部分的象限点，即圆周上 0°、90°、180°、270° 位置上的点
交点	INT	用于捕捉对象（如线、圆弧或圆等）的交点
延长线	EXT	用于捕捉对象延长路径上的点
插入点	INS	用于捕捉块、形、文字、属性或属性定义等对象的插入点
垂足	PER	在线段、圆、圆弧或它们的延长线上捕捉一个点，使之与最后生成的点的连线与该线段、圆或圆弧正交
切点	TAN	最后生成的一个点到选中的圆或圆弧上引切线的切点位置
最近点	NEA	用于捕捉离拾取点最近的线段、圆、圆弧等对象上的点
外观交点	APP	用于捕捉两个对象在视图平面上的交点。若两个对象没有直接相交，则系统自动计算其延长后的交点；若两个对象在空间上为异面直线，则系统计算其投影方向上的交点
平行线	PAR	用于捕捉与指定对象平行方向的点
无	NON	关闭对象捕捉模式
对象捕捉设置	OSNAP	设置对象捕捉

技巧点拨：

仅当提示输入点时，对象捕捉才生效。如果尝试在命令提示下使用对象捕捉，那么将显示错误消息。

💻 动手操练——利用交点捕捉和平行捕捉绘制防护栏立面图

交点捕捉是捕捉图元上的交点。启动平行捕捉后，如果创建对象的路径与已知线段平行，那么 AutoCAD 将显示一条对齐路径，用于创建平行对象，如图 4-5 所示。

本节将利用交点捕捉和平行捕捉绘制如图 4-6 所示的防护栏立面图。

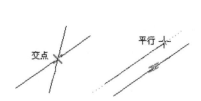

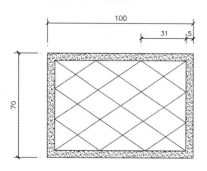

图 4-5　交点捕捉与平行捕捉示意图　　　　图 4-6　防护栏立面图

① 设置对象捕捉方式为交点捕捉和平行捕捉。

② 单击【矩形】按钮 ▭▾，绘制长为 100mm、宽为 70mm 的矩形。

③ 单击【偏移】按钮 ⬓，创建矩形的偏移，如图 4-7 所示。命令行操作提示如下。

```
命令：_OFFSET
当前设置：删除源=否图层=源 OFFSETGAPTYPE=0
指定偏移距离或 [通过(T)/删除(E)/图层(L)] <通过>：5✓          //输入偏移距离
选择要偏移的对象，或 [退出(E)/放弃(U)] <退出>：              //选择矩形
指定要偏移的那一侧上的点，或 [退出(E)/多个(M)/放弃(U)] <退出>：  //在矩形内部单击
```

④ 单击【直线】按钮 ✏，捕捉交点，绘制线段 *AB*，如图 4-8 所示。

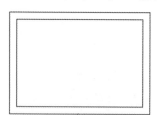

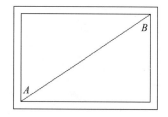

图 4-7　绘制并偏移矩形　　　　　　　图 4-8　绘制线段

⑤ 重复直线命令，捕捉斜线绘制平行线，如图 4-9 所示。

```
命令：_LINE 指定第一点：_TT 指定临时对象追踪点：       //单击临时追踪点按钮，捕捉 B 点
指定第一点：31✓                                     //输入追踪距离，确定线段的第一点
指定下一点或[放弃(U)]：                              //捕捉平行延长线与矩形边的交点
```

⑥ 利用类似的方法绘制其余线段，结果如图 4-10 所示。

⑦ 捕捉交点，绘制线段 *CD*，如图 4-11 所示。

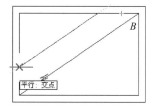

图 4-9 绘制平行线

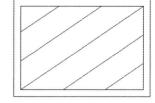

图 4-10 绘制其余线段

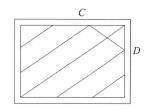

图 4-11 捕捉交点,绘制线段 CD

⑧ 利用相同的方法捕捉交点,绘制其余线段,作图完成。

2. 捕捉设置

在 AutoCAD 中绘图之前,可以根据需要事先设置开启一些对象捕捉模式,绘图时系统就能自动捕捉这些特殊点,从而加快绘图速度,并且提高绘图质量。用户可以通过如下方式进行对象捕捉设置。

● 命令行:输入【DDOSNAP】。

● 菜单栏:执行【工具】→【绘图设置】命令。

● 工具栏:单击【对象捕捉】→【对象捕捉设置】按钮。

● 状态栏:单击【对象捕捉】按钮（仅限于打开与关闭）。

● 快捷键:按【F3】键（仅限于打开与关闭）。

● 快捷菜单:执行【捕捉替代】→【对象捕捉设置】命令。

执行上述操作后,系统可以打开【草图设置】对话框,选中【对象捕捉】选项卡,如图 4-12 所示,利用此选项卡可以对对象捕捉模式进行设置。若想高效作图,建议勾选全部的【对象捕捉模式】选项。

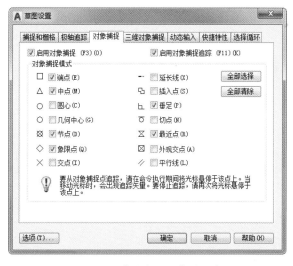

图 4-12 【对象捕捉】选项卡

💻动手操练——利用象限点捕捉绘制水池平面图

象限点捕捉用于捕捉圆弧、圆、椭圆或椭圆弧的象限点,如图 4-13 所示。

本节将利用象限点捕捉绘制如图 4-14 所示的水池平面图。

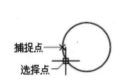

图 4-13　象限点捕捉示意图

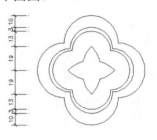

图 4-14　水池平面图

① 勾选【对象捕捉模式】选项组中的【端点】、【象限点】和【交点】复选框。

② 绘制垂直辅助线，捕捉交点画圆，捕捉象限点绘制圆弧（【圆心、起点、端点】工具），如图 4-15 所示。

③ 利用【修剪】命令 修剪图形，如图 4-16 所示。

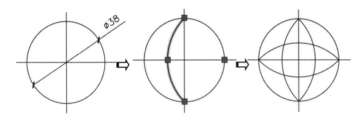

图 4-15　绘制圆弧

图 4-16　修剪图形

④ 向外偏移圆，捕捉象限点绘制内接于圆的正四边形，再利用中点和象限点捕捉，捕捉四边形的中点来绘制其他圆弧（利用【三点画弧】工具），如图 4-17 所示。

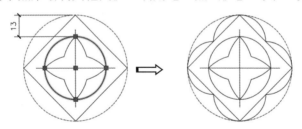

图 4-17　绘制其他圆弧

⑤ 删除多边形。向外偏移圆，删除圆 A，绘制内接于圆的正四边形。再利用【三点画弧】工具绘制，捕捉中点和象限点绘制圆弧，如图 4-18 所示。

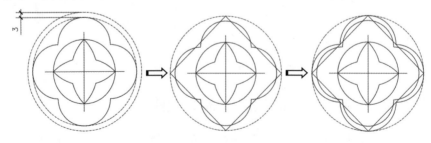

图 4-18　偏移定位绘制圆弧（一）

⑥　同理，删除第五个步骤绘制的多边形。向外偏移圆并绘制内接于圆的正四边形，再利用【三点画弧】工具捕捉中点和象限点绘制圆弧。最后修剪成最终的图形，如图 4-19 所示。

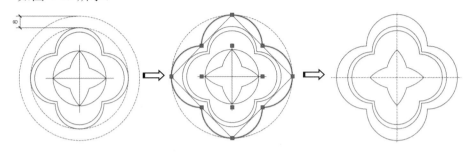

图 4-19　偏移定位绘制圆弧（二）

4.1.4　对象追踪

对象追踪可以按指定角度绘制对象，或者绘制与其他对象有特定关系的对象。对象追踪分为极轴追踪和对象捕捉追踪，是常用的辅助绘图工具。

1．极轴追踪

极轴追踪是按程序默认给定或用户自定义的极轴角度增量来追踪对象点的。如果极轴角度为 45°，那么光标只能按照给定的 45°范围来追踪，也就是说，光标可以在整个象限的 8 个位置上追踪对象点。如果事先知道要追踪的方向（角度），则使用极轴追踪是比较方便的。

用户可以通过如下方式打开或关闭【极轴追踪】功能。

● 状态栏：单击【极轴追踪】按钮 ⊿。

● 键盘快捷键：按【F10】键。

● 【草图设置】对话框：在【极轴追踪】选项卡中勾选或取消勾选【启用极轴追踪】复选框。

创建或修改对象时，还可以使用【极轴追踪】显示由指定的极轴角度所定义的临时对齐路径。例如，设定极轴角度为 45°，可以使用【极轴追踪】捕捉（见图 4-20 所示）。

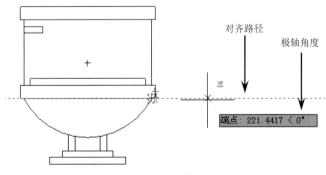

图 4-20　【极轴追踪】捕捉

技巧点拨：

在没有特别指定极轴角度时，默认角度测量值为90°；可以使用对齐路径和工具提示绘制对象；与【交点】或【外观交点】对象捕捉一起使用【极轴追踪】，可以找出极轴对齐路径与其他对象的交点。

动手操练——利用【极轴追踪】功能绘制采暖管道投影图

本节将利用【极轴追踪】功能绘制如图 4-21 所示的采暖管道投影图。制作过程分析图如图 4-22 所示。

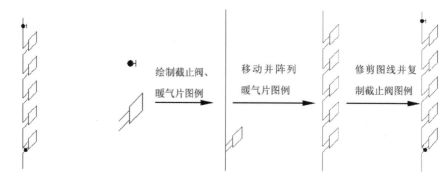

图 4-21　采暖管道投影图　　　　　　　图 4-22　制作过程分析图

① 执行 DSETTINGS 命令，弹出【草图设置】对话框。

② 在【极轴追踪】选项卡中，将【增量角】设置为【45】，如图 4-23 所示。

图 4-23　设置【增量角】

③ 在【对象捕捉】选项卡中，设置捕捉方式为【端点】和【中点】，然后单击【确定】按钮，关闭【草图设置】对话框。

④ 单击【直线】按钮 ，绘制暖气片图例，如图 4-24 所示。

```
命令：_LINE 指定第一点：              //在屏幕任意位置单击，确定直线的第一个点
指定下一点或 [放弃(U)]：8✔            //向右沿 45° 追踪，输入数值，确定第二个点
指定下一点或 [放弃(U)]：2✔            //向下沿 270° 追踪，输入数值，确定第三个点
指定下一点或 [闭合(C)/放弃(U)]：10✔   //向右沿 45° 追踪，输入数值，确定第四个点
指定下一点或 [闭合(C)/放弃(U)]：9✔    //向上沿 90° 追踪，输入数值，确定第五个点
指定下一点或 [闭合(C)/放弃(U)]：10✔   //向左沿 225° 追踪，输入数值，确定第六个点
```

指定下一点或 [闭合(C)/放弃(U)]: 2↙	//向下沿 270° 追踪，输入数值，确定第七个点
指定下一点或 [闭合(C)/放弃(U)]: 8↙	//向左沿 225° 追踪，输入数值，确定第八个点
指定下一点或 [闭合(C)/放弃(U)]: ↙	//按【Enter】键

⑤　重复执行【直线】命令，分别捕捉 *A*、*B* 两个端点画线段，如图 4-25 所示。

⑥　重复执行【直线】命令，在绘图区中任意位置单击作为线段的第一个点，绘制一段长为【120】的竖直线段。

⑦　单击【修改】面板中的【移动】按钮 ✣，选择暖气片图例，将其移至线段上的 *C* 点处，如图 4-26 所示。

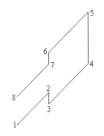
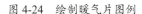
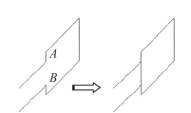

图 4-24　绘制暖气片图例　　　　图 4-25　添加线段　　　　图 4-26　移动图例到线段上

⑧　框选暖气片图例，再单击【矩形阵列】按钮 ▦，在弹出的【阵列创建】选项卡中设置各个参数，如图 4-27 所示。

图 4-27　设置矩形阵列参数

⑨　单击【阵列创建】选项卡的【关闭阵列】按钮，完成矩形阵列，结果如图 4-28 所示。

⑩　单击【修剪】按钮 -/--，将图线修剪成如图 4-29 所示的形式。

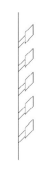
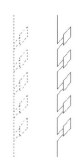

图 4-28　阵列结果　　　　　　　图 4-29　修剪前后的图线比较

⑪　单击【直线】按钮 ╱，在绘图区空白处单击确定线段的起点，竖直向下追踪，绘制一段长为【3】的线段。重复执行【直线】命令，捕捉线段中点，向左画一条长为【3】的线段，如图 4-30 所示。

⑫　执行菜单栏中的【绘图】→【圆环】命令。绘制的截止阀如图 4-31 所示。

```
命令：_DONUT
指定圆环的内径 <0.5000>:0↙          //确定圆环内径为 0
指定圆环的外径 <2.0000>:3↙          //确定圆环外径为 3
指定圆环的中心点或 <退出>：          //捕捉端点 E，确定圆环中心位置
指定圆环的中心点或 <退出>:↙         //按【Enter】键
```

图 4-30　绘制水平线段和竖直线段

图 4-31　绘制的截止阀

⑬ 单击【复制】按钮 ⟳，将截止阀图例分别复制到 *F* 点和中点 *G* 上，如图 4-32 左图所示。

⑭ 单击【旋转】按钮 ⟳，框选 *F* 点处的截止阀图例，以中点 *H* 为旋转基点向左沿 135°追踪进行旋转，旋转后的结果如图 4-32 所示。

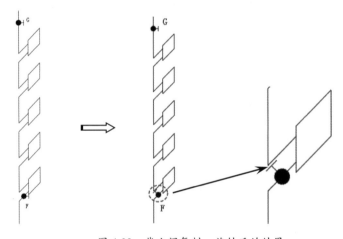
图 4-32　截止阀复制、旋转后的结果

2．对象捕捉追踪

对象捕捉追踪按与对象的某种特定关系来追踪，这种特定的关系确定了一个未知角度。如果事先不知道具体的追踪方向（角度），但知道与其他对象的某种关系（如相交、垂直等），则用对象捕捉追踪。极轴追踪和对象捕捉追踪可以同时使用。

用户可以通过如下方式打开或关闭【对象捕捉追踪】功能。

● 状态栏：单击【对象捕捉追踪】按钮 ∠。
● 键盘快捷键：按【F11】键。

使用对象捕捉追踪，在命令中指定点时，光标可以沿基于其他对象捕捉点的对齐路径进行追踪，如图 4-33 所示。

技巧点拨：

要使用对象捕捉追踪，必须打开一个或多个对象捕捉。

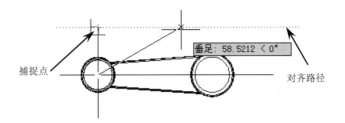

图 4-33　对象捕捉追踪

捕捉点　　　　　　　　　　　　　　　　对齐路径

动手操练——利用【对象捕捉追踪】功能绘制檐口大样图

利用【对象捕捉追踪】功能绘制如图 4-34 所示的檐口大样图。

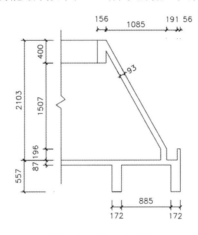

图 4-34　檐口大样图

① 打开极轴追踪、对象捕捉及对象追踪功能，设置对象捕捉方式为端点、平行捕捉。

② 单击【直线】按钮 ／ ，绘制如图 4-35 所示的图形。

```
命令: _LINE 指定第一点:                        //在屏幕上单击，确定线段第一点 A
指定下一点或 [放弃(U)]:                        //向右追踪一段距离，确定 B 点
指定下一点或 [放弃(U)]:470↙                    //向下追踪并输入线段 BC 的长度
指定下一点或 [闭合(C)/放弃(U)]:172↙            //向右追踪并输入线段 CD 的长度
指定下一点或 [闭合(C)/放弃(U)]:                 //在 B 点处建立追踪参考点以确定 E 点
指定下一点或 [闭合(C)/放弃(U)]:885↙            //向右追踪并输入线段 EF 的长度
指定下一点或 [闭合(C)/放弃(U)]:                 //在 D 点处建立追踪参考点以确定 G 点
指定下一点或 [闭合(C)/放弃(U)]:172↙            //向右追踪并输入线段 GH 的长度
指定下一点或 [闭合(C)/放弃(U)]:753↙            //向上追踪并输入线段 HI 的长度
指定下一点或 [闭合(C)/放弃(U)]:56↙             //向左追踪并输入线段 IJ 的长度
指定下一点或 [闭合(C)/放弃(U)]:196↙            //向下追踪并输入线段 JK 的长度
指定下一点或 [闭合(C)/放弃(U)]:191↙            //向左追踪并输入线段 KL 的长度
指定下一点或 [闭合(C)/放弃(U)]:                 //在 J 点处建立追踪参考点以确定 M 点
指定下一点或 [闭合(C)/放弃(U)]: @-1085,1907↙   //输入 N 点的偏移坐标
指定下一点或 [闭合(C)/放弃(U)]:156↙            //向左追踪并输入线段 NO 的长度
指定下一点或 [闭合(C)/放弃(U)]:400↙            //向下追踪并输入线段 OP 的长度
指定下一点或 [闭合(C)/放弃(U)]:                 //在 N 点处建立追踪参考点以确定 Q 点
指定下一点或 [闭合(C)/放弃(U)]: ↙              //按【Enter】键结束
```

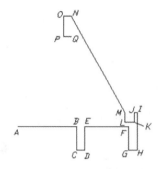

图 4-35　绘制的线段

③　重复执行【直线】命令，绘制内部轮廓线。

命令：LINE 指定第一点：87✓	//在 A 点处向上追踪，输入追踪距离确定 B 点
指定下一点或 [放弃(U)]:107✓	//在 C 点处向左追踪，输入追踪距离确定 D 点
指定下一点或 [闭合(C)/放弃(U)]:	//在 E 点处建立追踪参考点以确定 H 点
指定下一点或 [闭合(C)/放弃(U)]:	
//捕捉斜线段的平行线和 F 点，确定 G 点，如图 4-36（a）所示	
指定下一点或 [闭合(C)/放弃(U)]:	//捕捉 F 点

④　绘制结果如图 4-36（b）所示。

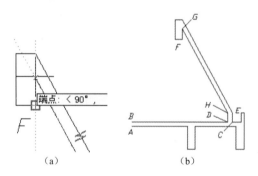

（a）　　　　　　　　　　　　（b）

图 4-36　绘制内部轮廓线

⑤　设置捕捉方式为最近点捕捉。

⑥　单击【直线】按钮／，绘制其余线段，如图 4-37 所示。

⑦　单击【修剪】按钮／，选择图形，范围如图 4-38 所示，然后修剪成图。

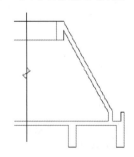

图 4-37　绘制其余线段

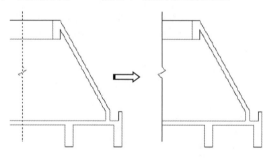

图 4-38　修剪成图

4.1.5　正交模式

正交模式用于控制是否以正交方式绘图，或者在正交模式下追踪对象点。在正交模式下，可以非常方便地绘制与当前 X 轴或 Y 轴平行的直线。用户可以通过如下方式打开或关闭正交模式。

- 状态栏：单击【正交模式】按钮 。
- 键盘快捷键：按【F8】键。
- 命令行：输入【ORTHO】。

创建或移动对象时，使用正交模式将光标限制在水平轴或垂直轴上。移动光标时，不管水平轴或垂直轴哪个离光标最近，拖引线将沿着该轴移动，如图 4-39 所示。

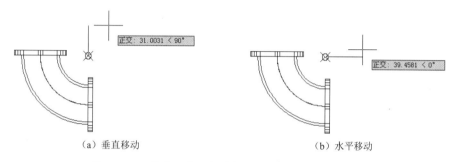

（a）垂直移动　　　　　　　　　　　　（b）水平移动

图 4-39　二维空间中正交模式下的垂直移动和水平移动

> **提示：**
> 打开正交模式时，使用直接距离输入方法以创建指定长度的正交线或将对象移动指定的距离。

在【二维草图与注释】空间中，打开正交模式，拖引线只能在 XY 工作平面的水平方向和垂直方向上移动。在【三维建模】空间中，打开正交模式，拖引线除了可以在 XY 工作平面的 X、$-X$ 方向和 Y、$-Y$ 方向上移动，还可以在 Z、$-Z$ 方向上移动，如图 4-40 所示。

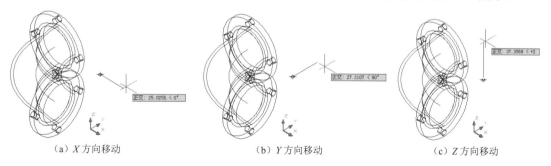

（a）X 方向移动　　　　　　　（b）Y 方向移动　　　　　　　（c）Z 方向移动

图 4-40　三维空间中正交模式下的拖引线移动

> **提示：**
> 在绘图和编辑过程中，可以随时打开或关闭【正交模式】。输入坐标或指定对象捕捉时将忽略【正交模式】。使用临时替代键时，无法使用直接距离输入方法。

💻 动手操练——在正交模式下绘制承台配筋剖面图的外轮廓线

本节将利用正交模式绘制如图 4-41（a）所示的承台配筋剖面图的外轮廓线，绘制结果如图 4-41（b）所示。

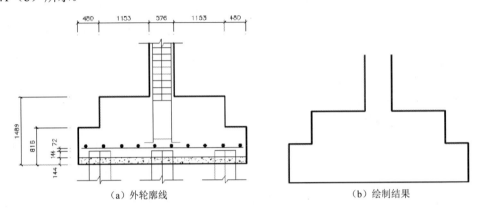

（a）外轮廓线　　　　　　　　　　　　（b）绘制结果

图 4-41　承台配筋剖面图

① 单击状态栏中的【正交模式】按钮 ，或者按快捷键【F8】，打开正交模式。

② 单击【默认】选项卡中【绘图】面板的【直线】按钮，绘制轮廓线。

```
命令：_LINE 指定第一点：                       //在图形区中任意位置单击，确定起点 A
指定下一点或 [放弃(U)]：                        //向下移动鼠标光标单击，确定 B 点
指定下一点或 [放弃(U)]：1153↵                   //向左移动鼠标光标并输入线段 BC 的长度
指定下一点或 [闭合(C)/放弃(U)]：673↵            //向下移动鼠标光标并输入线段 CD 的长度
指定下一点或 [闭合(C)/放弃(U)]：480↵            //向左移动鼠标光标并输入线段 DE 的长度
指定下一点或 [闭合(C)/放弃(U)]：816↵            //向下移动鼠标光标并输入线段 EF 的长度
指定下一点或 [闭合(C)/放弃(U)]：3842↵           //向右移动鼠标光标并输入线段 FG 的长度
指定下一点或 [闭合(C)/放弃(U)]：816↵            //向上移动鼠标光标并输入线段 GH 的长度
指定下一点或 [闭合(C)/放弃(U)]：480↵            //向左移动鼠标光标并输入线段 HI 的长度
指定下一点或 [闭合(C)/放弃(U)]：673↵            //向上移动鼠标光标并输入线段 IJ 的长度
指定下一点或 [闭合(C)/放弃(U)]：1153↵           //向左移动鼠标光标并输入线段 JK 的长度
指定下一点或 [闭合(C)/放弃(U)]：                //在 A 点附近单击，确定 L 点的大致位置
指定下一点或 [闭合(C)/放弃(U)]：↵               //按【Enter】键结束
```

③ 绘制的承台配筋剖面图的轮廓线如图 4-42 所示。

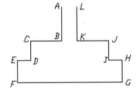

图 4-42　绘制的承台配筋剖面图的轮廓线

4.1.6　锁定角度

用户在绘制几何图形时，有时需要指定角度替代，以锁定光标来精确输入下一个点。通常，指定角度替代，是在命令提示指定点时输入左尖括号（<），然后输入一个角度。

例如，如下所示的命令行操作提示中显示了在 LINE 命令执行过程中输入【30】替代。

```
命令：LINE
指定第一点：                                    //指定直线的起点
指定下一点或 [放弃(U)]：<30✓                     //输入符号及角度值
角度替代：30
指定下一点或 [放弃(U)]：                          //指定直线下一点
```

技巧点拨：

　　所指定的角度将锁定光标，替代【栅格捕捉】和【正交模式】。坐标输入和对象捕捉优先于角度替代。

4.1.7　动态输入

【动态输入】命令用于控制指针输入、标注输入、动态提示及绘图工具提示的外观。用户可以通过如下方式来执行【动态输入】命令。

- 【草图设置】对话框：在【动态输入】选项卡中勾选或取消勾选【启用指针输入】等复选框。
- 状态栏：单击【动态输入】按钮 ┷ 。
- 键盘快捷键：按【F12】键。

启用【动态输入】命令时，工具提示将在光标附近显示信息，该信息会随着光标的移动而动态更新。当某命令处于活动状态时，工具提示将为用户提供输入的位置。动态输入和非动态输入的比较如图 4-43 所示。

（a）动态输入　　　　　　　　　　　　（b）非动态输入

图 4-43　动态输入和非动态输入的比较

动态输入有 3 个组件：指针输入、标注输入和动态提示。用户可以通过【草图设置】对话框设置动态输入时显示的内容。

1．指针输入

当启用指针输入且有命令在执行时，十字光标的位置将在光标附近的工具提示中显示为坐标。绘制图形时，用户可以在工具提示中直接输入坐标值来创建对象，而不用在命令行中另行输入，如图 4-44 所示。

技巧点拨：

　　启用指针输入时，如果是相对坐标输入或绝对坐标输入，那么其输入格式与在命令行中的输入相同。

图 4-44 指针输入

2. 标注输入

若启用标注输入，当命令提示输入第二点时，工具提示将显示距离（第二点与起点的长度值）和角度值，并且在工具提示中的值将随着光标的移动而发生改变，如图 4-45 所示。

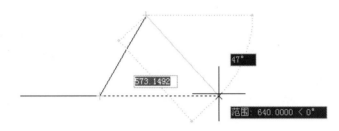

图 4-45 标注输入

技巧点拨：

启用标注输入时，按【Tab】键可以交换动态显示长度值和角度值。

用户在使用夹点（夹点的概念及使用方法将在第 7 章详细介绍）编辑图形时，标注输入的工具提示框中可能会显示结果尺寸、角度修改、长度修改与绝对角度等信息，如图 4-46 所示。

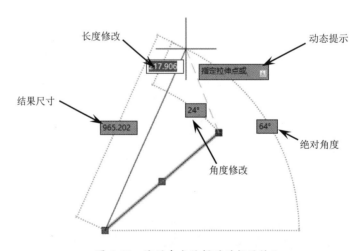

图 4-46 使用夹点编辑时的标注输入

技巧点拨：

使用标注输入设置，工具提示框中显示的是用户希望看到的信息，要精确指定点，在工具提示框中输入精确数值即可。

3. 动态提示

启用动态提示时，命令提示和命令输入会显示在光标附近的工具提示中。用户可以在工具提示（而不是在命令行）中直接输入响应，如图 4-47 所示。

图 4-47　启用动态提示

技巧点拨：

> 按键盘的向下箭头键【↓】可以查看和选择选项。按向上箭头键【↑】可以显示最近的输入。若要在动态提示中粘贴文本，则必须先将动态提示中的默认文本按【Delete】键删除；否则，粘贴的内容不是文本而是图片。

动手操练——使用动态输入功能绘制图形

使用动态输入功能绘制如图 4-48 所示的图形。

① 单击【直线】按钮╱，在屏幕上单击，确定线段的第一点。

② 向下移动鼠标光标，在 90°的方向上输入线段长度值【50】，如图 4-49 所示。

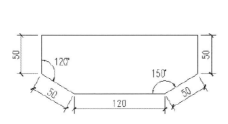

图 4-48　利用动态输入绘制图形

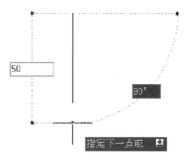

图 4-49　输入线段长度

③ 按键盘上的【Tab】键，转换到角度提示栏内，输入角度值【30】，如图 4-50 所示，再按【Tab】键，转换到长度提示栏内，此时角度提示栏内的数值呈锁定状态，输入线段长度值【50】，如图 4-51 所示。

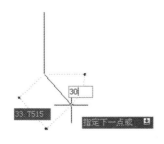

图 4-50　输入角度值

图 4-51　输入线段长度值

④　向右移动鼠标光标，在 0°方向上输入线段长度值【120】。

⑤　向右上移动鼠标光标，按键盘上的【Tab】键，转换到角度提示栏内，输入角度值【30】，再按 Tab 键，转换到长度提示栏内，输入线段长度值【50】，线段位置如图 4-52 所示。

⑥　向上移动鼠标光标，在 90°方向上输入线段长度值【50】，按键盘上的向下箭头键，在出现的选择项内选择【闭合】选项，如图 4-53 所示。

图 4-52　线段位置 　　　　　　　　　　　图 4-53　选择【闭合】选项

4.2　修改图形的工具

当用户绘制图形后，需要进行简单的修改操作时，经常使用一些简单的编辑工具来操作。这些简单的编辑工具包括更正错误工具、删除对象工具、Windows 通用工具（复制、剪切和粘贴）等。

4.2.1　更正错误工具

当用户绘制的图形出现错误时，可以使用多种方法进行更正。

1. 放弃单个操作

在绘制图形过程中，若要放弃单个操作，最简单的方法就是单击【快速访问】工具栏中的【放弃】按钮 或在命令行中输入【U】。许多命令自身也包含 U（放弃）选项，无须退出此命令即可更正错误。

例如，创建直线或多段线时，输入【U】即可放弃上一条线段。命令行操作提示如下。

```
命令：PLINE                                             //输入命令
指定起点：                                              //指定多段线起点
当前线宽为 0.0000                                       //线宽
指定下一点或 [圆弧(A)/半宽(H)/长度(L)/放弃(U)/宽度(W)]：        //指定多段线第二点
指定下一点或 [圆弧(A)/闭合(C)/半宽(H)/长度(L)/放弃(U)/宽度(W)]：U↙   //放弃上一步操作
```

> **技巧点拨：**
>
> 在默认情况下，执行【放弃】或【重做】命令时，UNDO 命令将设置为把连续平移和缩放命令合并成一步操作。但是，从菜单开始的平移和缩放命令不会合并，并且始终保持独立的操作。

2. 一次放弃几步操作

单击【快速访问】工具栏中【放弃】的下三角按钮 ，在展开的下拉列表中，滑动鼠标光标可以选择多个已执行的命令，再单击（执行放弃操作）即可一次性放弃几步操作，如图 4-54 所示。

图 4-54　选择操作条目来放弃

在命令行中输入【UNDO】，用户可以通过输入操作步骤的数目来放弃操作。例如，将绘制的图形放弃 5 步操作，命令行操作提示如下。

```
命令：UNDO
当前设置：自动= 开，控制= 全部，合并= 是，图层= 是
输入要放弃的操作数目或 [自动(A)/控制(C)/开始(BE)/结束(E)/标记(M)/后退(B)] <1>：5✓
　　　　　　　　　　//输入放弃的操作步骤的数目
LINE　LINE　LINE　LINE　LINE　　　　//放弃的操作名称
```

操作放弃前后的图形如图 4-55 所示。

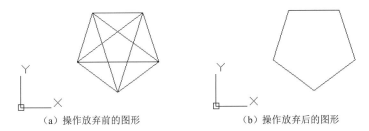

（a）操作放弃前的图形　　　　　　　　　（b）操作放弃后的图形

图 4-55　操作放弃前后的图形

3．取消放弃的效果

取消放弃的效果也就是重做的意思，即恢复上一个用 UNDO 命令或 U 命令放弃的效果。用户可以通过如下方式来执行【重做】命令。

● 快速工具栏：单击【重做】按钮 。
● 菜单栏：执行【编辑】→【重做】命令。
● 键盘快捷键：按快捷键【Ctrl+Z】。

4．删除对象的恢复

在绘制图形时，如果误删除了对象，可以使用 UNDO 命令或 OOPS 命令将其恢复。

5．取消命令

在 AutoCAD 中，若要终止进行中的操作，或者取消未完成的命令，可以通过按键盘的【Esc】键来执行取消操作。

4.2.2　删除对象工具

在 AutoCAD 2020 中，对象的删除大致可分为 3 种：一般对象删除、消除显示和删除未使用的定义与样式。

1．一般对象删除

用户可以使用如下方法来删除对象。

● 使用 ERASE（清除）命令，或者在菜单栏中选择【编辑】→【清除】命令来删除对象。
● 选择对象，然后使用快捷键【Ctrl+X】将它们剪切到剪贴板中。
● 选择对象，然后按【Delete】键。

通常，当执行【删除】命令后，需要选择要删除的对象，然后按【Enter】键或空格键结束对象选择，同时删除已选择的对象。

如果在【选项】对话框（在菜单栏中选择【工具】→【选项】命令）的【选择集】选项卡中，勾选【选择集模式】选项组中的【先选择后执行】复选框，就可以先选择对象，然后单击鼠标右键，在弹出的快捷菜单中选择【清除】命令将其删除，如图 4-56 所示。

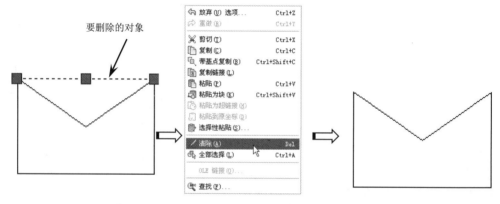

图 4-56　先选择后删除

技巧点拨：

使用 UNDO 命令可以恢复意外删除的对象，使用 OOPS 命令可以恢复最近使用 ERASE、BLOCK 或 WBLOCK 命令删除的所有对象。

2．消除显示

用户在进行某些编辑操作时留在显示区域中的加号形状的标记（称为点标记）和杂散像素，都可以删除。删除标记使用 REDRAW 命令，删除杂散像素则使用 REGEN 命令。

3．删除未使用的定义与样式

用户还可以使用 PURGE 命令删除未使用的命名对象，包括块定义、标注样式、图层、线型和文字样式。

4.2.3　Windows 通用工具

当用户从另一个应用程序的图形文件中使用对象时，可以先将这些对象剪切或复制到剪贴板中，然后将它们从剪贴板粘贴到其他应用程序中。Windows 通用工具包括剪切、复制和粘贴。

1．剪切

剪切就是从图形中删除选定对象并将它们存储到剪贴板中，然后便可以将对象粘贴到其他 Windows 应用程序中。用户可以通过如下方式来执行【剪切】命令。

- 菜单栏：执行【编辑】→【剪切】命令。
- 键盘快捷键：按快捷键【Ctrl+X】。
- 命令行：输入【CUTCLIP】。

2．复制

复制就是使用剪贴板将图形的部分或全部复制到其他应用程序创建的文档中。复制与剪切的区别如下：剪切不保留源对象，而复制则保留源对象。用户可以通过如下方式来执行【复制】命令。

- 菜单栏：执行【编辑】→【复制】命令。
- 键盘快捷键：按快捷键【Ctrl+C】。
- 命令行：输入【COPYCLIP】。

3．粘贴

粘贴就是将剪切或复制到剪贴板中的图形对象，粘贴到图形文件中。将剪贴板的内容粘贴到图形中时，将使用保留信息最多的格式。用户也可以将粘贴信息转换为 AutoCAD 格式。

4.3　图形对象的选择技巧

在对二维图形元素进行修改之前，首先选择要编辑的对象。对象的选择有很多种方法：可以通过单击对象逐个拾取，也可以利用矩形窗口或交叉窗口选择；可以选择最近创建的对象、前面的选择集或图形中的所有对象，也可以向选择集中添加对象或从中删除对象；等等。下面依次介绍常规选择、快速选择和过滤选择。

4.3.1　常规选择

图形的选择是 AutoCAD 的基本技能之一，常用于对图形进行修改编辑之前。常用的选择方式有点选择、窗口选择和窗交选择。

1．点选择

点选择是最基本、最简单的一种对外选择方式，此种方式一次仅能选择一个对象。当十字光标的拾取框放置于图形对象上时，对象将加粗显示。单击即可选择该图形对象，被选中的图形对象以蓝色高亮显示，同时显示该图形对象的夹点，如图 4-57 所示。

2．窗口选择

窗口选择也是一种常用的选择方式，使用此方式一次可以选择多个对象。当未激活任何命令时，在窗口中从左向右拉出一个矩形选择框，此选择框即为窗口选择框，选择框以实线显示，内部以浅蓝色填充，如图 4-58 所示。

当指定窗口选择框的对角点之后，所有完全位于框内的对象都能被选择，如图 4-59 所示。

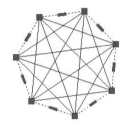

图 4-57　点选择示例

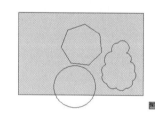

图 4-58　窗口选择框

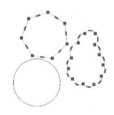

图 4-59　窗口选择结果

3．窗交选择

窗交选择是使用频率非常高的选择方式，使用此方式一次可以选择多个对象。当未激活任何命令时，在窗口中从右向左拉出一个矩形选择框，此选择框即为窗交选择框，选择框以虚线显示，内部以绿色填充，如图 4-60 所示。

当指定选择框的对角点之后，所有与选择框相交或完全位于选择框内的对象都能被选择，如图 4-61 所示。

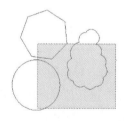

图 4-60　窗交选择框

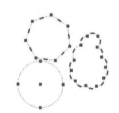

图 4-61　窗交选择结果

4.3.2　快速选择

用户可以使用【快速选择】命令进行快速选择，该命令可以在整个图形或现有选择集的范围内创建一个选择集，通过包括或排除符合指定对象类型和对象特性条件的所有对象创建一个选择集。同时，用户还可以指定该选择集用于替换当前选择集还是将其附加到当前选择集之中。

执行【快速选择】命令主要有以下几种方式。

- 执行【工具】→【快速选择】命令。
- 终止任何活动命令，右击绘图区，在打开的快捷菜单中选择【快速选择】命令。
- 在命令行中输入【QSELECT】，然后按【Enter】键。
- 在【特性】和【块定义】等窗口或对话框中也提供了【快速选择】按钮，以便访问【快速选择】命令。

执行【快速选择】命令可以打开【快速选择】对话框，如图 4-62 所示。

图 4-62　【快速选择】对话框

【快速选择】对话框中各选项的含义如下。

- 【应用到】下拉列表：指定过滤条件应用的范围，包括【整个图形】和【当前选择集】选项。用户也可以单击【选择对象】按钮返回绘图区来创建选择集。
- 【对象类型】下拉列表：指定过滤对象的类型。如果当前不存在选择集，则该列表将包括 AutoCAD 中的所有可用对象类型及自定义对象类型，并显示默认值【所有图元】；如果存在选择集，那么此列表只显示选定对象的对象类型。
- 【特性】列表框：指定过滤对象的特性。此列表包括选定对象类型的所有可搜索特性。
- 【运算符】下拉列表：控制对象特性的取值范围。
- 【值】下拉列表：指定过滤条件中对象特性的取值。如果指定的对象特性具有可用值，则该项显示为列表，用户可以从中选择一个值；如果指定的对象特性不具有可用值，则该项显示为编辑框，用户根据需要输入一个值。此外，如果在【运算符】的下拉列表中选择【选择全部】选项，则【值】选项将不可显示。
- 【如何应用】选项组：指定符合给定过滤条件的对象与选择集的关系。
  - 【包括在新选择集中】单选按钮：将符合过滤条件的对象创建一个新的选择集。
  - 【排除在新选择集之外】单选按钮：将不符合过滤条件的对象创建一个新的选择集。

- 【附加到当前选择集】复选框：选择该选项后通过过滤条件所创建的新选择集将附加到当前的选择集之中；否则，将替换当前选择集。如果用户选择该选项，则【当前选择集】选项和按钮均不可用。

动手操练——快速选择对象

快速选择是 AutoCAD 2020 中唯一以窗口作为对象选择界面的选择方式。通过该选择方式，用户可以更直观地选择并编辑对象，具体的操作步骤如下。

① 启动 AutoCAD 2020，打开素材文件【视图.dwg】，如图 4-63 所示。在命令行中输入【QSELECT】并按【Enter】键确认，弹出的【快速选择】对话框如图 4-64 所示。

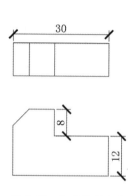

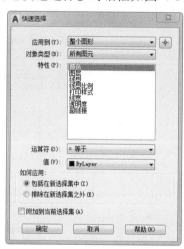

图 4-63　打开素材文件　　　　　　　　图 4-64　【快速选择】对话框

② 在【应用到】下拉列表中选择【整个图形】选项，在【特性】列表框中选择【图层】选项，在【值】下拉列表中选择【标注】选项，如图 4-65 所示。

③ 单击【确定】按钮即可选择所有【标注】图层中的图形对象，如图 4-66 所示。

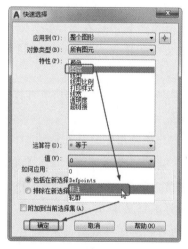

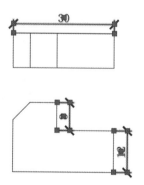

图 4-65　设置【快速选择】对话框　　　　图 4-66　选择所有【标注】图层中的图形对象

4.3.3　过滤选择

　　与【快速选择】相比，【对象选择过滤器】可以提供更复杂的过滤选项，并且可以命名和保存过滤器。执行该命令主要有以下几种方式。

- ● 在命令行中输入【FILTER】，然后按【Enter】键。
- ● 使用命令简写【FI】，然后按【Enter】键。

　　执行该命令可以打开【对象选择过滤器】对话框，如图 4-67 所示。

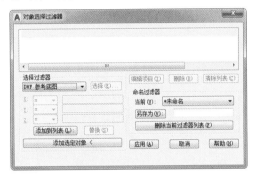

图 4-67　【对象选择过滤器】对话框

【对象选择过滤器】对话框中各选项的含义如下。

- ● 【对象选择过滤器】列表框：该列表框显示了组成当前过滤器的全部过滤器特性。用户可以单击【编辑项目】按钮编辑选定的项目，单击【删除】按钮删除选定的项目，或者单击【清除列表】按钮清除整个列表。
- ● 【选择过滤器】选项组：该选项组的作用类似于【快速选择】命令，可以根据对象的特性向当前列表中添加过滤器。该选项组的下拉列表中包含可用于构造过滤器的全部对象及分组运算符。用户可以根据对象的不同指定相应的参数值，并且可以通过关系运算符来控制对象属性与取值之间的关系。
- ● 【命名过滤器】选项组：该选项组用于显示、保存和删除过滤器列表。

动手操练——过滤选择图形元素

　　在 AutoCAD 2020 中，如果需要在复杂的图形中选择某个指定的对象，可以采用过滤选择集进行选择，具体的操作步骤如下。

　　① 启动 AutoCAD 2020，打开素材文件【电源插头.dwg】，如图 4-68 所示。在命令行

中输入【FILTER】并按【Enter】键确认。

② 弹出【对象选择过滤器】对话框，如图 4-69 所示。

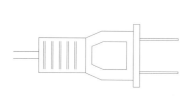

图 4-68　打开素材文件

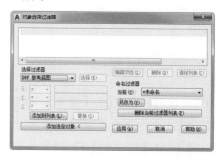

图 4-69　【对象选择过滤器】对话框

③ 在【选择过滤器】选项组的下拉列表中选择【** 开始 OR】选项，并单击【添加到列表】按钮，将其添加到【对象选择过滤器】列表框中，此时，【对象选择过滤器】列表框中将显示【** 开始 OR】选项，如图 4-70 所示。

④ 在【选择过滤器】选项组的下拉列表中选择【圆】选项，并单击【添加到列表】按钮，结果如图 4-71 所示，使用同样的方法将【直线】选项添加至【对象选择过滤器】列表框中。

图 4-70　设置【对象选择过滤器】对话框（一）

图 4-71　设置【对象选择过滤器】对话框（二）

⑤ 在【选择过滤器】选项组的下拉列表中选择【** 结束 OR】选项，并单击【添加到列表】按钮，此时对话框显示如图 4-72 所示。

⑥ 单击【应用】按钮，在绘图区域中用窗口方式选择整个图形对象，这时满足条件的对象将被选中，效果如图 4-73 所示。

图 4-72　选择【** 结束 OR】选项

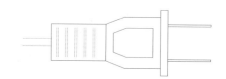

图 4-73　过滤选择后的效果

4.4　综合案例

下面用几个典型高效的作图案例介绍高效辅助作图工具和作图技巧。

4.4.1　案例一：利用栅格捕捉绘制茶几平面图

本节将利用栅格捕捉绘制如图 4-74 所示的茶几平面图。

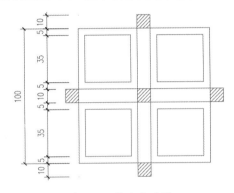

图 4-74　茶几平面图

操作步骤

① 新建一个文件。

② 在菜单栏中选择【工具】→【绘图设置】命令，然后在打开的【草图设置】对话框中设置【捕捉和栅格】选项卡，如图 4-75 所示。最后单击【确定】按钮，关闭【草图设置】对话框。

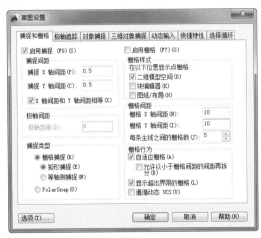

图 4-75　【草图设置】对话框中【捕捉和栅格】选项卡的参数设置

③ 单击【矩形】按钮 ，绘制矩形。

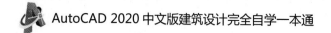
```
命令：_RECTANG
指定第一个角点或 [倒角(C)/标高(E)/圆角(F)/厚度(T)/宽度(W)]：
//捕捉一个栅格，确定矩形的第一个角点
指定另一个角点或 [面积(A)/尺寸(D)/旋转(R)]：@100,100
//输入另一个角点的相对坐标
```

④ 重复执行【矩形】命令，绘制内部的矩形，结果如图 4-76 所示。

```
命令：_RECTANG
指定第一个角点或 [倒角(C)/标高(E)/圆角(F)/厚度(T)/宽度(W)]：
//移动光标到 A 点右 0.5 下 0.5 的位置单击，确定角点 B
指定另一个角点或 [面积(A)/尺寸(D)/旋转(R)]：
//移动光标到 B 点右 3.5 下 3.5 的位置单击，确定角点 C
```

⑤ 按照此方法绘制其他几个矩形，如图 4-77 所示。

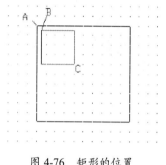

图 4-76 矩形的位置

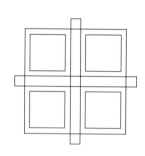

图 4-77 其他几个矩形

⑥ 利用【图案填充】命令，选择【ANSI31】图案进行填充，如图 4-78 所示。

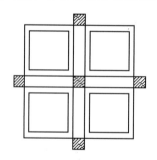

图 4-78 填充结果

4.4.2 案例二：利用对象捕捉绘制大理石拼花图案

端点捕捉可以捕捉图元最近的端点或角点，中点捕捉用于捕捉图元的中点，如图 4-79 所示。

图 4-79 端点捕捉与中点捕捉示意图

本节将利用端点捕捉和中点捕捉绘制如图 4-80 所示的大理石拼花图案。

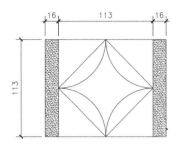

图 4-80　大理石拼花图案

操作步骤

① 新建一个文件。

② 在屏幕下方的状态栏中单击【对象捕捉】按钮使其凹下，并在此按钮上单击鼠标右键，在弹出的快捷菜单中选择【设置】命令，然后在弹出的【草图设置】对话框的【对象捕捉】选项卡中勾选【端点】和【中点】复选框，如图 4-81 所示。

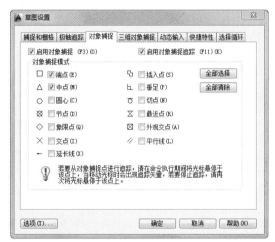

图 4-81　【草图设置】对话框中【对象捕捉】选项卡的设置

③ 单击【确定】按钮，关闭【草图设置】对话框。

④ 单击【绘图】面板中的【矩形】按钮 ▭，绘制矩形。

```
命令：_RECTANG
指定第一个角点或 [倒角(C)/标高(E)/圆角(F)/厚度(T)/宽度(W)]：
//在屏幕适当位置单击，确定矩形的第一个角点
指定另一个角点或 [面积(A)/尺寸(D)/旋转(R)]：@16,113          //输入另一个角点的相对坐标
```

⑤ 单击【直线】按钮 ／，绘制线段 AB，结果如图 4-82 所示。

```
命令：_LINE 指定第一个点：                          //捕捉 A 点作为线段第一个点
指定下一点或 [放弃(U)]：@113,0                      //输入端点 B 的相对坐标
```

⑥ 单击【矩形】按钮 ▭，捕捉 B 点，绘制与上一个矩形相同尺寸的矩形 C，如图 4-83 所示。

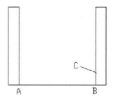

图 4-82　绘制线段 AB　　　　　　　　　图 4-83　绘制矩形

⑦　单击【直线】按钮 ，捕捉端点 D 和 E，绘制线段，如图 4-84 所示。

⑧　捕捉中点 F、G、H、I，绘制线框，如图 4-85 所示。

⑨　单击【圆弧】按钮 ，绘制圆弧，如图 4-86 所示。

命令：_ARC 指定圆弧的起点或[圆心(C)]：	//捕捉中点 G，作为起点
指定圆弧的第二个点或 [圆心(C)/端点(E)]：C	//调用【圆心】选项
指定圆弧的圆心：	//捕捉端点 D
指定圆弧的端点或 [角度(A)/弦长(L)]：	//捕捉中点 F

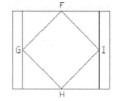

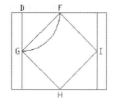

图 4-84　绘制线段　　　图 4-85　捕捉中点绘制线框　　　图 4-86　绘制圆弧

技巧点拨：

直线和矩形的画法相对简单，圆弧的画法归纳起来有以下两种：一是直接利用【圆弧】命令绘制；二是利用【圆角】命令绘制相切圆弧。

⑩　按此方法绘制其他圆弧，如图 4-87 所示。

⑪　利用【图案填充】命令，选择【AR-SAND】图案进行填充，如图 4-88 所示。

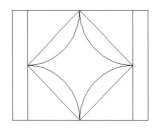

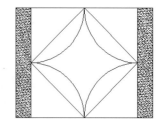

图 4-87　绘制其他圆弧　　　　　　　　　图 4-88　填充结果

4.4.3　案例三：利用 FROM 捕捉绘制三桩承台大样平面图

当绘制图形需要确定一点时，输入【FROM】可以获取一个基点，然后输入要定位的点与基点之间的相对坐标，以此获得定位点的位置。

本节将利用 FROM 捕捉绘制如图 4-89 所示的三桩承台大样平面图。

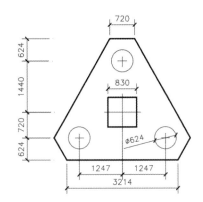

图 4-89　三桩承台大样平面图

操作步骤

① 设置捕捉方式为端点、交点捕捉。

② 单击【正交模式】按钮，再单击【直线】按钮／，绘制垂直定位线。

③ 单击【矩形】按钮□，绘制矩形线框，如图 4-90 所示。

```
命令：_RECTANG
指定第一个角点或 [倒角(C)/标高(E)/圆角(F)/厚度(T)/宽度(W)]：FROM↙        //输入 FROM
基点：                                    //捕捉交点 A
<偏移>：@-415,415↙                         //输入偏移坐标，确定矩形的第一个角点
指定另一个角点或 [面积(A)/尺寸(D)/旋转(R)]：@830,-830↙
//输入另一个角点的偏移坐标
```

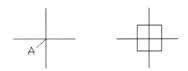

图 4-90　FROM 捕捉点绘制矩形线框

④ 单击【直线】按钮／，利用 FROM 捕捉绘制 2 条水平的直线（基点仍然是 A 点，相对坐标参考如图 4-89 所示的尺寸）。再利用角度覆盖方式（输入方式为【<角度】）绘制轮廓线，如图 4-91 所示。

⑤ 单击【修剪】按钮 -/--，修剪图形，如图 4-92 所示。

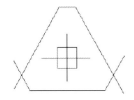

图 4-91　绘制轮廓线

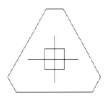

图 4-92　修剪线段

⑥ 单击【圆心、半径】按钮⊙，利用 FROM 捕捉（基点仍然是 A 点，相对坐标参考如图 4-89 所示的尺寸），以 B 点为基点画圆 C，如图 4-93 所示。

⑦ 单击【阵列】按钮，将圆 C 以定位线交点为圆心进行环形阵列，如图 4-94 所示。

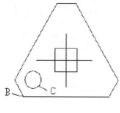

图 4-93　画圆

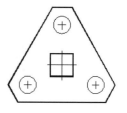

图 4-94　阵列结果

4.5　课后习题

1．绘制标高符号

请绘制如图 4-95 所示的标高符号，从中学习【极轴追踪】和【对象追踪】的使用方法与追踪技巧。

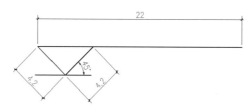

图 4-95　本例效果

2．绘制轮廓

请绘制如图 4-96 所示的门轮廓图，从中学习端点捕捉、中点捕捉、垂直捕捉及两点之间的中点等点的精确捕捉。

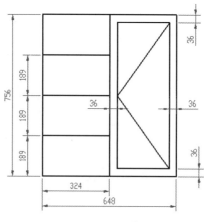

图 4-96　门轮廓图

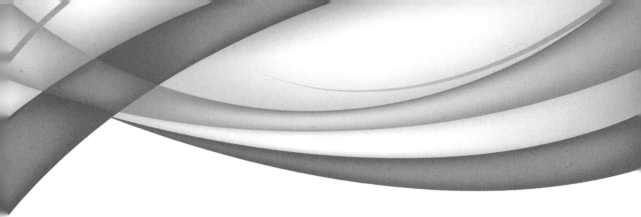

第 5 章
建筑制图常用绘图命令一

本章内容

本章介绍使用 AutoCAD 2020 如何绘制二维平面图形，并系统地分类介绍各种点、线的绘制和编辑。例如，点样式的设置、点和等分点的绘制，直线、射线、构造线的绘制，矩形和正多边形的绘制，以及圆、圆弧、椭圆和圆环的绘制等。

知识要点

- ☑ 绘制点对象
- ☑ 绘制直线、射线和构造线
- ☑ 绘制矩形和正多边形
- ☑ 绘制圆、圆弧、椭圆和圆环

5.1 绘制点对象

5.1.1 设置点样式

AutoCAD 2020 提供了多种点的样式，用户可以根据需要设置当前点的显示样式。执行菜单栏中的【格式】→【点样式】命令，或者在命令行中输入【DDPTYPE】并按【Enter】键，可以打开如图 5-1 所示的【点样式】对话框。

【点样式】对话框中各项参数的含义如下。

- 点大小：在该文本框中可以输入点的大小尺寸。
- 相对于屏幕设置大小：此选项表示按照屏幕尺寸的百分比显示点。
- 按绝对单位设置大小：此选项表示按照点的实际尺寸显示点。

在【点样式】对话框中罗列了 20 种点样式，只需要在所需样式上单击就可以将此样式设置为当前样式。

动手操练——设置点样式

① 执行菜单栏中的【格式】→【点样式】命令，或者在命令行中输入【DDPTYPE】并按【Enter】键，打开如图 5-1 所示的【点样式】对话框。

② 从【点样式】对话框中可以看出，AutoCAD 为用户提供了 20 种点样式，在所需样式上单击就可以将此样式设置为当前样式。在此设置【⊠】为当前点样式。

③ 在【点大小】文本框中输入点的大小尺寸。其中，【相对于屏幕设置大小】表示按照屏幕尺寸的百分比显示点；【按绝对单位设置大小】表示按照点的实际尺寸显示点。

④ 单击【确定】按钮，绘图区的点被更新，如图 5-2 所示。

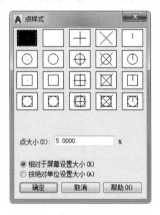

图 5-1 【点样式】对话框

图 5-2 操作结果

技巧点拨：

在默认设置下，点图形是以一个小点显示的。

5.1.2　绘制单点和多点

1．绘制单点

【单点】命令一次可以绘制一个点对象。当绘制完单个点后，系统自动结束此命令，所绘制的点以一个小点的方式显示。单点示例如图 5-3 所示。

执行【单点】命令主要有如下几种方式。

● 执行菜单栏中的【绘图】→【点】→【单点】命令。
● 在命令行中输入【POINT】，然后按【Enter】键。
● 使用命令简写【PO】，然后按【Enter】键。

2．绘制多点

【多点】命令可以连续地绘制多个点对象，直到按下【Esc】键结束命令为止。多点示例如图 5-4 所示。

图 5-3　单点示例　　　　　　　　　　　图 5-4　多点示例

执行【多点】命令主要有如下几种方式。

● 执行菜单栏中的【绘图】→【点】→【多点】命令。
● 单击【绘图】面板中的按钮 。

执行【多点】命令后，AutoCAD 系统提示如下。

```
命令：POINT
        当前点模式：  PDMODE=0  PDSIZE=0.0000  (Current point modes:  PDMODE=0
PDSIZE= 0.0000)
    指定点：                          //在绘图区给定点的位置
    指定点：                          //在绘图区给定点的位置
    指定点：                          //在绘图区给定点的位置
    …
    指定点：                          //继续绘制点或按【Esc】键结束
```

5.1.3　绘制定数等分点

【定数等分】命令按照指定的等分数目等分对象，对象被等分的结果仅仅是在等分点处放置了点的标记符号（或内部图块），而源对象并没有被等分为多个对象。

执行【定数等分】命令主要有如下几种方式。

- 执行菜单栏中的【绘图】→【点】→【定数等分】命令。
- 在命令行中输入【DIVIDE】，然后按【Enter】键。
- 使用命令简写【DVI】，然后按【Enter】键。

动手操练——利用【定数等分】命令等分直线

下面通过将某水平线段等分为 5 份，学习【定数等分】命令的使用方法和操作技巧，具体的操作步骤如下。

① 先绘制一条长度为 200 的水平线段，如图 5-5 所示。

图 5-5　绘制线段

② 执行【格式】→【点样式】命令，打开【点样式】对话框，将当前点样式设置为【⊕】。

③ 执行【绘图】→【点】→【定数等分】命令，对线段进行定数等分，命令行操作提示如下。

```
命令:_DIVIDE
选择要定数等分的对象:✔                    //选择需要等分的线段
输入线段数目或[块(B)]:✔
需要 2 和 32767 之间的整数，或选项关键字。
输入线段数目或[块(B)]:5✔                  //输入需要等分的份数
```

④ 定数等分的结果如图 5-6 所示。

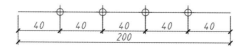

图 5-6　定数等分的结果

> **技巧点拨：**
>
> 【块】选项用于在对象等分点处放置内部图块，以代替点标记。在执行此选项时，必须确保当前文件中存在需要使用的内部图块。

5.1.4　绘制定距等分点

【定距等分】命令是按照指定的等分距离等分对象的。对象被等分的结果仅仅是在等分点处放置了点的标记符号（或内部图块），而源对象并没有被等分为多个对象。

执行【定距等分】命令主要有如下几种方式。

- 执行菜单栏中的【绘图】→【点】→【定距等分】命令。
- 在命令行中输入【MEASURE】，然后按【Enter】键。
- 使用命令简写【ME】，然后按【Enter】键。

动手操练——利用【定距等分】命令等分直线

下面通过将某线段每隔 45 个单位的距离放置点标记，学习【定距等分】命令的使用方法和技巧，具体的操作步骤如下。

① 先绘制长度为 200 的水平线段。

② 执行【格式】→【点样式】命令，打开【点样式】对话框，设置点的显示样式为【⊕】。

③ 执行【绘图】→【点】→【定距等分】命令，对线段进行定距等分，命令行操作提示如下。

```
命令: _MEASURE
选择要定距等分的对象:                        //选择需要等分的线段
指定线段长度或[块(B)]: ↙
需要数值距离、两点或选项关键字。
指定线段长度或[块(B)]: 45                    //设置等分长度
```

④ 定距等分的结果如图 5-7 所示。

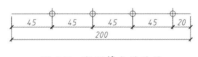

图 5-7 定距等分的结果

5.2 绘制直线、射线和构造线

【直线】工具、【射线】工具和【构造线】工具都属于直线绘制工具。【直线】工具绘制的是具有长度限制且有起点和终点的直线段；【射线】工具能绘制有起点但无终点的无限长直线；【构造线】工具可以绘制无限长的、没有起点和终点的直线。

5.2.1 绘制直线

直线是各种绘图中最常用、最简单的一类图形对象，只要指定了起点和终点即可绘制一条直线。

执行【直线】命令主要有如下几种方式。

● 执行【绘图】→【直线】命令。

● 单击【绘图】面板中的【直线】按钮 ∕。

● 在命令行中输入【LINE】，然后按【Enter】键。

● 使用命令简写【L】，然后按【Enter】键。

动手操练——利用【直线】命令绘制图形

① 单击【绘图】面板中的【直线】按钮 ∕，命令行操作提示如下。

```
指定第一点: 100,0↙                          //确定 A 点
指定下一点或[放弃(U)]: @0,-40↙               //确定 B 点
```

指定下一点或[放弃(U)]：@-90,0↙	//确定 C 点
指定下一点或[闭合(C)/放弃(U)]：@0,20↙	//确定 D 点
指定下一点或[闭合(C)/放弃(U)]：@50,0↙	//确定 E 点
指定下一点或[闭合(C)/放弃(U)]：@0,40↙	//确定 F 点
指定下一点或[闭合(C)/放弃(U)]：C	//按【Enter】键后自动闭合并结束命令

② 绘制的图形如图 5-8 所示。

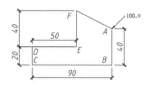

图 5-8　绘制的图形

技巧点拨：

在 AutoCAD 中，可以用二维坐标(x,y)或三维坐标(x,y,z)来指定端点，也可以混合使用二维坐标和三维坐标。如果输入二维坐标，那么 AutoCAD 将用当前的高度作为 Z 轴坐标值，默认值为 0。

5.2.2　绘制射线

射线是一端固定而另一端无限延伸的直线。

执行【射线】命令主要有如下几种方式。

● 执行【绘图】→【射线】命令。

● 在命令行中输入【RAY】，然后按【Enter】键。

动手操练——绘制射线

绘制射线的操作步骤如下。

① 单击【绘图】面板中的【射线】按钮 ╱ 。

② 命令行操作提示如下。

命令：RAY	
指定起点：0,0↙	//确定起点
指定通过点：@30,0↙	//确定通过点

③ 绘制的射线如图 5-9 所示。

图 5-9　绘制的射线

技巧点拨：

在 AutoCAD 中，【射线】命令主要用于绘制辅助线。

5.2.3　绘制构造线

构造线是两端可以无限延伸的直线，没有起点和终点，可以放置在三维空间的任何地方，主要用于绘制辅助线。

执行【构造线】命令主要有如下几种方式。

- 执行【绘图】→【构造线】命令。
- 单击【绘图】面板中的【构造线】按钮。
- 在命令行中输入【XLINE】，然后按【Enter】键。
- 使用命令简写【XL】，然后按【Enter】键。

动手操练——绘制构造线

绘制构造线的操作步骤如下。

① 执行【绘图】→【构造线】命令。

② 命令行操作提示如下。

```
命令:XL
XLINE
指定点或[水平(H)/垂直(V)/角度(A)/二等分(B)/偏移(O)]:0,0↙
指定通过点: @30,0↙
指定通过点: @30,20↙
```

③ 绘制的构造线如图 5-10 所示。

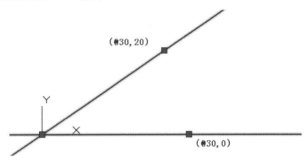

图 5-10　绘制的构造线

5.3　绘制矩形和正多边形

5.3.1　绘制矩形

矩形是由 4 条直线元素组合的闭合对象，AutoCAD 将其看作一条闭合的多段线。

执行【矩形】命令主要有如下几种方式。

- 执行菜单栏中的【绘图】→【矩形】命令。
- 单击【绘图】面板中的【矩形】按钮。
- 在命令行中输入【RECTANG】，然后按【Enter】键。
- 使用命令简写【REC】，然后按【Enter】键。

动手操练——绘制矩形

在默认设置下，绘制矩形的方式为【对角点】，下面通过绘制长度为【200】、宽度为【100】的矩形学习使用此种方式，具体的操作步骤如下。

① 单击【绘图】面板中的【矩形】按钮□，激活【矩形】命令。

② 根据命令行的提示，使用默认【对角点】方式绘制矩形。命令行操作提示如下。

```
命令：_RECTANG
指定第一个角点或 [倒角(C)|标高(E)|圆角(F)|厚度(T)|宽度(W)]：        //定位一个角点
指定另一个角点或 [面积(A)|尺寸(D)|旋转(R)]：@200,100✓             //输入长和宽的参数
```

③ 绘制的矩形如图 5-11 所示。

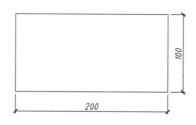

图 5-11　绘制的矩形

技巧点拨：

由于矩形被看作一条闭合的多段线，当用户编辑某条边时，需要事先使用【分解】命令将其进行分解。

5.3.2　绘制正多边形

在 AutoCAD 中，可以使用【多边形】命令绘制边数为 3～1024 的正多边形。

执行【多边形】命令主要有如下几种方式。

● 执行【绘图】→【多边形】命令。

● 在【绘图】面板中单击【多边形】按钮⬠。

● 在命令行中输入【POLYGON】，然后按【Enter】键。

● 使用命令简写【POL】，然后按【Enter】键。

绘制正多边形的方式有两种，分别是根据边长绘制和根据半径绘制。

1．根据边长绘制正多边形

在工程图中，经常根据一条边的两个端点绘制多边形，这样不仅确定了正多边形的边长，也指定了正多边形的位置。

动手操练——根据边长绘制正多边形

绘制正八边形的操作步骤如下。

① 执行【绘图】→【多边形】命令，激活【多边形】命令。

② 命令行操作提示如下。

命令：_POLYGON 输入侧面数 <8>：✓　　　　　　　　//指定正多边形的边数
指定正多边形的中心点或 [边(E)]：e ✓　　　　　　//通过一条边的两个端点绘制
指定边的第一个端点：指定边的第二个端点：100✓　//指定边长

③　绘制的正八边形如图 5-12 所示。

2. 根据半径绘制正多边形

📖 动手操练——根据半径绘制正多边形

绘制正五边形的操作步骤如下。

①　执行【绘图】→【多边形】命令，激活【多边形】命令。

②　命令行操作提示如下。

命令：_POLYGON 输入侧面数 <5>：✓　　　　　　　　　//指定边数
指定正多边形的中心点或 [边(E)]：　　　　　　　　　//在视图中单击指定中心点
输入选项 [内接于圆(I)|外切于圆(C)] <C>：I✓　　　//激活【内接于圆】选项
指定圆的半径：100✓　　　　　　　　　　　　　　　　//设定半径参数

③　绘制的正五边形如图 5-13 所示。

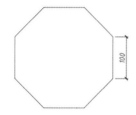

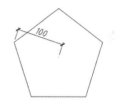

图 5-12　绘制的正八边形　　　　　　　　　　图 5-13　绘制的正五边形

技巧点拨：

也可以不输入半径尺寸，在视图中移动十字光标并单击，从而创建正多边形。

 信息小驿站

内接于圆和外切于圆

选择【内接于圆】和【外切于圆】选项时，命令行提示输入的数值是不同的。

● **【内接于圆】**：命令行要求输入正多边形外圆的半径，也就是正多边形中心点至端点的距离，创建的正多边形所有的顶点都在此圆周上。

● **【外切于圆】**：命令行要求输入的是正多边形中心点至各边线中点的距离。

同样输入数值 5，创建的内接于圆正多边形小于外切于圆正多边形，如图 5-14 所示。

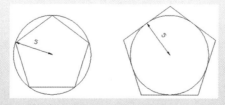

图 5-14　内接于圆与外切于圆正多边形的区别

5.4 绘制圆、圆弧、椭圆和圆环

在 AutoCAD 2020 中，曲线对象包括圆、圆弧、椭圆和圆环等。曲线对象的绘制方法比较多，因此用户在绘制曲线对象时，需要按给定的条件合理选择绘制方法，以提高绘图效率。

5.4.1 绘制圆

要创建圆，可以指定圆心、半径、直径、圆周上的点和其他对象上点的不同组合。圆的绘制方法有很多种，常见的有【圆心、半径】【圆心、直径】【两点】【三点】【相切、相切、半径】和【相切、相切、相切】这 6 种，如图 5-15 所示。

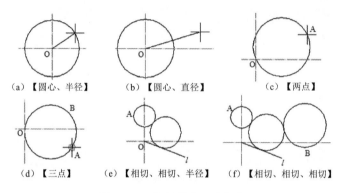

(a)【圆心、半径】　　(b)【圆心、直径】　　(c)【两点】

(d)【三点】　　(e)【相切、相切、半径】　　(f)【相切、相切、相切】

图 5-15　绘制圆的 6 种方法

【圆心、半径】是一种闭合的基本图形元素，AutoCAD 2020 共为用户提供了 6 种画圆方式，如图 5-16 所示。

图 5-16　6 种画圆方式

执行【圆心、半径】命令主要有如下几种方式。

● 执行【绘图】→【圆心、半径】命令。

● 单击【绘图】面板中的【圆心、半径】按钮 ⊘ 。

● 在命令行中输入【CIRCLE】，然后按【Enter】键。

绘制圆主要有两种方式：通过指定半径和直径画圆；通过两点或三点精确定位画圆。

1. 通过指定半径和直径画圆

半径画圆和直径画圆是两种基本的画圆方式，默认方式为半径画圆。当用户定位出圆的圆心之后，只需要输入圆的半径或直径，即可精确画圆。

动手操练——用半径或直径画圆

用半径或直径画圆的操作步骤如下。

① 单击【绘图】面板中的【圆心、半径】按钮⊙，激活【圆心、半径】命令。

② 根据 AutoCAD 命令行的提示精确画圆，命令行操作提示如下。

```
命令：_CIRCLE
指定圆的圆心或 [三点(3P)|两点(2P)|切点、切点、半径(T)]：        //指定圆心位置
指定圆的半径或 [直径(D)] <100.0000>：                         //设置半径值为 100
```

③ 绘制一个半径为 100 的圆，如图 5-17 所示。

技巧点拨：

激活【直径】选项即可用直径方式画圆。

2. 通过两点或三点精确定位画圆

【两点】画圆和【三点】画圆指的是定位出两点或三点即可精确画圆。所给定的两点被看作圆直径的两个端点，所给定的三点都位于圆周上。

动手操练——用两点和三点画圆

用两点和三点画圆的操作步骤如下。

① 执行【绘图】→【圆心、半径】→【两点】命令，激活【两点】画圆命令。

② 根据 AutoCAD 命令行的提示进行两点画圆，命令行操作提示如下。

```
命令：_CIRCLE
指定圆的圆心或 [三点(3P)|两点(2P)|切点、切点、半径(T)]：_2P 指定圆直径的第一个端点：
指定圆直径的第二个端点：
```

③ 绘制结果如图 5-18 所示。

技巧点拨：

另外，用户也可以通过输入两点的坐标值，或者使用对象的捕捉追踪功能定位两点，以精确画圆。

④ 重复执行【圆心、半径】命令，然后根据 AutoCAD 命令行的提示进行三点画圆，命令行操作提示如下。

```
命令：_CIRCLE
指定圆的圆心或 [三点(3P)|两点(2P)|切点、切点、半径(T)]：3p
指定圆上的第一个点：                          //拾取点 1
指定圆上的第二个点：                          //拾取点 2
指定圆上的第三个点：                          //拾取点 3
```

⑤ 绘制结果如图 5-19 所示。

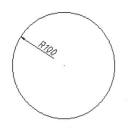

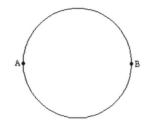

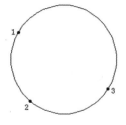

图 5-17　【半径】画圆示例　　　　图 5-18　【两点】画圆示例　　　　图 5-19　【三点】画圆示例

5.4.2　绘制圆弧

在 AutoCAD 2020 中，创建圆弧的方式有很多种，包括【三点】、【起点、圆心、端点】、【起点、圆心、角度】、【起点、圆心、长度】、【起点、端点、角度】、【起点、端点、方向】、【起点、端点、半径】、【圆心、起点、端点】、【圆心、起点、角度】、【圆心、起点、长度】和【连续】等方式。除了第一种方式，其他方式都是从起点到端点逆时针绘制圆弧。

1．三点

【三点】方式通过指定圆弧的起点、第二个点和端点来绘制圆弧，用户可以通过如下方式来执行此操作。

- 菜单栏：执行【绘图】→【圆弧】→【三点】命令。
- 面板：在【默认】选项卡的【绘图】面板中单击【三点】按钮。
- 命令行：输入【ARC】。

绘制【三点】圆弧的命令行操作提示如下。

```
命令：_ARC 指定圆弧的起点或 [圆心(C)]：            //指定圆弧的起点或输入选项
指定圆弧的第二个点或 [圆心(C)|端点(E)]：            //指定圆弧上的第二个点或输入选项
指定圆弧的端点：                                    //指定圆弧上的第三个点
```

在操作提示中用可供选择的选项确定圆弧的起点、第二个点和端点，选项的含义如下。

- 圆心：通过指定圆弧的圆心、起点和端点的方式绘制圆弧。
- 端点：通过指定圆弧的起点、端点和圆心（或角度、方向、半径）的方式绘制圆弧。

以【三点】方式绘制圆弧，可以通过在图形窗口中捕捉点来确定，也可以在命令行中输入精确点坐标值来指定。例如，通过捕捉点来确定圆弧的 3 个点来绘制圆弧，如图 5-20 所示。

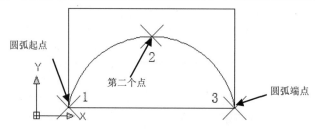

图 5-20　以【三点】方式绘制的圆弧

2. 起点、圆心、端点

【起点、圆心、端点】方式通过指定圆弧的起点、端点及圆心来绘制圆弧，用户可以通过如下方式来执行此操作。

● 菜单栏：执行【绘图】→【圆弧】→【起点、圆心、端点】命令。
● 面板：在【默认】选项卡的【绘图】面板中单击【起点、圆心、端点】按钮 。
● 命令行：输入【ARC】。

以【起点、圆心、端点】方式绘制圆弧，可以按【起点、圆心、端点】的方式来绘制，如图 5-21 所示；还可以按【起点、端点、圆心】的方式来绘制，如图 5-22 所示。

图 5-21　以【起点、圆心、端点】方式绘制的圆弧　　图 5-22　以【起点、端点、圆心】方式绘制的圆弧

3. 起点、圆心、角度

【起点、圆心、角度】方式通过指定圆弧的起点、圆心和圆弧包含的角度来绘制圆弧，用户可以通过如下方式来执行此操作。

● 菜单栏：执行【绘图】→【圆弧】→【起点、圆心、角度】命令。
● 面板：在【默认】选项卡的【绘图】面板中单击【起点、圆心、角度】按钮 。
● 命令行：输入【ARC】。

例如，通过捕捉点来定义圆弧的起点和圆心，并且已知包含角度（135°）来绘制一段圆弧，其命令行操作提示如下。

```
命令: _ARC 指定圆弧的起点或 [圆心(C)]:              //指定圆弧的起点或选择选项
指定圆弧的第二个点或 [圆心(C)|端点(E)]: _C 指定圆弧的圆心:   //指定圆弧的圆心
指定圆弧的端点或 [角度(A)|弦长(L)]: _A 指定包含角: 135✓    //输入包含角
```

绘制的圆弧如图 5-23 所示。

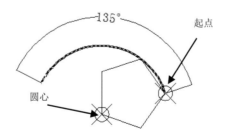

图 5-23　以【起点、圆心、角度】方式绘制的圆弧

如果存在可以捕捉到的圆弧的起点和圆心，并且已知包含角度，则在命令行中选择【起点】→【圆心】→【角度】或【圆心】→【起点】→【角度】选项。如果已知两个端点但无

法捕捉到圆心，可以选择【起点】→【端点】→【角度】选项，如图 5-24 所示。

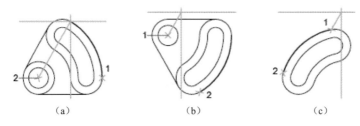

图 5-24　选择不同选项绘制的圆弧（一）

4. 起点、圆心、长度

【起点、圆心、长度】方式通过指定圆弧的起点、圆心和弦长来绘制圆弧，用户可以通过如下方式来执行此操作。

- 菜单栏：执行【绘图】→【圆弧】→【起点、圆心、长度】命令。
- 面板：在【默认】选项卡的【绘图】面板中单击【起点、圆心、长度】按钮 。
- 命令行：输入【ARC】。

如果存在可以捕捉到的圆弧的起点和圆心，并且已知弦长，则可以使用【起点、圆心、长度】或【圆心、起点、长度】选项，如图 5-25 所示。

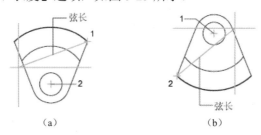

图 5-25　选择不同选项绘制的圆弧（二）

5. 起点、端点、角度

【起点、端点、角度】方式通过指定圆弧的起点、端点及圆心角来绘制圆弧，用户可以通过如下方式来执行此操作。

- 菜单栏：执行【绘图】→【圆弧】→【起点、端点、角度】命令。
- 面板：在【默认】选项卡的【绘图】面板中单击【起点、端点、角度】按钮 。
- 命令行：输入【ARC】。

例如，在图形窗口中指定了圆弧的起点和端点，输入的圆心角为 45°，绘制圆弧的命令行操作提示如下。

```
命令：_ARC 指定圆弧的起点或 [圆心(C)]：                           //指定圆弧起点或选择选项
指定圆弧的第二个点或 [圆心(C)|端点(E)]：_E
指定圆弧的端点：                                                  //指定圆弧的端点
指定圆弧的圆心或 [角度(A)|方向(D)|半径(R)]：_A 指定包含角：45↙     //输入包含角
```

绘制的圆弧如图 5-26 所示。

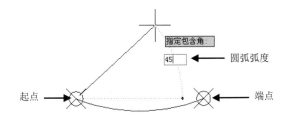

图 5-26　以【起点、端点、角度】方式绘制的圆弧

6．起点、端点、方向

【起点、端点、方向】方式通过指定圆弧的起点、端点及圆弧切线的方向夹角（即切线与 X 轴的夹角）来绘制圆弧，用户可以通过如下方式来执行此操作。

● 菜单栏：执行【绘图】→【圆弧】→【起点、端点、方向】命令。
● 面板：在【默认】选项卡的【绘图】面板中单击【起点、端点、方向】按钮　。
● 命令行：输入【ARC】。

例如，在图形窗口中指定圆弧的起点和端点，并指定切线方向夹角为 45°。绘制圆弧的命令行操作提示如下。

```
命令：_ARC 指定圆弧的起点或 [圆心(C)]：                              //指定圆弧的起点
指定圆弧的第二个点或 [圆心(C)|端点(E)]：_E
指定圆弧的端点：                                                  //指定圆弧的端点
指定圆弧的圆心或 [角度(A)|方向(D)|半径(R)]：_D 指定圆弧的起点切向：45✓
//输入切线方向夹角
```

绘制的圆弧如图 5-27 所示。

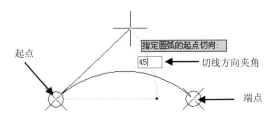

图 5-27　以【起点、端点、方向】方式绘制的圆弧

7．起点、端点、半径

【起点、端点、半径】方式通过指定圆弧的起点、端点及半径来绘制圆弧，用户可以通过如下方式来执行此操作。

● 菜单栏：执行【绘图】→【圆弧】→【起点、端点、半径】命令。
● 面板：在【默认】选项卡的【绘图】面板中单击【起点、端点、半径】按钮　。
● 命令行：输入【ARC】。

例如，在图形窗口中指定圆弧的起点和端点，并指定圆弧的半径为 30。绘制圆弧要执行的命令行操作提示如下。

```
命令：_ARC 指定圆弧的起点或 [圆心(C)]：                              //指定圆弧的起点
指定圆弧的第二个点或 [圆心(C)|端点(E)]：_E
```

指定圆弧的端点：   //指定圆弧的端点
指定圆弧的圆心或 [角度(A)|方向(D)|半径(R)]：_R 指定圆弧的半径：30↙
//输入圆弧的半径值

绘制的圆弧如图 5-28 所示。

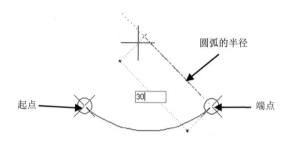

图 5-28 以【起点、端点、半径】方式绘制的圆弧

8. 圆心、起点、端点

【圆心、起点、端点】方式通过指定圆弧的圆心、起点和端点来绘制圆弧，用户可以通过如下方式来执行此操作。

- 菜单栏：执行【绘图】→【圆弧】→【圆心、起点、端点】命令。
- 面板：在【默认】选项卡的【绘图】面板中单击【圆心、起点、端点】按钮 。
- 命令行：输入【ARC】。

例如，在图形窗口中依次指定圆弧的圆心、起点和端点来绘制圆弧。绘制圆弧要执行的命令行操作提示如下。

命令：_ARC 指定圆弧的起点或 [圆心(C)]：_C 指定圆弧的圆心：   //指定圆弧的圆心
指定圆弧的起点：   //指定圆弧的起点
指定圆弧的端点或 [角度(A)|弦长(L)]：   //指定圆弧的端点

绘制的圆弧如图 5-29 所示。

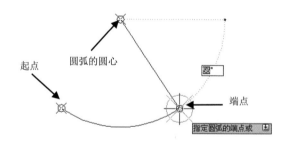

图 5-29 以【圆心、起点、端点】方式绘制的圆弧

9. 圆心、起点、角度

【圆心、起点、角度】方式通过指定圆弧的圆心、起点及圆心角来绘制圆弧，用户可以通过如下方式来执行此操作。

- 菜单栏：执行【绘图】→【圆弧】→【圆心、起点、角度】命令。
- 面板：在【默认】选项卡的【绘图】面板中单击【圆心、起点、角度】按钮 。
- 命令行：输入【ARC】。

例如，在图形窗口中依次指定圆弧的圆心和起点，输入的圆心角为 45°。绘制圆弧要执行的命令行操作提示如下。

```
命令: _ARC 指定圆弧的起点或 [圆心(C)]: _C 指定圆弧的圆心:     //指定圆弧的圆心
指定圆弧的起点:                                              //指定圆弧的起点
指定圆弧的端点或 [角度(A)|弦长(L)]: _A 指定包含角: 45✓        //输入包含角值
```

绘制的圆弧如图 5-30 所示。

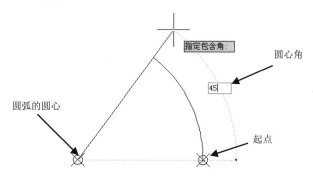

图 5-30　以【圆心、起点、角度】方式绘制的圆弧

10．圆心、起点、长度

【圆心、起点、角度】方式通过指定圆弧的圆心、起点和弦长来绘制圆弧，用户可以通过如下方式来执行此操作。

● 菜单栏：执行【绘图】→【圆弧】→【圆心、起点、长度】命令。
● 面板：在【默认】选项卡的【绘图】面板中单击【圆心、起点、长度】按钮 。
● 命令行：输入【ARC】。

例如，在图形窗口中依次指定圆弧的圆心和起点，并且弦长为【15】。绘制圆弧要执行的命令行操作提示如下。

```
命令: _ARC 指定圆弧的起点或 [圆心(C)]: _C 指定圆弧的圆心:     //指定圆弧的圆心
指定圆弧的起点:                                              //指定圆弧的起点
指定圆弧的端点或 [角度(A)|弦长(L)]: _l 指定弦长: 15✓          //输入弦长值
```

绘制的圆弧如图 5-31 所示。

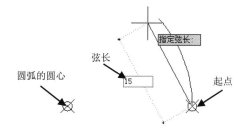

图 5-31　以【圆心、起点、长度】方式绘制的圆弧

11．连续

【连续】方式是创建一个圆弧，使其与上一步骤绘制的直线或圆弧相切连续，用户可以通过如下方式来执行此操作。

- 菜单栏：执行【绘图】→【圆弧】→【连续】命令。
- 面板：在【默认】选项卡的【绘图】面板中单击【连续】按钮。
- 命令行：输入【ARC】。

相切连续的圆弧起点就是先前直线或圆弧的端点，相切连续的圆弧端点可以捕捉点或在命令行中输入精确坐标值来确定。当绘制一条直线或圆弧后，执行【连续】命令，程序会自动捕捉直线或圆弧的端点作为连续圆弧的起点，如图 5-32 所示。

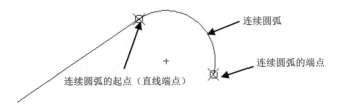

连续圆弧

连续圆弧的端点

连续圆弧的起点（直线端点）

图 5-32　绘制相切连续圆弧

5.4.3　绘制椭圆

椭圆由定义其长度和宽度的两条轴来决定。较长的轴称为长轴，较短的轴称为短轴，如图 5-33 所示。绘制椭圆有 3 种方式：【圆心】、【轴、端点】和【椭圆弧】。

1. 圆心

【圆心】方式通过指定椭圆中心点、长轴的一个端点，以及短半轴的长度来绘制椭圆，用户可以通过如下方式来执行此操作。

- 菜单栏：执行【绘图】→【椭圆】→【圆心】命令。
- 面板：在【默认】选项卡的【绘图】面板中单击【圆心】按钮。
- 命令行：输入【ELLIPSE】。

例如，绘制一个中心点坐标为（0,0）、长轴的一个端点坐标为（25,0）、短半轴的长度为【12】的椭圆。绘制椭圆要执行的命令行操作提示如下。

```
命令：_ELLIPSE
指定椭圆的轴端点或 [圆弧(A)|中心点(C)]：_C
指定椭圆的中心点：0,0↙                        //输入椭圆中心点坐标值
指定轴的端点：@25,0↙                          //输入轴端点的绝对坐标值
指定另一条半轴长度或 [旋转(R)]：12↙           //输入另一条半轴长度值
```

> **技巧点拨：**
>
> 命令行中的【旋转】选项通过绕椭圆中心旋转圆来创建椭圆。旋转角度越大，椭圆的离心率就越大。旋转角度为 0 时，创建的是圆。

绘制的椭圆如图 5-34 所示。

2. 轴、端点

【轴、端点】方式是通过指定椭圆长轴的两个端点和短半轴长度来绘制椭圆，用户可以

通过如下方式来执行此操作。

- 菜单栏：执行【绘图】→【椭圆】→【轴、端点】命令。
- 面板：在【默认】选项卡的【绘图】面板中单击【轴、端点】按钮⊙。
- 命令行：输入【ELLIPSE】。

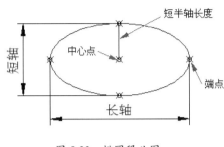

图 5-33　椭圆释义图

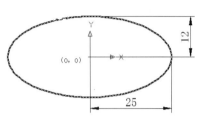

图 5-34　以【圆心】方式绘制的椭圆

例如，绘制一个长轴的端点坐标分别为（12.5,0）和（-12.5,0）、短半轴的长度为【10】的椭圆。绘制椭圆的命令行操作提示如下。

```
命令：_ELLIPSE
指定椭圆的轴端点或 [圆弧(A)|中心点(C)]：12.5,0↙          //输入椭圆轴端点坐标
指定轴的另一个端点：-12.5,0↙                          //输入椭圆轴另一个端点的坐标
指定另一条半轴长度或 [旋转(R)]：10↙                     //输入椭圆半轴长度值
```

绘制的椭圆如图 5-35 所示。

3. 椭圆弧

【椭圆弧】方式通过指定椭圆长轴的两个端点和短半轴长度，以及起始角、终止角来绘制椭圆弧，用户可以通过如下方式来执行此操作。

- 菜单栏：执行【绘图】→【椭圆】→【椭圆弧】命令。
- 面板：在【默认】选项卡的【绘图】面板中单击【椭圆弧】按钮⊙。
- 命令行：输入【ELLIPSE】。

椭圆弧是椭圆上的一段弧，因此需要指定弧的起始位置和终止位置。例如，绘制一个长轴的端点坐标分别为（25,0）和（-25,0）、短半轴的长度为【15】、起始角度为 0°，以及终止角度为 270°的椭圆弧。绘制椭圆的命令行操作提示如下。

```
命令：_ELLIPSE
指定椭圆的轴端点或 [圆弧(A)|中心点(C)]：_A
指定椭圆弧的轴端点或 [中心点(C)]：25,0↙               //输入椭圆轴端点坐标
指定轴的另一个端点：-25,0↙                          //输入椭圆轴另一条轴的端点坐标
指定另一条半轴长度或 [旋转(R)]：15↙                   //输入椭圆半轴长度值
指定起点角度或 [参数(P)]：0↙                         //输入起始角度值
指定端点角度或 [参数(P)|夹角(I)]：270↙                //输入终止角度值
```

绘制的椭圆弧如图 5-36 所示。

技巧点拨：

椭圆弧的角度就是终止角度和起始角度的差值。另外，用户也可以使用【夹角】选项直接输入椭圆弧的角度。

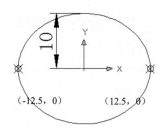

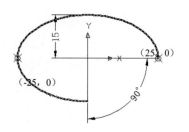

图 5-35　以【轴、端点】方式绘制的椭圆　　　　图 5-36　以【椭圆弧】方式绘制的椭圆弧

5.4.4　绘制圆环

【圆环】能创建实心的圆与环。要创建圆环，需要指定它的内外圆的直径和圆心。通过指定不同的圆心，可以继续创建具有相同直径的多个副本。要创建实体填充圆，必须将内径值指定为 0。

用户可以通过如下方式创建圆环。

- 菜单栏：执行【绘图】→【圆环】命令。
- 面板：在【默认】选项卡的【绘图】面板中单击【圆环】按钮⊚。
- 命令行：输入【DONUT】。

圆环和实心圆的应用示例如图 5-37 所示。

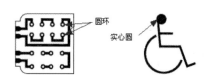

图 5-37　圆环和实心圆的应用示例

5.5　综合案例：绘制房屋横切面

房屋横切面的绘制主要是画出其墙体、柱子、门洞，注意【阵列】命令的应用。房屋横切面如图 5-38 所示。

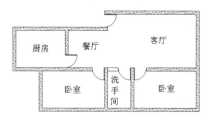

图 5-38　房屋横切面

操作步骤

① 执行【文件】→【新建】命令，创建一个新的文件。

② 在菜单栏中选择【工具】→【绘图设置】命令，或者输入【OSNAP】后按【Enter】键，弹出【草图设置】对话框。在【对象捕捉】选项卡中，选中【端点】和【中点】复选框，使用端点和中点对象捕捉模式，如图 5-39 所示。

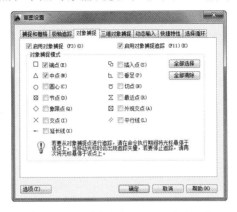

图 5-39　【对象捕捉】选项卡的设置

③ 单击【直线】按钮，绘制两条正交直线，然后执行【修改】→【偏移】命令，对正交直线进行偏移，其中竖向偏移的值依次为 2000、2000、3000、2000、5000，水平方向偏移的值依次为 3000、3000、1200，绘制的轴网如图 5-40 所示。

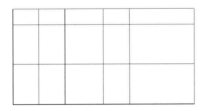

图 5-40　绘制的轴网

④ 执行【格式】→【多线样式】命令，弹出【多线样式】对话框，如图 5-41 所示。单击【新建】按钮，在弹出的【创建新的多线样式】对话框的【新样式名】文本框中输入【墙体】，然后单击【继续】按钮，如图 5-42 所示。

图 5-41　【多线样式】对话框

图 5-42　【创建新的多线样式】对话框

⑤ 在【新建多线样式：墙体】对话框中，将【偏移】设置为【120.000】，如图 5-43 所示。然后单击【确定】按钮，返回【多线样式】对话框，继续单击【确定】按钮即可完成多线样式的设置。

⑥ 执行【绘图】→【多线】命令，沿着轴线绘制墙体草图，如图 5-44 所示。

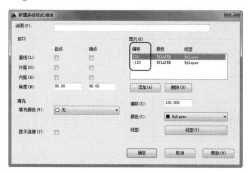

图 5-43 【新建多线样式：墙体】对话框

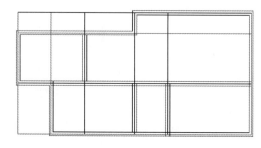

图 5-44 绘制墙体草图

```
命令：_MLINE
当前设置：对正 = 上，比例 = 20.00，样式 = 墙体
指定起点或 [对正(J)/比例(S)/样式(ST)]：ST
输入多线样式名或 [?]：墙体
当前设置：对正 = 上，比例 = 20.00，样式 = 墙体
指定起点或 [对正(J)/比例(S)/样式(ST)]：S
输入多线比例 <20.00>：1
当前设置：对正 = 上，比例 = 1.00，样式 = 墙体
指定起点或 [对正(J)/比例(S)/样式(ST)]：J
输入对正类型 [上(T)/无(Z)/下(B)] <上>：Z
当前设置：对正 = 无，比例 = 1.00，样式 = 墙体
指定起点或 [对正(J)/比例(S)/样式(ST)]：
指定下一点：
指定下一点或 [放弃(U)]：
指定下一点或 [闭合(C)/放弃(U)]：
```

⑦ 执行【修改】→【对象】→【多线】命令，弹出【多线编辑工具】对话框，如图 5-45 所示，选中其中合适的多线编辑工具，对绘制的多线进行编辑，完成编辑后的图形如图 5-46 所示。

图 5-45 【多线编辑工具】对话框

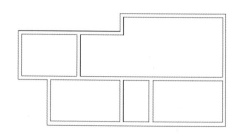

图 5-46 完成编辑后的图形

```
命令：_MLEDIT
选择第 1 条多线：　　//选择其中一条多线
选择第 2 条多线：　　//选择另外一条多线
选择第 1 条多线或 [放弃(U)]：
```

⑧　执行【插入】→【块】命令，将原来所绘制的门作为一个块插入进来，并修剪门洞，如图 5-47 所示。

⑨　执行【图案填充】命令，选择【AR-SAND】图案对剖切到的墙体进行填充，如图 5-48 所示。

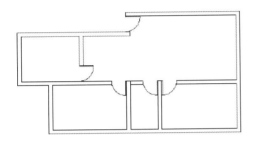

图 5-47　插入门

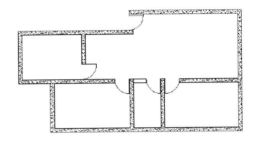

图 5-48　填充墙体

⑩　执行【绘图】→【文字】→【单行文字】命令，对绘制的墙体横切面进行文字注释，最终绘制的房屋横切面如图 5-49 所示。

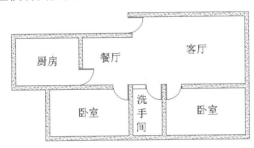

图 5-49　最终绘制的房屋横切面

技巧点拨：

　　输入文字注释时，必须将输入文字的字体改成能够显示汉字的字体，如宋体；否则会在屏幕上显示乱码。

5.6　AutoCAD 认证考试习题集

单选题

1.（　　）命令不可绘制圆形的线条。

　　A．ELLIPSE　　　　B．POLYGON　　　　C．ARC　　　　D．CIRCLE

2.（　　）命令不能绘制三角形。

　　A．LINE　　　　B．RECTANG　　　　C．POLYGON　　　　D．PLINE

3. （　　）命令可以绘制连续的直线段，并且每个部分都是单独的线对象。

A. POLYGON

B. RECTANGLE

C. POLYLINE

D. LINE

4. （　　）对象不可以使用 PLINE 命令来绘制。

A. 直线　　　　　B. 圆弧　　　　　C. 具有宽度的直线　　　D. 椭圆弧

5. （　　）命令以等分长度的方式在直线、圆弧等对象上放置点或图块。

A. POINT　　　　B. DIVIDE　　　　C. MEASURE　　　　D. SOLIT

6. 应用【相切、相切、相切】方式画圆时，下列叙述正确的是（　　）。

A. 相切的对象必须是直线

B. 从下拉菜单激活画圆命令

C. 不需要指定圆的半径和圆心

D. 不需要指定圆心，但要输入圆的半径

7. （　　）命令用于绘制指定内外直径的圆环或填充圆。

A.【圆环】　　　　B.【椭圆】　　　　C.【圆】　　　　D.【圆弧】

8. （　　）是 AutoCAD 中另一种辅助绘图命令，它是一条没有端点而无限延伸的线，经常用于建筑设计和机械设计的绘图辅助工作中。

A.【样条曲线】　　B.【射线】　　　　C.【多线】　　　　D.【构造线】

9. 运用【正多边形】命令绘制的正多边形可以看作一条（　　）。

A. 多段线　　　　B. 构造线　　　　C. 样条曲线　　　　D. 直线

10. 在 AutoCAD 中，执行【绘图】→【矩形】命令可以绘制多种图形，下列各项中最恰当的是（　　）。

A. 圆角矩形

B. 有厚度的矩形

C. A 和 B 都正确

D. 倒角矩形

11. 在绘制圆弧时，已知圆弧的圆心、弦长和起点，可以使用【绘图】→【圆弧】命令中的（　　）子命令绘制圆弧。

A.【起点、端点、方向】

B.【起点、端点、角度】

C.【起点、圆心、长度】

D.【起点、圆心、角度】

12. 在机械制图中，常使用【绘图】→【圆】命令中的（　　）子命令绘制连接弧。

A.【相切、相切、半径】

B.【相切、相切、相切】

C.【三点】

D.【圆心、半径】

13. 执行【样条曲线】命令后，（　　）选项用来输入曲线的偏差值。值越大，曲线离指定的点越远；值越小，曲线离指定的点越近。

A.【起点切向】

B.【拟合公差】

C.【闭合】

D.【端点切向】

5.7　课后习题

1. 通过本章典型范例操作的学习，请读者绘制如图 5-50 所示的多立克圆柱。

2. 请使用 LINE、XLINE、CIRCLE 及 BREAK 等命令绘制如图 5-51 所示的玄关立面图。

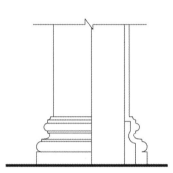

图 5-50　多立克圆柱

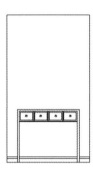

图 5-51　玄关立面图

3. 请使用 LINE、CIRCLE 及 TRIM 等命令绘制如图 5-52 所示的图形。

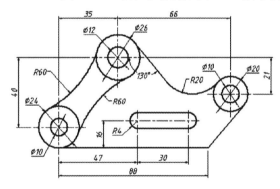

图 5-52　图形

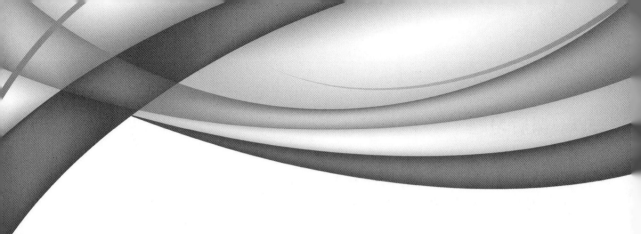

第 6 章

建筑制图常用绘图命令二

本章内容

第 5 章介绍了使用 AutoCAD 2020 如何绘制简单的图形，读者可以由此掌握绘制基本图形的方法与命令。本章主要介绍二维绘图的高级图形绘制指令。

知识要点

☑　多线的绘制与编辑

☑　多段线的绘制与编辑

☑　样条曲线的绘制与编辑

☑　绘制曲线与参照几何图形命令

6.1　多线的绘制与编辑

多线由多条平行线组成，这些平行线称为元素。

6.1.1　绘制多线

多线是由两条或两条以上的平行线构成的复合线对象，并且每条平行线的线型、颜色及间距都是可以设置的，如图 6-1 所示。

图 6-1　多线示例

> **技巧点拨：**
>
> 在默认设置下，所绘制的多线是由两条平行线构成的。

执行【多线】命令主要有如下几种方式。

- 执行菜单栏中的【绘图】→【多线】命令。
- 在命令行中输入【MLINE】，然后按【Enter】键。
- 使用命令简写【ML】，然后按【Enter】键。

【多线】命令常被用于绘制墙线、阳台线及道路和管道线。

动手操练——绘制多线

下面通过绘制闭合的多线，学习使用【多线】命令，具体的操作步骤如下。

① 新建一个文件。

② 执行【绘图】→【多线】命令，配合点的坐标输入功能绘制多线。命令行操作提示如下。

```
命令: _MLINE
当前设置: 对正 = 上，比例 = 20.00，样式 = STANDARD
指定起点或 [对正(J)|比例(S)|样式(ST)]: S↙            //激活【比例】选项
输入多线比例 <20.00>: 120↙                          //设置多线比例
当前设置: 对正 = 上，比例 = 120.00，样式 = STANDARD
指定起点或 [对正(J)|比例(S)|样式(ST)]:                //在绘图区拾取一点
指定下一点: @0,1800↙
指定下一点或 [放弃(U)]: @3000,0 ↙
指定下一点或 [闭合(C)|放弃(U)]: @0,-1800↙
指定下一点或 [闭合(C)|放弃(U)]: C ↙
```

③ 使用视图调整工具调整图形的显示，绘制效果如图 6-2 所示。

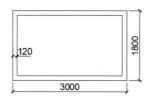

图 6-2　绘制效果

技巧点拨：

　　使用【比例】选项，可以绘制不同宽度的多线，默认比例为 20 个绘图单位。另外，如果用户输入的比例值为负值，那么多条平行线的顺序会产生反转。使用【样式】选项，可以随意更改当前的多线样式；【闭合】选项用于绘制闭合的多线。

　　AutoCAD 提供了 3 种对正方式，即上对正、下对正和中心对正，如图 6-3 所示。如果当前多线的对正方式不符合用户的要求，那么可以在命令行中选择【对正】选项，系统出现如下提示。

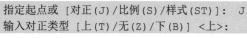

```
指定起点或 [对正(J)/比例(S)/样式(ST)]：J
输入对正类型 [上(T)/无(Z)/下(B)] <上>：          //提示用户输入多线的对正方式
```

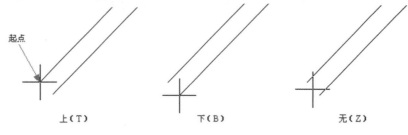

图 6-3　3 种对正方式

6.1.2　编辑多线

　　多线的编辑应用于两条多线的衔接。执行【编辑多线】命令主要有如下几种方式。

- 执行菜单栏中的【修改】→【对象】→【多线】命令。
- 在命令行中输入【MLEDIT】，然后按【Enter】键。

动手操练——编辑多线

　　编辑多线的操作步骤如下。

① 新建一个文件。

② 绘制交叉多线，如图 6-4 所示。

③ 执行【修改】→【对象】→【多线】命令，打开【多线编辑工具】对话框，如图 6-5 所示。单击【多线编辑工具】选项组中的【十字打开】按钮，【多线编辑工具】对话框会自动关闭。

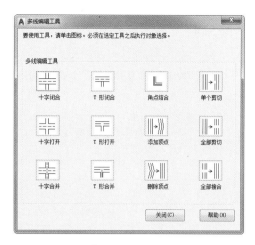

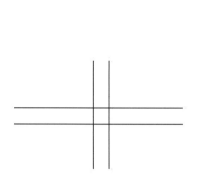

图 6-4　绘制交叉多线　　　　　　　图 6-5　【多线编辑工具】对话框

④　命令行操作提示如下。

```
命令：_MLEDIT
选择第一条多线：                    //在视图中选择一条多线
选择第二条多线：                    //在视图中选择另一条多线
```

操作结果如图 6-6 所示。

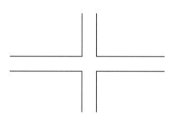

图 6-6　编辑多线示例

动手操练——绘制建筑墙体

下面以建筑墙体的绘制为例介绍多线绘制与编辑的步骤，以及绘制方法。绘制完成的建筑墙体如图 6-7 所示。

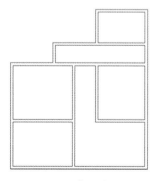

图 6-7　建筑墙体

①　新建一个文件。

②　执行 XL（构造线）命令绘制辅助线。绘制一条水平构造线和一条垂直构造线，组

成"十"字构造线，如图 6-8 所示。

③ 再执行 XL 命令，利用【偏移】命令将水平构造线分别向上偏移【3000】、【6500】、【7800】和【9800】，绘制的水平构造线如图 6-9 所示。

```
命令: XL
XLINE 指定点或 [水平(H)/垂直(V)/角度(A)/二等分(B)/偏移(O)]: O
指定偏移距离或 [通过(T)] <通过>: 3000
选择直线对象:
指定向哪侧偏移:
选择直线对象:
命令:
XLINE 指定点或 [水平(H)/垂直(V)/角度(A)/二等分(B)/偏移(O)]: O
指定偏移距离或 [通过(T)] <2500.0000>: 6500
选择直线对象:
指定向哪侧偏移:
选择直线对象:
命令:
XLINE 指定点或 [水平(H)/垂直(V)/角度(A)/二等分(B)/偏移(O)]: O
指定偏移距离或 [通过(T)] <5000.0000>: 7800
选择直线对象:
指定向哪侧偏移:
选择直线对象:
命令:
XLINE 指定点或 [水平(H)/垂直(V)/角度(A)/二等分(B)/偏移(O)]: O
指定偏移距离或 [通过(T)] <3000.0000>: 9800
选择直线对象:
指定向哪侧偏移:
选择直线对象: *取消*
```

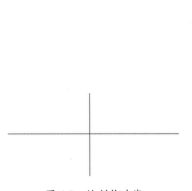

图 6-8　绘制构造线

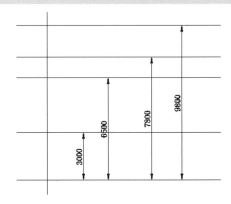

图 6-9　绘制的水平构造线

④ 用同样的方法绘制垂直构造线，依次向右偏移【3900】、【1800】、【2100】和【4500】，绘制的垂直构造线如图 6-10 所示。

技巧点拨：

这里也可以执行 O（偏移）命令来得到偏移直线。

⑤ 执行 MLST（多线样式）命令，打开【多线样式】对话框，在该对话框中单击【新建】按钮会弹出【创建新的多线样式】对话框。在【创建新的多线样式】对话框的

【新样式名】文本框中输入【墙体线】，单击【继续】按钮，如图 6-11 所示。

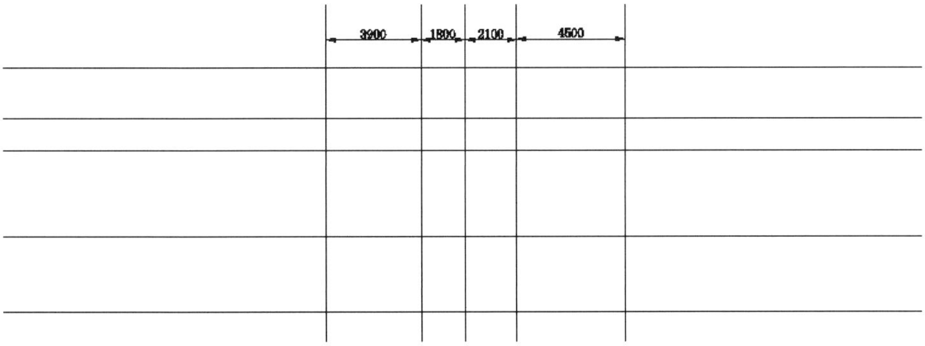

图 6-10　绘制的垂直构造线

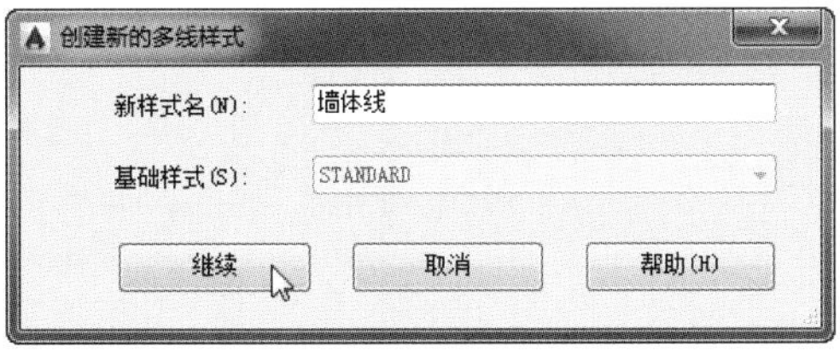

图 6-11　【创建新的多线样式】对话框

⑥　打开【新建多线样式：墙体线】对话框后，进行如图 6-12 所示的设置。

图 6-12　【新建多线样式：墙体线】对话框

⑦　绘制的墙体轮廓线如图 6-13 所示。命令行操作提示如下。

```
命令：ML↙
当前设置：对正 = 上，比例 = 20.00，样式 = STANDARD
指定起点或 [对正(J)/比例(S)/样式(ST)]：S↙
输入多线比例 <20.00>：1↙
当前设置：对正 = 上，比例 = 1.00，样式 = STANDARD
指定起点或 [对正(J)/比例(S)/样式(ST)]：J↙
输入对正类型 [上(T)/无(Z)/下(B)] <上>：Z↙
当前设置：对正 = 无，比例 = 1.00，样式 = STANDARD
指定起点或 [对正(J)/比例(S)/样式(ST)]：（在绘制的辅助线交点上指定一点）
指定下一点：（在绘制的辅助线交点上指定下一点）
指定下一点或 [放弃(U)]：（在绘制的辅助线交点上指定下一点）
```

指定下一点或 [闭合(C)/放弃(U)]：（在绘制的辅助线交点上指定下一点）
指定下一点或 [闭合(C)/放弃(U)]:C✓✓

⑧ 执行 MLED 命令打开【多线编辑工具】对话框，如图 6-14 所示。

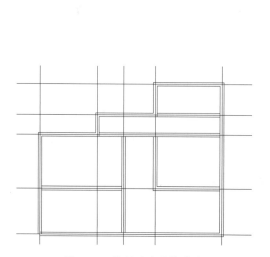

图 6-13　绘制的墙体轮廓线

图 6-14　【多线编辑工具】对话框

⑨ 选择其中的【T 形打开】和【角点结合】选项，对绘制的墙体多线进行编辑，结果如图 6-15 所示。

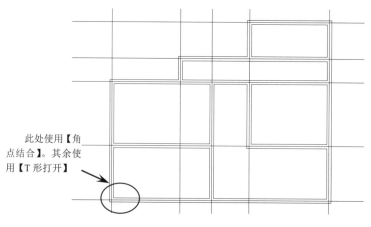

此处使用【角点结合】。其余使用【T 形打开】

图 6-15　编辑多线

技巧点拨：

如果编辑多线时无法达到理想效果，则可以将多线分解，然后采用夹点模式进行编辑。

⑩ 至此，建筑墙体绘制完成，最后保存结果。

6.1.3　创建与修改多线样式

多线的外观由多线样式决定。在多线样式中，用户可以设定多线中线条的数量、每条线的颜色、线型和线间的距离，还可以指定多线两个端头的形式，如弧形端头、平直端头等。

执行【多线样式】命令主要有如下几种方式。

● 执行菜单栏中的【格式】→【多线样式】命令。

● 在命令行中输入【MLSTYLE】，然后按【Enter】键。

动手操练——创建多线样式

下面通过创建新的多线样式来讲解【多线样式】命令的用法。

① 新建一个文件。

② 启动 MLSTYLE 命令，打开的【多线样式】对话框如图 6-16 所示。

③ 单击【新建】按钮 新建(N)... ，打开【创建新的多线样式】对话框（见图 6-17），在【新样式名】文本框中输入新样式的名称【样式】，单击【继续】按钮 继续 ，打开【新建多线样式：样式】对话框。

图 6-16　【多线样式】对话框

图 6-17　【创建新的多线样式】对话框

④ 在【新建多线样式：样式】对话框中单击【添加】按钮可以增加新的线，单击【线型】按钮 线型(Y)... ，在打开的【选择线型】对话框中加载或选择所需的线型，如图 6-18 所示。

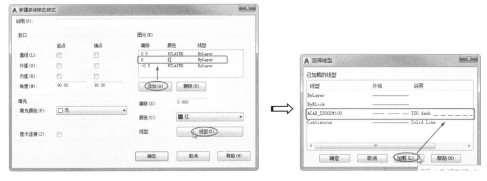

图 6-18　添加新图元

⑤ 在【多线样式】对话框中，单击【置为当前】按钮 置为当前(U) ，然后单击【确定】按钮 确定 关闭对话框。

⑥ 新建的多线样式如图 6-19 所示。

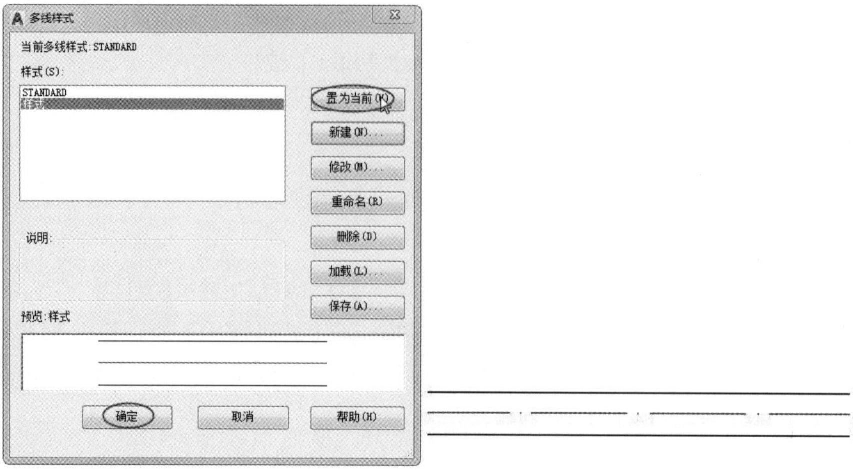

图 6-19 新建的多线样式

6.2 多段线的绘制与编辑

多段线是作为单个对象创建的相互连接的线段序列，可以是直线段、弧线段或两者的组合线段，既可以一起编辑，也可以分别编辑，还可以具有不同的宽度。

6.2.1 绘制多段线

使用【多段线】命令不但可以绘制一条单独的直线段或圆弧，还可以绘制具有一定宽度的闭合或不闭合直线段和弧线序列。

执行【多段线】命令主要有如下几种方式。

● 执行菜单栏中的【绘图】→【多段线】命令。

● 单击【绘图】面板中的【多段线】按钮 ⟲。

● 在命令行中输入简写【PL】。

要绘制多段线，可以执行 PLINE 命令，当指定多段线起点后，命令行显示如下操作提示。

指定下一个点或 [圆弧(A) | 半宽(H) | 长度(L) | 放弃(U) | 宽度(W)]:

命令行中 5 个操作选项的含义如下。

● 圆弧（A）：若选择此选项（即在命令行中输入【A】），即可创建圆弧对象。

● 半宽（H）：是指绘制的线性对象按设置宽度值的一倍由起点至终点逐渐增大或减小。如果绘制一条起点半宽度为 5，终点半宽度为 10 的直线，则绘制的直线起点宽度应为 10，终点宽度为 20。

● 长度（L）：指定弧线段的弦长。如果上一线段是圆弧，程序将绘制与上一弧线段相切的新弧线段。

● 放弃（U）：放弃绘制的前一线段。

● 宽度（W）：与【半宽】性质相同。此选项输入的值是全宽度值。

例如，绘制带有变宽度的多线段，命令行操作提示如下。

```
命令：PLINE
指定起点：50,10
当前线宽为 0.0500
指定下一点或 [圆弧(A)|半宽(H)|长度(L)|放弃(U)|宽度(W)]：50,60
指定下一点或 [圆弧(A)|闭合(C)|半宽(H)|长度(L)|放弃(U)|宽度(W)]：A
指定圆弧的端点或
[角度(A)|圆心(CE)|闭合(CL)|方向(D)|半宽(H)|直线(L)|半径(R)|第二个点(S)|放弃(U)|宽度
(W)]：W
  指定起点宽度 <0.0500>：
  指定端点宽度 <0.0500>：1
  指定圆弧的端点或
  [角度(A)|圆心(CE)|闭合(CL)|方向(D)|半宽(H)|直线(L)|半径(R)|第二个点(S)|放弃(U)|宽度
(W)]：100,60
  指定圆弧的端点或
  [角度(A)|圆心(CE)|闭合(CL)|方向(D)|半宽(H)|直线(L)|半径(R)|第二个点(S)|放弃(U)|宽度
(W)]：L
  指定下一点或 [圆弧(A)|闭合(C)|半宽(H)|长度(L)|放弃(U)|宽度(W)]：W
  指定起点宽度 <1.0000>：2
  指定端点宽度 <2.0000>：2
  指定下一点或 [圆弧(A)|闭合(C)|半宽(H)|长度(L)|放弃(U)|宽度(W)]：100,10
  指定下一点或 [圆弧(A)|闭合(C)|半宽(H)|长度(L)|放弃(U)|宽度(W)]：C
```

绘制的变宽度多段线如图 6-20 所示。

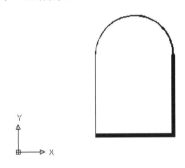

图 6-20　绘制的变宽度多段线

技巧点拨：

无论绘制的多段线包含多少条直线或圆弧，AutoCAD 都把它们作为一个单独的对象。

1.【圆弧】选项

【圆弧】选项用于将当前多段线模式切换为画弧模式，以绘制由弧线组合而成的多段线。在命令行提示下输入【A】，或者在绘图区单击鼠标右键，然后在弹出的快捷菜单中选择【圆弧】选项，都可以激活此选项，系统自动切换到画弧状态，命令行操作提示如下。

```
指定圆弧的端点或 [角度（A）|圆心（CE）|闭合（CL）|方向（D）|半宽（H）|直线（L）|半径（R）|第二个点（S）|放弃（U）|宽度（W）]：
```

各次级选项功能如下。

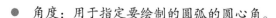

- 角度：用于指定要绘制的圆弧的圆心角。
- 圆心：用于指定圆弧的圆心。
- 闭合：用弧线封闭多段线。
- 方向：用于取消直线与圆弧的相切关系，改变圆弧的起始方向。
- 半宽：用于指定圆弧的半宽值。激活此选项功能后，AutoCAD 将提示用户输入多段线的起点半宽值和终点半宽值。
- 直线：用于切换直线模式。
- 半径：用于指定圆弧的半径。
- 第二个点：用于选择三点画弧方式中的第二个点。
- 宽度：用于设置弧线的宽度值。

2. 其他选项

- 放弃：选择此选项将放弃上一步的绘制结果。
- 长度：此选项用于定义下一段多段线的长度，AutoCAD 按照上一线段的方向绘制这一段多段线。若上一段是圆弧，那么 AutoCAD 绘制的直线段与圆弧相切。
- 半宽：用于设置多段线的半宽值。
- 宽度：用于设置多段线的起始点的宽度值，起始点的宽度值可以相同也可以不同。

技巧点拨：

在绘制具有一定宽度的多段线时，系统变量 FILLMODE 控制多段线是否被填充，当变量值为 1 时，绘制的带有宽度的多段线将被填充；变量为 0 时，带有宽度的多段线将不会填充，如图 6-21 所示。

图 6-21　非填充多段线

动手操练——绘制直行楼梯剖面示意图

本节将利用 PLINE 命令结合坐标输入的方式绘制如图 6-22 所示直行楼梯剖面示意图，其中，台阶高为 150，宽为 300。请结合所学知识完成直行楼梯剖面示意图的绘制，具体的操作步骤如下。

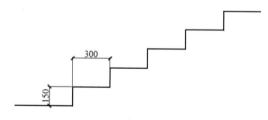

图 6-22　直行楼梯剖面示意图

① 新建一个文件。

② 打开正交模式，单击【绘图】→【多段线】按钮 ⟍，绘制带宽度的多段线。

```
命令：PLINE↙                           //激活 PLINE 命令绘制楼梯
指定起点：在绘图区中任意拾取一点        //指定多段线的起点
指定下一点或 [圆弧(A)/半宽(H)/长度(L)/放弃(U)/宽度(W)]：@600,0↙
                                       //指定第一点
指定下一点或 [圆弧(A)/闭合(C)/半宽(H)/长度(L)/放弃(U)/宽度(W)]：@0,150↙
                                       //指定第二点（绘制楼梯踏步的高）
指定下一点或 [圆弧(A)/闭合(C)/半宽(H)/长度(L)/放弃(U)/宽度(W)]：@300,0↙
                                       //指定第三点（绘制楼梯踏步的宽）
指定下一点或 [圆弧(A)/闭合(C)/半宽(H)/长度(L)/放弃(U)/宽度(W)]：@0,150↙
                                       //指定下一点
指定下一点或 [圆弧(A)/闭合(C)/半宽(H)/长度(L)/放弃(U)/宽度(W)]：@300,0↙
                                       //指定下一点
指定下一点或 [圆弧(A)/闭合(C)/半宽(H)/长度(L)/放弃(U)/宽度(W)]：@0,150↙
                                       //指定下一点
指定下一点或 [圆弧(A)/闭合(C)/半宽(H)/长度(L)/放弃(U)/宽度(W)]：@300,0↙
                                       //指定下一点，再根据同样的方法绘制楼梯其余踏步
指定下一点或 [圆弧(A)/闭合(C)/半宽(H)/长度(L)/放弃(U)/宽度(W)]：↙
                                       //按【Enter】键结束绘制
```

③ 绘制结果如图 6-22 所示。

6.2.2　编辑多段线

执行【编辑多段线】命令主要有如下几种方式。

● 执行菜单栏中的【修改】→【对象】→【多段线】命令。
● 在命令行中输入【PEDIT】。

执行 PEDIT 命令，命令行显示如下提示信息。

输入选项[闭合(C)|合并(J)|宽度(W)|编辑顶点(E)|拟合(F)|样条曲线(S)|非曲线化(D)|线型生成(L)|放弃(U)]：

如果选择多条多段线，命令行则显示如下提示信息。

输入选项[闭合(C)|打开(O)|合并(J)|宽度(W)|拟合(F)|样条曲线(S)|非曲线化(D)|线型生成(L)|放弃(U)]：

💻 动手操练——绘制剪刀平面图

运用【多段线】命令绘制把手，使用【直线】命令绘制刀刃，从而完成剪刀平面图的绘制。剪刀平面效果如图 6-23 所示。

图 6-23　剪刀平面效果

① 新建一个文件。

② 在命令行中输入【PL】（PLINE 命令的简写）执行命令，在绘图区中任意位置指定起点后，绘制如图 6-24 所示的多段线。命令行操作提示如下。

```
命令：_PLINE
指定起点：
当前线宽为 0.0000
指定下一个点或 [圆弧(A)/半宽(H)/长度(L)/放弃(U)/宽度(W)]：A↙
指定圆弧的端点或
[角度(A)/圆心(CE)/方向(D)/半宽(H)/直线(L)/半径(R)/第二个点(S)/放弃(U)/宽度(W)]：S↙
指定圆弧上的第二个点：@-9,-12.7↙
二维点无效。
指定圆弧上的第二个点：@-9,-12.7↙
指定圆弧的端点：@12.7,-9↙
指定圆弧的端点或
[角度(A)/圆心(CE)/闭合(CL)/方向(D)/半宽(H)/直线(L)/半径(R)/第二个点(S)/放弃(U)/宽度(W)]：L↙
指定下一点或 [圆弧(A)/闭合(C)/半宽(H)/长度(L)/放弃(U)/宽度(W)]：@-3,19↙
指定下一点或 [圆弧(A)/闭合(C)/半宽(H)/长度(L)/放弃(U)/宽度(W)]：↙
```

③ 执行 EXPLODE 命令，分解多段线。

④ 执行 FILLET 命令，指定圆角半径为【3】，对圆弧与直线的下端点进行圆角处理，如图 6-25 所示。

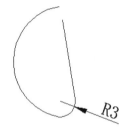

图 6-24　绘制多段线　　　　　　　　　　图 6-25　绘制圆角

⑤ 执行 L 命令，拾取多段线中直线部分的上端点，确认为直线的第一点，依次输入（@0.8,2）、（@2.8,0.7）、（@2.8,7）、（@-0.1,16.7）、（@-6,-25），绘制多条直线，效果如图 6-26 所示。命令行操作提示如下。

```
命令：L
LINE 指定第一点：
指定下一点或 [放弃(U)]：@0.8,2↙
指定下一点或 [放弃(U)]：@2.8,0.7↙
指定下一点或 [闭合(C)/放弃(U)]：@2.8,7↙
指定下一点或 [闭合(C)/放弃(U)]：@-0.1,16.7↙
指定下一点或 [闭合(C)/放弃(U)]：@-6,-25↙
指定下一点或 [闭合(C)/放弃(U)]：↙
```

⑥ 执行 FILLET 命令，指定圆角半径为【3】，对上一步绘制的直线与圆弧进行圆角处理，如图 6-27 所示。

⑦ 执行 BREAK 命令，在圆弧上的适合位置拾取一点为打断的第一点，拾取圆弧的端点为打断的第二点，效果如图 6-28 所示。

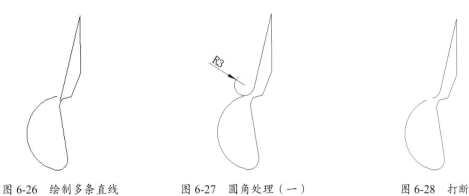

图 6-26　绘制多条直线　　　图 6-27　圆角处理（一）　　　图 6-28　打断

⑧　执行 O 命令，设置偏移距离为【2】，选择偏移对象为圆弧和圆弧旁的直线，分别进行偏移处理，完成后的效果如图 6-29 所示。

⑨　执行 FILLET 命令，输入【R】，设置圆角半径为【1】，选择偏移的直线和外圆弧的上端点，效果如图 6-30 所示。

图 6-29　偏移处理　　　　　　　图 6-30　圆角处理（二）

⑩　执行 L 命令，连接圆弧的两个端点，结果如图 6-31 所示。

⑪　执行 MIRROR（镜像）命令，拾取绘图区中的所有对象，以通过最下端圆角，最右侧的象限点所在的垂直直线为镜像轴线进行镜像处理，完成后的效果如图 6-32 所示。

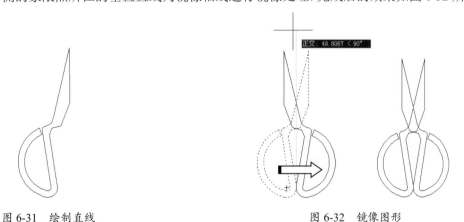

图 6-31　绘制直线　　　　　　　图 6-32　镜像图形

⑫　执行 TR（修剪）命令，修剪绘图区中需要修剪的线段，如图 6-33 所示。

⑬　执行 C 命令，在适当的位置绘制直径为【2】的圆，如图 6-34 所示。

图 6-33　修剪图形　　　　　　　　　　　　图 6-34　绘制圆

⑭　至此，剪刀平面图绘制就完成了，将完成后的文件进行保存。

6.3　样条曲线的绘制与编辑

样条曲线是经过或接近一系列给定点的光滑曲线，它可以控制曲线与点的拟合程度，如图 6-35 所示。样条曲线可以是开放的，也可以是闭合的。用户可以对创建的样条曲线进行编辑。

图 6-35　样条曲线

1．绘制样条曲线

绘制样条曲线就是创建通过或接近选定点的平滑曲线，用户可以通过如下方式来执行此操作。

● 菜单栏：执行【绘图】→【样条曲线】命令。
● 面板：在【默认】选项卡的【绘图】面板中单击【样条曲线】按钮 。
● 命令行：输入【SPLINE】。

样条曲线的拟合点可以通过光标指定，也可以在命令行中输入精确坐标值。执行 SPLINE 命令，在图形窗口中指定样条曲线第一个点和第二个点后，命令行显示如下操作提示。

```
命令：_SPLINE
指定第一个点或 [对象(O)]：                    //指定样条曲线第一个点或选择选项
指定下一点：                                  //指定样条曲线第二个点
指定下一点或 [闭合(C)|拟合公差(F)] <起点切向>： //指定样条曲线第三个点或选择选项
```

在命令行操作提示中，当样条曲线的拟合点有两个时，可以创建出闭合曲线（选择【闭合】选项），如图 6-36 所示。

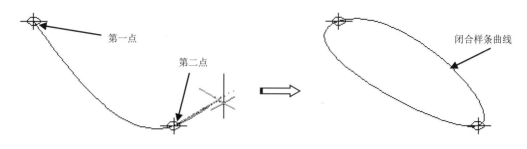

图 6-36　闭合样条曲线

还可以选择【拟合公差】选项来设置样条的拟合程度。如果公差设置为 0，则样条曲线通过拟合点。输入大于 0 的公差将使样条曲线在指定的公差范围内通过拟合点，如图 6-37所示。

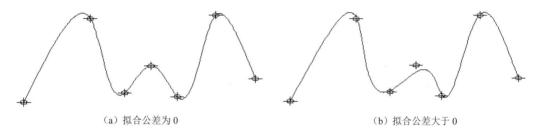

（a）拟合公差为 0　　　　　　　　　　　　　　　　　（b）拟合公差大于 0

图 6-37　拟合样条曲线

2．编辑样条曲线

【编辑样条曲线】命令可用于修改样条曲线对象的形状。除了可以直接在图形窗口中选择样条曲线进行拟合点的移动编辑外，还可以通过如下方式来执行编辑操作。

● 菜单栏：执行【修改】→【对象】→【样条曲线】命令。
● 面板：在【默认】选项卡的【修改】面板中单击【编辑样条曲线】按钮 。
● 命令行：输入【SPLINEDIT】。

执行 SPLINEDIT 命令并选择要编辑的样条曲线后，命令行显示如下操作提示。

输入选项 [拟合数据(F) | 闭合(C) | 移动顶点(M) | 精度(R) | 反转(E) | 放弃(U)]：

同时，图形窗口中弹出【输入选项】菜单，如图 6-38 所示。

命令行操作提示中或【输入选项】菜单中选项的含义如下。

● 拟合数据：编辑定义样条曲线的拟合点数据，包括修改公差。
● 闭合：将开放样条曲线修改为连续闭合的环。
● 移动顶点：将拟合点移动到新位置。
● 精度：通过添加、权值控制点及提高样条曲线阶数来修改样条曲线定义。
● 反转：修改样条曲线方向。
● 放弃：取消上一个编辑操作。

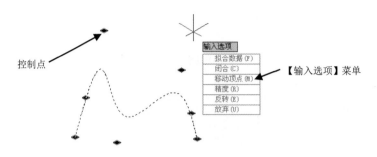

图 6-38　编辑样条曲线的【输入选项】菜单

动手操练——绘制石作雕花大样

样条曲线可以在控制点之间产生一条光滑的曲线，常用于创建形状不规则的曲线，如波浪线、截交线或汽车设计过程中绘制的轮廓线等。

下面利用样条曲线和绝对坐标输入法绘制如图 6-39 所示的石作雕花大样图。

① 新建一个文件，然后打开正交模式。

② 单击【直线】按钮 ✎，起点为（0,0），向右绘制一条长为【120】的水平线段。

③ 重复执行【直线】命令，起点仍为（0,0），向上绘制一条长为【80】的垂直线段，如图 6-40 所示。

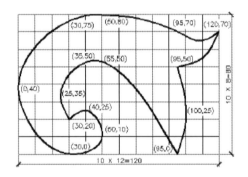

图 6-39　石作雕花大样图

图 6-40　绘制线段

④ 单击【阵列】按钮 ▦，选择长度为【120】的水平线段作为阵列对象，在【阵列创建】选项卡中设置参数，如图 6-41 所示。

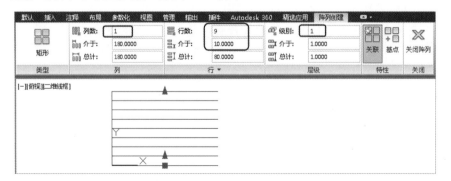

图 6-41　【阵列创建】选项卡（一）

⑤ 单击【阵列】按钮 ，选择长度为【80】的垂直线段作为阵列对象，在【阵列创建】
选项卡中设置参数，如图 6-42 所示。

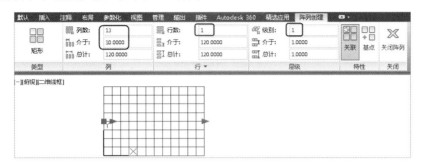

图 6-42　【阵列创建】选项卡（二）

⑥ 单击【样条曲线】按钮，利用绝对坐标输入法依次输入各点的坐标值，分段绘制样
条曲线，如图 6-43 所示。

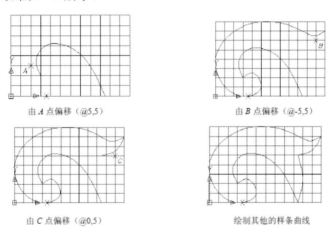

由 A 点偏移（@5,5）　　　　　　　　　　　由 B 点偏移（@-5,5）

由 C 点偏移（@0,5）　　　　　　　　　　　绘制其他的样条曲线

图 6-43　各段样条曲线的绘制过程

技巧点拨：

有时在工程制图中不会给出所有点的绝对坐标，此时可以通过捕捉网格交点来输入偏移坐标，从而
确定线型，图 6-43 中的提示点为偏移参考点，读者也可以尝试用这种方法来制作。

6.4　绘制曲线与参照几何图形命令

螺旋线属于曲线中较为高级的。而云线则是用来作为绘制参照几何图形时而采用的一种
查看、注意方法。

6.4.1　螺旋线

螺旋线（HELIX）是空间曲线。螺旋线包括圆柱螺旋线和圆锥螺旋线。当底面直径等于

顶面直径时，为圆柱螺旋线；当底面直径大于或小于顶面直径时，就是圆锥螺旋线。

【螺旋】命令的执行方式有下几种。

- 菜单栏：执行【绘图】→【螺旋】命令。
- 命令行：输入【HELIX】，然后按【Enter】键。
- 功能区：在【默认】选项卡的【绘图】面板中单击【螺旋】按钮 ⛛。

在二维视图中，圆柱螺旋线表现为多条螺旋线重合的圆，如图 6-44 所示。圆锥螺旋线表现为阿基米德螺线，如图 6-45 所示。

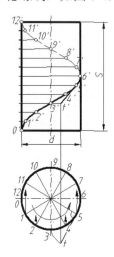

图 6-44　圆柱螺旋线

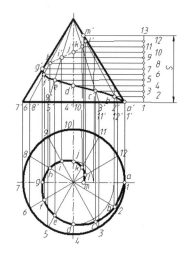

图 6-45　圆锥螺旋线

绘制螺旋线需要确定底面直径、顶面直径和高度（导程）。当螺旋高度为 0 时，就是二维的平面螺旋线；当螺旋高度大于 0 时，则是三维的螺旋线。

技巧点拨：

底面直径、顶面直径的值不能设为 0。

执行 HELIX 命令，按命令提示指定螺旋线中心、底面半径和顶面半径后，命令行显示如下操作提示。

```
命令：_HELIX
圈数= 3.0000      扭曲=CCW
指定底面的中心点：                            //指定底面中心点
指定底面半径或 [直径(D)] <335.7629>：          //指定底面半径或选择选项
指定顶面半径或 [直径(D)] <174.8169>：          //指定顶面半径或选择选项
指定螺旋高度或 [轴端点(A)/圈数(T)/圈高(H)/扭曲(W)] <135.7444>：//指定螺旋高度或选择选项
```

命令行操作提示中各选项的含义如下。

- 中心点：指定螺旋线中心点位置。
- 底面半径：螺旋线底面半径。
- 顶面半径：螺旋线顶面半径。
- 螺旋高度：螺旋线 Z 向高度。
- 轴端点：导圆柱或导圆锥的轴端点。轴起点为底面中心点。

- 圈数：螺旋线的圈数。
- 圈高：螺旋线的导程，即每圈的高度。
- 扭曲：指定螺旋线的旋向，包括顺时针旋向（右旋）和逆时针旋向（左旋）。

6.4.2　修订云线

修订云线（REVCLOUD，REVC）是由连续圆弧组成的多段线，主要用于在检查阶段提醒用户注意图形的某个部分。在检查或用红线圈阅图形时，可以使用修订云线功能亮显标记（见图6-46），从而提高工作效率。

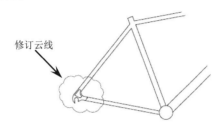

修订云线

图 6-46　创建修订云线

【修订云线】命令的执行方式有如下几种。

- 菜单栏：执行【绘图】→【修订云线】命令。
- 命令行：输入【REVCLOUD】。
- 功能区：在【默认】选项卡的【绘图】面板中单击【徒手画】按钮 ◌。
- 快捷键：输入【REVC】。

除了可以绘制修订云线，还可以将其他曲线（如圆、圆弧、椭圆、矩形、多边形等多段线）转换成修订云线。在命令行中输入【REVC】并执行命令后，将显示如下操作提示。

```
命令：REVCLOUD
最小弧长: 0.5000　最大弧长: 0.5000            //显示修订云线当前最小弧长和最大弧长
指定第一个点或 [弧长(A)/对象(O)/矩形(R)/多边形(P)/徒手画(F)/样式(S)/修改(M)] <对象>:
//指定修订云线的起点
```

命令行操作提示中有多个选项可供用户选择，各选项的含义如下。

- 弧长：指定修订云线中弧线的长度。
- 对象：选择要转换为修订云线的对象。
- 矩形：通过绘制矩形路径来绘制修订云线。
- 多边形：通过绘制多边形路径来绘制修订云线。
- 徒手画：通过徒手绘制任意路径来绘制修订云线。
- 样式：选择修订云线的绘制方式，包括普通和手绘（徒手画）。
- 修改：选取已绘制的修订云线修改其路径。

技巧点拨：

　　REVCLOUD 在系统注册表中存储上一次使用的弧长。在具有不同比例因子的图形中使用程序时，用 DIMSCALE 的值乘以此值来保持一致。

下面通过徒手绘制修订云线，学习使用【修订云线】命令。

动手操练——画修订云线

① 新建一个文件。

② 执行菜单栏中的【绘图】|【修订云线】命令，或者单击【绘图】面板中的【徒手画】按钮 ◯，根据 AutoCAD 命令行的步骤提示，精确绘图。

```
命令：_REVCLOUD
最小弧长：30   最大弧长：30   样式：手绘   类型：徒手画
指定第一个点或 [弧长(A)/对象(O)/矩形(R)/多边形(P)/徒手画(F)/样式(S)/修改(M)]<对象>：
//在绘图区拾取一点作为起点
沿云线路径引导十字光标...   //按住鼠标左键，沿着所需闭合路径引导光标，即可绘制闭合的云线图形
修订云线完成。
```

③ 徒手绘制的修订云线如图 6-47 所示。

图 6-47　徒手绘制的修订云线

技巧点拨：

在绘制闭合的云线时，需要移动光标，将云线的端点放在起点处，系统会自动绘制闭合云线。

1.【弧长】选项

【弧长】选项用于设置云线的最小弧长和最大弧长。当激活此选项后，系统提示用户输入最小弧长和最大弧长。

下面以绘制最大弧长为【25】、最小弧长为【10】的云线为例，介绍【弧长】选项的应用。

动手操练——设置云线的弧长

① 新建一个文件。

② 单击【绘图】面板中的【修订云线】按钮 ▧，根据 AutoCAD 命令行的步骤提示，精确绘图。

```
命令：_REVCLOUD
最小弧长：30   最大弧长：30   样式：普通
指定起点或 [弧长(A)/对象(O)/样式(S)] <对象>：A↙   //激活【弧长】选项
指定最小弧长 <30>:10 ↙                        //设置最小弧长
指定最大弧长 <10>：25↙                         //设置最大弧长
指定起点或 [弧长(A)/对象(O)/样式(S)] <对象>：    //在绘图区拾取一点作为起点
沿云线路径引导十字光标...                        //按住鼠标左键，沿着所需闭合路径引导光标
反转方向 [是(Y)/否(N)] <否>：N↙                 //采用默认设置
```

③ 修订云线，绘制结果如图 6-48 所示。

图 6-48　绘制结果

2.【对象】选项

【对象】选项用于对非云线图形，如直线、圆弧、矩形及圆图形等，按照当前的样式和尺寸，将其转化为云线图形，如图 6-49 所示。

图 6-49　【对象】选项示例

3.【矩形】选项

【矩形】选项可用来绘制矩形路径的修订云线，如图 6-50 所示。另外，在编辑过程中还可以修改弧线的方向，如图 6-51 所示。

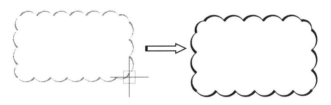

图 6-50　【矩形】选项示例

4.【样式】选项

【样式】选项用于设置修订云线的样式。AutoCAD 为用户提供了【普通】和【手绘】两种样式，在默认情况下采用【普通】样式。图 6-52 所示的云线就是采用【手绘】样式绘制的。

图 6-51　反转方向　　　　　　　　　　　　　图 6-52　手绘示例

5.【多边形】选项

【多边形】选项用于绘制多边形路径的修订云线，如图 6-53 所示。

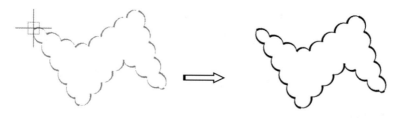

图 6-53　【多边形】选项示例

6.【修改】选项

【修改】选项用于修改已有修订云线的路径，如图 6-54 所示。

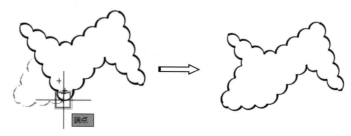

图 6-54　【修改】选项示例

6.5　AutoCAD 认证考试习题集

一、单选题

1．用 SPLINE 命令绘制样条曲线，样条曲线起点切向为 180°，终点切向为 0°，样条曲线的长度为（　　）。

    A．364.46　　　　　　B．361.46　　　　　　C．无法得到　　　　　D．367.46

2．（　　）命令用于绘制多条相互平行的线，每条线的颜色和线型可以相同，也可以不同，此命令常用来绘制建筑工程中的墙线。

    A．【直线】　　　　　　　　　　　　　B．【多段线】

    C．【多线】　　　　　　　　　　　　　D．【样条曲线】

3．运用【正多边形】命令绘制的正多边形可以看作一条（　　）。

    A．多段线　　　　　B．构造线　　　　　C．样条曲线　　　　　D．直线

4．在绘制多段线时，当在命令行提示中输入【A】时，表示切换到（　　）绘制方式。

    A．角度　　　　　　B．圆弧　　　　　C．直径　　　　　D．直线

二、多选题

1．下面关于样条曲线的叙述正确的是（　　）。

    A．在机械制图中常用来绘制波浪线、凸轮曲线等

    B．样条曲线最少应有 3 个顶点

C．是按照给定的某些数据点（控制点）拟合生成的光滑曲线

D．可以是二维曲线或三维曲线

2．样条曲线能使用下面的（　　　）命令进行编辑。

A．【分解】　　　　　　B．【删除】　　　　　　C．【修剪】　　　　　　D．【移动】

6.6　课后习题

1．绘制如图 6-55 所示的燃气灶，从中学习【多段线】、【修剪】和【镜像】等命令的使用技巧。

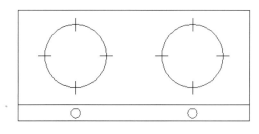

图 6-55　燃气灶

2．使用【直线】和【矩形】命令绘制如图 6-56 所示的图形，再运用【复制】、【镜像】和【阵列】命令绘制如图 6-57 所示的空调图形。

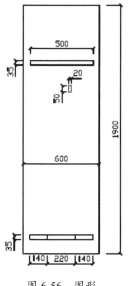

图 6-56　图形

图 6-57　空调图形

第 7 章

建筑图形的编辑与操作

本章内容

在 AutoCAD 中，单纯地使用绘图命令或绘图工具只能绘制一些基本的图形对象。为了绘制复杂的图形，在很多情况下必须借助图形编辑命令。AutoCAD 2020 提供了很多图形编辑命令，如复制、移动、旋转、镜像、偏移、阵列、拉伸及修剪等。使用这些命令，可以修改已有图形或通过已有图形构造新的复杂图形。

知识要点

- ☑ 使用夹点编辑图形
- ☑ 修改指令
- ☑ 重复对象

7.1　使用夹点编辑图形

使用【夹点】命令可以在不调用任何编辑命令的情况下，对需要编辑的对象进行修改。只要单击所要编辑的对象后，当对象上出现若干夹点，单击其中一个夹点作为编辑操作的基点，该点就会以高亮度显示，表示已成为基点。在选取基点后，就可以使用 AutoCAD 的夹点功能对相应的对象进行拉伸、移动、旋转等编辑操作。

7.1.1　夹点的定义和设置

当单击所要编辑的图形对象后，被选中图形的特征点（如端点、圆心、象限点等）将显示为蓝色的小方块，这些小方块被称为夹点。夹点有两种状态：未激活状态和被激活状态。单击某个未激活的夹点，该夹点被激活后，就会以红色的实心小方框显示，这种处于被激活状态的夹点称为热夹点。

不同对象特征点的位置和数量也不相同。表 7-1 列举了 AutoCAD 中常见对象特征点的位置。

表7-1　常见对象特征点的位置

对　象　类　型	特征点的位置
直线	两个端点和中点
多段线	直线段的两个端点、圆弧段的中点和两个端点
构造线	控制点及线上邻近两个点
射线	起点及射线上的一个点
多线	控制线上的两个端点
圆弧	两个端点和中点
圆	4 个象限点和圆心
椭圆	4 个顶点和中心点
椭圆弧	端点、中点和中心点
文字	插入点和第二个对齐点
段落文字	各顶点

执行【工具】→【选项】命令，打开【选项】对话框（见图 7-1），可以通过【选项】对话框中的【选择集】选项卡来设置夹点的各种参数。

【选择集】选项卡包含对夹点选项的设置，这些设置主要有以下几种。

● 【夹点尺寸】选项组：确定夹点小方块的大小，可以通过调整滑块的位置来设置。
● 【夹点颜色】按钮：单击该按钮，可以打开【夹点颜色】对话框，如图 7-2 所示。在【夹点颜色】对话框中可以对夹点未选中、悬停、选中几种状态及夹点轮廓的颜色进行设置。

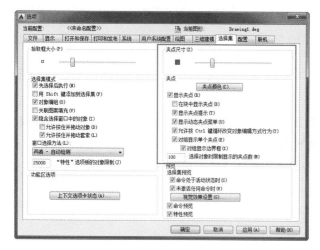

图 7-1　【选项】对话框

图 7-2　【夹点颜色】对话框

● 【显示夹点】复选框：用于设置 AutoCAD 的夹点功能是否有效。【显示夹点】复选框下面的几个复选框用于设置夹点显示的具体内容。

7.1.2　利用【夹点】命令拉伸对象

在选择基点后，命令行将出现如下提示。

＊＊　拉伸　＊＊
指定拉伸点或 [基点(B)/复制(C)/放弃(U)/退出(X)]：

对【拉伸】各选项的解释如下。

● 基点(B)：重新确定拉伸基点。选择该选项，AutoCAD 将接着提示指定基点，在此提示下指定一个点作为基点来执行拉伸操作。

● 复制(C)：允许用户进行多次拉伸操作。选择该选项，允许用户进行多次拉伸操作。此时用户可以确定一系列的拉伸点，从而实现多次拉伸。

● 放弃(U)：可以取消上一次操作。

● 退出(X)：退出当前的操作。

技巧点拨

在默认情况下，通过输入点的坐标或直接用鼠标指针拾取拉伸夹点后，AutoCAD 将把对象拉伸或移动到新的位置。因为对于某些夹点，移动时只能移动对象而不能拉伸对象，如文字、块、直线中点、圆心、椭圆中心和点对象上的夹点。

🖥️动手操练——拉伸图形

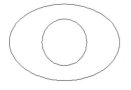

① 打开素材文件【拉伸图形.dwg】，如图 7-3 所示。

② 选中图中的圆形，然后拖动夹点至新位置，如图 7-4 所示。

③ 拉伸后的效果如图 7-5 所示。

图 7-3　打开素材文件

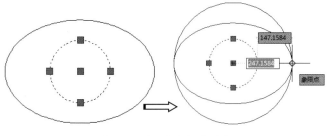

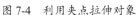

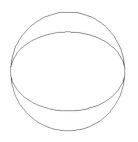

图 7-4　利用夹点拉伸对象　　　　　　　　　　图 7-5　拉伸后的效果

7.1.3　利用【夹点】命令移动对象

移动对象仅仅是位置上的平移，对象的方向和大小并不会改变。要精确地移动对象，可以使用捕捉模式、坐标、夹点和对象捕捉模式。在夹点编辑模式下确定基点后，在命令行提示下输入【MO】，按【Enter】键进入移动模式，命令行将显示如下提示信息。

```
**  移动  **
指定移动点或 [基点(B)/复制(C)/放弃(U)/退出(X)]：
```

通过输入点的坐标或拾取点的方式确定平移对象的目的点后，即可以基点为平移的起点，以目的点为终点将所选对象平移到新位置，如图 7-6 所示。

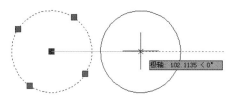

图 7-6　夹点移动对象

7.1.4　利用【夹点】命令旋转对象

在夹点编辑模式下，确定基点后，在命令行提示下输入【RO】，按【Enter】键，进入旋转模式，命令行将显示如下提示信息。

```
**  旋转  **
指定旋转角度或 [基点(B)/复制(C)/放弃(U)/参照(R)/退出(X)]：
```

在默认情况下，输入旋转的角度值后或通过拖动方式确定旋转角度后，即可将对象绕基点旋转指定的角度。旋转后的效果如图 7-7 所示。

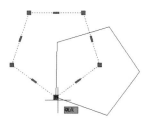

图 7-7　旋转后的效果

7.1.5 利用【夹点】命令比例缩放

在夹点编辑模式下确定基点后，在命令行提示下输入【SC】进入缩放模式，命令行将显示如下提示信息。

```
**  比例缩放  **
指定比例因子或 [基点(B)/复制(C)/放弃(U)/参照(R)/退出(X)]:
```

在默认情况下，当确定了缩放的比例因子后，AutoCAD 将相对于基点进行缩放对象操作。

动手操练——缩放图形

① 打开素材文件【缩放图形.dwg】，如图 7-8 所示。

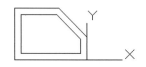

图 7-8　打开素材文件

② 选中所有图形，然后指定缩放基点，如图 7-9 所示。

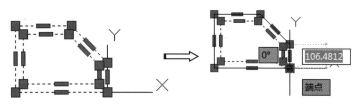

图 7-9　指定缩放基点

③ 在命令行中输入【SC】，再输入比例因子【2】，如图 7-10 所示。

④ 按【Enter】键，完成图形的缩放，如图 7-11 所示。

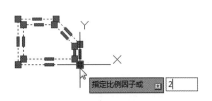

图 7-10　输入比例因子

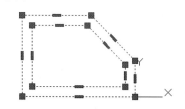

图 7-11　比例缩放效果

> **技巧点拨：**
> 当比例因子大于 1 时放大对象；当比例因子大于 0 而小于 1 时缩小对象。

7.1.6 利用【夹点】命令镜像对象

镜像对象是只按镜像线改变图形，镜像效果如图 7-12 所示。

镜像在夹点编辑模式下确定基点后，在命令行提示下输入【MI】进入缩放模式，命令行将显示如下提示信息。

```
** 镜像 **
指定第二点或 [基点(B)/复制(C)/放弃(U)/退出(X)]:
```

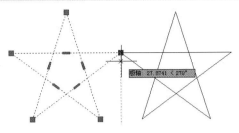

图 7-12　镜像效果

在默认情况下，当确定了缩放的比例因子后，AutoCAD 将相对于基点进行缩放对象操作。

7.2　修改指令

在 AutoCAD 2020 中，不仅可以使用夹点来移动、旋转、对齐对象，还可以通过【修改】菜单中的相关命令来实现。下面来讲解【修改】菜单中的【删除】、【移动】、【旋转】、【对齐】命令。

7.2.1　删除对象

【删除】是非常常用的一个命令，用于删除画面中不需要的对象。【删除】命令的执行方式主要有如下几种。

- 执行菜单栏中的【修改】→【删除】命令。
- 在命令行中输入【ERASE】，然后按【Enter】键。
- 单击【修改】面板中的【删除】按钮 。
- 选择对象，按【Delete】键。

执行【删除】命令后，命令行将显示如下提示信息。

```
命令：_ERASE
选择对象：找到 1 个                          //指定删除的对象↙
选择对象：↙                                 //结束选择
```

7.2.2　移动对象

移动对象是指对象的重定位，可以在指定方向上按指定距离移动对象，对象的位置发生了改变，但方向和大小不改变。

执行【移动】命令主要有如下几种方式。

- 执行菜单栏中的【修改】→【移动】命令。
- 单击【修改】面板中的【移动】按钮 。

● 在命令行中输入【MOVE】，然后按【Enter】键。

执行【删除】命令后，命令行将显示如下提示信息。

命令：_MOVE
选择对象：找到 1 个↙   //指定移动对象
选择对象：
指定基点或 [位移(D)] <位移>：
指定第二个点或 <使用第一个点作为位移>：

移动俯视图如图 7-13 所示。

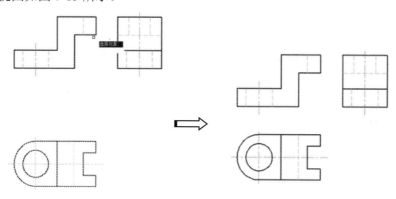

图 7-13　移动俯视图

7.2.3　旋转对象

【旋转】命令用于将选择对象围绕指定的基点旋转一定的角度。在旋转对象时，输入的角度为正值，系统将按逆时针方向旋转；输入的角度为负值，系统将按顺时针方向旋转。

执行【旋转】命令主要有如下几种方式。

● 执行菜单栏中的【修改】→【旋转】命令。

● 单击【修改】面板中的【旋转】按钮🔄。

● 在命令行中输入【ROTATE】，然后按【Enter】键。

● 使用命令简写【RO】，然后按【Enter】键。

💻动手操练——旋转对象

① 打开素材文件【旋转图形.dwg】，如图 7-14 所示。

② 选中图形中需要旋转的部分图线，如图 7-15 所示。

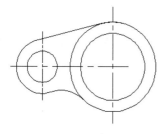

图 7-14　打开素材文件

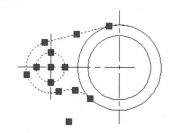

图 7-15　指定部分图线

③ 单击【修改】面板中的【旋转】按钮 ，激活【旋转】命令。然后指定大圆的圆心作为旋转的基点，如图 7-16 所示。

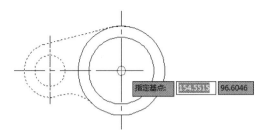

图 7-16　指定旋转的基点

④ 在命令行中输入【C】，然后输入旋转角度【180】，按【Enter】键创建如图 7-17 所示的旋转复制对象。

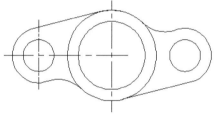

图 7-17　创建的旋转复制对象

技巧点拨：

【参照】选项用于将对象进行参照旋转，即指定一个参照角度和新角度，两个角度的差值就是对象的实际旋转角度。

7.3　重复对象

在 AutoCAD 中，单纯地使用绘图命令或绘图工具只能绘制一些基本的图形对象。为了绘制复杂的图形，在很多情况下都必须借助图形编辑命令。AutoCAD 2020 提供了很多图形编辑命令，使用这些命令可以修改已有图形或通过已有图形构造新的复杂图形。

7.3.1　复制对象

【复制】命令用于复制已有的对象作为副本，并放置到指定的位置。复制出的图形尺寸、形状等保持不变，唯一发生改变的就是图形的位置。

执行【复制】命令主要有如下几种方式。

● 执行菜单栏中的【修改】→【复制】命令。

● 单击【修改】面板中的【复制】按钮°o̊。

● 在命令行中输入【COPY】，然后按【Enter】键。

● 使用命令简写【CO】，然后按【Enter】键。

动手操练——复制对象

在一般情况下，通常使用【复制】命令创建结构相同但位置不同的复合结构，下面通过典型的操作实例学习此命令。

① 新建一个空白文件。

② 执行【椭圆】和【圆心、半径】命令，配合象限点捕捉功能，绘制如图 7-18 所示的椭圆和小圆。

③ 单击【修改】面板中的【复制】按钮°o̊，选中小圆，如图 7-19 所示，然后进行多重复制。

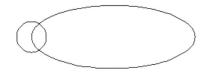

图 7-18　绘制结果

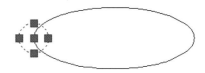

图 7-19　选中小圆

④ 将小圆的圆心作为基点，然后将椭圆的象限点作为指定点复制小圆，如图 7-20 所示。

⑤ 重复操作，在椭圆余下的象限点上复制小圆，最后的效果如图 7-21 所示。

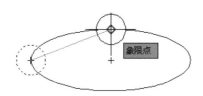

图 7-20　在象限点上复制小圆

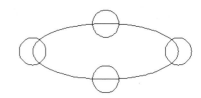

图 7-21　最后的效果

7.3.2　镜像对象

【镜像】命令用于将选择的图形以镜像线对称复制。在镜像过程中，源对象可以保留，也可以删除。

执行【镜像】命令主要有如下几种方式。

● 执行菜单栏中的【修改】→【镜像】命令。

● 单击【修改】面板中的【镜像】按钮◢▙。

● 在命令行中输入【MIRROR】，然后按【Enter】键。

● 使用命令简写【MI】，然后按【Enter】键。

动手操练——绘制大堂花几立面图

利用延伸、阵列和镜像等功能，在如图 7-22（a）所示的基础上完成如图 7-22（b）所示的大堂花几立面图。

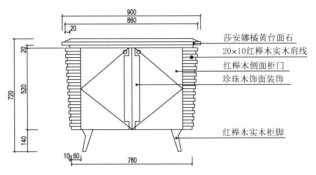

图 7-22　大堂花几立面图

① 打开本案例素材文件【大堂花几.dwg】。

② 单击【直线】按钮 ∕，捕捉 A 点向右绘制一段长为【60】的水平线段，如图 7-23 所示。

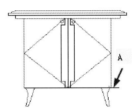

图 7-23　绘制水平线段

③ 单击【阵列】按钮，选择线段并按【Enter】键确认，弹出【阵列创建】选项卡。设置矩形阵列参数，如图 7-24 所示。单击【关闭阵列】按钮 ✔ 完成矩形阵列。

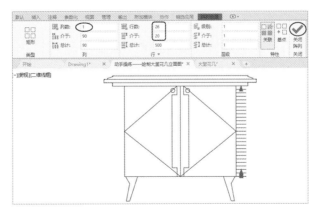

图 7-24　阵列线段

④ 选中矩形阵列的线段，再单击【修改】面板中的【分解】按钮 ⬚，将阵列分解。

⑤ 利用【直线】命令绘制线段连接 B 点和 C 点，如图 7-25 所示。

⑥ 单击【直线】按钮 ∕，捕捉 D 点向右追踪【20】，确定【E】点，然后绘制斜线段

CE，结果如图 7-26 所示。

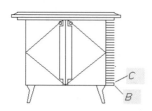

图 7-25　绘制线段 *BC*

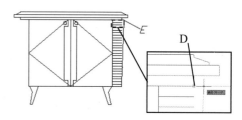

图 7-26　绘制斜线段 *CE*

⑦　单击【偏移】按钮，将斜线段 *CE* 向右侧偏移【10】，如图 7-27 所示。

⑧　单击【延伸】按钮，将阵列的线段全部延伸至与斜线段 *CE* 的偏移线段相交，如图 7-28 所示。

图 7-27　偏移线段

图 7-28　延伸线段

⑨　单击【修剪】按钮，以两条斜线段作为修剪边界将阵列线段进行交替修剪，如图 7-29 所示。

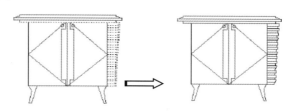

图 7-29　修剪线段

⑩　单击【镜像】按钮，以线段 *G* 为镜像轴进行左右镜像，如图 7-30 所示。

⑪　利用【延伸】工具修补其余部分的图线，如图 7-31 所示。

图 7-30　镜像结果

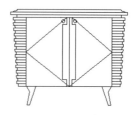

图 7-31　修补图形

7.3.3　阵列对象

【阵列】是一种用于创建规则图形结构的复合命令，使用此命令可以创建均布结构或聚心结构的复制图形。

1．矩形阵列

所谓【矩形阵列】，指的就是将图形对象按照指定的行数和列数，用【矩形】的排列方式进行大规模复制。

执行【矩形阵列】命令主要有如下几种方式。

- 执行菜单栏中的【修改】→【阵列】→【矩形阵列】命令。
- 单击【修改】面板中的【矩形阵列】按钮品。
- 在命令行中输入【ARRAYRECT】，然后按【Enter】键。

执行【矩形阵列】命令后，命令行操作提示如下。

```
命令：_ARRAYRECT
选择对象：找到 1 个                              //选择阵列对象
选择对象：✓                                    //确认选择
类型 = 矩形  关联 = 是
为项目数指定对角点或 [基点(B)/角度(A)/计数(C)] <计数>：//拉出一条斜线，如图 7-32 所示
指定对角点以间隔项目或 [间距(S)] <间距>：         //调整间距，如图 7-33 所示
按 Enter 键接受或 [关联(AS)/基点(B)/行(R)/列(C)/层(L)/退出(X)] <退出>：✓
//确认，并打开如图 7-34 所示的快捷菜单
```

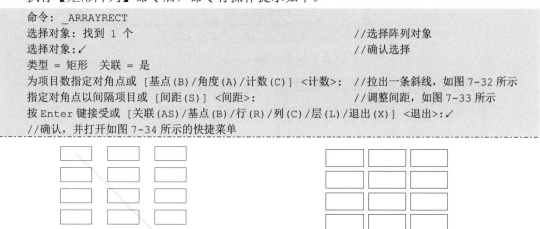

图 7-32　设置阵列的数目　　　　　　　图 7-33　设置阵列的间距

技巧点拨：

　　矩形阵列的【角度】选项用于设置阵列的角度，使阵列后的图形对象沿着某个角度进行倾斜，如图 7-35 所示。

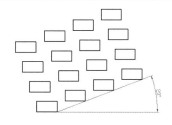

图 7-34　快捷菜单　　　　　　　　　图 7-35　角度示例

📖动手操练——绘制栅栏正立面图

① 打开素材文件【栅栏.dwg】。

② 单击【阵列】按钮品，选择阵列图形，如图 7-36 所示。

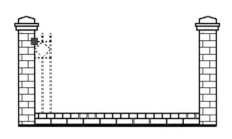

图 7-36　选择阵列图形

③　弹出【阵列创建】选项卡，设置的阵列参数如图 7-37 所示。

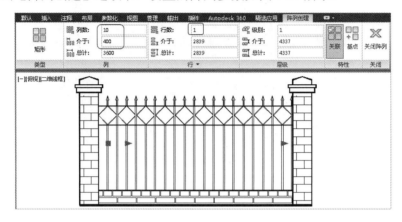

图 7-37　设置阵列参数

④　选择最右侧的阵列图形，如图 7-38 所示。单击【分解】按钮 ，分解图形，然后删除多余的线条，结果如图 7-39 所示，完成作图。

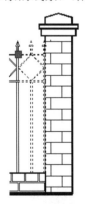

图 7-38　选择分解的图形

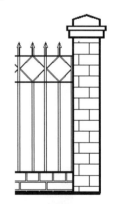

图 7-39　删除多余线条

2．环形阵列

所谓【环形阵列】，指的就是将图形对象按照指定的中心点和阵列数目，采用【圆形】的排列方式。

执行【环形阵列】命令主要有如下几种方式。

● 执行【修改】→【阵列】→【环形阵列】命令。

● 单击【修改】面板中的【环形阵列】按钮 。

● 在命令行中输入【ARRAYPOLAR】，然后按【Enter】键。

动手操练——餐桌布置平面图

① 打开素材文件【餐桌.dwg】，设置对象捕捉方式为圆心捕捉。

② 选择椅子图形，单击【环形阵列】按钮 ，捕捉圆心，如图 7-40 所示。

③ 在弹出的【阵列创建】选项卡中设置阵列参数，如图 7-41 所示。

图 7-40　捕捉圆心

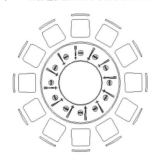

图 7-41　设置阵列参数

④ 关闭【阵列创建】选项卡，创建完成的餐桌如图 7-42 所示。

图 7-42　创建完成的餐桌

动手操练——路径阵列

下面通过一个小例子来讲解【路径阵列】的操作方法。

① 绘制 1 个圆。

② 执行【修改】→【阵列】→【路径阵列】命令，激活【路径阵列】命令，命令行操作提示如下。

```
命令: _ARRAYPATH
选择对象: 找到 1 个                           //选择圆
选择对象:↙                                  //确认选择
类型 = 路径  关联 = 是
选择路径曲线:                                //选择弧形
输入沿路径的项数或 [方向(O)/表达式(E)] <方向>: 15  //输入复制的数量
指定沿路径的项目之间的距离或 [定数等分(D)/总距离(T)/表达式(E)] <沿路径平均定数等分(D)>: ↙
                                            //定义密度, 如图 7-43 所示
按 Enter 键接受或 [关联(AS)/基点(B)/项目(I)/行(R)/层(L)/对齐项目(A)/Z 方向(Z)/退出(X)]
<退出>:↙                                    //自动弹出快捷菜单, 如图 7-44 所示
```

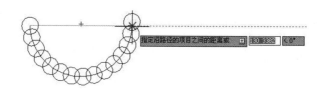

图 7-43　定义图形密度

③　操作结果如图 7-45 所示。

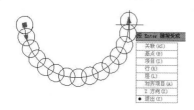

图 7-44　快捷菜单

图 7-45　操作结果

7.3.4　偏移对象

【偏移】命令用于将图线以指定的距离或指定的点（距离终点）进行精确偏移。

执行【偏移】命令主要有如下几种方式。

● 执行菜单栏中的【修改】→【偏移】命令。
● 单击【修改】面板中的【偏移】按钮凸。
● 在命令行中输入【OFFSET】，然后按【Enter】键。
● 使用命令简写【O】，然后按【Enter】键。

1. 将对象距离偏移

不同结构的对象，其偏移结果也会不同。例如，在对圆、椭圆等对象偏移后，对象的尺寸会发生变化；而对直线偏移后，尺寸则保持不变。

💻 **动手操练——利用【偏移】命令绘制亭基平面图**

下面利用【复制】、【镜像】与【偏移】命令绘制如图 7-46 所示的亭基平面图。

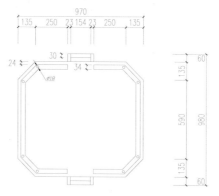

图 7-46　亭基平面图

① 打开极轴追踪、对象捕捉、对象追踪，设置捕捉方式为端点、中点捕捉。

② 单击【矩形】按钮 ▭，绘制长为【970】、宽为【860】的矩形，其倒角距离为【135】。

③ 单击【偏移】按钮 ◩，将矩形向内进行偏移，结果如图 7-47 所示。

④ 单击【直线】按钮 ╱ 和【偏移】按钮 ◩，绘制图形 A，如图 7-48 所示，然后将其进行上下镜像，结果如图 7-49 所示

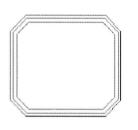

图 7-47　偏移矩形

图 7-48　绘制台阶图形

图 7-49　镜像图形

⑤ 修剪并补充线型，如图 7-50 所示。

修剪多余线段

补充线型

图 7-50　修改线型

⑥ 绘制连线并捕捉连线中点画圆，如图 7-51 所示。

⑦ 复制圆形并左右镜像，如图 7-52 所示。

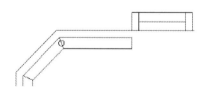

图 7-51　绘制圆

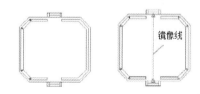

图 7-52　复制并镜像圆形

2．将对象定点偏移

所谓【定点偏移】，指的就是为偏移对象指定一个通过点，然后偏移对象。

动手操练——定点偏移对象

此种偏移通常需要配合【对象捕捉】功能。下面通过实例学习定点偏移。

① 打开素材文件【定点偏移对象.dwg】，如图 7-53 所示。

② 单击【修改】面板中的【偏移】按钮 ◩，激活【偏移】命令，对小圆图形偏移，使偏移出的圆与大椭圆相切，如图 7-54 所示。

③ 定点偏移的结果如图 7-55 所示。

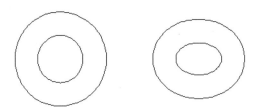

图 7-53 打开素材文件

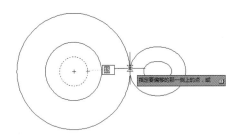

图 7-54 指定位置

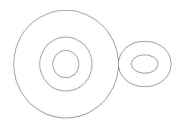

图 7-55 定点偏移的结果

技巧点拨:

【通过】选项用于按照指定的通过点偏移对象，所偏移出的对象将通过事先指定的目标点。

7.4 综合案例：绘制客厅 A 立面图

本实例的客厅 A 立面图展示了沙发背景墙的设计方案，其效果如图 7-56 所示。

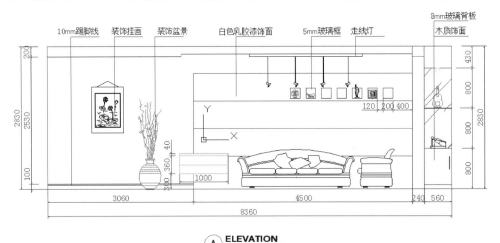

图 7-56 客厅 A 立面图

绘制客厅 A 立面图的内容主要包括挂画、沙发、植物等背景装饰物，在绘图过程中可以使用【插入】命令插入常见的图块，绘制客厅 A 立面图的操作步骤如下。

操作步骤

① 执行【直线】命令，在绘图区域绘制一条长 9060mm 的水平线段，在距离水平线段左端点 400mm 处向上绘制一条长为 2830mm 的垂直线段，如图 7-57 所示。

图 7-57　绘制水平线段和垂直线段

② 使用【偏移】命令向右偏移这条垂直线段，偏移距离为 8360mm，向上偏移水平线段，偏移距离为 2830mm，如图 7-58 所示。

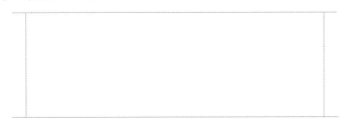

图 7-58　绘制偏移线段（一）

③ 使用【修剪】命令对偏移后的线段进行修剪，效果如图 7-59 所示。

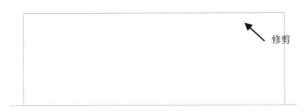

修剪

图 7-59　修剪偏移线段

④ 使用【偏移】命令向上偏移开始时绘制的水平线段，偏移距离依次为 100mm、550mm、550mm、550mm、550mm、380mm，如图 7-60 所示。

图 7-60　绘制偏移线段（二）

⑤ 使用【偏移】命令向右偏移左边的垂直线段，偏移距离依次为 3060mm、4500mm、240mm，如图 7-61 所示。

⑥ 使用【修剪】命令对线段进行修剪处理，效果如图 7-62 所示。

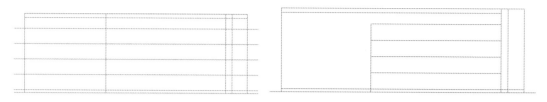

图 7-61　绘制偏移线段（三）　　　　　　　　　　　图 7-62　修剪处理

⑦ 参照如图 7-63（a）所示的图形，使用【偏移】命令对线段进行偏移，使用【修剪】命令对线段进行修剪，效果如图 7-63（b）所示。

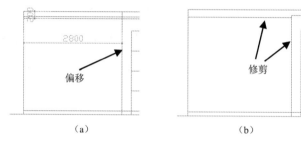

（a）　　　　　　　　　　　　　　　（b）

图 7-63　创建偏移线段并进行修剪

⑧ 根据如图 7-64 所示的尺寸和效果，结合【偏移】、【延伸】和【修剪】命令创建客厅装饰柜立面图。

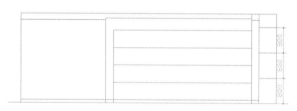

图 7-64　客厅装饰柜立面图

⑨ 使用【矩形】命令绘制一个 200mm×200mm 大小的矩形，将它放在客厅背景墙上，再复制 6 个矩形并依次排列，尺寸和效果如图 7-65 所示。

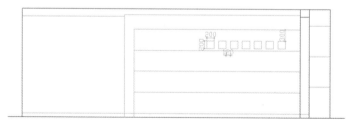

图 7-65　绘制并复制矩形

⑩ 结合使用【偏移】和【修剪】命令绘制客厅搁物柜，尺寸和效果如图 7-66 所示。

⑪ 执行【工具】→【选项板】→【设计中心】命令，将素材文件【图库.dwg】中的【沙发】图块插入立面图中，如图 7-67 所示。

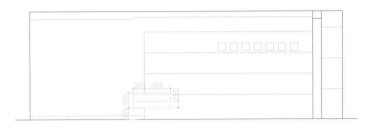

图 7-66　绘制的客厅搁物柜

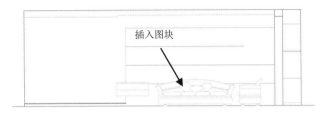

图 7-67　插入图块

⑫　继续将【花瓶】、【装饰画】和【灯具】等图块插入立面图中，效果如图 7-68 所示。

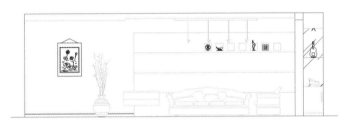

图 7-68　插入其他图块

⑬　将【标注】层设为当前层，结合使用【线性】标注和【连续】标注命令对图形进行
　　标注，效果如图 7-69 所示。

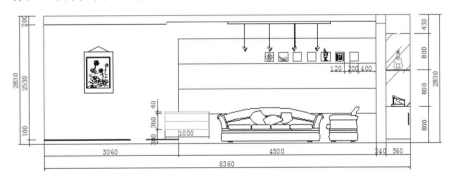

图 7-69　标注尺寸

⑭　将【文字说明】层设为当前层，执行【多重引线】命令，绘制文字说明的引线，使
　　用【多行文字】命令创建说明文字，如图 7-70 所示。

⑮　打开素材文件【图库.dwg】，将【剖析线符号】图块复制到客厅 A 立面图中，完成
　　客厅 A 立面图的绘制，效果如图 7-71 所示。

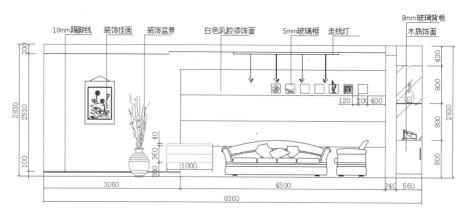

图 7-70 创建文字标注

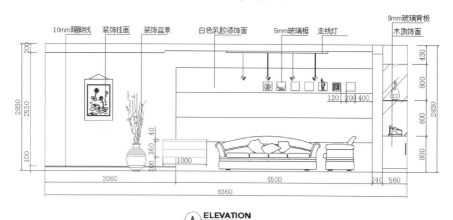

图 7-71 立面图绘制完成

7.5 AutoCAD 认证考试习题集

一、单选题

1. 设置夹点大小及颜色是在【选项】对话框中的（ ）选项卡中。

A.【系统】 B.【显示】 C.【打开和保存】 D.【选择】

2. 下列关于移动（MOVE）和平移（PAN）命令的叙述，正确的是（ ）。

A. 都是移动命令，效果一样

B. 移动（MOVE）速度快，平移（PAN）速度慢

C. 移动（MOVE）的对象是视图，平移（PAN）的对象是物体

D. 移动（MOVE）的对象是物体，平移（PAN）的对象是视图

3. 使用（ ）命令可以绘制出所选对象的对称图形。

A. COPY B. LENGTHEN C. STRETCH D. MIRROR

4. 下面的（ ）命令用于把单个或多个对象从它们的当前位置移至新位置，并且不

改变对象的尺寸和方位。

  A．MOVE   B．ROTATE   C．ARRAY   D．COPY

 5．如果按照简单的规律大量复制对象，可以选用（ ）命令。

  A．ROTATE   B．ARRAY   C．COPY   D．MOVE

 6．（ ）命令可以将直线、圆、多段线等对象做同心复制，并且如果对象是闭合的图形，则执行该命令后的对象将被放大或缩小。

  A．SCALE   B．ZOOM   C．OFFSET   D．COPY

 7．使用偏移命令时，下列说法正确的是（ ）。

  A．偏移值可以小于 0，这是向反向偏移

  B．可以框选对象，然后一次偏移多个对象

  C．一次只能偏移一个对象

  D．执行【偏移】命令时不能删除源对象

 8．在 AutoCAD 中不能应用【修剪】命令进行修剪的对象是（ ）。

  A．圆弧   B．圆   C．直线   D．文字

二、绘图题

 1．将长度和角度精度设置为小数点后 4 位，绘制如图 7-72 所示的图形，求图中图案填充区域的面积。

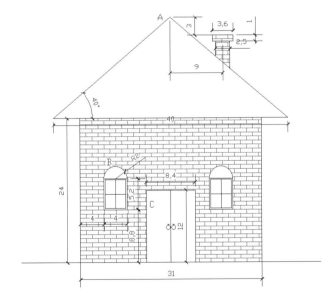

A	601.5243
B	601.5043
C	601.5143
D	601.5134

图 7-72　图形一

 2．将长度和角度精度设置为小数点后 4 位，绘制如图 7-73 所示的图形，求图中角 *CAB* 的值。

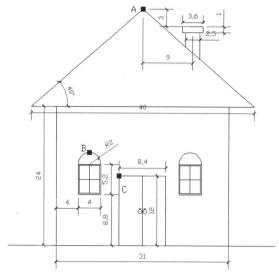

图 7-73　图形二

3．绘制如图 7-74 所示的图形，并回答问题。将绘图精度设置为小数点后 4 位，求图中玻璃的面积。

A	12.6720°
B	12.6719°
C	12.6718°
D	12.6717°

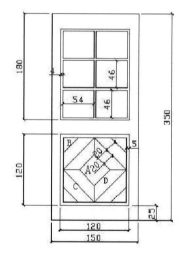

图 7-74　图形三

7.6　课后习题

1．利用【直线】、【圆弧】、【圆】、【复制】和【镜像】等命令绘制如图 7-75 所示的挂轮架。

2．利用【直线】、【圆】和【复制】等命令绘制如图 7-76 所示的曲柄图形。

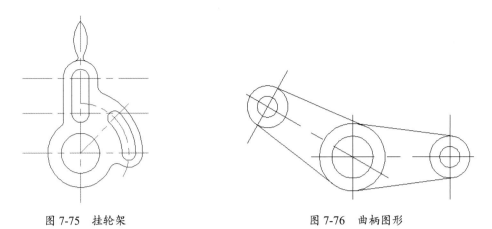

图 7-75　挂轮架　　　　　　　　　　　　图 7-76　曲柄图形

3．通过绘制如图 7-77 所示的燃气灶，学习【多段线】、【修剪】和【镜像】等命令的使用技巧。

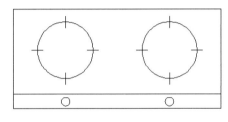

图 7-77　燃气灶

第 8 章

图块与图层的应用

本章内容

在绘制建筑图形时，如果图形中有大量相同或相似的内容，或者所绘制的图形与已有的图形文件相同，则可以把要重复绘制的图形创建成块（也称为图块），并根据需要为图块创建属性，指定图块的名称、用途及设计者等信息，在需要时直接插入它们，从而提高绘图效率。

图层是绘制建筑工程图的必备工具，可以帮助设计师快速、高效地管理图纸和绘制图纸。

知识要点

- ☑ 图块的定义
- ☑ 图块的应用
- ☑ 图块编辑
- ☑ 图块属性
- ☑ 巧妙应用 AutoCAD 设计中心
- ☑ 图层管理工具

8.1 图块的定义

在实际工程设计中，常常会多次重复绘制一些相同或相似的图形符号（如门、窗、标高符号等），若每个图形都重复绘制就会浪费时间。所以，在绘图之前应将那些常用的图形制作成图块，以后再用到时，直接将图块插入即可。图 8-1 所示的图形都是建筑制图中常用的图块，可以将这些图形分别绘制出来定义为一个单独的图块。

图 8-1 建筑制图中常用的图块

图块是由一个或多个图形实体组成的，是以一个名称命名的图形单元。要定义一个图块，首先要绘制好组成图块的图形实体，然后对其进行定义。图块分为内部图块和外部图块两类。因此，图块的定义又分为内部图块的定义（BLOCK）和外部图块的定义（WBLOCK）。

8.1.1 内部图块的定义

内部图块是指只能在定义该图块图形的内部使用，不能应用于其他图形的一个 CAD 内部文件。通常，在绘制较复杂的建筑图时会用到内部图块。使用 BLOCK 命令可以定义内部图块，在定义内部图块时，需要指定图块的名称、插入点及插入单位等。

动手操练——创建图块

例如，使用 BLOCK 命令将如图 8-2 所示的图形定义为一个内部图块。其中，该图块名称为【DBQ】，基点为 A 点，以毫米为单位插入图形中。

① 打开素材文件【坐便器.dwg】。

② 执行【创建块】命令，或者在命令行中输入【BLOCK】，系统会弹出【块定义】对话框。

③ 在【块定义】对话框的【名称】文本框中输入【DBQ】，确定图块名称。

技巧点拨：

在同一图形文件中不能定义两个名称相同的图块，如果用户输入的图块名是列表中已有的图块名，则在单击【确定】按钮时，系统将提示已定义该图块，并询问是否重新定义。

④ 在【对象】选项组中单击【选择对象】按钮 ✛，系统就会返回绘图区，选择如图 8-2 所示的坐便器图形，按【Enter】键确认后返回【块定义】对话框。

⑤ 在【对象】选项组中选中【转换为块】单选按钮，将所选图形定义为图块。

⑥ 在【基点】选项组中单击【拾取点】按钮，在绘图区中拾取 A 点作为基点，随后自动返回【块定义】对话框。

⑦ 在【块单位】下拉列表中选择图块的插入单位，在此，我们选择【毫米】选项，即以毫米为单位插入图块，如图 8-3 所示，最后单击【确定】按钮即可。

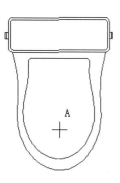

图 8-2 定义内部图块

图 8-3 【块定义】对话框

若用户在一个图形中定义的内部图块较多，就可以在【块定义】对话框中的【说明】列表框中指定该图块的说明信息，以便于区分。

通过【块定义】对话框下方的【超链接】按钮可以为图块设置一个超级链接。

8.1.2 外部图块的定义

使用 WBLOCK 命令可以将所选实体以图形文件的形式保存在计算机中，即外部图块。使用该命令形成的图形文件与其他图形文件一样可以打开、编辑和插入。在建筑制图中，使用外部图块也较为广泛，读者可预先将所要使用的图形绘制出来，然后用 WBLOCK 命令将其定义为外部图块，从而在实际绘图时快速地插入图形中。

例如，使用 WBLOCK 命令可以将如图 8-2 所示的图形定义为外部图块。其名称仍为【DBQ】，以毫米为单位插入图形中，保存在 E 盘根目录下。其具体操作如下。

💻动手操练——创建外部图块

① 在命令行中输入【WBLOCK】，系统打开如图 8-4 所示的【写块】对话框。

② 在【源】选项组中选中【对象】单选按钮，以选择对象的方式指定外部图块。

③ 在【对象】选项组中单击【选择对象】按钮，系统返回绘图区中，以窗选方式选择如图 8-5 所示的图形，按【Enter】键返回【写块】对话框。

④ 在【基点】选项组中单击【拾取点】按钮，返回绘图区中，单击 A 点，返回【写块】对话框。

⑤ 单击【目标】选项组中【文件名和路径】下拉列表右侧的按钮，在打开的【浏览文件夹】对话框中选择【E:\】，指定图块保存的位置。

⑥ 在【插入单位】下拉列表中选择【毫米】选项，指定图块的插入单位，如图 8-6 所示，最后单击【确定】按钮即可。

图 8-4　【写块】对话框

图 8-5　定义外部图块

图 8-6　设置写块参数

使用 WBLOCK 命令定义的外部图块实际上是一个 DWG 图形文件。当用 WBLOCK 命令定义图块时，它不会保留图形中未用的层定义、块定义、线型定义等，因此可以将图形文件中的整个图形定义成外部图块，并写入一个新文件。

提示：

若用户要将内部图块保存到计算机中供其他图形调用，也可以使用 WBLOCK 命令来完成，在【写块】对话框的【源】选项组中选中相应的单选按钮，在其后的下拉列表中选择已定义的内部图块名称，然后按照前面介绍的相应的操作方法进行设置即可。

8.2　图块的应用

定义图块是为了在插入相同图形时更加方便、快捷。

8.2.1 插入单个图块

要插入图块，需要先创建图块。可以使用 INSERT 命令或在【块】列表中将用户所定义的内部图块或外部图块插入当前图形中。

在【插入】选项卡的【块】面板中单击【插入】按钮展开块列表，选取一个图块，将其插入图形中，如图 8-7 所示。

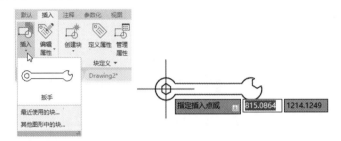

图 8-7　插入图块

动手操练——插入单个图块

例如，通过【块】面板将前面定义的 DBQ 外部图块插入如图 8-8 所示的卫生间平面图中。

① 打开素材文件【卫生间平面图.dwg】。

② 单击【插入】按钮展开图块列表，选择【最近使用的块】选项或【其他图形中的块】选项，打开【块】选项板。

③ 单击【块】选项板顶部的【浏览】按钮...，通过打开的【选择图形文件】对话框，将【DBQ.dwg】图形文件打开，如图 8-9 所示。

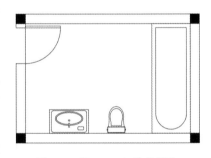

图 8-8　插入 DBQ 外部图块

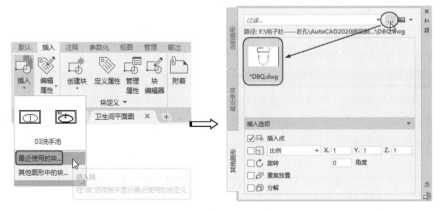

图 8-9　打开图形文件

④ 在【块】选项板的【插入选项】选项组中勾选【插入点】复选框，在【比例】下拉列表中选择【统一比例】选项，并设置为【1】。

⑤　在【旋转】栏的【角度】文本框中输入【180】，将图块旋转 180°，右击 DBQ 图块并选择右键菜单中的【插入】命令，如图 8-10 所示。

⑥　在卫生间图形中动态指定图块的插入点，完成块的插入，如图 8-11 所示。

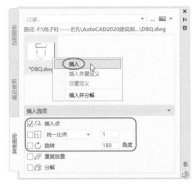

图 8-10　设置插入块选项

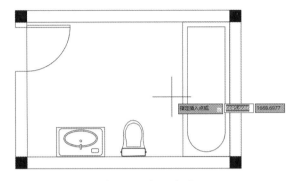

图 8-11　插入块图形

若要插入一个内部图块，在【块】选项板的【当前图形】选项卡中选择内部图形即可，其余设置与插入外部图块相同。

用 BLOCK 和 WBLOCK 命令建立的图块，确定的插入点即为插入时的基点。如果直接插入外部图形文件，那么系统将以图形文件的原点（0,0,0）作为默认的插入基点。

8.2.2　插入阵列图块

MINSERT 命令相当于将【阵列】与【插入】命令相结合，用于将图块以矩形阵列的方式插入。用 MINSERT 命令插入图块不仅可以提高工作效率，还可以减少占用的磁盘空间。

动手操练——插入阵列图块

例如，使用 MINSERT 命令以阵列方式将如图 8-12（a）所示的图形插入图 8-12（b）中，结果如图 8-12（c）所示。其中，图 8-12（a）所示的图形是由 BLOCK 命令定义为名为【DA】的内部图块。

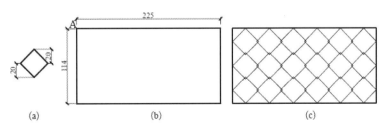

图 8-12　以阵列方式插入图块

① 新建一个文件，然后绘制如图 8-13 所示的图形。

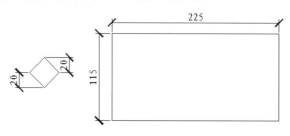

图 8-13　绘制图形

② 执行【创建块】命令，打开【块定义】对话框。输入图块名【DA】，再拾取如图 8-14 所示的 B 点作为基点，选择菱形来创建图块。

图 8-14　创建图块

③ 执行 MINSERT 命令，然后按下列命令行中的提示进行操作。

```
命令：MINSERT↵                                    //输入 MINSERT 命令阵列插入图块
输入块名或 [?] <da>：↙                            //默认系统提示的图块名称 DA
指定插入点或[比例(S)/X/Y/Z/旋转(R)/预览比例(PS)
/PX/PY/PZ/预览旋转(PR)]：FROM                      //使用基点捕捉指定图块的插入点
基点：选取如图 8-15 所示的基点                      //指定基点
<偏移>：@20,0                                     //指定由基点偏移的距离，即图块的插入点
输入 X 比例因子，指定对角点，或[角点(C)/XYZ] <1>：   //不改变图块 X 方向上的缩放比例
输入 Y 比例因子或 <使用 X 比例因子>：               //不改变图块 Y 方向上的缩放比例
指定旋转角度 <0>：                                //不旋转图块
输入行数 (---) <1>：3                             //指定阵列的行数
输入列数 (||||) <1>：6                            //指定阵列的列数
输入行间距或指定单位单元 (---)：-37                 //指定行间距，间距值为负，图块向下阵列复制
指定列间距 (||||)：37                             //指定列间距
```

④ 阵列结果如图 8-16 所示。

> **提示：**
>
> 　　用 MINSERT 命令插入的所有图块是一个单独的整体，而且不能用 EXPLODE 命令分解，但可以通过 DDMODIFY 命令改变插入图块时所设的特性，如插入点、比例因子、旋转角度、行数、列数、行距和列距等参数。

图 8-15　指定基点　　　　　　　　　　　　　　图 8-16　阵列结果

8.3　图块编辑

图块是由一个或多个实体组成的一个特殊实体，可以用 COPY、ROTATE 等命令对图块进行整体编辑，但 TRIM、EXPLODE、OFFSET 等命令则不能对其进行编辑。

8.3.1　图块特性

在建立一个图块时，组成图块的实体特性将随图块定义一起存储，当在其他图形中插入图块时，这些特性也随之一起插入。

1．层上图块的特性

如果组成图块的实体是在 0 层上绘制的，并且用【随层】设置特性，则该图块无论插入哪一层，其特性都采用当前层的设置。0 层上【随层】图块的特性随其插入层特性的改变而改变。

2．指定颜色和线型的图块特性

如果组成图块的实体具有指定的颜色和线型，则图块的特性也是固定的，在插入时不受当前图形设置的影响。

3．【随块】图块特性

如果组成图块的实体采用【随块】设置，则图块在插入前没有任何层、颜色、线型、线宽设置，被视为白色连续线。当图块插入当前图形中时，图块的特性按当前绘图环境的层、颜色、线型和线宽设置。【随块】图块的特性是随着不同的绘图环境而变化的。

4．【随层】图块特性

如果由某个层的具有【随层】设置的实体组成一个内部图块，这个层的颜色和线型等特性将设置并储存在图块中，以后不管在哪一层插入都保持这些特性。

如果在当前图形中插入一个具有【随层】设置的外部图块，而外部图块所在层在当前图形中未定义，则 AutoCAD 自动建立该层来放置图块，图块的特性与图块定义一致；如果当前图形中存在与之同名而特性不同的层，那么当前图形中该层的特性将覆盖图块原有的特性。

5．关闭或冻结层上图块的显示

当非 0 层块在某一层插入时，插入图块实际上仍处于建立该块的层中（0 层块除外），因此不管它的特性如何随插入层或绘图环境变化，当关闭该层时，图块仍然显示，只有将建立该图块的层关闭或将插入层冻结，图块才不再显示。而 0 层上建立的图块，无论它的特性如何随插入层或绘图环境变化，当关闭插入层时，插入的 0 层块就会随之关闭。

8.3.2 图块分解

EXPLODE 命令用于将复合对象分解成若干基本的组成对象，该命令可用于图块、三维线框或实体、尺寸、剖面线、多线、多段线和面域等的分解。

例如，使用 EXPLODE 命令将 DBQ 图块进行分解，图块分解前后夹点编辑状态如图 8-17 所示。其具体操作如下。

命令：EXPLODE↵	//使用 EXPLODE 命令分解图块
选择对象：选择 DBQ 图块	//选择分解对象
选择对象：↵	//按【Enter】键结束 EXPLODE 命令

(a) 图块分解前　　　　　(b) 图块分解后

图 8-17　图块分解前后夹点编辑状态

> **提示：**
> 使用 EXPLODE 命令分解带属性的图块后，将使属性值消失，并还原为属性定义的标签。

用 MINSERT 命令插入的图块或外部参照对象不能用 EXPLODE 命令分解。具有一定宽度的多段线分解后，AutoCAD 将放弃多段线的任何宽度和切线信息，分解后的多段线的宽度、线型、颜色将随当前层而改变。

8.3.3 图块的重新定义

若一个图块被多次重复插入一幅图中，当对这些已插入的图块进行整体修改时，用图块的重新定义即可一次性更新已插入的图块而不用单独修改。

重新定义图块的方法一般是将一个插入图块分解后加以修改编辑，再用 BLOCK 命令重新定义为同名的图块，将原有的图块定义覆盖，图形中引用的相同图块将全部自动更正，这种方法用于修改不大的图块。

8.4　图块属性

　　一个图形、符号除自身的几何形状外往往还包含很多相关的文字说明、参数等信息，在 AutoCAD 中用属性来设置图块的附加信息，具体的信息内容则称为属性值。属性必须依赖图块而存在，没有图块就没有属性。

8.4.1　定义图块属性

　　要定义图块属性，需要先创建描述图形的属性定义，包括标记（标识属性的名称）、插入图块时显示的提示、值的信息、文字格式、位置和任何可选模式（不可见、固定、验证和预置）。

　　使用 ATTDEF 命令即可为图块定义属性。定义属性之后，将其与图形一起定义为图块。只要插入该图块，AutoCAD 都会用指定的属性文字提示输入属性。对于每个新的插入图块，可以为属性指定不同的值。

　　例如，使用 ATTDEF 命令为如图 8-18（a）所示的落水管定义一个属性，结果如图 8-18（b）所示。

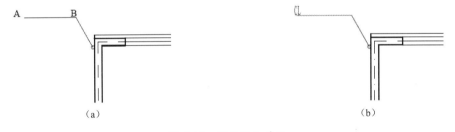

（a）　　　　　　　　　　　　　　　　　　　（b）

图 8-18　定义图块属性

具体要求如下。

● 属性的显示标记为 CL，CL 表示属性的填写位置，插入带属性的图块时，输入的值将代替该标记。

● 在插入该图块时，系统提示【输入材料名称】。

● 该属性的默认值为【DV100PVC 塑料落水管】。

具体步骤如下。

① 执行【定义属性】命令，或者在命令行中输入【ATTDEF】，系统打开如图 8-19 所示的【属性定义】对话框。

② 在【属性】选项组的【标记】文本框中输入【CL】，指定属性显示标记。

图 8-19　【属性定义】对话框

③　在【提示】文本框中输入【输入材料名称】，指定属性的提示信息。

④　在【默认】文本框中输入【DV100PVC 塑料落水管】，指定属性的默认值。

⑤　在【文字设置】选项组的【对正】下拉列表中选择文字排列方式。

⑥　在【文字样式】下拉列表中选择【Standard】选项。

⑦　在【文字高度】文本框中输入【2.5】，指定属性文字的大小。

⑧　默认文字的旋转角度为【0】。

⑨　单击【确定】按钮完成属性定义。

8.4.2　创建图块

完成图块的属性定义后，并不能达到我们前面指出的要求。例如，在插入【落水管】图块时，系统还不会提示【输入材料名称：】等。要达到以上要求，需要将属性和【落水管】图块一起定义为新的图块，从而达到前面所提出的要求。8.1.1 节已经介绍了图块的创建过程，此处不再赘述。为了便于讲解，我们将落水管及其属性定义为名为【GC】的一个内部图块。

8.4.3　图块属性的编辑

定义好属性后，可以使用 DDEDIT 命令对属性进行编辑，该命令可以修改属性的显示标记、提示内容及默认属性值。

例如，使用 DDEDIT 命令修改前面定义的【落水管】图块属性。

```
命令：DDEDIT↵                              //使用 DDEDIT 命令修改属性
选择注释对象或 [放弃(U)]：选择如图 8-18（b）所示 CL 属性标记      //选择要修改的属性
系统打开如图 8-20 所示【编辑属性定义】对话框，在该对话框中对属性的显示标记、提示内容和默认属性
值进行修改                                 //修改属性定义
选择注释对象或 [放弃(U)]：↵                 //按【Enter】键结束 DDEDIT 命令
```

图 8-20　【编辑属性定义】对话框

> **提示：**
>
> DDEDIT 命令只对未定义成图块的或已分解的属性图块的属性起作用。

8.4.4　插入带属性的图块

完成了图块属性的定义及编辑后，就可以在实际作图中插入带属性的图块，其插入方法与前面介绍的插入内部图块或外部图块的方法相同，不同的是完成插入点、插入比例等设置后，系统会多一个属性提示。

例如，在如图 8-18（b）所示的建筑施工图中插入前面定义的【GC】图块，结果如图 8-21 所示。

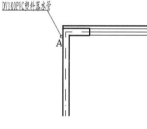

图 8-21　插入带属性的图块

具体操作步骤如下。

① 在命令行中输入【INSERT】，系统打开【插入】对话框。

② 在【插入】对话框的【名称】下拉列表中选择【GC】图块，单击【确定】按钮，关闭【插入】对话框。

③ 命令行操作提示如下。

```
指定插入点或[比例(S)/X/Y/Z/旋转(R)/预览比例(PS)/PX/
PY/PZ/预览旋转(PR)]：                      //将 A 点作为图块的插入点，如图 8-21 所示
输入属性值
输入材料名称：<DV100PVC 塑料落水管>：↵      //输入材料名称，即前面定义的【提示】属性
```

8.5　巧妙应用 AutoCAD 设计中心

AutoCAD 2020 为用户提供了一个直观、高效的设计中心控制面板。通过设计中心，用户可以组织对图形、图块、图案填充和其他图形内容的访问；可以将源图形中的任何内容拖到当前图形中；还可以将图形、图块和填充拖至工具选项板上；源图形可以位于用户的计算机、网络位置或网站上。另外，如果打开了多个图形，则可以通过设计中心，在图形之间复制和粘贴其他内容（如图层定义、布局和文字样式）来简化绘图过程。

通过使用设计中心来管理图形，用户还可以获得如下帮助。

● 可以非常方便地浏览用户计算机、网络驱动器和 Web 上的图形内容（如图形或符号库）。

● 在定义表中查看图块或图层对象的定义，然后将定义插入、附着、复制和粘贴到当

前图形中。

- 重定义图块。
- 可以创建常用图形、文件夹和 Internet 网址的快捷方式。
- 向图形中添加外部参照、图块和填充等内容。
- 在新窗口中打开图形文件。
- 将图形、图块和填充拖动到工具选项板上以便于访问。

如果在绘制复杂的图形时，所有绘图人员遵循一个共同的标准，那么绘图时的协调工作将变得十分容易。AutoCAD 标准就是为命名对象（如图层和文本样式）定义的一个公共特性集。定义一个标准后，可以用样板文件的形式存储这个标准。创建样板文件后，还可以将该样板文件与图形文件相关联，借助该样板文件检查图形文件是否符合标准。

8.5.1 设计中心主界面

通过【设计中心】选项板，用户可以控制设计中心的大小、位置和外观。用户可以通过如下方式打开【设计中心】选项板。

- 菜单栏：执行【工具】→【选项板】→【设计中心】命令。
- 面板：在【视图】选项卡的【选项】面板中单击【设计中心】按钮 。
- 命令行：输入【ADCENTER】。

通过执行 ADCENTER 命令，打开如图 8-22 所示的【设计中心】选项板。

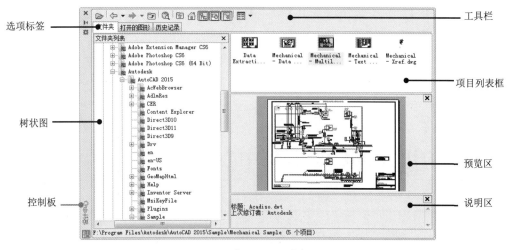

图 8-22　【设计中心】选项板

在默认情况下，AutoCAD 设计中心固定在绘图区的左边，主要由工具栏、选项标签、项目列表框、树状图、预览区、控制板和说明区组成。下面简要介绍工具栏、选项标签、树状图和控制板。

1. 工具栏

工具栏中包含常用的工具命令按钮，如图 8-23 所示。

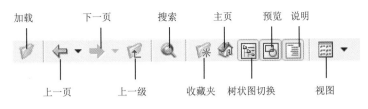

图 8-23　工具栏

工具栏中各按钮的含义如下：

- 【加载】按钮：单击此按钮将打开【加载】对话框，通过【加载】对话框浏览本地和网络驱动器或 Web 上的文件，然后选择内容加载到内容区域。
- 【上一页】按钮：返回到历史记录列表中最近一次的位置。
- 【下一页】按钮：返回到历史记录列表中下一次的位置。
- 【上一级】按钮：显示当前容器的上一级容器的内容。
- 【搜索】按钮：单击此按钮将打开【搜索】对话框，用户从中可以指定搜索条件，以便在图形中查找图形、图块和非图形对象。
- 【收藏夹】按钮：在内容区域中显示【收藏夹】文件夹的内容。

技巧点拨：

要在【收藏夹】中添加项目，可以在内容区域或树状图中的项目上右击，然后单击【添加到收藏夹】按钮。要删除【收藏夹】中的项目，可以使用快捷菜单中的【组织收藏夹】选项，然后使用快捷菜单中的【刷新】选项。

DesignCenter 文件夹将被自动添加到收藏夹中。此文件夹包含可以插入在图形中的特定组织图块的图形。

- 【主页】按钮：显示设计中心主页中的内容。
- 【树状图切换】按钮：显示和隐藏树状视图。如果绘图区域需要更多的空间，就需要隐藏树状图，树状图隐藏后，可以使用内容区域浏览容器并加载内容。

提示：

在树状图中使用【历史记录】列表时，【树状图切换】按钮不可用。

- 【预览】按钮：显示和隐藏内容区域窗格中选定项目的预览。
- 【说明】按钮：显示和隐藏内容区域窗格中选定项目的文字说明。
- 【视图】按钮：为加载到内容区域中的内容提供不同的显示格式。

2．选项标签

【设计中心】选项板中包括 4 个选项标签，即【文件夹】、【打开的图形】、【历史记录】和【联机设计中心】。

- 【文件夹】标签：显示计算机或网络驱动器（包括【我的电脑】和【网上邻居】）中文件和文件夹的层次结构。
- 【打开的图形】标签：显示当前工作任务中打开的所有图形，包括最小化的图形。
- 【历史记录】标签：显示最近在设计中心打开的文件的列表。
- 【联机设计中心】标签：访问联机设计中心网页。

3．树状图

树状图显示用户计算机和网络驱动器上的文件与文件夹的层次结构、打开图形的列表、自定义内容及上次访问过的位置的历史记录，如图 8-24 所示。选择树状图中的项目以便在内容区域中显示其内容。

技巧点拨：

sample\designcenter 文件夹中的图形包含可插入在图形中的特定组织图块，这些图形称为符号库图形。使用【设计中心】选项板顶部的工具栏按钮可以访问树状图选项。

4．控制板

设计中心上的控制板包括 3 个控制按钮：【特性】、【自动隐藏】和【关闭】。

- 【特性】按钮：单击此按钮会弹出设计中心【特性】菜单，如图 8-25 所示。可以移动、缩放、隐藏【设计中心】选项板。

图 8-24　树状图结构

图 8-25　【特性】菜单

- 【自动隐藏】按钮：单击此按钮可以控制【设计中心】选项板的显示或隐藏。
- 【关闭】按钮：单击此按钮将关闭【设计中心】选项板。

8.5.2　利用设计中心制图

在【设计中心】选项板中，不仅可以将项目列表框或【查找】对话框中的内容直接拖到打开的图形中，还可以将内容复制到剪贴板上，然后粘贴到图形中。根据插入内容的类型，还可以选择不同的方法。

1．以图块形式插入图形文件

在【设计中心】选项板中，可以将一个图形文件以图块形式插入当前已打开的图形中。首先在项目列表框中找到要插入的图形文件，然后选中它，并将其拖至当前图形中。此时系统将按照所选图形文件的单位与当前图形文件的单位的比例缩放图形。

也可以用鼠标右键单击要插入的图形文件，然后将其拖至当前图形中。释放鼠标右键后，系统将弹出一个快捷菜单，从中选择【插入为块】命令，如图 8-26 所示。

随后程序将打开【插入】对话框，如图 8-27 所示。用户可以利用该对话框，设置图块的插入点坐标、缩放比例和旋转角度。

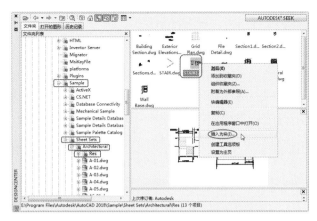

图 8-26　选择【插入为块】命令

图 8-27　【插入】对话框

2．附着为外部参照

附着外部参照是指将图形作为外部参照附着时，会将该参照图形链接到当前图形；打开或重载外部参照时，对参照图形所做的任何修改都会显示在当前图形中。

在【设计中心】选项板的项目列表框中，用鼠标右键单击图形，在弹出的快捷菜单中选择【附着为外部参照】命令，此时程序将打开【附着外部参照】对话框，用户可以通过该对话框设置参照类型、插入点坐标、缩放比例与旋转角度等，如图 8-28 所示。

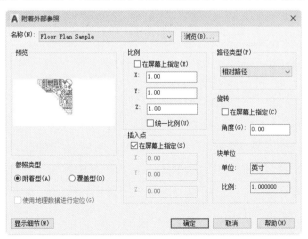

图 8-28　【附着外部参照】对话框

8.5.3　使用设计中心访问、添加内容

用户可以通过 AutoCAD 设计中心来访问图形文件并打开图形文件，还可以通过设计中心向加载的当前图形添加内容。在【设计中心】选项板中，左侧的树状图和 3 个设计中心选项标签可以帮助用户查找内容并将内容加载到内容区中，用户也可以在内容区中添加所需的新内容。

1．通过设计中心访问内容

【设计中心】选项板左侧的树状图和 3 个设计中心选项标签可以帮助用户查找内容并将内容显示在项目列表框中。通过设计中心来访问内容，用户可以执行以下操作。

- 在设计中心更改【主页】按钮的文件夹。
- 在设计中心中向收藏夹文件夹添加项目。
- 在设计中心中显示收藏夹文件夹内容。
- 组织设计中心收藏夹文件夹。

例如，在【设计中心】选项板的树状图中选择一个图形文件，并选择右键菜单中的【设置为主页】命令，然后在工具栏单击【主页】按钮 ，在项目列表框中将显示该图形文件的所有 AutoCAD 设计内容，如图 8-29 所示。

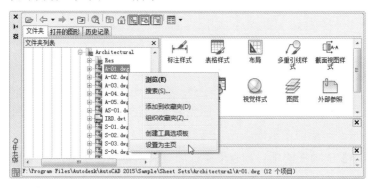

图 8-29　设置主页图形文件

> **技巧点拨：**
> 每次打开【设计中心】选项板时，单击【主页】按钮，将显示先前设置的主页图形文件或文件夹。

2．通过设计中心添加内容

在【设计中心】选项板上，通过打开的项目列表框，可以对项目内容进行操作。双击项目列表框中的项目可以按层次顺序显示详细信息。例如，双击图形图像将显示若干图标，包括代表图块的图标，双击【块】图标将显示图形中每个图块的图像，如图 8-30 所示。

通过设计中心，用户可以向图形添加内容，可以更新图块定义，还可以将设计中心中的项目添加到工具选项板中。

1）向图形添加内容

用户可以使用如下方法在项目列表框中向当前图形添加内容。

- 将某个项目拖至某个图形的绘图区中，按照默认设置（如果有）将其插入。

- 在项目列表框中的某个项目上单击鼠标右键，将显示包含若干选项的快捷菜单。

图 8-30　双击图标以显示其内容

例如，在某张图纸的树状图或项目列表框中双击【块】图标📇，将列出该图纸中所包含的所有图块，双击选择一个图块，则弹出【插入】对话框。通过该对话框将图块插入图形中，如图 8-31 所示。

图 8-31　通过【插入】对话框将图块插入图形中

2）更新图块定义

与外部参照不同，当更改图块定义的源文件时，包含此图块的图形的图块定义并不会自动更新。通过设计中心，可以决定是否更新当前图形中的图块定义。

提示：

图块定义的源文件可以是图形文件或符号库图形文件中的嵌套图块。

在项目列表框中的图块或图形文件上单击鼠标右键，然后选择快捷菜单中的【仅重定义】或【插入并重定义】命令可以更新选定的图块，如图 8-32 所示。

图 8-32　更新图块定义的右键菜单命令

3）将设计中心中的内容添加到工具选项板中

可以将设计中心中的图形、图块和图案填充添加到当前的工具选项板中。向工具选项板中添加图形时，如果将它们拖至当前图形中，那么被拖动的图形将作为图块被插入。

提示：

可以从内容区中选择多个图块或图案填充并将它们添加到工具选项板中。

💻 **动手操练——将设计中心中的内容添加到工具选项板**

① 在 AutoCAD 的菜单栏中，选择【工具】→【选项板】→【设计中心】命令，打开【设计中心】选项板。

② 在【文件夹】标签的树状图中，选中要打开的图形文件的文件夹，在项目列表框中会显示该文件夹中的所有图形文件，如图 8-33 所示。

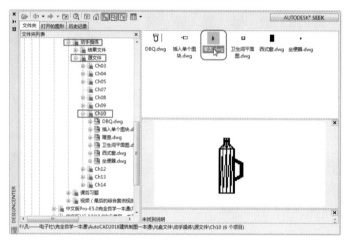

图 8-33 打开【动手操练】文件夹

③ 在项目列表框中选中项目，并选择右键菜单中的【创建工具选项板】命令，程序则弹出【工具选项板】面板，新的工具选项板将包含所选项目中的图形、图块或图案填充，如图 8-34 所示。

图 8-34 创建工具选项板

④ 但新建的工具选项板中没有【暖壶】图块，可以在【设计中心】选项板中将暖壶图

形文件拖至新建的工具选项板中，如图 8-35 所示。

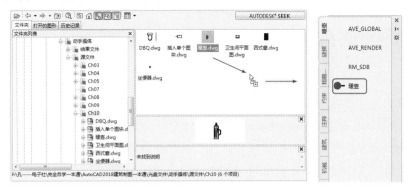

图 8-35　将图形文件拖至工具选项板中

3．搜索指定内容

使用【设计中心】选项板工具栏中的【搜索】工具可以指定搜索条件，以便在设计中心查找图形、图块和非图形对象，以及搜索保存在桌面上的自定义内容。

单击【搜索】按钮🔍弹出的【搜索】对话框如图 8-36 所示。

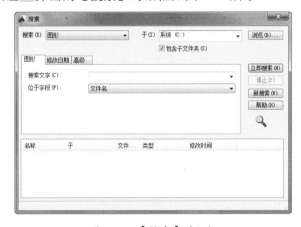

图 8-36　【搜索】对话框

【搜索】对话框中各选项的含义如下。

- 搜索：指定搜索路径名。若要输入多个路径，需要用分号隔开，或者在下拉列表中选择路径。
- 于：搜索范围包括搜索路径中的子文件夹。
- 【浏览】按钮：单击此按钮，在【浏览文件夹】对话框中显示树状图，从中可以指定要搜索的驱动器和文件夹。
- 包含子文件夹：搜索范围包括搜索路径中的子文件夹。
- 【图形】选项卡：显示与【搜索】列表中指定的内容类型相对应的搜索字段，可以使用通配符来扩展或限制搜索范围。
  - ➤ 搜索文字：指定要在指定字段中搜索的字符串，使用星号和问号通配符可以扩大搜索范围。

> ➤ 位于字段：指定要搜索的特性字段。对于图形，除【文件名】外的所有字段均来自【图形特性】对话框中输入的信息。

> **技巧点拨：**
>
> 此选项可以在【图形】和【自定义内容】选项卡中找到。由第三方应用程序开发的自定义内容可能不为使用【搜索】对话框的搜索提供字段。

- 【修改日期】选项卡：查找在一段特定时间内创建或修改的内容，如图 8-37 所示。
  - ➤ 所有文件：查找满足其他选项卡中指定条件的所有文件，不考虑创建或修改日期。
  - ➤ 找出所有已创建的或已修改的文件：查找在特定时间范围内创建或修改的文件，查找的文件同时满足该选项和其他选项上指定的条件。
  - ➤ 介于...和...：查找在指定的日期范围内创建或修改的文件。
  - ➤ 在前...月：查找在指定的月数内创建或修改的文件。
  - ➤ 在前...日：查找在指定的天数内创建或修改的文件。
- 【高级】选项卡：查找图形中的内容；只有选定【名称】框中的【图形】以后，该选项才可用，如图 8-38 所示。

图 8-37　【修改日期】选项卡　　　　　图 8-38　【高级】选项卡

- ➤ 包含：指定要在图形中搜索的文字类型。
- ➤ 包含文字：指定要搜索的文字。
- ➤ 大小：指定文件大小的最小值或最大值。

在【搜索】对话框的【搜索】下拉列表中选择【图形】选项，并在【于】下拉列表中选择一个包含 AutoCAD 图形的文件夹，再单击【立即搜索】按钮，程序自动将该文件夹下的所有图形文件都列在下方的搜索结果列表中，如图 8-39 所示。通过鼠标拖动搜索结果列表中的图形文件，可以将其拖动到【设计中心】选项板的项目列表框中。

图 8-39　搜索结果列表

8.6　图层管理工具

图层是 AutoCAD 提供的一个管理图形对象的工具。用户可以根据图层对图形几何对象、文字、标注等进行归类处理，使用图层来管理它们，这不仅可以使图形的各种信息清晰、有序，便于观察，还可以为图形的编辑、修改和输出带来极大的便利。图层相当于图纸绘图中使用的重叠图纸，如图 8-40 所示。

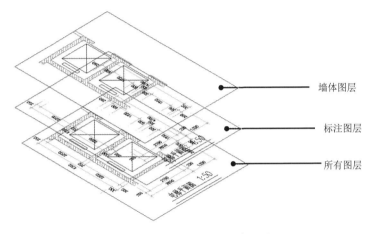

墙体图层

标注图层

所有图层

图 8-40　图层的分层含义图

AutoCAD 2020 为用户提供了多种图层管理工具，这些工具包括【图层特性管理器】和【图层工具】等，其中【图层工具】中又包含【将对象的图层置于当前】、【上一个图层】和【图层漫游】等。

8.6.1　图层特性管理器

AutoCAD 提供了图层特性管理器，利用该工具用户可以非常方便地创建图层并设置其基本属性。用户可以通过如下方式打开【图层特性管理器】选项板。

- 在菜单栏中选择【格式】→【图层】命令。
- 在【默认】选项卡的【图层】面板中单击【图层特性】按钮 。
- 在命令行中输入【LAYER】。

打开的【图层特性管理器】选项板如图 8-41 所示。新的【图层特性管理器】选项板提供了更加直观的管理和访问图层的方式，在该选项板的右侧新增了图层列表框，用户在创建图层时可以清楚地看到该图层的从属关系及属性，同时还可以添加、删除和修改图层。

下面介绍【图层特性管理器】选项板中所包含的按钮、选项的功能。

1．新建特性过滤器

【新建特性过滤器】的主要功能是根据图层的一个或多个特性创建图层过滤器。单击【新建特性过滤器器】按钮 会弹出【图层过滤器特性】对话框。

在【图层过滤器特性】对话框的【过滤器定义】列表中定义新过滤器，定义的内容有状态、名称、开、冻结、锁定、打印、颜色、线型、线宽、透明度及打印样式等，如图 8-42 所示。

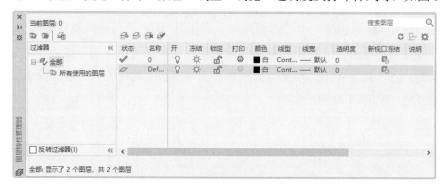

图 8-41　【图层特性管理器】选项板

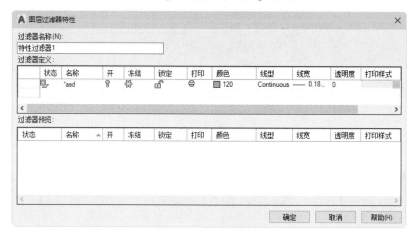

图 8-42　定义图层过滤器特性

2．新建组过滤器

【新建组过滤器】的主要功能是创建图层过滤器，其中包含选择并添加到该过滤器的图层。

3．图层状态管理器

【图层状态管理器】的主要功能是显示图形中已保存的图层状态列表。单击【图层状态管理器】按钮 ，就会弹出【图层状态管理器】对话框（也可以在菜单栏中选择【格式】→【图层状态管理器】命令），如图 8-43 所示。用户通过【图层状态管理器】对话框可以新建、重命名、编辑和删除图层状态。

4．新建图层

【新建图层】命令的主要功能是创建新图层。单击【新建图层】按钮 ，列表中将显示名为【图层 1】的新图层，图层名文本框处于编辑状态。新建的图层将继承图层列表中当前选定图层的特性（如颜色、开或关状态等），如图 8-44 所示。

图 8-43　【图层状态管理器】对话框　　　　　　　　图 8-44　新建的图层

5．在所有视口中都被冻结的新图层视口

【在所有视口中都被冻结的新图层视口】的主要功能是创建新图层，然后在所有现有布局视口中将其冻结。单击【在所有视口中都被冻结的新图层视口】按钮 ，列表中将显示名为【图层 2】的新图层，图层名文本框处于编辑状态。该图层的所有特性被冻结，如图 8-45 所示。

图 8-45　新建图层的所有特征被冻结

6．删除图层

【删除图层】只能删除未被参照的图层。图层 0 和 Defpoints、包含对象（包括图块定义中的对象）的图层、当前图层及依赖外部参照的图层是不能被删除的。

7．设为当前

【设为当前】的主要功能是将选定图层设置为当前图层。将某一图层设置为当前图层后，在列表中该图层的状态呈【√】显示，然后用户就可以在图层中创建图形对象。

8．树状图

在【图层特性管理器】选项板中的树状图窗格可以显示图形中图层和过滤器的层次结构列表，如图 8-46 所示，顶层节点（全部）显示图形中的所有图层。单击窗格中的【收拢图层过滤器】按钮 «，即可将树状图窗格收拢，再单击此按钮，则展开树状图窗格。

9．列表视图

列表视图显示了图层和图层过滤器及其特性与说明。如果在树状图中选定了一个图层过滤器，则列表视图将仅显示该图层过滤器中的图层。树状图中的【全部】过滤器将显示图形中的所有图层和图层过滤器。当选定某个图层特性过滤器并且没有符合其定义的图层时，列表视图将为空。要修改选定过滤器中某个选定图层或所有图层的特性，可以单击该特性的图标。当图层过滤器中显示了混合图标或【多种】时，表明在过滤器的所有图层中，该特性互不相同。

【图层特性管理器】选项板的列表视图如图 8-47 所示。

图 8-46　树状图

图 8-47　列表视图

列表视图中各项目的含义如下。

- 状态：指示项目的类型（包括图层过滤器、正在使用的图层、空图层或当前图层）。
- 名称：显示图层或过滤器的名称。当选择一个图层名称后，再按【F2】键即可编辑图层名。
- 开：打开和关闭选定图层。单击【电灯泡】形状的符号按钮💡，即可将选定图层打开或关闭。当符号按钮💡呈亮色时，图层已打开；当符号按钮💡呈暗灰色时，图层已关闭。
- 冻结：冻结所有视口中选定的图层，包括【模型】选项卡。单击符号按钮○，可冻结或解冻图层，图层冻结后将不会显示、打印、消隐、渲染或重生成冻结图层上的对象。当符号按钮○呈亮色时，图层已解冻；当符号按钮○呈暗灰色时，图层已冻结。
- 锁定：锁定和解锁选定图层。图层被锁定后，将无法更改图层中的对象。单击符号按钮🔓（此符号表示锁已打开），图层被锁定；单击符号按钮🔒（此符号表示锁已关闭），图层被解除锁定。
- 打印：控制是否打印选定图层中的对象。
- 颜色：更改与选定图层关联的颜色。在默认状态下，图层中对象的颜色为黑色，单击【颜色】按钮■，弹出【选择颜色】对话框，如图 8-48 所示。在【选择颜色】对话框中用户可以选择任意颜色来显示图层中的对象元素。
- 线型：更改与选定图层关联的线型。选择线型名称（如 Continuous），则会弹出【选择线型】对话框，如图 8-49 所示。单击【选择线型】对话框的【加载】按钮，就会弹出【加载或重载线型】对话框，如图 8-50 所示。在【加载或重载线型】对话框中，用户可以选择任意线型来加载，使图层中的对象线型为加载的线型。
- 线宽：更改与选定图层关联的线宽。选择线宽的名称后（如【—默认】），就会弹出【线宽】对话框，如图 8-51 所示。通过【线宽】对话框，可以选择适合图形对象的线宽值。

图 8-48　【选择颜色】对话框

图 8-49　【选择线型】对话框

图 8-50　【加载或重载线型】对话框

图 8-51　【线宽】对话框

- 透明度：更改选定图层的透明度。
- 新视口冻结：在新布局视口中冻结选定图层。
- 说明：描述图层或图层过滤器。

8.6.2　图层工具

图层工具是 AutoCAD 向用户提供的图层创建、编辑的管理工具。在菜单栏中选择【格式】→【图层工具】命令即可打开【图层工具】菜单命令，如图 8-52 所示。

图 8-52　【图层工具】菜单命令

【图层工具】菜单命令除了【图层特性管理器】选项板中已介绍的打开或关闭图层、冻结或解冻图层、锁定或解锁图层、删除图层，还包括上一个图层、图层漫游、图层匹配、更改为当前图层、将对象复制到新图层、图层隔离、将图层隔离到当前初视口、取消图层隔离及图层合并等命令。

1．上一个图层

【上一个图层】工具用于放弃对图层设置所做的更改，并返回上一个图层状态，用户可以通过如下方式来执行此操作。

● 菜单栏：执行【格式】→【图层工具】→【上一个图层】命令。
● 面板：在【默认】选项卡的【图层】面板中单击【上一个】按钮。
● 命令行：输入【LAYERP】。

2．图层漫游

【图层漫游】工具用于显示选定图层上的对象并隐藏所有其他图层上的对象，用户可以通过如下方式来执行此操作。

● 菜单栏：执行【格式】→【图层工具】→【图层漫游】命令。
● 面板：在【默认】选项卡的【图层】面板中单击【图层漫游】按钮。
● 命令行：输入【LAYWALK】。

图 8-53　【图层漫游】对话框

在【默认】选项卡的【图层】面板中单击【图层漫游】按钮后，就会弹出【图层漫游】对话框，如图 8-53 所示。通过该对话框，用户可以在图形窗口中选择对象或选择图层来显示、隐藏。

3．图层匹配

【图层匹配】工具用于更改选定对象所在的图层，使之与目标图层相匹配，用户可以通过如下方式来执行此操作。

● 菜单栏：执行【格式】→【图层工具】→【图层匹配】命令。
● 面板：在【默认】选项卡的【图层】面板中单击【图层匹配】按钮。
● 命令行：输入【LAYMCH】。

4．更改为当前图层

【更改为当前图层】工具用于将选定对象所在的图层更改为当前图层，用户可以通过如下方式来执行此操作。

● 菜单栏：执行【格式】→【图层工具】→【更改为当前图层】命令。
● 面板：在【默认】选项卡的【图层】面板中单击【更改为当前图层】按钮。
● 命令行：输入【LAYCUR】。

5. 将对象复制到新图层

【将对象复制到新图层】工具用于将一个或多个对象复制到其他图层，用户可以通过如下方式来执行此操作。

- 菜单栏：执行【格式】→【图层工具】→【将对象复制到新图层】命令。
- 面板：在【默认】选项卡的【图层】面板中单击【将对象复制到新图层】按钮 。
- 命令行：输入【COPYTOLAYER】。

6. 图层隔离

【图层隔离】工具用于隐藏或锁定除选定对象所在图层外的所有图层，用户可以通过如下方式来执行此操作。

- 菜单栏：执行【格式】→【图层工具】→【图层隔离】命令。
- 面板：在【默认】选项卡的【图层】面板中单击【图层隔离】按钮 。
- 命令行：输入【LAYISO】。

7. 将图层隔离到当前视口

【将图层隔离到当前视口】工具用于冻结除当前视口外的所有布局视口中的选定图层，用户可以通过如下方式来执行此操作。

- 菜单栏：执行【格式】→【图层工具】→【将图层隔离到当前视口】命令。
- 面板：在【默认】选项卡的【图层】面板中单击【将图层隔离到当前视口】按钮 。
- 命令行：输入【LAYVPI】。

8. 取消图层隔离

【取消图层隔离】工具用于恢复使用 LAYISO（图层隔离）命令隐藏或锁定的所有图层，用户可以通过如下方式来执行此操作。

- 菜单栏：执行【格式】→【图层工具】→【取消图层隔离】命令。
- 面板：在【默认】选项卡的【图层】面板中单击【取消图层隔离】按钮 。
- 命令行：输入【LAYUNISO】。

9. 图层合并

【图层合并】工具用于将选定图层合并到目标图层中，并将以前的图层从图形中删除。用户可以通过如下方式来执行此操作。

- 菜单栏：执行【格式】→【图层工具】→【图层合并】命令。
- 面板：在【默认】选项卡的【图层】面板中单击【图层合并】按钮 。
- 命令行：输入【LAYMRG】。

动手操练——利用图层绘制楼梯间平面图

① 执行【文件】→【新建】命令，弹出【启动】对话框（见图 8-54），单击【使用向

导】按钮并选择【快速设置】选项。

② 单击【确定】按钮，关闭【启动】话框，弹出【快速设置】对话框，选中【建筑】
单选按钮，如图 8-55 所示。

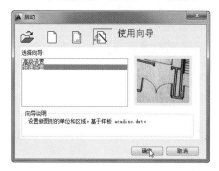

图 8-54 【启动】对话框

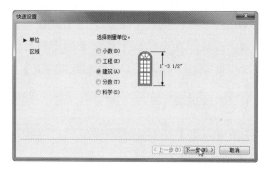

图 8-55 【快速设置】对话框

③ 单击【下一步】按钮，设置图形区域，如图 8-56 所示，单击【完成】按钮，创建新
的图形文件。

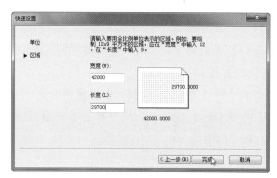

图 8-56 设置图形区域

④ 使用【视图】命令调整绘图窗口显示的范围，使图形能够被完全显示。

⑤ 执行【格式】→【图层】命令，弹出【图层特性管理器】选项板，单击【新建图层】
按钮 创建所需要的新图层，并输入图层的名称、颜色等，双击【墙体】图层，将
图层设置为当前图层，如图 8-57 所示。

⑥ 选择【直线】工具 ，按【F8】键，打开正交模式，绘制一条垂直方向的线段和一
条水平方向的线段，如图 8-58 所示。

图 8-57 设置当前图层

图 8-58 绘制线段（一）

⑦ 选择【偏移】工具 🔳 偏移线段，如图 8-59 所示；选择【修剪】工具 ╱ 将线段图形进行修剪，制作出墙体效果，如图 8-60 所示。

⑧ 在【图层】面板的图层列表中选择【电梯】图层，设置【电梯】图层为当前图层。使用【直线】工具 ╱ 在电梯门口位置绘制一条线段，将图形连接起来，如图 8-61 所示；再使用与前面相同的偏移、复制和修剪方法，绘制电梯效果图，如图 8-62 所示。

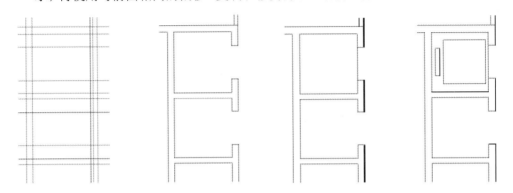

图 8-59　偏移线段　　　图 8-60　墙体效果　图 8-61　绘制线段（二）图 8-62　绘制电梯效果图

⑨ 使用【直线】工具 ╱ 捕捉矩形的端点，在图形内部绘制交叉线标记电梯图形，如图 8-63 所示。

⑩ 使用【复制】工具 🍑 选择所绘制的电梯图形，复制到下面的电梯井空间中，效果如图 8-64 所示。使用【直线】工具 ╱ 绘制线段将墙体图形封闭，如图 8-65 所示。

图 8-63　标记电梯图形　　　　图 8-64　复制图形　　　　　图 8-65　封闭图形

⑪ 在【图层】面板的图层列表中选择填充图层，设置填充图层为当前图层。

⑫ 单击【图案填充】按钮 📐，弹出【图案填充创建】选项卡，选择【AR-CONC】图案，并对图形填充进行设置，如图 8-66 所示。

⑬ 重新调用【图案填充】命令，选择【ANSI31】图案，并对图形填充进行设置，如图 8-67 所示。

⑭ 选择之前绘制的用来封闭选择区域的线段，然后按【Delete】键将线段删除，完成电梯间平面图的绘制，如图 8-68 所示。

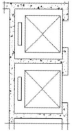

图 8-66　对图形进行填充（一）

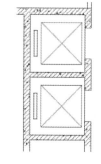

图 8-67　对图形进行填充（二）　　　　　　图 8-68　绘制完成的电梯间

8.7　综合案例

本章主要介绍了 AutoCAD 中内部图块与外部图块的生成、应用，以及对图块属性的定义、编辑等。通过本节的练习，读者可以掌握使用 BLOCK 命令生成内部图块，以及对图块属性定义的方法，对于没有使用到的命令，读者可以参照课堂讲解的内容自行练习。

8.7.1　案例一：定义并插入内部图块

用内部图块命令 BLOCK 将西式窗立面图定义成一个图块，图块名为【西式窗】，以 A 点为插入点，插入单位为毫米，然后将其分别以 1∶1 和 1∶3 的比例插入坐标为（0,0）和（200,0）的位置。

操作步骤

1. 定义内部图块

① 打开素材文件【西式窗.dwg】。

② 单击【创建块】按钮，或者在命令行中输入【BLOCK】，将如图 8-69 所示的西式窗定义为一个内部图块，以 A 点为插入基点。

③ 在命令行中输入【BLOCK】，然后按【Enter】键，打开如图 8-70 所示的【块定义】对话框。

图 8-69　西式窗

图 8-70　【块定义】对话框

④ 在【名称】文本框中输入图块名【西式窗】。

⑤ 单击【选择对象】按钮，系统暂时关闭【块定义】对话框，此时在绘图区，鼠标指针变成了小方块的形式。

⑥ 用窗口选择方式选择整个标高符号，然后按【Enter】键，返回【块定义】对话框，此时在【对象】选项组显示【已选择 133 个对象】。

⑦ 单击【拾取点】按钮，系统隐藏【块定义】对话框，捕捉西式窗中的 A 点作为图块插入基点，返回【块定义】对话框，此时在【基点】选项组显示 A 点的坐标值。

⑧ 单击【确定】按钮。

2. 插入内部图块

完成内部图块的定义后，即可使用 INSERT 命令将其插入图形中，在插入图块时，读者应注意图块缩放比例的设置方法，结果如图 8-71 所示。

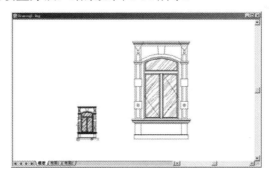

图 8-71　插入内部图块

以 1∶1 的比例插入【西式窗】图块，其具体操作如下。

① 单击【插入】按钮，或者在命令行中输入【INSERT】，弹出如图 8-72 所示的【插入】对话框。

② 在【名称】下拉列表中选择【西式窗】选项。

③ 在【插入点】选项组的【X】、【Y】和【Z】文本框中分别输入【0】，即以坐标（0,0,0）作为图块的插入点。

图 8-72　以 1 : 1 的比例插入图块

④　在【比例】选项组中勾选【统一比例】复选框，在【X】文本框中输入【1】，即以 1 : 1 的比例插入内部图块。

⑤　在【旋转】选项组的【角度】文本框中输入【0】，不旋转内部图块。

⑥　单击【确定】按钮。

以 1 : 3 的比例插入【西式窗】图块，其具体操作如下。

①　单击【插入】按钮，或者在命令行中输入【INSERT】，系统打开如图 8-73 所示【插入】对话框。

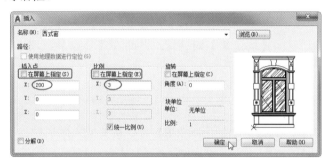

图 8-73　【插入】对话框

②　在【名称】下拉列表中选择【西式窗】选项。

③　在【插入点】选项组的【X】文本框中输入【200】，在【Y】和【Z】文本框中分别输入【0】，即以坐标（200,0,0）作为图块的插入点。

④　在【比例】选项组中勾选【统一比例】复选框，在【X】文本框中输入【3】，即以 1 : 3 的比例插入内部图块。

⑤　在【旋转】选项组的【角度】文本框中输入【0】，不旋转内部图块。

⑥　单击【确定】按钮。

8.7.2　案例二：定义图块属性

用 ATTDEF 命令为标高符号定义一个属性值，如图 8-74 所示。再使用 WBLOCK 命令将图块属性及标高符号定义成一个以毫米为单位的外部图块，图块名为【标高符号】，保存在根目录下，然后将其插入坐标为（0,0）的位置，设定标高值为 3.000。

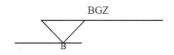

图 8-74 带属性值的标高符号

1. 定义图块属性

首先使用 ATTDEF 命令定义图块的属性，然后使用 WBLOCK 命令将属性与图块存为一个外部图块，具体的操作如下。

① 绘制如图 8-75 所示的标高符号。

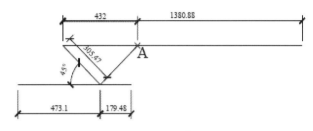

图 8-75 绘制标高符号

② 单击【定义属性】按钮，或者在命令行中输入【ATTDEF】并按【Enter】键，打开如图 8-76 所示的【属性定义】对话框。

图 8-76 【属性定义】对话框

③ 在【标记】文本框中输入【BGZ】，在【提示】文本框中输入【请输入标高值】，在【值】文本框中输入【0.000】。

④ 在【对正】下拉列表中选择【左下】选项，在【文字高度】文本框中输入【80】。

⑤ 勾选【在屏幕上指定】复选框，单击【确定】按钮完成图块属性的定义，如图 8-77 所示。

⑥ 单击【写块】按钮，或者在命令行中输入【WBLOCK】，弹出【写块】对话框。

⑦ 在【对象】选项组中单击【选择对象】按钮，在绘图区中选择标高符号及所定义

的属性值，按【Enter】键结束并返回【写块】对话框。

⑧ 在【基点】选项组中单击【拾取点】按钮 ，返回绘图区中点取 B 点，返回【写块】
对话框，如图 8-78 所示。

图 8-77 完成图块属性的定义

图 8-78 拾取点

⑨ 在【目标】选项组的【文件名和路径】中浏览文件保存路径，并在【插入单位】下
拉列表中选择【毫米】选项，如图 8-79 所示。

⑩ 单击【确定】按钮会弹出【编辑属性】对话框（见图 8-80），然后单击【确定】按
钮完成图块的属性定义。

图 8-79 【写块】对话框

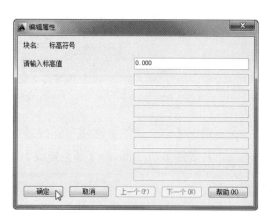

图 8-80 【编辑属性】对话框

⑪ 保存定义的图块属性。

2. 插入外部图块

完成图块属性定义并与图形一同存为外部图块后，即可使用 INSERT 命令将图块插入图
形中，需要注意的是，在插入图块时系统的提示信息。其具体的操作步骤如下。

① 单击【插入】按钮 ，或者在命令行中输入【INSERT】，系统打开如图 8-81 所示的
【插入】对话框。

② 单击【浏览】按钮，打开【标高符号.dwg】图块。

③ 在【插入点】选项组的【X】、【Y】和【Z】文本框中分别输入【0】，即插入（0,0,0）
位置。

④ 在【比例】选项组中设置【X】、【Y】和【Z】的比例均为【1】。

⑤ 在【旋转】选项组中指定旋转角度为【0】。单击【确定】按钮，再次打开【编辑属
性】对话框。

⑥ 在【编辑属性】对话框的【请输入标高值】文本框中输入【3.000】，单击【确定】
按钮，插入新图块，如图 8-82 所示。

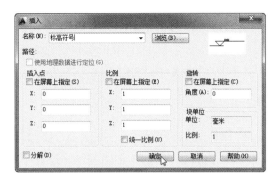

图 8-81　【插入】对话框

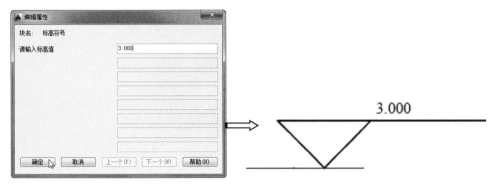

图 8-82　插入外部图块

8.7.3　案例三：绘制床

1．绘制床的注意事项

绘制床的参考尺寸如图 8-83 所示（图中的单位为毫米），绘制床时需要注意以下几点。

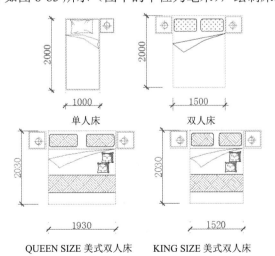

单人床　　　　　双人床

QUEEN SIZE 美式双人床　　KING SIZE 美式双人床

图 8-83　绘制床的参考尺寸

● 单人床的参考尺寸为 1000mm×2000mm。

- 双人床的参考尺寸为 1500mm×2000mm。
- QUEEN SIZE 美式双人床的参考尺寸为 1930mm×2030mm。
- KING SIZE 美式双人床的参考尺寸为 1520mm×2030mm。

2. 绘制双人床平面图

室内装饰设计中家具的绘制是一个重要部分，在绘制家具时具体尺寸可以按实际要求确定，并不是固定不变的。其中，床的图形在室内装饰图绘制过程中经常用到，双人床的实际效果如图 8-84 所示。

图 8-84　双人床的实际效果

操作步骤

① 调用 RECTANG 命令，绘制一个大小为【2028×1800】的矩形来表示床的大体形状，如图 8-85 所示。

② 调用 EXPLODE 命令，将矩形分解成多个物体。

③ 调用 OFFSET 命令将矩形最上边向下偏移 280 用于制作床头，如图 8-86 所示。

图 8-85　绘制的矩形（一）　　　　　　　　　　图 8-86　线的偏移

④ 调用 LINE 和 ARC 命令制作被面折角效果，如图 8-87 所示。

⑤ 调用 ARC 和 CIRCLE 命令制作被面装饰效果，如图 8-88 所示。

⑥ 调用 INSERT 命令插入枕头完善床的绘制，如图 8-89 所示。

⑦ 调用 RECTANG 命令绘制【450×400】的矩形。

⑧ 调用 OFFSET 命令将矩形向内偏移 18，如图 8-90 所示。

⑨ 调用 CIRCLE、LINE 和 OFFSET 命令绘制床头灯和床头柜，如图 8-91 和图 8-92 所示。

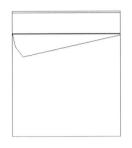

图 8-87　背面折角效果

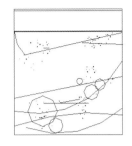

图 8-88　增加装饰效果

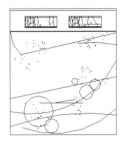

图 8-89　插入枕头

图 8-90　绘制的矩形（二）

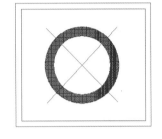

图 8-91　绘制的圆

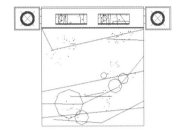

图 8-92　床头柜与床的组合效果

3．绘制双人床立面图

床的立面效果图有两种，主要取决于观看角度，下面介绍另一个观察角度下的床的立面图的绘制。

操作步骤

① 调用 RECTANG 和 LINE 命令绘制床的主体与床腿，如图 8-93 所示。

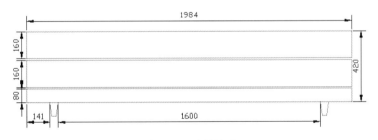

图 8-93　绘制轮廓

② 调用 ARC、LINE 和 OFFSET 命令绘制床头，如图 8-94 所示。

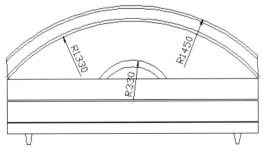

图 8-94　绘制床头

③ 调用 ARC、LINE 和 MIRROR 命令完善床头的绘制，如图 8-95 所示。

④ 调用 RECTANG 命令在床的一侧绘制床头柜，如图 8-96 所示。

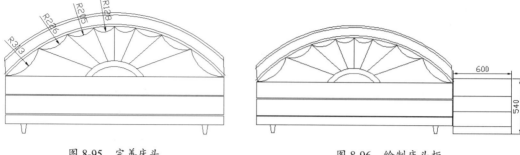

图 8-95　完善床头　　　　　　　　　　　　　图 8-96　绘制床头柜

⑤ 调用 SPLINE、CIRCLE、PLINE 和 TRIM 命令绘制床头柜的装饰效果，如图 8-97 所示。

⑥ 调用 MIRROR 命令做出床的最终效果，如图 8-98 所示。

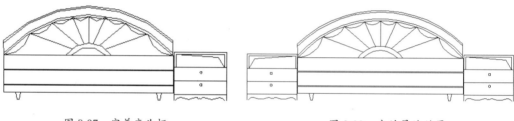

图 8-97　完善床头柜　　　　　　　　　　　　图 8-98　床的最终效果

8.7.4　案例四：绘制沙发

1. 绘制沙发的注意事项

沙发是客厅里的重要家具，不仅可以会客、喝茶，还具有极强的装饰性，是装饰风格的极强体现。沙发种类繁多，如单人沙发和多人沙发、中式沙发和西式沙发等，图 8-99 所示就是一组中式沙发的效果图。

图 8-99　一组中式沙发的效果图

沙发的尺寸参考如图 8-100 所示，绘制沙发形状及尺寸时需要注意以下几点。

● 沙发深度一般为 80～100cm，而深度超过 100cm 的多为进口沙发，并不适合东方人的体形。

● 单人沙发参考尺寸宽度为 80～100cm。

- 双人沙发参考尺寸宽度为 150～200cm。

- 三人沙发参考尺寸宽度为 240～300cm。

- "L"形沙发——单座延长深度为 160～180cm。

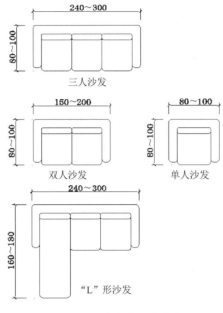

图 8-100　沙发的尺寸参考

操作步骤

2. 绘制单人沙发平面图

平面单人沙发的绘制比较简单，主要是坐垫和扶手的绘制。

① 调用 RECTANG 命令绘制一个【600×540】的矩形并将其更改为梯形。

② 调用 OFFSET 命令将矩形向内偏移【50】并倒角，如图 8-101 所示。

③ 调用 PLINE、OFFSET 和 MIRROR 命令做出沙发的效果图，如图 8-102 所示。

图 8-101　绘制坐垫

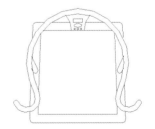

图 8-102　沙发的效果图

3. 绘制单人沙发立面图

沙发立面的绘制主要用于客厅剖面图，是剖面客厅布置的一部分，也是非常重要的部分，过程相对复杂，但可以很好地描绘沙发的具体形状和风格。

① 调用 RECTANG 命令绘制两个矩形并将其中一个更改为梯形，如图 8-103 所示。

② 调用 RECTANG 命令绘制一个矩形，如图 8-104 所示。

③ 调用 CIRCLE 命令画一个圆并调用 TRIM 命令删除圆内部的线段，如图 8-105 所示。

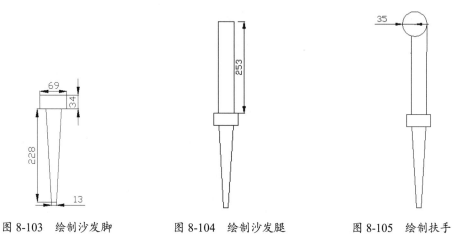

图 8-103 绘制沙发脚　　　　　图 8-104 绘制沙发腿　　　　　图 8-105 绘制扶手

④ 调用 ARC 命令绘制出一侧的扶手和部分靠背，如图 8-106 和图 8-107 所示。

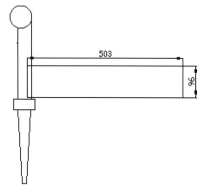 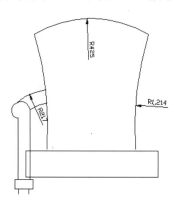

图 8-106 绘制沙发坐垫　　　　　　　　　　图 8-107 绘制部分靠背

⑤ 调用 MIRROR 命令绘制出另一侧扶手、腿与靠背，如图 8-108 所示。

⑥ 调用 SPLINE 命令绘制出坐垫的具体形状，并调用 TRIM 命令剪掉多余部分，如图 8-109 所示。

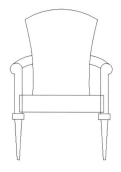 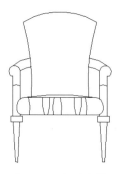

图 8-108 镜像操作结果　　　　　　　　图 8-109 修改坐垫

⑦　调用 OFFSET 和 LINE 命令做出沙发的最终效果，如图 8-110 所示。

图 8-110　沙发的最终效果

8.7.5　案例五：绘制茶几

1．绘制茶几的注意事项

茶几的尺寸有很多，如 450mm×600mm、500mm×500mm、900mm×900mm、1200mm×1200mm 等。当客厅的沙发配置确定后，再将【茶几】图块按照空间比例大小来调整尺寸及决定形状，这样不会让茶几在配置图上的比例过于失真。

图 8-111 所示为几种茶几的形状画法。

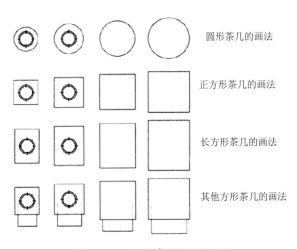

图 8-111　几种茶几的形状画法

茶几主要放置在客厅中两个相近的单人沙发之间及多人沙发前面。中式茶几大多是木质的，并且不透明；西式茶几大多是玻璃材质的，透光性较好。茶几与沙发在客厅中的配置关系如图 8-112 所示。

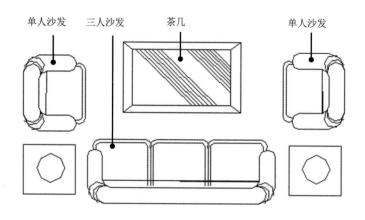

图 8-112　茶几与沙发在客厅中的配置关系

2. 绘制茶几平面图

绘制茶几平面图主要使用 RECTANG、OFFSET 和 TRIM 命令，相对简单。

① 调用 RECTANG 命令绘制【600×600】的正方形。

② 调用 OFFSETT 命令向内偏移【114】和【12】，如图 8-113 所示。

③ 在内部正方形的 4 个角上绘制 4 个半径为【30】的圆，如图 8-114 所示。

④ 调用 TRIM 命令将圆内部多余的线段删除，如图 8-115 所示。

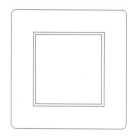
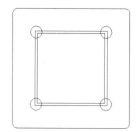
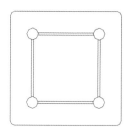

图 8-113　向内偏移　　　　　图 8-114　绘制圆　　　　　图 8-115　最终效果

3. 绘制茶几立面图

茶几立面图的绘制重点在桌腿部分，中式和西式有所不同。中式茶几可能有雕花和镂空，西式茶几多为规则的多面体，下面绘制一个简单的中式茶几。

① 调用 RECTANG 和 FILRT 命令绘制一个矩形并调整为梯形，然后倒角，如图 8-116 所示。

② 调用 LINE 和 FILLET 命令绘制出桌腿的装饰线，如图 8-117 所示。

③ 调用 CIRCLE 命令在梯形上部绘制一个圆，如图 8-118 所示。

图 8-116　矩形　　　　　　　　图 8-117　装饰线　　　　　　　　图 8-118　绘制圆

④　调用 RECTANG 和 CIRCLE 命令在圆上部绘制矩形与圆，如图 8-119 所示。

⑤　调用 FILLET 和 TRIM 命令做出桌腿的最终效果，如图 8-120 所示。

图 8-119　绘制矩形与圆　　　　　　　　　　图 8-120　桌腿的最终效果

⑥　调用 RECTANG 命令绘制桌面，如图 8-121 所示。

⑦　调用 MIRROR 命令绘制出另一侧桌腿，完成茶几立面图的绘制。茶几的最终效果如图 8-122 所示。

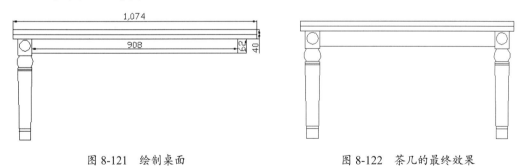

图 8-121　绘制桌面　　　　　　　　　　　图 8-122　茶几的最终效果

8.8　AutoCAD 认证考试习题集

一、单选题

1.（　　）命令可以将所选对象用给定的距离放置点或图块。

　　A．SPLIT　　　　　　B．DIVIDE　　　　　　C．MEASURE　　　　　　D．POINT

2．在创建图块时，在【块定义】对话框中必须确定的要素是（　　）。

    A．块名、基点、对象   B．块名、基点、属性

    C．基点、对象、属性   D．块名、基点、对象、属性

3．下面不可以被分解的是（　　）。

    A．关联尺寸   B．多线段

    C．块参照   D．用 MINSERT 命令插入的块参照

4．如果要删除一个无用块，可以使用（　　）命令。

    A．PURGE   B．DELETE   C．ESC   D．UPDATE

5．在定义图块属性时，要使属性为定值，可以选择（　　）模式。

    A．不可见   B．固定   C．验证   D．预置

6．在 AutoCAD 中写块（存储块）命令的快捷键是（　　）。

    A．W   B．I   C．L   D．Ctrl+W

7．带属性的图块被分解后，属性显示为（　　）。

    A．提示   B．没有变化   C．不显示   D．标记

8．下列关于图块的描述正确的是（　　）。

    A．利用 BLOCK 命令创建图块时，名称可以不定义，默认名称为【新块】

    B．插入的图块不可以改变大小和方向

    C．定义图块时如果不定义基点，则默认的基点是坐标原点

    D．图块被分解后，组成图块的对象颜色不会变化

二、多选题

1．图块的属性的定义是（　　）。

    A．图块必须定义属性   B．一个图块中最多只能定义一个属性

    C．多个图块可以共用一个属性   D．一个图块中可以定义多个属性

2．AutoCAD 中的图块可以是（　　）类型。

    A．模型空间图块   B．外部图块

    C．内部图块   D．图纸空间图块

3．编辑块属性的途径有（　　）。

    A．双击包含属性的图块进行属性编辑   B．应用图块属性管理器编辑属性

    C．单击属性定义进行属性编辑   D．只可以用命令进行属性编辑

4．使用图块的优点包括（　　）。

    A．节约绘图时间   B．建立图形库

    C．方便修改   D．节约存储空间

5．外部参照错误包括（　　）。

    A．丢失参照文件   B．格式错误   C．路径错误   D．循环参照

6．图形属性一般包括（　　）。

A．基本　　　　　　B．普通　　　　　　C．概要　　　　　　D．视图

7．在创建图块和定义属性及外部参照过程中，【定义属性】（　　）。

A．能独立存在　　　　　　　　　B．能独立使用

C．不能独立存在　　　　　　　　D．不能独立使用

8．执行 PURGE 命令后，可以（　　）。

A．查看不能清理的项目

B．删除图形中多余的图块

C．删除图形中多余的图层

D．删除图形中多余的文字样式和线型等项目

8.9　课后习题

1．创建图块

请用前面介绍的绘图方法绘制如图 8-123 所示的推式门的平面图，并调用 ATTDEF 命令定义图块的属性，最后调用 WBLOCK 命令将其定义为外部图块，图块名为推式门。

2．定义图块属性

打开素材文件【房屋立面图.dwg】，画标高符号，并且将标高符号定义为图块，插入标高符号，如图 8-124 所示。

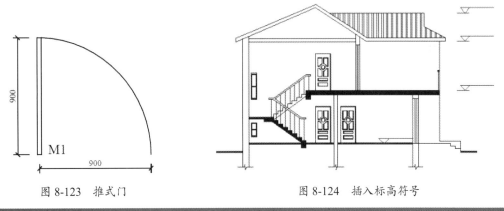

图 8-123　推式门　　　　　　　　　　图 8-124　插入标高符号

> **提示：**
>
> 　　标高符号为等腰直角三角形，高度约为 3mm，考虑到建筑图多按 1∶100 的比例打印出图，可以画一个高为 300mm 的标高符号。

作图步骤如下。

① 将【细实线】层作为当前层，先利用正交工具和端点捕捉画图 8-125（a），直角边的长度等于 300。

② 用【镜像】命令将图 8-125（a）画成如图 8-125（b）所示的形式。

③ 利用对象捕捉和正交工具将图 8-125（b）画成如图 8-125（c）所示的形式，删除多余的铅垂线。

（a）　　　　　　　　　（b）　　　　　　　　　（c）

图 8-125　画标高符号

提示：

也可以通过输入点的相对坐标值画出三角形，然后按上述方法绘制其他线段。

④ 用追踪功能确定插入点，插入一个标高符号，复制生成其他标高符号。

⑤ 用【单行文字】命令输入标高值，如图 8-126 所示。

从图 8-125 中复制镜像标高符号，定义标高图块的属性，达到如下效果。

● 在标高符号上显示标记 EL，如图 8-127 所示。EL 代表标高值的填写位置，插入带属性的图块时，输入值将代替该标记。

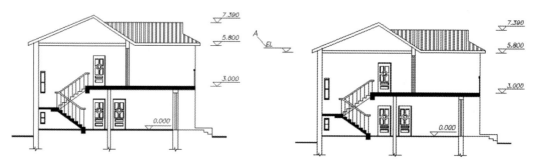

图 8-126　用【单行文字】命令输入标高值　　　　图 8-127　定义图块属性

● 在插入标高时显示提示【输入标高值：】，提示用户输入标高值。

● 标高的默认值为【0.000】。

提示：

这 3 项分别对应图块的 3 个属性：标记、提示、值。

操作要点如下。

① 从【对正】下拉列表中选择属性文字相对于插入点的排列方式，本例保留默认方式【左】。

② 在 高度(H) < 按钮右边的文本框中输入文字高度【300】。

③ 使 旋转(R) < 按钮右边文本框中的值保持【0】。

④ 单击 拾取点(P) < 按钮，在 A 点处单击，选择 A 点作为属性文字插入点。

3．绘制楼梯立面图

新建样板文件，设置图限、图形单位、图层、文字样式、尺寸标注样式、线型及打印样式等，然后绘制出如图 8-128 所示的楼梯立面图。

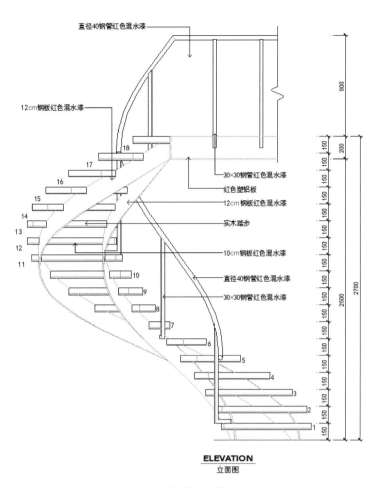

直径40钢管红色混水漆

12cm钢板红色混水漆

18
17
16
15
14
13
12
11
10
9
8
7
6
5
4
3
2
1

30×30钢管红色混水漆

红色塑铝板

12cm钢板红色混水漆

实木踏步

10cm钢板红色混水漆

直径40钢管红色混水漆

30×30钢管红色混水漆

900

150
150

200

150
150
150
150
150
150
150
150
150
150
150
150
150
150
150
150

2500

2700

ELEVATION
立面图

图 8-128　绘制的楼梯立面图

第 9 章

建筑图纸尺寸标注

本章内容

尺寸标注能准确无误地反映物体的形状、大小和相互位置关系，是建筑工程图的重要组成部分。AutoCAD 2020 提供了许多标注类型及设置标注格式的方法，可以在各个方向上为各类对象创建标注，也可以以一定的格式创建符合行业或项目标准的标注。

知识要点

- ☑ 设置尺寸样式
- ☑ 线性标注、连续标注和基线标注
- ☑ 对齐标注、角度标注和半径标注
- ☑ 引线标注
- ☑ 建筑图中的特殊标注方法

9.1　设置尺寸样式

尺寸样式指的是尺寸的外观形式，是通过【标注样式管理器】对话框来设置的。尺寸样式中的部分项目如图 9-1 所示。

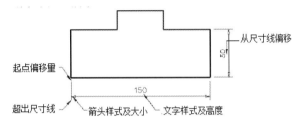

图 9-1　尺寸样式中的部分项目

下面通过一个基本尺寸样式的创建，介绍尺寸样式的设置过程。

动手操练——设置尺寸样式

① 单击【格式】→【标注样式】按钮 ，打开【标注样式管理器】对话框，如图 9-2 所示。

② 单击【新建】按钮，弹出【创建新标注样式】对话框，在【新样式名】文本框中输入样式名称【建筑尺寸样式】，如图 9-3 所示。

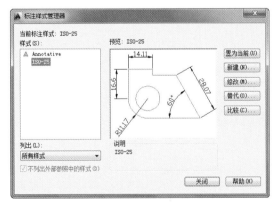

图 9-2　【标注样式管理器】对话框

图 9-3　【创建新标注样式】对话框

③ 单击【继续】按钮，弹出【新建标注样式：建筑尺寸样式】对话框，如图 9-4 所示。

④ 在【线】选项卡内进行设置，如图 9-5 所示。

⑤ 在【符号和箭头】选项卡内进行设置，如图 9-6 所示。

⑥ 在【文字】选项卡的【文字样式】下拉列表右侧单击 按钮，通过打开的【文字样式】对话框来新建命名为【数字】的文字样式，设置字体为【romans.shx】、【宽度比例】为【0.7】。创建文字样式后返回【文字】选项卡，在【文字样式】下拉列表中选择【数字】

选项，然后设置【文字高度】为【3】，设置【从尺寸线偏移】为【2】，如图9-7所示。

图 9-4 【新建标注样式：建筑尺寸样式】对话框

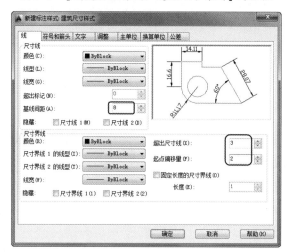

图 9-5 【线】选项卡

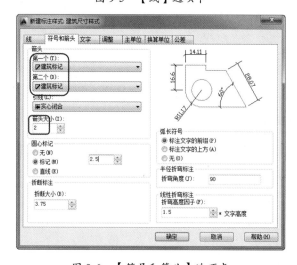

图 9-6 【符号和箭头】选项卡

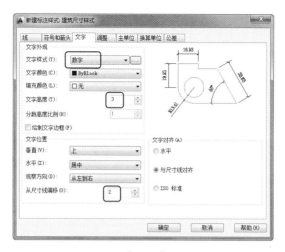

图 9-7　【文字】选项卡

⑦　单击【确定】按钮，返回【标注样式管理器】对话框，单击【关闭】按钮，关闭此对话框，完成【建筑尺寸样式】的设置。

> **提示：**
>
> 　本节所列出的尺寸是最终打印尺寸，在绘图时各尺寸要素值需要乘以出图比例才能获得最终打印效果。例如，最终出图比例为 1：100，可以将所有的要素值扩大 100 倍，也可以将【调整】选项卡中的【使用全局比例】设为【100】。

9.2　线性标注、连续标注和基线标注

在建筑制图中，线性标注是最常见的标注方法，它可以创建尺寸线水平、垂直和对齐的线性标注。

连续标注多用于标注首尾相接的线性标注。

基线标注是自同一基线处测量的多个标注，形成堆叠标注效果，如图 9-8 所示，尺寸线之间的间距叫作基线间距。

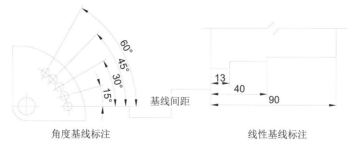

图 9-8　基线标注

💻**动手操练——标注门套剖面图**

标注门套剖面图，门套剖面尺寸如图 9-9 所示。

① 打开素材文件，根据 9.1 节介绍的步骤设置【建筑尺寸样式】。

② 单击【图层】面板中的【图层状态管理器】按钮 ，打开【图层状态管理器】对话框。

③ 单击【新建图层】按钮 ，创建一个新图层，取名为【标注】，单击按钮 ，将此层置为当前层。

④ 单击【确定】按钮，关闭【图层特性管理器】选项板。

技巧点拨：

在标注尺寸前一般要为尺寸标注设置一个单独的图层，这样做是为了将尺寸标注与图形的其他对象进行区分，以便修改。

⑤ 打开对象捕捉，设置捕捉方式为端点、中点捕捉。

⑥ 单击【注释】面板中的【线性】标注按钮 ，标注尺寸，如图 9-10 所示。

```
命令：_DIMLINEAR
指定第一条尺寸界线原点或 <选择对象>：        //捕捉 A 点
指定第二条尺寸界线原点：                    //捕捉 B 点
指定尺寸线位置或                          //向上移动光标指定尺寸线位置
```

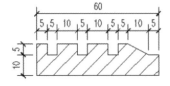

图 9-9　门套剖面尺寸

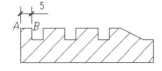

图 9-10　标注尺寸（一）

⑦ 单击【标注】→【连续】标注按钮 ，标注水平方向连接的尺寸，如图 9-11 所示。

```
命令：_DIMCONTINUE
指定第二条尺寸界线原点或 [放弃(U)/选择(S)] <选择>：        //捕捉 C 点
标注文字 = 5
指定第二条尺寸界线原点或 [放弃(U)/选择(S)] <选择>：        //捕捉 D 点
标注文字 = 10
指定第二条尺寸界线原点或 [放弃(U)/选择(S)] <选择>：        //捕捉 E 点
标注文字 = 5
指定第二条尺寸界线原点或 [放弃(U)/选择(S)] <选择>：        //捕捉 F 点
标注文字 = 10
指定第二条尺寸界线原点或 [放弃(U)/选择(S)] <选择>：        //捕捉 I 点
标注文字 = 5
指定第二条尺寸界线原点或 [放弃(U)/选择(S)] <选择>：        //捕捉 H 点
标注文字 = 5
指定第二条尺寸界线原点或 [放弃(U)/选择(S)] <选择>：        //捕捉 G 点
标注文字 = 10
指定第二条尺寸界线原点或 [放弃(U)/选择(S)] <选择>：        //捕捉 J 点
```

⑧ 用关键点编辑方式调整各尺寸文本的位置，如图 9-12 所示。

⑨ 单击【标注】→【基线】标注按钮 ，标注尺寸 L，标注结果如图 9-13 所示。

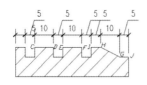

图 9-11　标注结果

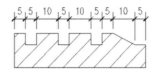

图 9-12　调整各尺寸文本的位置

```
命令: _DIMBASELINE
指定第二条尺寸界线原点或 [放弃(U)/选择(S)] <选择>: S        //调用【选择】选项
选择基准标注:                                            //选择基线 K
指定第二条尺寸界线原点或 [放弃(U)/选择(S)] <选择>:         //捕捉 J 点
标注文字 = 60
指定第二条尺寸界线原点或 [放弃(U)/选择(S)] <选择>:         //按【Enter】键
```

⑩　设置捕捉方式为端点、交点捕捉。

⑪　单击【线性】标注按钮 ├─┤ ，标注左侧尺寸，结果如图 9-14（a）所示。

```
命令: _DIMLINEAR
指定第一条尺寸界线原点或 <选择对象>:        //捕捉 A 点
指定第二条尺寸界线原点:                     //自 M 点向左追踪，捕捉交点，如图 9-14（b）所示
指定尺寸线位置或[多行文字(M)/文字(T)/角度(A)/水平(H)/垂直(V)/旋转(R)]:
//向左移动光标指定尺寸线位置
```

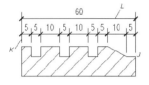

图 9-13　基线标注结果

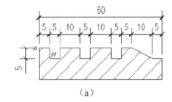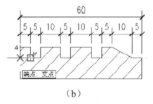

（a）　　　　　　　　（b）

图 9-14　标注左侧尺寸

⑫　单击【连续】标注按钮 ┤├┤ ，捕捉 N 点，标注尺寸，如图 9-15 所示。

⑬　关闭端点、交点捕捉，只使用中点捕捉，利用关键点编辑方式调整尺寸文本的位置，如图 9-16 所示。

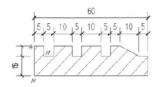

图 9-15　标注尺寸（二）

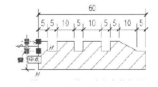

图 9-16　调整尺寸文本的位置

📖 动手操练——标注楼梯间平面图

利用线性标注、连续标注及基线标注等，标注楼梯间平面图尺寸，如图 9-17 所示。

①　打开素材文件【楼梯间.dwg】，然后打开对象捕捉和对象追踪，设置捕捉方式为端点、交点捕捉。

②　新建【建筑尺寸样式】，其中【基线间距】为【7】，【使用全局比例】为【50】。

③　在【线】选项卡中勾选【固定长度的尺寸界线】复选框，并将【长度】设为【5】，如图 9-18 所示。

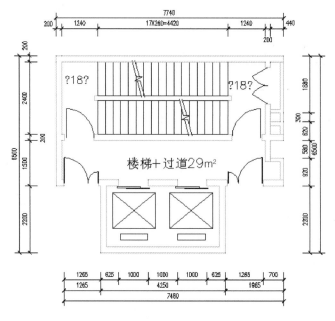

图 9-17　楼梯间平面图尺寸

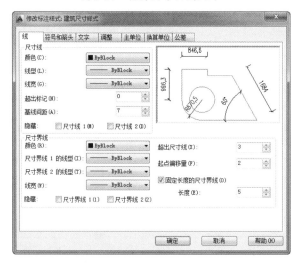

图 9-18　【线】选项卡中的设置

④　在【调整】选项卡中选中【调整选项】选项组的【文字始终保持在尺寸界线之间】单选按钮和【文字位置】选项组的【尺寸线上方，不带引线】单选按钮，然后将【使用全局比例】设为【50】。

技巧点拨：

　　在默认情况下，尺寸线从标注的对象开始绘制，一直到放置尺寸线的位置，如果勾选了【固定长度的尺寸界线】复选框，尺寸界线将限制为指定的长度。

⑤　新建【标注】图层，并将其设为当前层。

⑥　单击【线性】标注按钮├┤，标注尺寸，标注结果如图 9-19 所示。

```
命令：_DIMLINEAR
指定第一条尺寸界线原点或 <选择对象>：//捕捉 A 点
```

指定第二条尺寸界线原点：//捕捉 B 点，向上追踪交点 C
指定尺寸线位置或[多行文字(M)/文字(T)/角度(A)/水平(H)/垂直(V)/旋转(R)]：900
//沿 A 点向上追踪 900
标注文字 = 200

⑦ 利用夹点移动方式将标注文字移至尺寸线外侧。

⑧ 单击【连续】标注按钮 ，标注第一排尺寸，如图 9-20 所示。

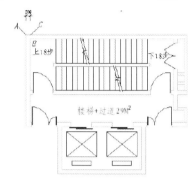

图 9-19 标注结果

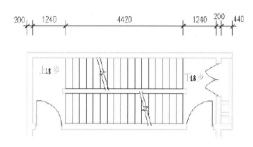

图 9-20 标注尺寸

⑨ 单击鼠标右键，选择标注文字【4420】，然后在弹出的快捷菜单中选择【快捷特性】命令，打开【快捷特性】选项板，在【文字替代】栏中输入【17×260=<>】，如图 9-21 所示。

图 9-21 【快捷特性】选项板

⑩ 单击【基线】标注按钮 ，选择左端尺寸为基准标注，标注基线尺寸。

⑪ 标注其他方向上的尺寸。

9.3 对齐标注、角度标注和半径标注

在工程制图中，经常需要对斜面或斜线进行尺寸标注，这时就可以使用对齐标注方式，对齐标注的尺寸线平行于倾斜的标注对象，如图 9-22 所示，点 1 表示对象的选择点，点 2 表示对齐标注的位置。

图 9-22 对齐标注

角度标注可以测量圆、圆弧的角度，2 条直线或 3 个点之间的角度，如图 9-23 所示。

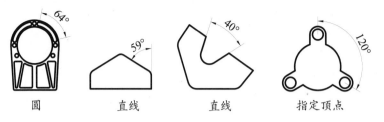

图 9-23　角度标注

角度标注可以根据标注放置的位置来确定所标注的角度是内角还是外角。

径向标注也是工程制图中比较常见的尺寸，包括半径标注和直径标注，如图 9-24 和图 9-25 所示。

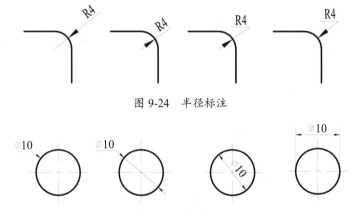

图 9-24　半径标注

图 9-25　直径标注

🖥 动手操练——标注安全抓杆侧立面图

标注安全抓杆侧立面图，如图 9-26 所示。

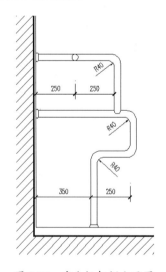

图 9-26　安全抓杆侧立面图

① 打开素材文件【安全抓杆.dwg】，然后打开极轴、对象捕捉和对象追踪，设置捕捉方式为端点、最近点捕捉。

② 新建【标注】层，并将其置为当前层。

③ 单击【标注样式】按钮，打开【标注样式管理器】对话框，将【建筑尺寸样式】置为当前样式，并设置【使用全局比例】为【10】。

④ 返回【标注样式管理器】对话框，单击【新建】按钮，弹出【创建新标注样式】对话框，然后在【用于】下拉列表中选择【半径标注】选项，如图 9-27 所示。

图 9-27　选择【半径标注】

技巧点拨：

此下拉列表中的标注子样式从属于【基础样式】。通常，子样式都是相对某个具体的尺寸标注类型而言的，即子样式仅仅适用于某一种尺寸标注类型。设置标注子样式后，当标注某个类型尺寸时，AutoCAD 先搜索其下是否有与该类型相对应的子样式。如果有，那么 AutoCAD 将按照该子样式中设置的模式来标注尺寸；如果没有，那么 AutoCAD 将按【基础样式】中的模式来标注尺寸。

⑤ 单击【继续】按钮，在【修改标注样式：建筑尺寸样式：半径】对话框中进行设置，如图 9-28 所示。

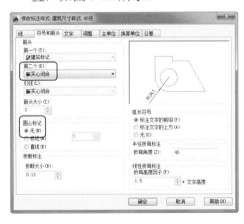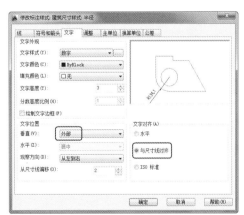

图 9-28　设置标注样式

⑥ 依次单击【确定】和【关闭】按钮，关闭【标注样式管理器】对话框。

⑦ 单击【线性】标注按钮，标注尺寸，结果如图 9-29 所示。

```
命令：_DIMLINEAR
指定第一条尺寸界线原点或 <选择对象>：                //在 A 点附近单击
指定第二条尺寸界线原点：_CEN 于                     //捕捉圆心 B
```

指定尺寸线位置或[多行文字(M)/文字(T)/角度(A)/水平(H)/垂直(V)/旋转(R)]:
//向下移动鼠标光标指定尺寸线位置
命令:_DIMCONTINUE   //连续标注
指定第二条尺寸界线原点或 [放弃(U)/选择(S)] <选择>:   //捕捉端点C

⑧ 利用关键点编辑方式调整尺寸线的位置，如图 9-30 所示。

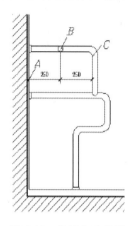

图 9-29   线性标注结果

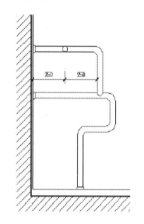

图 9-30   调整尺寸线的位置

⑨ 利用【线性】标注和【连续】标注，标注如图 9-31 所示的线性尺寸。

⑩ 单击【半径】按钮 ⊙ ，标注圆弧半径，结果如图 9-32 所示。

命令:_DIMRADIUS
选择圆弧或圆: //选择圆弧D
标注文字 = 40
指定尺寸线位置或[多行文字(M)/文字(T)/角度(A)]:   //指定位置
命令:DIMRADIUS   //重复命令
选择圆弧或圆: //选择圆弧E
标注文字 = 40
指定尺寸线位置或[多行文字(M)/文字(T)/角度(A)]:   //指定位置
命令:DIMRADIUS   //重复命令
选择圆弧或圆: //选择圆弧F
标注文字 = 40
指定尺寸线位置或[多行文字(M)/文字(T)/角度(A)]:   //指定位置

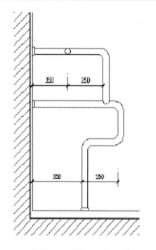

图 9-31   标注线性尺寸

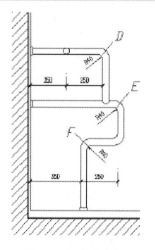

图 9-32   标注圆弧半径

动手操练——标注大厅天花剖面图

利用对齐标注、半径标注和角度标注方法标注大厅天花剖面图，结果如图 9-33 所示。

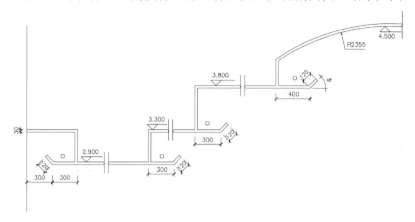

图 9-33　大厅天花剖面图

① 打开素材文件【大厅天花.dwg】。

② 单击【标注样式】按钮 ，在弹出的【标注样式管理器】对话框中将【建筑尺寸样式】置为当前样式。

③ 单击【新建】按钮，在弹出的【创建新标注样式】对话框的【用于】下拉列表中选择【角度标注】选项。

④ 单击【继续】按钮，在【新建标注样式：建筑标注样式：角度】对话框中设置如图 9-34 所示的标注样式。

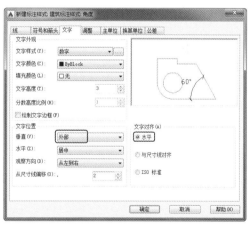

图 9-34　设置角度标注样式

⑤ 完成设置后，单击【确定】按钮返回【标注样式管理器】对话框，并按相同操作新建【半径】标注样式。新建的半径标注样式设置如图 9-35 所示。

⑥ 完成设置后关闭【标注样式管理器】对话框。

⑦ 将【标注】层设为当前层。

⑧ 单击【对齐】标注按钮 ，分别捕捉图形左下角的 A、B 两个端点，标注尺寸，并

利用关键点编辑方式调整标注文字的位置，结果如图 9-36 所示。

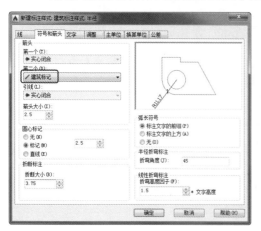

图 9-35　设置半径标注样式

⑨　利用相同的方法标出其他倾斜位置的尺寸，如图 9-37 所示。

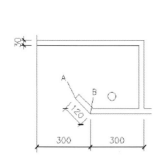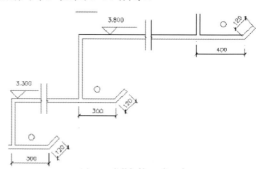

图 9-36　对齐标注结果　　　　　　　　　图 9-37　其他倾斜位置的尺寸

⑩　单击【角度】按钮△，标注结果如图 9-38 所示。

```
命令：_DIMANGULAR
选择圆弧、圆、直线或 <指定顶点>：              //选择线段 C
选择第二条直线：                              //选择线段 D
指定标注弧线位置或 [多行文字(M)/文字(T)/角度(A)]：  //在适当位置单击
标注文字 =45
```

⑪　单击【半径】按钮◎，选择右边内侧圆弧，标注结果如图 9-39 所示。

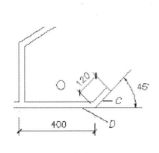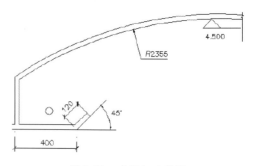

图 9-38　角度标注结果　　　　　　　　　　图 9-39　半径标注结果

9.4　引线标注

引线标注可创建带有一个或多个引线的文字。引线与多行文字对象相关联，因此在重定位文字对象时，引线会相应地拉伸。

动手操练——标注通信塔剖面详图

利用引线标注说明通信塔剖面详图，如图 9-40 所示。

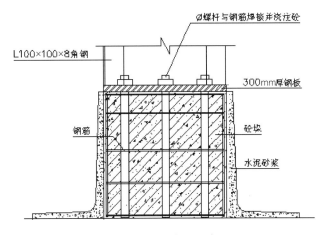

图 9-40　通信塔剖面详图

① 打开素材文件【通信塔.dwg】。

② 单击【标注样式】按钮，在弹出的【标注样式管理器】对话框中将【建筑尺寸样式】置为当前样式。

③ 单击【替代】按钮，打开【替代当前样式：建筑尺寸样式】对话框，在【文字】选项卡中进行设置，如图 9-41 所示。

图 9-41　【替代当前样式：建筑尺寸样式】对话框

④ 依次单击【确定】和【关闭】按钮，关闭【标注样式管理器】对话框。

⑤ 在命令行中输入【_QLEADER】，弹出绘制引线标注。

```
命令：_QLEADER
指定第一个引线点或 [设置(S)] <设置>：                    //按【Enter】键
```

⑥ 在命令行中输入【_QLEADER】，按【Enter】键后弹出【引线设置】对话框，在【引线和箭头】选项卡中将【箭头】设置为【无】，在【附着】选项卡中勾选【最后一行加下画线】①复选框，如图 9-42 所示，然后单击【确定】按钮。

图 9-42 【引线和箭头】及【附着】选项卡中的设置

⑦ 引线设置完成后绘制引线标注，标注结果如图 9-43 所示。命令行操作提示如下。

```
命令：_QLEADER
指定第一个引线点或 [设置(S)] <设置>：S                   //按【Enter】键
指定第一个引线点或 [设置(S)] <设置>：                    //在 A 点处单击
指定下一点：                                          //在 B 点处单击
指定下一点：                                          //按【Enter】键
指定文字宽度 <0>：                                    //按【Enter】键
输入注释文字的第一行 <多行文字(M)>：%%C 螺杆与钢筋焊接并浇注砼   //输入标注文字
输入注释文字的下一行：                                  //按【Enter】键
```

⑧ 双击标注文字，在打开的多行文字修改器窗口中选择【%%C】，将其字体修改为【Romantic】，单击【确定】按钮，修改结果如图 9-44 所示。

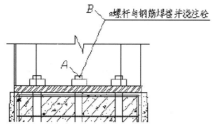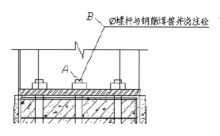

图 9-43 快速引线标注结果　　　　　　　　图 9-44 修改结果

⑨ 重复执行 QLEADER 引线标注命令，标注其他位置的引线，如图 9-45 所示。

---

① 软件图中"下划线"的正确写法应为"下画线"。

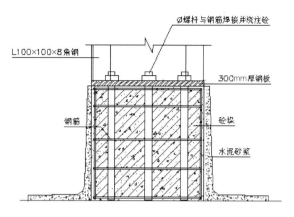

图 9-45 标注好的引线

🖥 动手操练——标注钢架组合安装图

利用快速引线标注方法标注如图 9-46 所示的钢架组合安装图。

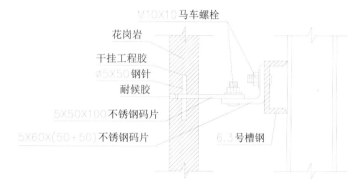

图 9-46 钢架组合安装图

① 打开素材文件【钢架组合.dwg】，将【建筑尺寸样式】置为当前样式，并创建【样式替代】，设置【文字样式】为【文字】。

② 在命令行中输入【_QLEADE】，在弹出的【引线设置】对话框中进行设置，如图 9-47 所示。

图 9-47 【引线设置】对话框

③ 绘制引线，结果如图 9-48 所示。

④ 关闭对象捕捉，选择引线底部关键点，位置如图 9-49（a）所示，单击鼠标右键，在弹出的快捷菜单中选择【复制】命令，将其复制到如图 9-49（b）所示的位置上。

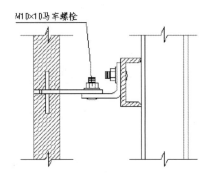

图 9-48　绘制引线

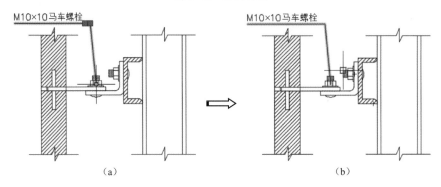

（a）　　　　　　　　　　　　　　（b）

图 9-49　复制关键点

⑤　绘制其他位置的引线标注，如图 9-50 所示。

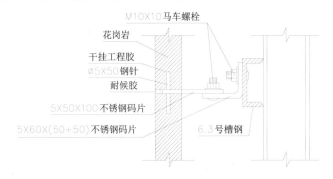

图 9-50　绘制完成的引线标注

9.5　建筑图中的特殊标注方法

在建筑图中有一些特殊标注，如轴网号、标高符号、管线型号等，有一些需要直接输入，而有一些则可以将其创建成图块，然后利用图块属性功能进行绘制。本节主要介绍建筑图中特殊标注的注写方法。

动手操练——标注喷淋管路安装大样图

利用【单行文字】及【复制】命令标注喷淋管路安装大样图，结果如图 9-51 所示。

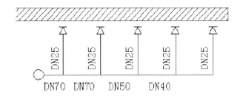

图 9-51　喷淋管路安装大样图

① 打开素材文件【喷淋管路.dwg】。

② 执行菜单栏中的【绘图】→【文字】→【单行文字】命令，输入单行文字。

```
命令：_DTEXT
当前文字样式：Standard 当前文字高度：3.5000
指定文字的起点或 [对正(J)/样式(S)]：            //在 A 点处单击，确定文字起点
指定高度 <3.5000>：3                          //指定文字高度
指定文字的旋转角度 <0>：90                     //设置旋转角度
输入文字：DN25                                //输入文字
```

③ 输入文字结果如图 9-52 所示。

④ 重复执行【单行文字】命令，在如图 9-53 所示的位置上输入文字。

```
命令：TEXT
当前文字样式：Standard 当前文字高度：3.0000
指定文字的起点或 [对正(J)/样式(S)]：            //在图形左下角单击一点
指定高度 <3.0000>：                           //按【Enter】键
指定文字的旋转角度 <90>：0                     //指定旋转角度
输入文字：DN70                                //输入文字
```

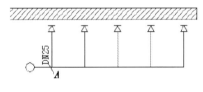

图 9-52　输入文字结果

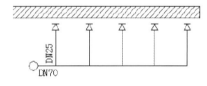

图 9-53　输入文字

⑤ 打开对象捕捉，设置端点捕捉。

⑥ 单击【复制】按钮 ，选择文字【DN25】，以如图 9-54 所示的端点为基点进行复制，结果如图 9-55 所示。

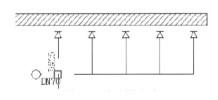

图 9-54　复制基点

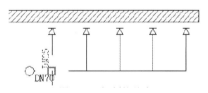

图 9-55　复制结果

⑦ 重复执行【复制】命令，复制水平方向的文字，结果如图 9-56 所示。

技巧点拨：
复制水平方向的文字时，可关闭对象捕捉，打开正交模式。

⑧ 双击左起第三列的文字【DN70】，将其改为【DN50】，如图 9-57 所示。

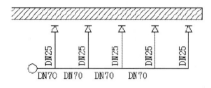

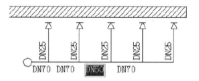

图 9-56 复制文字　　　　　　　　　　　图 9-57 修改文字

⑨　利用相同的方法将最后一列的文字修改为【DN40】，结果如图 9-58 所示。

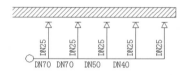

图 9-58 修改后的文字

动手操练——标注天桥平面布置图轴网号和标高

利用图块属性功能绘制天桥平面布置图的轴网号和标高，结果如图 9-59 所示。

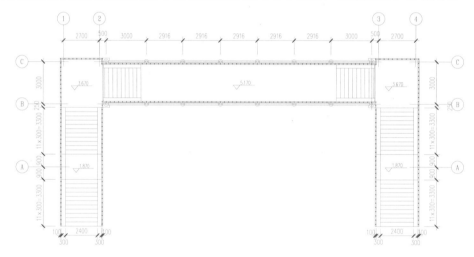

图 9-59 天桥平面布置图的轴网号和标高

①　打开素材文件【天桥.dwg】。

②　执行菜单栏中的【格式】→【文字样式】命令，创建一个新的文字样式，命名为【字母】，字体为【romanc.shx】，【宽度比例】设为【0.7】。

③　单击【圆心、半径】按钮，在屏幕空白处绘制一个半径为 450 的圆。

④　单击【直线】按钮，捕捉圆的第三象限点，向下绘制一条长为 900 的垂直线段。

⑤　执行菜单栏中的【绘图】→【块】→【定义属性】命令，弹出【属性定义】对话框，在此对话框中输入各项数值，如图 9-60 所示。

⑥　单击【确定】按钮，捕捉圆的圆心，作为数字的插入点。此时图块属性定义成功，文字在圆内的位置如图 9-61 所示。

⑦　单击【创建块】按钮，弹出【块定义】对话框。单击【选择对象】按钮，框选如图 9-61 所示的图形，然后返回【块定义】对话框，单击【删除】按钮，再单击

【拾取点】按钮 ，在绘图区选择垂线段的端点作为插入点，如图 9-62 所示。

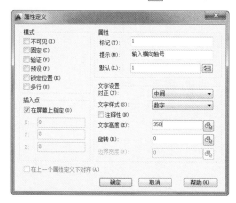

图 9-60　【属性定义】对话框　　图 9-61　文字在圆内的位置　　图 9-62　选择图块的插入点

⑧　将图块命名为【横向轴号】，单击【确定】按钮，关闭【块定义】对话框。

⑨　单击【插入】按钮 ，在弹出的【插入】对话框的【名称】下拉列表中选择【横向轴号】选项，单击【确定】按钮，插入图块。

```
命令：_INSERT
指定插入点或 [基点(B)/比例(S)/X/Y/Z/旋转(R)/预览比例(PS)/PX/PY/PZ/预览旋转
(PR)]:　　　　　　　　//选择端点 A
输入属性值
输入横向轴号 <1>: 1 //输入轴号
```

⑩　此时轴号 1 的位置如图 9-63 所示。

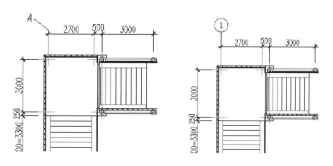

图 9-63　轴号的插入点及结果

⑪　利用相同的方法为其他横向轴线标注轴号，并在命令行的提示下输入轴的编号。

⑫　创建一个【纵向轴号_左】图块，右侧端点为插入点。然后定义图块属性，属性标记为 A。将此图块插入天桥平面图左侧的轴线端点处，如图 9-64 所示。随后依次插入此图块到其余纵向轴线上。

⑬　同理，再创建一个【纵向轴号_右】图块，并定义图块属性，然后为天桥平面图右侧的轴线进行编号。

⑭　利用【直线】和【镜像】命令绘制如图 9-65（a）所示的图形，然后删除中间的垂线，即形成如图 9-65（b）所示的标高符号。

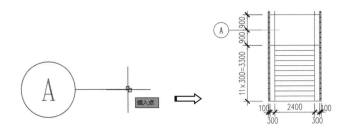

图 9-64　纵向轴号的插入点及结果

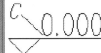

（a）画图形　　　　　　　　　　　　　　　　（b）标高符号

图 9-65　绘制标高符号

⑮ 执行菜单栏中的【绘图】→【块】→【定义属性】命令，弹出【属性定义】对话框，在此对话框中按照如图 9-66 所示进行设置，其中 C 为字母插入点。

图 9-66　为标高符号定义图块属性

⑯ 把标高符号创建成图块，命名为【标高符号】，插入点为下端端点。

⑰ 单击【插入】按钮，在弹出的【插入】对话框的【名称】下拉列表中选择【标高符号】选项，单击【确定】按钮插入标高符号。

```
命令: _INSERT
指定插入点或 [基点(B)/比例(S)/X/Y/Z/旋转(R)/预览比例(PS)/PX/PY/PZ/预览旋转
(PR)]:                                           //指定插入点
输入属性值
输入标高值 <0.000>: 3.670                          //输入标高值
```

⑱ 此时插入的标高值形态如图 9-67 所示。

⑲ 利用相同的方法在平面图的不同位置上插入标高符号，并根据命令行提示输入不同的标高值。

> 提示：
>
> 如果某个图块带有属性，那么用户在插入该图块时，可以根据自行设置的图块提示为图块设置不同的文本信息，对于经常要用到的图块来说，定义图块属性尤为重要。同一根轴线两端的轴线号必须相同。

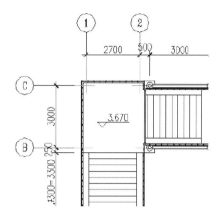

图 9-67　插入【标高符号】图块

9.6　综合案例：消防电梯间标注

本节将对电梯间尺寸进行标注，如图 9-68 所示，主要练习 DIMSTYLE、DIMLINEAR、QLEADER 等标注命令的使用。在进行尺寸标注前，应先设置标注格式，本案例主要对尺寸线、尺寸箭头、标注文字等对象的格式进行设置，在标注对象时，主要对电梯间过道的尺寸、电梯间长和宽的尺寸进行标注。

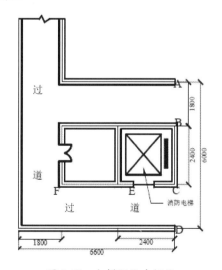

图 9-68　电梯间尺寸标注

操作步骤

① 打开素材文件【消防电梯间.dwg】。

② 在命令行中输入【DIMSTYLE】，打开【标注样式管理器】对话框，如图 9-69 所示，单击【新建】按钮，打开【创建新标注样式】对话框。

③ 在【创建新标注样式】对话框的【新样式名】文本框中输入【BZ】，单击【继续】按钮，如图 9-70 所示。

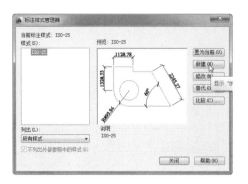

图 9-69 【标注样式管理器】对话框　　　　　　　　图 9-70 【创建新标注样式】对话框

④ 打开【新建标注样式：BZ】对话框，在该对话框中设置标注样式。

⑤ 在【符号和箭头】选项卡中设置标注线及箭头样式，在【箭头】选项组中将箭头样式设置为【建筑标记】，在【箭头大小】数值框中输入【3】，如图 9-71 所示。

⑥ 在【文字】选项卡中设置标注文本的样式，在【文字高度】数值框中输入【5】，如图 9-72 所示。

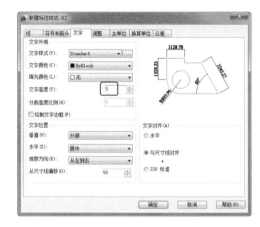

图 9-71 【符号和箭头】选项卡　　　　　　　　图 9-72 【文字】选项卡

⑦ 在【调整】选项卡中设置标注的调整选项，在通常情况下默认系统设置，如图 9-73 所示。

⑧ 在【主单位】选项卡中设置标注的主单位样式，在【线性标注】选项组的【单位格式】下拉列表中选择【小数】选项，在【精度】下拉列表中选择【0】选项，如图 9-74 所示。

⑨ 完成设置后，单击【确定】按钮，返回【标注样式管理器】对话框。

⑩ 单击【置为当前】按钮，将所设置的标注样式置为当前标注样式。单击【关闭】按钮结束标注样式设置。

⑪ 设置标注样式后，即可对电梯间进行标注，标注结果如图 9-75 所示。

提示：

需要注意的是，在标注前应先将所设置的标注样式置为当前样式，否则标注时还将以系统默认的标注样式进行标注。

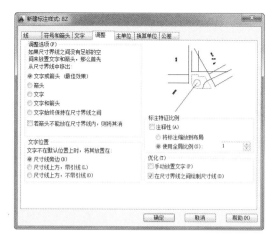

图 9-73　【调整】选项卡

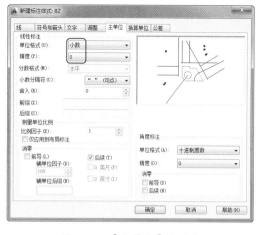

图 9-74　【主单位】选项卡

命令：DIMALIGNED↵	//激活 DIMALIGNED 命令，标注 AB 间尺寸
指定第一条尺寸界线原点或 <选择对象>：按【F3】键启动	
对象捕捉功能，拾取 A 点，如图 9-75 所示	
//启动捕捉功能，捕捉标注对象的第一点	
指定第二条尺寸界线原点：拾取 B 点	//捕捉标注对象的第二点
指定尺寸线位置或[多行文字(M)/文字(T)/角度(A)]：	//指定标注尺寸线的位置
标注文字= 1800	//系统显示标注结果
命令：DIMALIGNED↵	//激活 DIMALIGNED 命令，标注 BC 间尺寸
指定第一条尺寸界线原点或 <选择对象>：拾取 B 点	//捕捉标注对象的第一点
指定第二条尺寸界线原点：拾取 C 点	//捕捉标注对象的第二点
指定尺寸线位置或[多行文字(M)/文字(T)/角度(A)]：	//指定标注尺寸线的位置
标注文字= 2400	//系统显示标注结果
命令：QLEADER↵	//激活 QLEADER 命令进行引线标注
指定第一个引线点或 [设置(S)] <设置>：拾取点	//默认引线设置，指定第一个引线点
指定下一点：拾取点	//指定第二个引线点
指定下一点：拾取点	//指定第三个引线点
指定文字宽度 <0>：	//指定文字宽度
输入注释文字的第一行 <多行文字(M)>：消防电梯↵	//输入引线标注文字
输入注释文字的下一行：↵	//按【Enter】键结束引线标注

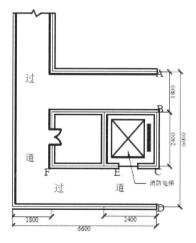

图 9-75　标注结果

9.7　AutoCAD 认证考试习题集

一、单选题

1. 如果要标注倾斜直线的长度，应该选用的命令是（　　）。

　　A．DIMLINEAR　　　B．DIMALIGNED　　　C．DIMORDINATE　　　D．QDIM

2. 如果在一个线性标注数值前面添加直径符号，则应用（　　）命令。

　　A．％％C　　　　　B．％％O　　　　　C．％％D　　　　　D．％％％

3. 快速引线后不可以尾随的注释对象是（　　）。

　　A．公差　　　　　B．单行文字　　　　　C．多行文字　　　　　D．复制对象

4. 下列选项中的（　　）命令用于测量并标注被测对象之间的夹角。

　　A．DIMANGULAR　　　　　　　　　B．ANGULAR

　　C．QUIM　　　　　　　　　　　　D．DIMRADIUS

5. 下列选项中的（　　）命令用于在图形中以第一尺寸线为基准标注图形尺寸。

　　A．DIMCONTINUS　　　　　　　　　B．QLEADER

　　C．DIMBASELINE　　　　　　　　　D．QDIM

6. 快速标注的命令是（　　）。

　　A．DIM　　　　　B．QLEADER　　　　　C．QDIMLINE　　　　　D．QDIM

7. 执行下列选项中的（　　）命令可以打开【标注样式管理器】对话框，在其中可以对标注样式进行设置。

　　A．DIMSTYLE　　　　　　　　　　B．DIMDIAMETER

　　C．DIMRADIUS　　　　　　　　　　D．DIMLINEAR

8. （　　）用于创建平行于所选对象或平行于两尺寸界线源点连线的直线型尺寸。

　　A．线性标注　　　B．连续标注　　　C．快速标注　　　D．对齐标注

9. 使用 DIM【标注】命令标注圆或圆弧时，不能自动标注（　　）选项。

　　A．直径　　　　　B．半径　　　　　C．基线　　　　　D．圆心

10. 下列不属于基本标注类型的是（　　）。

　　A．线性标注　　　B．快速标注　　　C．对齐标注　　　D．基线标注

11. 在【新建标注样式】对话框中，【文字】选项卡中的【分数高度比例】选项只有设置了（　　）选项后方才有效。

　　A．公差　　　　　　　　　　　　　B．换算单位

　　C．单位精度　　　　　　　　　　　D．使用全局比例

12. 所有尺寸标注共用一条尺寸界线的是（　　）。

　　A．引线标注　　　B．连续标注　　　C．基线标注　　　D．公差标注

13. 在下列标注命令中，（　　）必须在已经进行了线性标注或角度标注的基础之上进行。

A．快速标注　　　　　　　　　　　　B．连续标注

C．形位公差标注　　　　　　　　　　D．对齐标注

14．使用（　　）命令可以同时标注形位公差及其引线。

A．【公差】　　　　B．【引线】　　　　C．【线性】　　　　D．【折弯】

二、多选题

1．设置尺寸标注样式的方法包括（　　）。

A．执行【格式】→【标注样式】命令

B．在命令行中输入【DDIM】，然后按【Enter】键

C．单击【标注】工具栏中的【标注样式】按钮

D．在命令行中输入【STYLE】，然后按【Enter】键

2．对于【标注】→【坐标】命令，以下说法正确的是（　　）。

A．可以改变文字的角度

B．可以输入多行文字

C．可以输入单行文字

D．可以一次性标注 X 坐标和 Y 坐标

3．绘制一个线性尺寸标注，必须（　　）。

A．确定尺寸线的位置　　　　　　　　B．确定第二条尺寸界线的原点

C．确定第一条尺寸界线的原点　　　　D．确定箭头的方向

4．在【标注样式】对话框的【圆心标记类型】选项中，供用户选择的选项包含（　　）
选项。

A．【标记】　　　　B．【直线】　　　　C．【圆弧】　　　　D．【无】

5．DIMLINEAR（线性标注）命令允许绘制（　　）方向的尺寸标注。

A．垂直　　　　　　B．对齐　　　　　　C．水平　　　　　　D．圆弧

9.8　课后习题

1．标注沙发背景墙面

使用 DIMALIGNED 命令根据 9.6 节介绍的案例中所设置的名为【BZ】的标注样式，
对如图 9-76 所示的沙发背景墙面中百叶的长和宽的尺寸进行标注。

2．标注建筑施工图

新建建筑标注样式，然后根据该标注样式，标注如图 9-77 所示的某大楼二层建筑施工
图的单间墙体尺寸及材料说明，然后用尺寸标注编辑命令对其进行修改。

3．标注酒店标准层平面图

自定义建筑标注样式，完成如图 9-78 所示的酒店标准层平面图的标注，标注结果如图 9-79 所示。

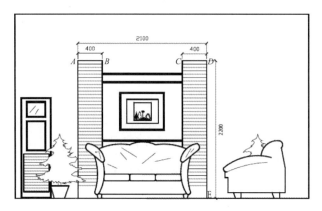

图 9-76　沙发背景墙面标注动手操练

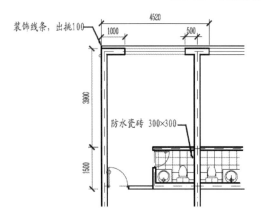

图 9-77　标注建筑施工图

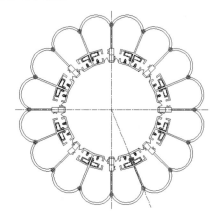

图 9-78　酒店标准层平面图

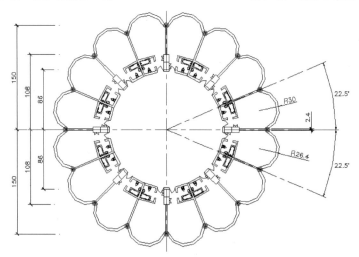

图 9-79　标注结果

第 10 章

建筑图纸中的注解

本章内容

标注尺寸以后，还要添加说明文字和明细表格，这样才算是一幅完整的工程图。本章将着重介绍 AutoCAD 2020 文字和表格的添加与编辑，使读者详细了解文字样式、表格样式的编辑方法。

知识要点

- ☑ 文字概述
- ☑ 使用文字样式
- ☑ 单行文字
- ☑ 多行文字
- ☑ 符号与特殊符号
- ☑ 表格的创建与编辑

10.1　文字概述

文字注释是 AutoCAD 图形中很重要的图形元素，也是机械制图、建筑制图等不可或缺的重要组成部分。在一个完整的图样中，通常用文字注释来标注图样中的一些非图形信息。例如，机械制图中的技术要求、装配说明、标题栏信息、选项卡，以及建筑制图中的材料说明、施工要求等。

文字注释功能可以通过【文字】面板、【文字】工具条选择相应的命令进行调用；也可以通过在菜单栏中选择【绘图】→【文字】命令，在弹出的【文字】菜单中进行选择。【文字】面板如图 10-1 所示。【文字】工具条如图 10-2 所示。

图 10-1　【文字】面板

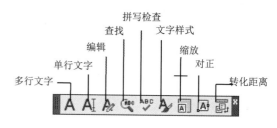

图 10-2　【文字】工具条

图形注释文字包括单行文字和多行文字。对于不需要多种字体或多行的简短项，可以创建单行文字。对于较长、较为复杂的内容，可以创建多行或段落文字。

在创建单行文字或多行文字之前，需要指定文字样式并设置对齐方式。

10.2　使用文字样式

在 AutoCAD 中，所有文字都有与之相关联的文字样式。文字样式包括【字体】、【字型】、【高度】、【宽度系数】、【倾斜角】、【反向】、【倒置】及【垂直】等参数。在图形中输入文字时，当前的文字样式决定输入文字的字体、字号、角度、方向和其他文字特征。

10.2.1　创建文字样式

在创建文字注释和尺寸标注时，AutoCAD 通常使用当前的文字样式，用户也可以根据具体要求重新设置文字样式或创建新的样式。文字样式的创建、修改是通过【文字样式】对话框设置的，如图 10-3 所示。

用户可以通过如下方式打开【文字样式】对话框。

- 菜单栏：执行【格式】→【文字样式】命令。
- 工具条：单击【文字样式】按钮 A 。

● 面板：在【默认】选项卡的【注释】面板中单击【文字样式】按钮 。
● 命令行：输入【STYLE】。

图 10-3　【文字样式】对话框

【字体】选项组：该选项组用于设置字体名及字体样式等属性。其中，【字体名】下拉列表中列出了 FONTS 文件夹中所有注册的 TrueType 字体和所有编译的形字体（SHX）的字体族名。【字体样式】选项用于指定字体格式，如粗体、斜体等。【使用大字体】复选框用于指定亚洲语言的大字体文件，只有在【字体名】下拉列表中选择后缀为.shx 的字体文件，该复选框才可以被激活，如选择【iso.shx】。

【大小】选项组：该选项组用于设置字体的高度值和注释性。注释性表示有注释含义的文字，具有提醒、警示作用。

【效果】选项组：设置字体的形状、位置、方向及宽度等。

10.2.2　修改文字样式

修改多行文字对象的文字样式时，已更新的设置将应用到整个对象中，单个字符的某些格式可能不会被保留，也可能会保留。例如，颜色、堆叠和下画线等格式将继续使用原格式，而粗体、字体、高度及斜体等格式将随着修改的格式而发生改变。

通过修改设置，可以在【文字样式】对话框中修改现有的样式，也可以更新使用该文字样式的现有文字来反映修改的效果。

> **提示：**
>
> 某些样式设置对多行文字和单行文字对象的影响不同，如修改【颠倒】和【反向】选项对多行文字对象无影响，修改【宽度因子】和【倾斜角度】选项对单行文字无影响。

10.3　单行文字

对于不需要多种字体或多行的简短项，可以创建单行文字。使用【单行文字】命令创建文本时，可以创建单行文字，也可以创建多行文字，但创建的多行文字的每行都是独立的，可对其进行单独编辑，如图 10-4 所示。

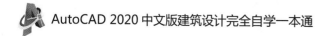

图 10-4　使用【单行文字】命令创建多行文字

10.3.1　创建单行文字

使用【单行文字】命令可以输入单行文本，也可以输入多行文本。在文字创建过程中，在图形窗口中选择一个点作为文字的起点，并输入文本文字，通过按【Enter】键结束每行，若要停止执行命令，则按【Esc】键。单行文字的每行文字都是独立的对象，可以重新定位、调整格式或进行其他修改。

用户可以通过如下方式执行【单行文字】命令。

● 菜单栏：执行【绘图】→【文字】→【单行文字】命令。
● 工具条：单击【单行文字】按钮 Ａ。
● 面板：在【注释】选项卡的【文字】面板中单击【单行文字】按钮 Ａ。
● 命令行：输入【TEXT】。

执行 TEXT 命令，命令行将显示如下操作提示。

```
命令: TEXT
当前文字样式: Standard  文字高度: 2.5000  注释性: 否          //设置文字样式
指定文字的起点或 [对正(J)/样式(S)]:                           //文字选项
```

上述操作提示中各选项的含义如下。

● 文字的起点：指定文字对象的起点。当指定文字的起点后，命令行显示【指定高度 <2.5000>：】，若要另行输入高度值，直接输入即可创建指定高度的文字；若使用默认高度值，按【Enter】键即可。
● 对正：控制文字的对正方式。
● 样式：指定文字样式，文字样式决定文字字符的外观。使用此选项，需要在【文字样式】对话框中新建文字样式。

在操作提示中若选择【对正】选项，命令行就会显示如下操作提示。

```
输入选项 [左(L)/居中(C)/右(R)/对齐(A)/中间(M)/布满(F)/左上(TL)/中上(TC)/右上(TR)/左中
(ML)/正中(MC)/右中(MR)/左下(BL)/中下(BC)/右下(BR)]:
```

上述操作提示中各选项的含义如下。

● 左：由用户指定的点作为文字左对齐的基点，即基点在文字左下角位置。
● 右：由用户指定的点作为文字右对齐的基点，即基点在文字右下角位置。
● 对齐：通过指定基线端点指定文字的高度和方向，如图 10-5 所示。

技巧点拨：

对于对齐文字，字符的大小根据其高度按比例调整。文字字符串越长，字符越矮。

● 布满：指定文字按照由两点定义的方向和一个高度值布满一个区域。此选项只适用于水平方向的文字，如图 10-6 所示。

● 居中：从基线的水平中心对齐文字，此基线是由用户给出的点指定的。另外，居中文字还可以调整其角度，如图 10-7 所示。

● 中间：文字在基线的水平中点和指定高度的垂直中点上对齐，中间对齐的文字不保持在基线上，如图 10-8 所示（【中间】选项也可以使文字旋转）。

图 10-5　对齐文字　　　　图 10-6　布满文字　　　　图 10-7　居中文字　　　　图 10-8　中间文字

其余选项所表示的文字的对正方式如图 10-9 所示。

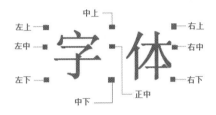

图 10-9　文字的对正方式

动手操练——标注雨篷钢结构图

用单行文字标注雨篷钢结构图，如图 10-10 所示。

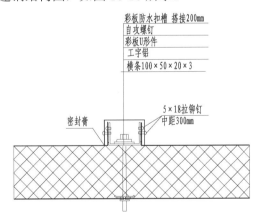

图 10-10　雨篷钢结构图

① 打开素材文件【雨篷钢结构图.dwg】。然后打开正交、对象捕捉、对象追踪模式，设置捕捉方式为插入点捕捉。

② 执行菜单栏中的【绘图】→【文字】→【单行文字】命令，并输入文字，文字样式为【文字】，高度为【300】，如图 10-11 所示。

③ 打开正交模式，单击【直线】按钮，在第一行文字下方绘制一条水平线，如图 10-12 所示。

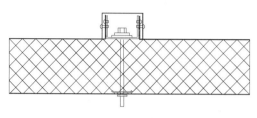

图 10-11　输入单行文字　　　　　　　　　图 10-12　绘制水平线

④ 选择水平线，单击【阵列】按钮 ⊞，将直线进行矩形阵列，设置阵列行数为 5，列数为 1，捕捉相邻两行文字的插入点为行偏移距离，如图 10-13 所示。阵列结果如图 10-14 所示。

彩板防水扣槽　搭接200mm
自攻螺钉
彩板U形件
工字铝
横条100×50×20×3

图 10-13　捕捉插入点　　　　　　　　　图 10-14　阵列结果

⑤ 选择所有的文字，并适当向下移动，使其更靠近直线。

⑥ 将插入点捕捉改为端点捕捉。单击【直线】按钮 ／，捕捉最上层线段的端点，绘制一条垂直线段，如图 10-15 所示。

⑦ 关闭正交模式。利用对象追踪绘制折线，如图 10-16 所示。

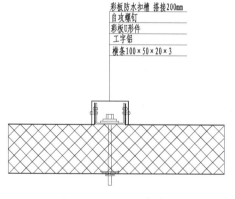

图 10-15　绘制垂直线段

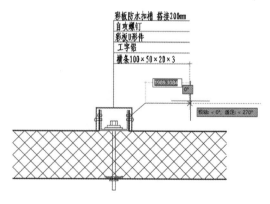

图 10-16　定位折线的端点

⑧ 输入单行文字，绘制结果如图 10-17 所示。

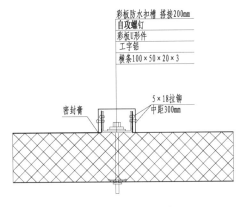

图 10-17　绘制结果

10.3.2　编辑单行文字

编辑单行文字包括编辑文字的内容、对正方式及缩放比例。用户可以在菜单栏中选择【修改】→【对象】→【文字】命令，然后在弹出的子菜单中选择相应的命令来编辑单行文字。编辑单行文字的命令如图 10-18 所示。

用户也可以在图形区中双击要编辑的单行文字，然后输入新内容。

1.【编辑】命令

【编辑】命令用于编辑文字的内容。执行【编辑】命令后，选择要编辑的单行文字，即可在激活的文本框中重新输入文字，如图 10-19 所示。

图 10-18　编辑单行文字的命令

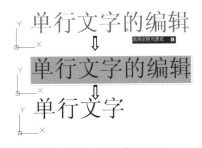

图 10-19　编辑单行文字

2.【比例】命令

【比例】命令用于重新设置文字的图纸高度、匹配对象和比例因子，如图 10-20 所示。命令行操作提示如下。

```
SCALETEXT
选择对象：找到 1 个
选择对象：找到 1 个 (1 个重复)，总计 1 个
```

选择对象：
输入缩放的基点选项
[现有(E)/左对齐(L)/居中(C)/中间(M)/右对齐(R)/左上(TL)/中上(TC)/右上(TR)/左中(ML)/正中(MC)/右中(MR)/左下(BL)/中下(BC)/右下(BR)] <现有>：C
指定新模型高度或 [图纸高度(P)/匹配对象(M)/比例因子(S)] <1856.7662>：
1 个对象已更改

图 10-20　设置单行文字的比例

3.【对正】命令

【对正】命令用于更改文字的对正方式。执行【对正】命令，选择要编辑的单行文字后，图形区显示对齐菜单。命令行操作提示如下。

命令：_JUSTIFYTEXT
选择对象：找到 1 个
选择对象：
输入对正选项
[左对齐(L)/对齐(A)/布满(F)/居中(C)/中间(M)/右对齐(R)/左上(TL)/中上(TC)/右上(TR)/左中(ML)/正中(MC)/右中(MR)/左下(BL)/中下(BC)/右下(BR)] <居中>：

10.4　多行文字

多行文字又称为段落文字，是一种更易于管理的文字对象，可以由两行及两行以上的文字组成，而且各行文字都是作为一个整体处理的。在建筑制图中，常使用【多行文字】功能创建较为复杂的文字说明，如图样的技术要求等。

10.4.1　创建多行文字

在 AutoCAD 2020 中，多行文字的创建与编辑功能得到了增强。用户可以通过如下方式执行【多行文字】命令。

● 菜单栏：执行【绘图】→【文字】→【多行文字】命令。
● 工具条：单击【多行文字】按钮 A。
● 面板：在【注释】选项卡的【文字】面板中单击【多行文字】按钮 A。
● 命令行：输入【MTEXT】。

执行 MTEXT 命令，命令行显示的操作信息提示用户需要在图形窗口中指定两点作为多行文字的输入起点与段落对角点。指定点后，程序会自动打开【文字编辑器】上下文选项卡和【在位文字编辑器】。【文字编辑器】上下文选项卡如图 10-21 所示，AutoCAD【在位文字编辑器】如图 10-22 所示。

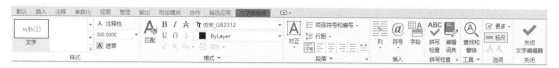

图 10-21　【文字编辑器】上下文选项卡

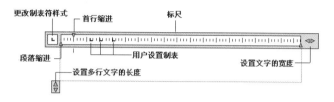

图 10-22　AutoCAD【在位文字编辑器】

【文字编辑器】上下文选项卡中包括【样式】面板、【格式】面板、【段落】面板、【插入】面板、【拼写检查】面板、【工具】面板、【选项】面板和【关闭】面板。

1.【样式】面板

【样式】面板用于设置当前多行文字样式、注释性和文字高度，如图 10-23 所示。

【样式】面板中各命令的含义如下。

- 文字样式：向多行文字对象应用文字样式。如果用户没有新建文字样式，则单击【展开】按钮，在弹出的样式列表中选择可用的文字样式。
- 注释性：单击【注释性】按钮，打开或关闭当前多行文字对象的注释性。
- 文字高度：按图形单位设置新文字的字符高度或修改选定文字的高度。用户可以在文本框中输入新的文字高度来替代当前文字高度。
- 遮罩：此命令是向文字添加不透明背景。

2.【格式】面板

【格式】面板用于设置字体的大小、粗细、颜色、下画线、倾斜、宽度等格式，面板中的命令如图 10-24 所示。

图 10-23　【样式】面板

图 10-24　【格式】面板

【格式】面板中各命令的含义如下。

- 匹配 A：单击此按钮可以将当前文字样式和属性匹配给其他文字。
- 粗体 B：打开和关闭新文字或选定文字的粗体格式，此选项仅适用于使用 TrueType 字体的字符。
- 斜体 I：打开和关闭新文字或选定文字的斜体格式，此选项仅适用于使用 TrueType 字体的字符。
- 删除线 A：单击此按钮可以为所选文本添加删除线，即在文字中间画一条横线。
- 下画线 U：打开和关闭新文字或选定文字的下画线。
- 上画线 O：打开和关闭新文字或选定文字的上画线。
- 堆叠：用于输入数学分子式、非对称公差值。
- 上标 X^2：将选定的文字转为上标。
- 下标 X_2：将选定的文字转为下标。
- 改变大小写 Aa：用于更改英文字母的大小写。
- 清除 ≒：单击此按钮可以清除文字段落和字符格式等。
- 【字体】列表框：为新输入的文字指定字体或改变选定文字的字体，单击下拉按钮就会弹出字体列表框，如图 10-25 所示。
- 【颜色】列表框：指定新文字的颜色或更改选定文字的颜色。单击下拉按钮就会弹出字体颜色列表框，如图 10-26 所示。

图 10-25 【字体】列表框

图 10-26 【颜色】列表框

- 倾斜角度 0/：确定文字是向前倾斜还是向后倾斜。倾斜角度表示的是相对于 90°方向的偏移角度。输入一个-85～85 的数值使文字倾斜。倾斜角度的值为正时文字向右倾斜，倾斜角度的值为负时文字向左倾斜。
- 追踪 ab：增大或减小选定字符之间的空间。1.0 是常规间距。设置为大于 1.0 可增大间距，设置为小于 1.0 可减小间距。
- 宽度因子 O：扩展或收缩选定字符。1.0 代表此字体中字母的常规宽度。

3.【段落】面板

【段落】面板中包含段落对正、行距设置、段落格式设置、段落对齐，以及段落的分布、编号等功能。单击【段落】面板右下角的 ▨ 按钮，弹出【段落】对话框，如图 10-27 所示。【段落】对话框可以为段落和段落的第一行设置缩进，指定制表位和缩进，以及控制段落对齐方式、段落间距和段落行距等。

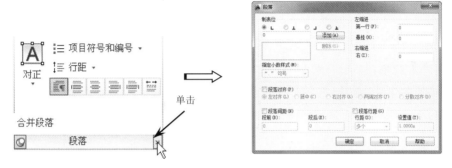

图 10-27　【段落】面板与【段落】对话框

【段落】面板中各命令的含义如下。

- 对正：单击【对正】按钮会弹出如图 10-28 所示的【对正】菜单。
- 行距：单击【行距】按钮会显示程序提供的【行距】菜单，如图 10-29 所示。选择菜单中的【更多】命令，则弹出【段落】对话框，在该对话框中可以设置段落的行距。

图 10-28　【对正】菜单

图 10-29　【行距】菜单

提示：

行距是多行段落中文字的上一行底部和下一行顶部之间的距离。在 AutoCAD 2020 及早期版本中，并不是所有针对段落和段落行距的新选项都受到支持。

- 项目符号和编号：单击【项目符号和编号】按钮会显示用于创建列表的选项菜单，如图 10-30 所示。
- 左对齐、居中、右对齐、分布对齐：设置当前段落或选定段落的左、中或右文字边界的对正和对齐方式。包含在一行的末尾输入的空格，这些空格会影响行的对正。
- 合并段落：当创建了多行文字段落时，选择要合并的段落，此命令被激活。然后选择此命令，多段落文字变成只有一个段落的文字，如图 10-31 所示。

图 10-30 【编号】菜单

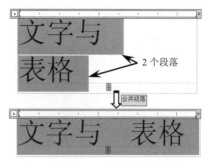

图 10-31 合并段落

4.【插入】面板

【插入】面板主要用于插入列、符号、字段的设置。【插入】面板如图 10-32 所示。

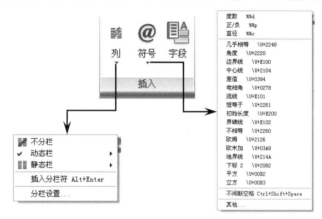

图 10-32 【插入】面板

【插入】面板中各命令的含义如下。

- 列：单击【列】按钮会弹出【列】菜单。该菜单提供了 3 个选项，即【不分栏】、【动态栏】和【静态栏】。
- 符号：在鼠标光标位置插入符号或不间断空格，也可以手动插入符号。单击【符号】按钮会弹出【符号】菜单。
- 字段：单击【字段】按钮会打开【字段】对话框，从中可以选择插入文字中的字段。

5.【拼写检查】面板、【工具】面板和【选项】面板

【拼写检查】面板、【工具】面板和【选项】面板主要用于字体的查找和替换、拼写检查，以及文字的编辑等，如图 10-33 所示。

图 10-33 【拼写检查】面板、【工具】面板和【选项】面板

【拼写检查】面板、【工具】面板和【选项】面板中各命令的含义如下。

- 拼写检查：打开或关闭【拼写检查】状态。在文字编辑器中输入文字时，使用该功能可以检查拼写错误。例如，在输入有拼写错误的文字时，该段文字下将以红色虚线标记，如图 10-34 所示。
- 编辑词典：用于管理当前文字拼写检查时的词语是否与默认词典中的词语相匹配。也可以更改当前主词典来检查文字的拼写。
- 查找和替换：单击此按钮会弹出【查找和替换】对话框，如图 10-35 所示。在该对话框中输入文字以查找并替换。

图 10-34 虚线表示有错误的拼写

图 10-35 【查找和替换】对话框

- 放弃 Ⓐ：在【多行文字】选项卡下执行的操作，包括对文字内容或文字格式的更改。
- 重做 Ⓐ：在【多行文字】选项卡下执行的操作，包括对文字内容或文字格式的更改。
- 标尺：在编辑器顶部显示标尺。拖动标尺末尾的箭头可以更改多行文字对象的宽度。

6.【关闭】面板

【关闭】面板中只有一个选项命令，即【关闭文字编辑器】命令，执行该命令将关闭【在位文字编辑器】。

动手操练——输入楼板说明文字

利用【多行文字】命令创建如图 10-36 所示的内容。

① 单击【多行文字】按钮Ⓐ，在绘图区的适当位置单击，确定 A 角点，向右下方移动鼠标光标，AutoCAD 将显示一个随鼠标光标移动的方框，移至合适位置后单击，确定 B 角点，如图 10-37 所示。此时会弹出【文字编辑器】上下文选项卡及写字板，如图 10-38 所示。

说明：1. 材料为混凝土C20，楼梯栏板底另加12mm;
        2. 钢筋保护层为15mm;
        3. 楼梯钢筋长度待模板完成核对后再下料。

图 10-36 输入的文字

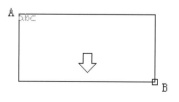

图 10-37 多行文字定位框

默认 插入 注释 布局 参数化 视图 管理 输出 插件 Autodesk 360 精选应用 文字编辑器
样式
格式
段落
插入
拼写检查
工具
选项
关闭
关闭文字编辑器

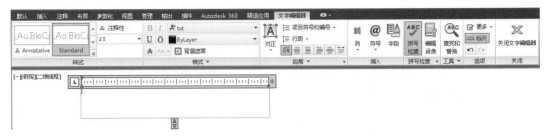

图 10-38 【文字编辑器】上下文选项卡及写字板

② 字体选择【楷体_GB2312】，然后输入文字。如果写字板中以竖排形式罗列文字，可调整写字板区域，如图 10-39 所示，使整篇文字均显示出来。

③ 单击【文字编辑器】上下文选项卡中的【关闭文字编辑器】按钮，输入完成后的文字如图 10-40 所示。

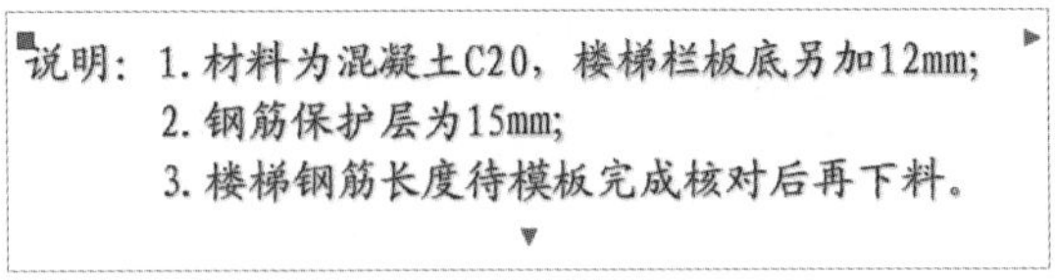

说明：1. 材料为混凝土C20，楼梯栏板底另加12mm;
2. 钢筋保护层为15mm;
3. 楼梯钢筋长度待模板完成核对后再下料。

图 10-39 调整写字板区域

说明：1. 材料为混凝土C20，楼梯栏板底另加12mm;
2. 钢筋保护层为15mm;
3. 楼梯钢筋长度待模板完成核对后再下料。

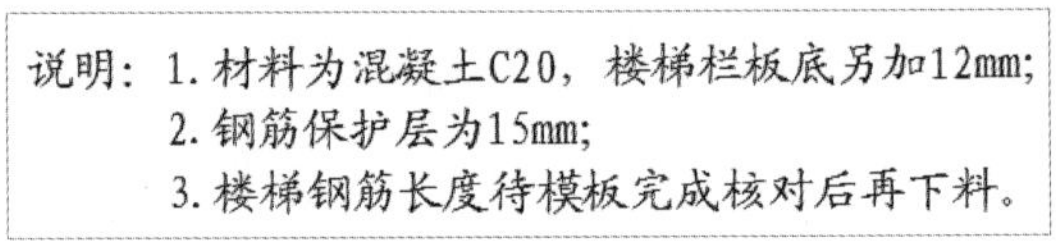

图 10-40 输入完成后的文字

10.4.2 编辑多行文字

在菜单栏中选择【修改】→【对象】→【文字】→【编辑】命令，或者在命令行中输入【DDEDIT】，并选择创建的多行文字，打开多行文字编辑器，然后修改并编辑文字的内容、格式、颜色等特性。

用户也可以在图形窗口中双击多行文字，以此打开文字编辑器。

下面具体介绍多行文字的编辑。本案例在原多行文字的基础上再添加文字，并改变文字的高度和颜色。

动手操练——编辑多行文字

① 打开素材文件【多行文字.dwg】。

② 在图形窗口中双击多行文字，程序就会打开文字编辑器，如图 10-41 所示。

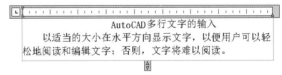

AutoCAD多行文字的输入
以适当的大小在水平方向显示文字，以便用户可以轻
松地阅读和编辑文字；否则，文字将难以阅读。

图 10-41 打开文字编辑器

③ 选择多行文字中的【AutoCAD 多行文字的输入】字段，将其高度设为【4】，颜色设为【红色】，字体设为【粗体】，如图 10-42 所示。

④ 选择其余的文字，加上下画线，字体设为斜体，如图 10-43 所示。

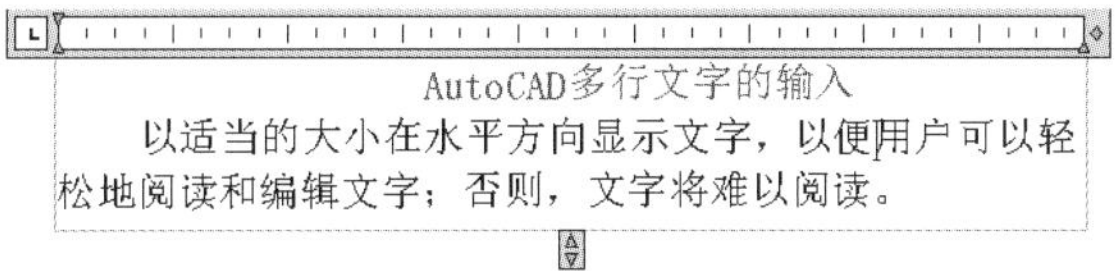

图 10-42　修改文字（一）

图 10-43　修改文字（二）

⑤　单击【关闭】面板中的【关闭文字编辑器】按钮，退出文字编辑器。创建、编辑的
多行文字如图 10-44 所示。

图 10-44　创建、编辑的多行文字

⑥　将创建的多行文字另存为【编辑多行文字.dwg】。

10.5　符号与特殊字符

在工程图标注中，往往需要标注一些特殊的符号和字符，如度的符号（°）、公差符号
（±）或直径符号（∅），从键盘上不能直接输入。因此，AutoCAD 通过输入控制代码或 Unicode
字符串可以输入这些特殊字符或符号。

AutoCAD 常用标注符号的控制代码、字符串及符号如表 10-1 所示。

表10-1　AutoCAD常用标注符号

控 制 代 码	字 符 串	符 号
％％C	\U+2205	直径（∅）
％％D	\U+00B0	度（°）
％％P	\U+00B1	公差（±）

若要插入其他的数学符号或数字符号，可在展开的【插入】面板中单击【符号】按钮，
或者在右键菜单中选择【符号】命令，或者在文本编辑器中输入适当的 Unicode 字符串。其
他常见的数学、数字符号及字符串如表 10-2 所示。

表10-2　其他常见的数学、数字符号及字符串

名　称	符　号	Unicode 字符串	名　称	符　号	Unicode 字符串
约等于	≈	\U+2248	界碑线	⅊	\U+E102
角度	∠	\U+2220	不相等	≠	\U+2260
边界线	℔	\U+E100	欧姆	Ω	\U+2126

续表

名　　称	符　　号	Unicode 字符串	名　　称	符　　号	Unicode 字符串
中心线	℄	\U+2104	欧米加	Ω	\U+03A9
增量	△	\U+0394	地界线	ℊ	\U+214A
电相位	φ	\U+0278	下标 2	5_2	\U+2082
流线	℡	\U+E101	平方	5^2	\U+00B2
恒等于	≌	\U+2261	立方	5^3	\U+00B3
初始长度	⟀	\U+E200			

　　用户还可以利用 Windows 系统提供的软键盘来输入特殊字符：先将 Windows 系统的文字输入法设为【智能 ABC】，用鼠标右键单击【定位】按钮，然后在弹出的快捷菜单中选择符号软键盘命令，如图 10-45 所示，打开软键盘后，即可输入需要的字符。打开的【数学符号】软键盘如图 10-46 所示。

图 10-45　右键菜单命令　　　　　　　　图 10-46　【数学符号】软键盘

10.6　表格的创建与编辑

　　表格是由包含注释（以文字为主，也包含多个图块）的单元所构成的矩形阵列。在 AutoCAD 2020 中，可以使用【表格】命令建立表格，还可以从其他应用软件（如 Microsoft Excel）中直接复制表格，并将其作为 AutoCAD 表格对象粘贴到图形中。此外，还可以输出来自 AutoCAD 的表格数据，以供在 Microsoft Excel 或其他应用程序中使用。

10.6.1　新建表格样式

　　表格样式控制一个表格的外观，用于保证标准的字体、颜色、文本、高度和行距。可以使用默认的表格样式，也可以根据需要自定义表格样式。

　　创建新的表格样式时，可以指定一个起始表格。起始表格是图形中用作设置新表格样式格式的样例表格。一旦选定表格，用户即可指定要从此表格复制到表格样式的结构和内容。表格样式是在【表格样式】对话框中创建的，如图 10-47 所示。

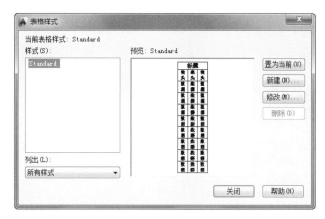

图 10-47　【表格样式】对话框

用户可以通过如下方式打开【表格样式】对话框。

● 菜单栏：执行【格式】→【表格样式】命令。

● 面板：在【注释】选项卡的【表格】面板中单击【表格样式】按钮。

● 命令行：输入【TABLESTYLE】。

执行 TABLESTYLE 命令会弹出【表格样式】对话框。单击【表格样式】对话框中的【新建】按钮会弹出【创建新的表格样式】对话框，如图 10-48 所示。

输入新的表格样式名后，单击【继续】按钮，在随后弹出的【新建表格样式：表格样式】对话框中设置相关选项，以此创建新表格样式，如图 10-49 所示。

图 10-48　【创建新的表格样式】对话框　　　　图 10-49　【新建表格样式：表格样式】对话框

【新建表格样式：表格样式】对话框中包含 4 个选项组和一个预览区域。下面依次介绍各个选项组。

1.【起始表格】选项组

【起始表格】选项组使用户可以在图形中指定一个表格作为样例来设置此表格样式的格式。选择表格后，可以指定要从该表格复制到表格样式的结构和内容。

单击【选择一个表格用作此表格样式的起始表格】按钮，程序暂时关闭对话框，用户在图形窗口中选择表格后，会再次弹出【新建表格样式：表格样式】对话框。单击【从此表格样式中删除起始表格】按钮，可以将表格从当前指定的表格样式中删除。

2.【常规】选项组

【常规】选项组用于更改表格的方向。该选项组的【表格方向】下拉列表中包括【向上】和【向下】两个方向选项，如图 10-50 所示。

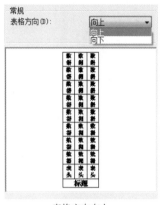
表格方向向上

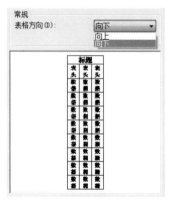
表格方向向下

图 10-50 【常规】选项组

3.【单元样式】选项组

【单元样式】选项组既可以定义新的单元样式或修改现有的单元样式，也可以创建任意数量的单元样式。该选项组中包含 3 个小的选项卡，即【常规】选项卡、【文字】选项卡和【边框】选项卡，如图 10-51 所示。

【常规】选项卡

【文字】选项卡

【边框】选项卡

图 10-51 【常规】选项卡、【文字】选项卡和【边框】选项卡

【常规】选项卡主要设置表格的背景颜色、对齐方式、格式、类型，以及页边距等；【文字】选项卡主要设置表格中文字的样式、高度、颜色和角度等特性；【边框】选项卡主要设置表格的线宽、线型、颜色及间距等特性。

【单元样式】下拉列表中列出了多个表格样式，以便用户自行选择合适的表格样式，如图 10-52 所示。

单击【创建新单元样式】按钮会弹出【创建新单元样式】对话框，在该对话框中可以输入新名称（见图 10-53），以创建新样式。

图 10-52　【单元样式】下拉列表　　　　图 10-53　【创建新单元样式】对话框

若单击【管理单元样式】按钮，则弹出【管理单元样式】对话框，该对话框显示当前表格样式中的所有单元样式，用户可以创建或删除单元样式，如图 10-54 所示。

图 10-54　【管理单元样式】对话框

4.【单元样式预览】选项组

【单元样式预览】选项组显示当前表格样式设置效果的样例。

10.6.2　创建表格

表格是在行和列中包含数据的对象。创建表格对象，首先要创建一个空表格，然后在其中添加要说明的内容。

用户可以通过如下方式创建表格。

● 菜单栏：执行【绘图】→【表格】命令。

● 面板：在【注释】选项卡的【表格】面板中单击【表格】按钮。

● 命令行：输入【TABLE】。

执行 TABLE 命令会弹出【插入表格】对话框，如图 10-55 所示。该对话框中包括【表格样式】选项组、【插入选项】选项组、【预览】选项组、【插入方式】选项组、【列和行设置】选项组和【设置单元样式】选项组，各选项组的含义如下。

● 【表格样式】选项组：从要创建表格的当前图形中选择表格样式。通过单击下拉列表旁边的按钮，用户可以创建新的表格样式。

● 【插入选项】选项组：指定插入选项的方式，包括【从空表格开始】、【自数据链接】和【自图形中的对象数据】这 3 种方式。

● 【预览】选项组：显示当前表格样式的样例。

- 【插入方式】选项组：指定表格位置，包括【指定插入点】和【指定窗口】这2种方式。
- 【列和行设置】选项组：设置列和行的数目与大小。
- 【设置单元样式】选项组：对于那些不包含起始表格的表格样式，需要指定新表格中行的单元格式。

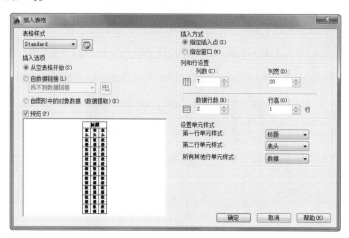

图 10-55　【插入表格】对话框

动手操作——表格的创建

一个表格包含数据、表头和标题等元素，创建表格就是确定这些元素的基本设置，以及设置表格的行数和列数。表格的形式如图 10-56 所示。

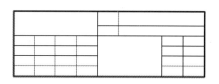

图 10-56　表格的形式

① 执行菜单栏中的【格式】→【文字样式】命令，创建如下 3 种文字样式，其中【仿宋】为当前文字样式。
- 【仿宋】：字体为【仿宋体_GB2312】，宽度比例为【0.7】。
- 【窄仿宋】：字体为【仿宋体_GB2312】，宽度比例为【0.5】。
- 【隶书】：字体为【隶书】，宽度比例为【1】。

② 单击【矩形】按钮，创建一个长为90、宽为30的矩形，作为辅助边界。

③ 单击【绘图】面板中的【表格】按钮，弹出【插入表格】对话框，如图 10-57 所示。

④ 单击【表格样式】选项组中的【启动"表格样式"对话框】按钮，就会弹出【表格样式】对话框，如图 10-58 所示。

⑤ 单击【新建】按钮，在弹出的【创建新的表格样式】对话框中将新样式命名为【表格 1】，然后单击【继续】按钮，弹出【新建表格样式：表格 1】对话框，其中包含【起始表格】选项组、【常规】选项组和【单元样式】选项组等，如图 10-59 所示。

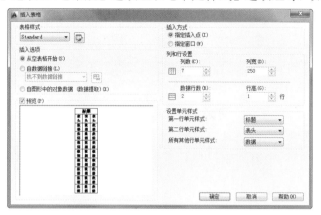

图 10-57　【插入表格】对话框

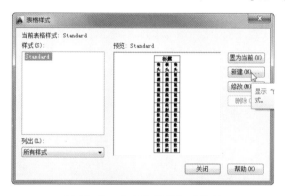

图 10-58　【表格样式】对话框

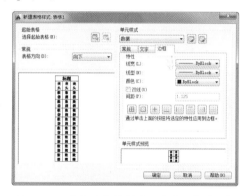

图 10-59　【新建表格样式：表格 1】对话框

技巧点拨：

也可以单击【表格样式】对话框中的【修改】按钮修改当前表格样式。

⑥ 在【单元样式】选项组的【常规】选项卡的【对齐】下拉列表中选择【正中】选项。

⑦ 在【文字】选项卡中设置【文字样式】为【仿宋】，【文字高度】设置为【2.5】。在【边框】选项卡中将【线宽】设置为【0.30mm】，单击【外边框】按钮□，如图 10-60 所示。

图 10-60　【常规】选项卡、【文字】选项卡和【边框】选项卡中的设置

⑧ 单击【确定】按钮，返回【表格样式】对话框。

⑨ 单击【置为当前】按钮，将【表格 1】置为当前表格样式，再单击【关闭】按钮，关闭【表格样式】对话框。

⑩ 在【插入表格】对话框中设置表格为 9 列、6 行，参数设置如图 10-61 所示。

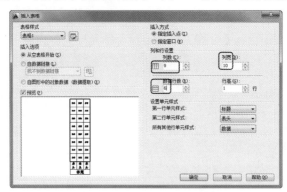

图 10-61 【插入表格】对话框中的参数设置

⑪ 单击【确定】按钮，捕捉矩形的左上端点，插入表格。

10.6.3 修改表格

表格创建完成后，用户可以单击或双击该表格上的任意网格线以选中该表格，然后使用【特性】选项板或夹点来修改该表格。单击表格线显示的表格夹点如图 10-62 所示。

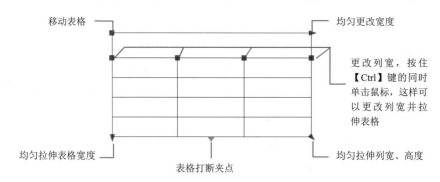

图 10-62 单击表格线显示的表格夹点

双击表格线显示的【特性】选项板和属性面板如图 10-63 所示。

图 10-63 【特性】选项板和属性面板

1. 修改表格的行与列

用户在更改表格的高度或宽度时，只有与所选夹点相邻的行或列才会更改，表格的高度或宽度均保持不变，如图 10-64 所示。

使用列夹点时按下【Ctrl】键可以根据行或列的大小按比例编辑表格的大小，如图 10-65所示。

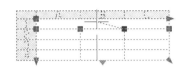

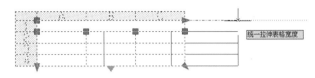

图 10-64　更改列宽但表格大小不变　　　　图 10-65　按下【Ctrl 键】的同时拉伸表格宽度

2. 修改单元格

用户若要修改单元格，可以在单元格内单击以选中，单元格边框的中央将显示夹点。拖动单元格上的夹点可以使单元格及其列或行更宽或更窄，如图 10-66 所示。

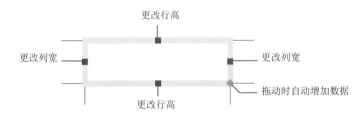

图 10-66　编辑单元格

> **技巧点拨：**
>
> 选择一个单元，再按【F2】键可以编辑该单元格内的文字。

若要选择多个单元格，先单击第一个单元格，然后在多个单元格上拖动，或者按住【Shift】键并在另一个单元格内单击，也可以同时选中这两个单元格以及它们之间的所有单元格，如图 10-67 所示。

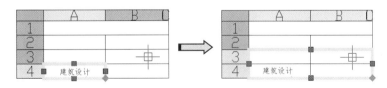

图 10-67　选择多个单元格

动手操练——修改表格

接上例。当插入表格后，会出现与多行文字相同的【文字编辑器】上下文选项卡，鼠标光标会停留在需要输入数据的单元格内，如图 10-68 所示。

① 单击【关闭文字编辑器】按钮。

② 单击表格，选择表格的右下夹点，将其移至矩形框的右下角点处，然后删除矩形。

③ 在如图 10-69 所示的虚线框右下角按住鼠标左键，然后向左上角拖动，选择虚线框所经过的单元格，如图 10-70 所示。

图 10-68　插入表格时的状态

④ 单击鼠标右键，在弹出的快捷菜单中选择【合并单元】→【全部】命令，将选择的单元格合并。

⑤ 利用相同的方法，将其他单元格合并为如图 10-71 所示的形态。

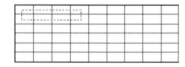　　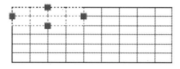　　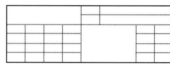

图 10-69　鼠标光标经过的区域　　　图 10-70　选择的单元格　　　图 10-71　表格修改结果

3. 在表格中输入文字

动手操练——在表格中输入文字

① 接上例。选择左上角的第一个单元格，然后双击，打开【文字编辑器】上下文选项卡后，输入【XXX 设计院】，字高为 4。

② 按键盘上的向下箭头键，选择下一个单元格，输入【院　长】。

技巧点拨：

两个字之间加入两个空格。

③ 同理，利用键盘上的方向箭头键选择其余单元格来输入文字。

● 选择【长仿宋】字体，依次输入【审定】、【审查】、【设计负责人】、【工程负责人】、【校核】、【设计】、【描图】、【工程名称】、【项目】、【工程编号】、【比例】、【第　张】、【共　张】和【日期】等文字。

● 选择【隶书】，输入【总平面布置图】，字高为 3。

④ 输入完成的表格文字如图 10-72 所示。

图 10-72　输入完成的表格文字

4．打断表格

当表格行数太多时，用户可以将包含大量数据的表格打断成主要和次要的表格片段。使用表格底部的表格打断夹点，可以使表格覆盖图形中的多列或操作已创建的不同的表格部分。

动手操练——打断表格的操作

① 打开素材文件【表格.dwg】。

② 单击表格线，然后拖动表格打断夹点，并拖至如图 10-73 所示的位置。

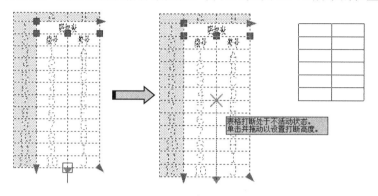

图 10-73　拖动表格打断夹点

③ 在合适位置处单击，原表格被分成两个表格排列，但两部分表格之间仍有关联，如图 10-74 所示。

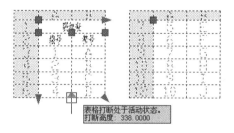

图 10-74　分成两部分的表格

技巧点拨：

被分隔出去的表格，其行数为原表格总数的一半。如果将打断夹点移至少于总数一半的位置时，将会自动生成 3 个或 3 个以上的表格。

④ 此时，若移动一个表格，则另一个表格也随之移动，如图 10-75 所示。

⑤ 单击鼠标右键，并在弹出的快捷菜单中选择【特性】命令，程序弹出【特性】选项板。在【特性】选项板【表格打断】选项组的【手动位置】下拉列表中选择【是】选项，如图 10-76 所示。

⑥ 关闭【特性】选项板，移动单个表格，另一个表格则不移动，如图 10-77 所示。

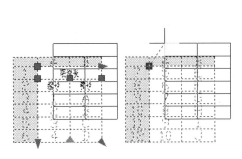

图 10-75 移动表格（一）

图 10-76 设置表格打断的特性

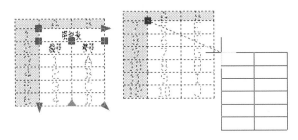

图 10-77 移动表格（二）

⑦ 保存打断的表格。

10.6.4 功能区【表格单元】选项卡

在功能区处于活动状态时单击某个单元格，功能区将显示【表格单元】选项卡，如图 10-78
所示。

图 10-78 【表格单元】选项卡

1.【行】面板和【列】面板

【行】面板和【列】面板主要用于编辑行与列，如插入行与列，或者删除行与列。【行】
面板与【列】面板如图 10-79 所示。

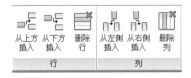

图 10-79 【行】面板与【列】面板

【行】面板、【列】面板中各工具命令的含义如下。

● 从上方插入：在当前选定单元或行的上方插入行，如图 10-80 所示。

● 从下方插入：在当前选定单元或行的下方插入行，如图 10-80 所示。

● 删除行：删除当前选定行。

● 从左侧插入：在当前选定单元或行的左侧插入列，如图 10-80 所示。

● 从右侧插入：在当前选定单元或行的右侧插入列，如图 10-80 所示。

● 删除列：删除当前选定列。

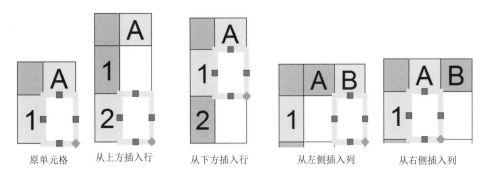

原单元格　　　从上方插入行　　　从下方插入行　　　从左侧插入列　　　从右侧插入列

图 10-80　插入行与列

2.【合并】面板、【单元样式】面板和【单元格式】面板

【合并】面板、【单元样式】面板和【单元格式】面板主要用于合并与取消合并单元、编辑数据格式与对齐、改变单元边框的外观、锁定与解锁编辑单元，以及创建与编辑单元样式。【合并】面板、【单元样式】面板和【单元格式】面板如图 10-81 所示。

图 10-81　【合并】面板、【单元样式】面板和【单元格式】面板

【合并】面板、【单元样式】面板和【单元格式】面板中各工具命令的含义如下。

● 合并单元：当选择多个单元格后，该工具命令被激活。执行此工具命令，可以将选定单元格合并为一个大单元格，如图 10-82 所示。

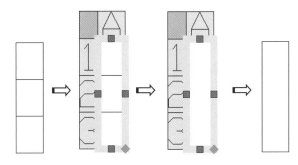

图 10-82　合并单元格的过程

- 取消合并单元：将之前合并的单元取消合并。
- 匹配单元：将选定单元的特性应用到其他单元。
- 【单元样式】列表：列举包含在当前表格样式中的所有单元样式。单元样式标题、表头和数据通常包含在任意表格样式中，并且无法删除或重命名。
- 【背景填充】列表：指定填充颜色。选择【无】或选择一种背景色，或者选择【选择颜色】命令，以打开【选择颜色】对话框，如图 10-83 所示。
- 编辑边框：设置选定表格单元的边界特性。单击【编辑边框】按钮，将弹出如图 10-84 所示的【单元边框特性】对话框。

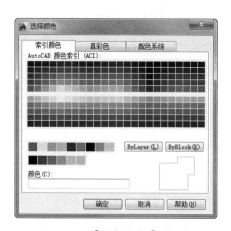

图 10-83　【选择颜色】对话框

图 10-84　【单元边框特性】对话框

- 【对齐方式】列表：将单元内的内容指定对齐。内容相对于单元的顶部边框和底部边框进行居中对齐、上对齐或下对齐，或者相对于单元的左侧边框和右侧边框居中对齐、左对齐或右对齐。
- 单元锁定：锁定单元内容和/或格式（无法进行编辑）或对其解锁。
- 数据格式：显示数据类型列表（【角度】、【日期】、【十进制数】等），从而可以设置表格行的格式。

3. 【插入】面板和【数据】面板

　　【插入】面板和【数据】面板中的工具命令主要用于插入块、字段和公式，以及将表格链接至外部数据等。【插入】面板和【数据】面板如图 10-85 所示。

图 10-85　【插入】面板和【数据】面板

【插入】面板和【数据】面板中各工具命令的含义如下。

● 块：将图块插入当前选定的表格单元中。单击【块】按钮将弹出【在表格单元中插入块】对话框，如图 10-86 所示。单击【浏览】按钮可以查找创建的图块，单击【确定】按钮即可将图块插入单元格中。

● 字段：将字段插入当前选定的表格单元中。单击【字段】按钮将弹出【字段】对话框，如图 10-87 所示。

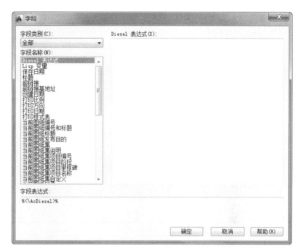

图 10-86　【在表格单元中插入块】对话框　　　　图 10-87　【字段】对话框

● 公式：将公式插入当前选定的表格单元中，公式必须以等号（＝）开始。用于求和、求平均值和计数的公式将忽略空单元及未解析为数值的单元。

提示：

如果在算术表达式中的任何单元为空，或者包含非数字数据，则其他公式将显示错误（#）。

● 管理单元内容：显示选定单元的内容。可以更改单元内容的次序及单元内容的显示方向。

● 链接单元：将数据从在 Microsoft Excel 中创建的电子表格链接至图形中的表格。

● 从源下载：更新由已建立的数据链接中的已更改数据参照的表格单元中的数据。

10.7　综合案例：注释建筑立面图

新建一个文本标注样式，使用该标注样式对如图 10-88 所示的建筑立面图进行文本标注，在该立面图的右侧输入备注内容，最后使用 FIND 命令将标注文本中的【门窗】替换为【窗户】。其中，标注样式名为【建筑设计文本标注】，标注文本的字体为楷体，字号为 150；设置文本以【左上】方式对齐，宽度为 5000；并调整其行间距至少为 1.5 倍。

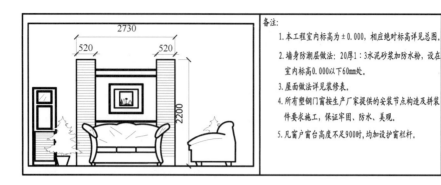

备注:
1. 本工程室内标高为±0.000,相应绝对标高详见总图。
2. 墙身防潮层做法: 20厚1:3水泥砂浆加防水粉,设在室内标高0.000以下60mm处。
3. 屋面做法详见装修表。
4. 所有塑钢门窗按生产厂家提供的安装节点构造及拼装件要求施工,保证牢固、防水、美观。
5. 凡窗户窗台高度不足900时,均加设护窗栏杆。

图 10-88　建筑立面图文本标注

操作步骤

1. 新建文本标注样式

根据要求,需要先新建一个文本标注样式,并设置其字体、字号等格式,文本标注样式可以通过【文字样式】对话框进行设置。其具体操作步骤如下。

① 打开素材文件【建筑立面图.dwg】。

② 在命令行中输入【STYLE】,系统打开如图 10-89 所示的【文字样式】对话框。

③ 单击【新建】按钮,打开如图 10-90 所示的【新建文字样式】对话框,在该对话框的【样式名】文本框中输入【建筑文本】,单击【确定】按钮返回【文字样式】对话框。

图 10-89　【文字样式】对话框

图 10-90　【新建文字样式】对话框

④ 在【字体】选项组的【字体名】下拉列表中选择【楷体_GB2312】选项,在【大小】选项组的【高度】文本框中输入【150】。

> **提示:**
> 不同的 Windows 操作系统自带的字体也会有所不同。如果没有【楷体_GB2312】选项,则可以从网络中下载再存放到 C:\Windows\Fonts 文件夹中。

⑤ 默认其余设置,单击【应用】按钮,再单击【完成】按钮。

2. 注释建筑立面图

完成标注样式的设置后,即可使用 MTEXT 命令标注建筑立面图,读者需要注意特殊符号的标注方法。其具体操作步骤如下。

① 在命令行中输入【MTEXT】，系统操作提示如下。

```
命令：MTEXT↙                                    //激活 MTEXT 命令对立面图进行文本标注
当前文字样式："建筑设计文本标注"当前文字高度:150 //系统显示当前文字样式
指定第一角点：选取 A 点                          //指定标注区域的第一点
指定对角点或[高度(H)/对正(J)/行距(L)/旋转(R)/样式(S)/宽度(W)]：选取 B 点
//指定标注区域的对角点，也可以选择相应的选项对标注进行设置
```

② 系统打开【多行文字编辑器】对话框，在该对话框下方的文本编辑框中输入如图 10-91 所示的标注文本。

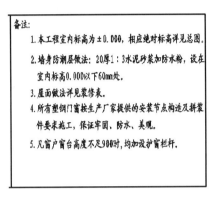

图 10-91　标注文本

提示：

请读者思考如何在标注文本中输入【±0.000】。

③ 在【段落】面板的【对正】下拉列表中选择【左上】选项，在【行距】下拉列表中选择【1.5 倍】选项。

④ 在【样式】面板的【文字高度】文本框中输入的文字高度为【300】。

⑤ 单击【关闭文字编辑器】按钮✔，完成建筑立面图的文本标注。

3．替换标注文本

完成文本标注后，再使用 FIND 命令将【门窗】替换为【窗户】。其具体操作步骤如下。

① 在命令行中输入【FIND】，打开【查找和替换】对话框。

② 在【查找内容】文本框中输入【门窗】，在【替换为】文本框中输入【窗户】，单击【替换】按钮，完成字符的替换，如图 10-92 所示。

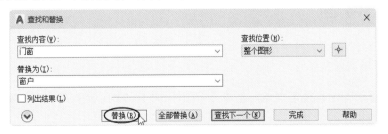

图 10-92　【查找和替换】对话框

10.8　AutoCAD 认证考试习题集

单选题

1．快速引线后不可以尾随的注释对象是（　　　）。

　　A．公差　　　　　　　　B．单行文字　　　　　　C．多行文字　　　　　　D．复制对象

2．（　　　）命令用于为图形标注多行文本、表格文本和下画线文本等特殊文字。

　　A．MTEXT　　　　　　　B．TEXT　　　　　　　　C．DTEXT　　　　　　　　D．DDEDIT

3．（　　　）字体是中文字体。

　　A．gbenor.shx　　　　　B．gbeitc.shx　　　　　C．gbcbig.shx　　　　　D．txt.shx

4．（　　　）命令用于对 TEXT 命令标注的文本进行查找和替换。

　　A．SPELL　　　　　　　B．QTEXT　　　　　　　C．FIND　　　　　　　　D．EDIT

5．多行文本标注命令是（　　　）。

　　A．WTEXT　　　　　　　B．QTEXT　　　　　　　C．TEXT　　　　　　　　D．MTEXT

6．在 AutoCAD 中，用户可以使用（　　　）命令将文本设置为快速显示方式，使图形中的文本以线框的形式显示，从而提高图形的显示速度。

　　A．MTEXT　　　　　　　B．WTEXT　　　　　　　C．TEXT　　　　　　　　D．QTEXT

7．下列文字特性不能在【多行文字编辑器】对话框的【特性】选项卡中设置的是（　　　）。

　　A．高度　　　　　　　　B．宽度　　　　　　　　C．旋转角度　　　　　　D．样式

8．在 AutoCAD 中创建文字时，圆的直径的表示方法是（　　　）。

　　A．％％C　　　　　　　B．％％D　　　　　　　C．％％P　　　　　　　　D．％％R

9．在文字输入过程中，输入【1 / 2】，在 AutoCAD 中运用（　　　）命令可以把此分数形式改为水平分数形式。

　　A．【文字样式】　　　　　　　　　　　　　　B．【单行文字】

　　C．【对正文字】　　　　　　　　　　　　　　D．【多行文字】

10.9　课后习题

1．创建表格输入文字

根据本章所学知识，使用文本标注命令制作如图 10-93 所示的某大楼门窗材料规格表，然后使用文本编辑功能对其进行修改。

39#楼门窗表：

序号	位置	名 称	编 号	洞口尺寸	总 数	备 注
1	窗	塑钢玻璃窗	C2520	2500×2000	8	
2		塑钢玻璃窗	C2920	2900×2000	8	
3		塑钢玻璃窗	C3220	3200×2000	16	
4						
5	门	卷帘门	JIM2532	2500×3200	4	
6		卷帘门	JIM2932	2900×3200	4	
7		卷帘门	JIM3232	3200×3200	8	
8		夹板门	M0718	700×1800	8	
9		夹板门	M0720	700×2000	24	
10		夹板门	M0921	900×2100	16	

图 10-93　某大楼门窗材料规格表

2．建筑施工图文本标注

请根据本章所设置的文本标注样式对如图 10-94 所示的建筑施工图进行文本标注。其中，标注文本以【正中】方式对齐，宽度为 22 800，设置行间距为【单倍】，最后使用 SCALETEXT 命令将标注文本缩放为原来的 80%。

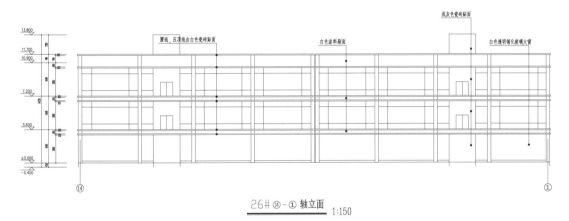

26#⑭-①轴立面　1:150

建筑设计说明

一、设计依据：施工单位的设计委托书，建委审定的施工总平面图和初步设计图，以及现有国家规范和有关施工标准图集。
二、尺寸：除标高以米为单位外，其他尺寸均以毫米计。
三、标高：图中所标注楼层标高均为结构标高，室外设计地坪依据现场确定，室内外高差900mm，厨房和卫生间较其他房间低30mm。
四、厨房和卫生间：厨房吊顶底距楼面2.4m，卫生间吊顶底距楼面2.2m，均为铝合金扣板顶棚，白色瓷砖裙到顶，楼地面按1%坡向地漏。
五、阳台：阳台表面按0.5%坡向吐水口。
六、构造柱：各层构造柱布置详见结施图。
七、楼梯：楼梯平台尺寸详见结施图。
八、施工要求：施工中各专业密切配合，准确预留预埋，严禁任意开槽打洞。
九、图中未述及者均严格遵照国家现行规范规定执行。

图 10-94　建筑施工图文本标注

第 11 章

绘制建筑总平面图

本章内容

建筑总平面图主要表示整个建筑基地的总体布局,如新建房屋的位置、朝向,以及周围环境(包括原有建筑、交通道路、绿化、地形等)的基本情况。另外,建筑总平面图是【新建房屋定位】、【施工放线】和【布置施工现场】的依据,一般在图上会标出新建筑物的外形,建筑物周围的地物和旧建筑,以及建成后的道路、水源、电源、下水道干线、停车的位置、建筑物的朝向等。

知识要点

☑ 建筑总平面图设计概述

☑ 绘制图纸样板

☑ 绘制建筑总平面图

11.1　建筑总平面图设计概述

在建筑施工中，建筑总平面图将拟建的、原有的、要拆除的建筑物或构筑物，以及新建、原有道路等内容，用水平投影方法在地形图上绘制出来，从而方便施工人员阅读。

11.1.1　建筑总平面图的功能与作用

建筑总平面图的功能与作用表现为如下几点。
- 总平面图在方案设计阶段着重体现拟建建筑物的大小、形状，以及周边道路、房屋、绿地和建筑红线之间的关系，表达室外空间设计效果。
- 在初步设计阶段，通过进一步推敲总平面图设计中涉及的各种因素和环节，推敲方案的合理性和科学性。初步设计阶段总平面图是方案设计阶段的总平面图的细化，为施工图阶段的总平面图奠定基础。
- 施工图设计阶段的总平面图，是在深化初步设计阶段内容的基础上完成的，能准确描述建筑的定位尺寸、相对标高、道路竖向标高、排水方向及坡度等；是单体建筑施工放线、确定开挖范围及深度、场地布置，以及水、暖、电管线设计的主要依据；也是道路及围墙、绿化、水池等施工的重要依据。
- 总平面设计在整个工程设计、施工中具有极其重要的作用，而建筑总平面图则是总平面设计当中的图纸部分，在不同设计阶段的作用有所不同。

由于总平面图采用较小的比例绘制，各建筑物和构筑物在图中所占面积较小，根据总平面图的作用，无须绘制得很详细，可以用相应的图例表示，《总图制图标准》（GB/T 50103—2010）中规定了几种常用图例，如表 11-1 所示。

表11-1　几种常用图例

图　　例	说　　明	图　　例	说　　明
（图）	新建建筑物以粗实线表示与室外地坪相接处±0.00 外墙定位轮廓线。建筑物一般以±0.00 高度处的外墙定位轴线交叉点坐标定位。轴线用细实线表示，并标明轴线号。根据不同设计阶段标注建筑编号，地上、地下层数，建筑高度，建筑物出入口位置（两种表示方法均可，但同一图纸只能采用一种表示方法）等	（图）	地下建筑物用粗虚线表示其轮廓建筑上部（±0.00 以上）外挑建筑用细实线表示。建筑物上部连廊用细虚线表示并标注位置
（图）	拟扩建的预留地或建筑物，用中粗虚线绘制	（图）	原有建筑物用细实线绘制

图　例	说　明	图　例	说　明
	拆除的建筑物用细实线表示		建筑物下面的通道
	铺砌场地		台阶，箭头指向表示向上
	烟囱。实线为下部直径，虚线为基础。 必要时，可注写烟囱高度和上、下口直径		实体性围墙
	填挖边坡		挡土墙。被挡土在【突出】的一侧
X323.38 Y586.32	测量坐标	A123.21 B789.32	建筑坐标
32.36(±0.00)	室内地坪标高	32.36	室外地坪标高

11.1.2　AutoCAD 建筑总平面图的绘制方法

在实际工作中，建筑绘图一般从一层平面开始绘制。因此，绘制总平面图的方法如下：将经过修改后的屋顶层平面加上一层平面中详尽的环境及室外附属工程调入方案，比较后再进行修改和深化，加上辅助说明性图素，即可完成总平面图的绘制。

1．绘图准备

使用 AutoCAD 绘图之前，需要先对绘图环境进行必要的设置，以便于以后的工作。建立总平面图的绘图环境，其中包括图域、图层、线型、字体与尺寸标注格式等参数的设置。

2．地形图的绘制

任何建筑都是基于甲方提供的地形现状图设计的，在设计之前，设计师必须先绘制地形现状图。总平面图中的地形现状图的输入，依据具体的条件不同，内容也不尽相同，有繁有简，一般可分为 3 种情况：一是高差起伏不大的地形，可近似地看作平地，用简单的绘图命令即可完成；二是较复杂的地形，尤其是高差起伏较剧烈的地形，使用 LINE、MLINE、PLINE、ARC、SPLINE、SKETCH 等命令绘制等高线或网格形体；三是特别复杂的地形，可以用扫描仪扫描为光栅文件，用 XREF 命令进行外部引用，也可以用数字化仪直接输入为矢量文件。

3．地物的绘制

对于现状图中的地物，通常用简单的二维绘图命令按相应规范即可绘制。这些地物主要包括铁路、道路、地下管线、河流、桥梁、绿化、湖泊、广场、雕塑等。

绘制地物的一般步骤如下：先用 MLINE、PLINE 等命令绘制一定宽度的平行线，也可以用 LINE 和 OFFSET 命令绘制平行线，然后用 FILLET、CHAMFER、TRIM、CHANGE 等编辑命令做倒角、剪切等操作，最后用点画线绘制道路中心线，用 SOLID 命令填充铁路短黑线，用 HATCH 命令填充流水等。

现状图中的其他地物也可以用基本的二维绘图方法绘制，如用户拥有其他具有专业图库的建筑软件或已在 AutoCAD 中建立了专业图库，也可以用 INSERT 命令插入相应形体（如树、绿化带、花台等），然后用 ARRAY、COPY、OFFSET、MOVE、SCALE、LENGTHEN 等命令进行修改与编辑，直到符合要求为止。用户可以通过不同途径绘制这些地物地貌，达到同一目的，关键是用户需要在绘图实践中总结方法与技巧，熟练运用编辑命令。

4. 原有建筑的绘制

建筑设计规范规定原有建筑在总平面图设计中用细实线绘制，而且在总平面图设计中，必须反映新旧建筑关系。在方案设计阶段，由于一般建筑形体都比较规则，往往只需要绘制若干简单的形体，这些形体只要尺寸大小和位置准确，用二维绘图命令即可完成全部图形的绘制。原有建筑物、构筑物通常可用 LINE、PLINE、ARC、CIRCLE、POLYGON、ELLIPSE 等二维绘图命令绘制，绘制时需要注意形体的定位。另外，对于总平面图，一些需要用符号表示的构筑物（如水塔、泵房、消火栓、电杆、变压器等）应符合制图规范，并且可以将这些图例统一绘制成图块以供调用，也可以从专业图库中调用。

5. 红线的绘制

在建筑设计中有两种红线：用地红线和建筑红线。用地红线是主管部门或城市规划部门依据城市建设总体规划要求确定的可使用的用地范围；建筑红线是拟建建筑可摆放在该用地范围中的位置，新建建筑不可超出建筑红线。用地红线一般用点画线绘制，建筑红线一般用粗虚线绘制。建筑红线一般由比较简单的直线或弧线组成，颜色宜设为红色，因此要用指定线型绘制。

6. 辅助图素的绘制

在总平面图设计中，其他一些辅助图素（如大地坐标、经度和纬度、绝对标高、特征点标高、风玫瑰图、指北针等）可以用尺寸标注、文本标注等方式标注或调用（绘制）图块。由于这些数值或参数是施工设计和施工放样的主要参考标准，所以设计绘图时应注意绘制精确、定位准确。通常，单体设计项目大多先布置建筑，而后布置相关道路，但群体规划项目则大多先布置道路网，而后布置建筑。需要注意的是，新建建筑必须在图中以粗实线表示，并且不能超出建筑红线的范围。

绿化与配景可以直接用二维绘图命令绘制。如果用预先建立好的各种建筑配景图块直接插入，就可以提高工作效率。读者在平常练习中可以有针对性地画一些常用配景。

11.2 案例一：绘制图纸样板

AutoCAD 的样板图是一种图形文件。样板图中可以包括任何内容，但只有通用的内容才有意义。在手动绘图时，绘图者可以利用所在单位提供的标准图纸来画图，其实这种图纸就是一种样板图，图纸上有符合国家标准的边框，还有符合单位标准的标题栏、会签栏等内容。AutoCAD 的样板图可以包括更多的内容，如图幅、边框、标题栏、会签栏、图层、绘图单位和作图精度，以及图块和各种文字、尺寸样式、运行中的对象捕捉方式等。

AutoCAD 2020 在其 Template 文件夹下提供了许多样板图文件，但由于该软件是美国的 Autodesk 公司开发的，其中的样板图没有一个完全符合我国的国家标准，所以读者应当学习自己建立样板图。

11.2.1 绘图基本设置

操作步骤

① 在命令行中输入【UN】，然后按【Enter】键，调出【图形单位】对话框。在【长度】选项组的【精度】下拉列表中选择【0】选项，如图 11-1 所示，设置完成后单击【确定】按钮。

> **技巧点拨：**
>
> 【图形单位】对话框用来设置整个 AutoCAD 绘图系统的长度、角度等单位精度，对于一般的建筑制图来说，精度选择【0】即可满足要求。

② 执行菜单栏中的【工具】→【绘制设置】命令，调出【草图设置】对话框，然后切换到【对象捕捉】选项卡。

③ 勾选【对象捕捉模式】选项组中的【端点】、【中点】、【圆心】、【节点】、【象限点】、【交点】、【垂足】和【切点】复选框（这几种模式是绘制建筑施工图时经常用到的对象捕捉模式，在绘图过程中还可以临时改变对象捕捉模式），单击【确定】按钮完成设置，如图 11-2 所示。

图 11-1 【图形单位】对话框

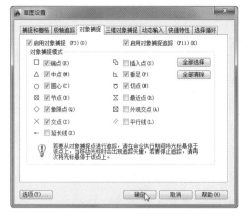

图 11-2 设置捕捉模式

④ 执行菜单栏中的【格式】→【线宽】命令，弹出【线宽设置】对话框。如图 11-3 所示，勾选【显示线宽】复选框，设置线宽为 0.25mm，最后单击【确定】按钮，完成线宽设置。

图 11-3　【线宽设置】对话框

11.2.2　设置图层

操作步骤

① 执行菜单栏中的【格式】→【图层】命令，或者单击【默认】选项卡中【图层】面板的【图层特性】按钮，弹出【图层特性管理器】选项板，如图 11-4 所示。

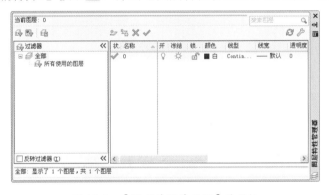

图 11-4　【图层特性管理器】选项板

② 单击【图层特性管理器】选项板中的按钮，新建一个图层，输入图层名称【轴线】，然后单击该新建图层相应【颜色】栏中的色块，弹出【选择颜色】对话框，从中选择【红色】，如图 11-5 所示，单击【确定】按钮，将颜色设置为红色。

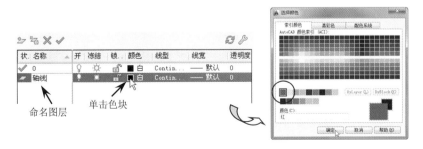

图 11-5　创建图层并设置图层颜色

③ 选择【线型】栏中的【Continuous】选项，弹出【选择线型】对话框。单击【加载】
   按钮，弹出【加载或重载线型】对话框，然后加载【ACAD_ISO04W100】线型，如
   图 11-6 所示。

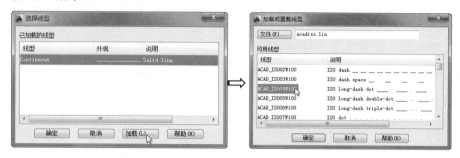

图 11-6　加载【ACAD_ISO04W100】线型

④ 在【选择线型】对话框中选中刚加载的【ACAD_ISO04W100】线型，然后单击【确
   定】按钮，【轴线】图层的线型设置就完成了，如图 11-7 所示。

图 11-7　确定加载的线型

⑤ 同理，建立建筑施工图中其他常用图层（包括中心线、轮廓实线、虚线轮廓、剖面
   线等）的颜色、线型、线宽，如图 11-8 所示。

⑥ 完成图层设置后，关闭【图层特性管理器】选项板。

技巧点拨：

通过【图层特性管理器】选项板，可以为不同的图层设置不同的线宽。在某个图层的相应【线宽】栏处
单击，弹出【线宽】对话框，如图 11-9 所示，可以从中选择相应的线宽值，单击【确定】按钮即可完成相
应图层的线宽设置。

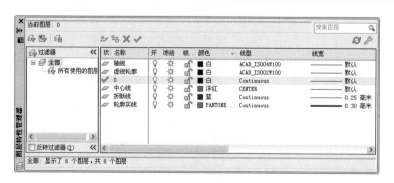

图 11-8　建立建筑设计的常用图层

图 11-9　【线宽】对话框

11.2.3　设置文本样式和标注样式

在 AutoCAD 中，我们可以事先设置图形中将要用到的文字样式，到后面文字标注的时候，可以直接调用设定的文字样式，而不必每次都从字体下拉列表中选择。标注样式与文字样式一样，设置好之后便能调用它们，调用时只需要将其置为当前即可。

操作步骤

① 执行菜单栏中的【格式】→【文字样式】命令，弹出如图 11-10 所示的【文字样式】对话框。

② 单击【新建】按钮，弹出【新建文字样式】对话框，在【样式名】文本框中输入【GB建筑文字】，如图 11-11 所示，单击【确定】按钮关闭该对话框。

图 11-10　【文字样式】对话框　　　　图 11-11　输入新文字样式名称

③ 在【文字样式】对话框的【SHX 字体】下拉列表中选择【simplex.shx】选项，勾选【使用大字体】复选框，然后在【大字体】下拉列表中选择【gbcbig.shx】选项。【宽度因子】设为【0.8000】，最后单击【应用】按钮完成建筑文字样式的设置，如图 11-12 所示。

技巧点拨：

当选择的字体为【*.shx】格式时，其字体下拉列表中的【使用大字体】复选框可选，当勾选该复选框后，字体下拉列表中除【*.shx】格式的字体外，其他字体将不显示。

④ 执行菜单栏中的【格式】→【标注样式】命令，弹出【标注样式管理器】对话框，如图 11-13 所示。

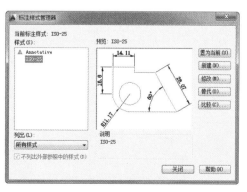

图 11-12　设置建筑文字样式　　　　图 11-13　【标注样式管理器】对话框

⑤ 单击【标注样式管理器】对话框中的【新建】按钮，弹出【创建新标注样式】对话框，在【新样式名】文本框中输入【建筑标注-1】，单击【继续】按钮，如图 11-14 所示。

⑥ 随后弹出【新建标注样式：建筑标注-1】对话框。在【线】选项卡中设置尺寸线和尺寸界线的样式，如图 11-15 所示。

图 11-14　输入新样式名

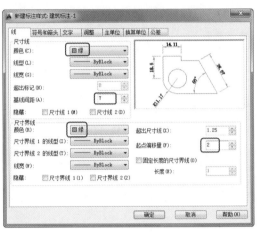

图 11-15　设置尺寸线和尺寸界线的样式

技巧点拨：

尺寸线和尺寸界线的颜色设置可依据个人习惯而定，在建筑图中常用绿色表示。

⑦ 在【符号和箭头】选项卡中设置建筑符号与箭头，如图 11-16 所示。

⑧ 在【文字】选项卡中设置标注文字的样式，如图 11-17 所示。

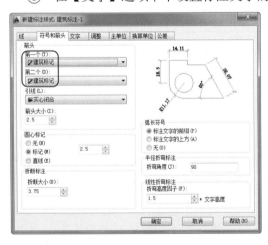

图 11-16　设置建筑符号与箭头

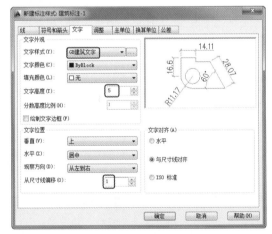

图 11-17　设置标注文字的样式

⑨ 在【调整】选项卡中，勾选【文字位置】选项组中的【尺寸线上方，带引线】单选按键，如图 11-18 所示。

⑩ 在【主单位】选项卡中，将【线性标注】选项组中的【精度】设为【0】，如图 11-19 所示。

⑪ 其余的设置为系统默认值，单击【确定】按钮，返回【标注样式管理器】对话框。单击【置为当前】按钮，再单击【关闭】按钮，完成标注样式的设定。

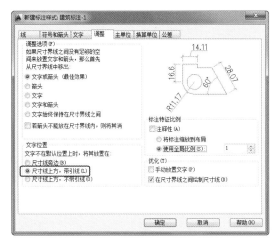

图 11-18　设置【调整】选项卡

图 11-19　设置【主单位】选项卡

11.2.4　设置图限并创建图纸

操作步骤

① 在命令行中输入【LIMITS】，或者执行菜单栏中的【格式】→【图形界限】命令，设置绘图图限，如图 11-20 所示。其命令行操作提示如下。

```
命令: _LIMITS
重新设置模型空间界限:
指定左下角点或 [开(ON)/关(OFF)] <0,0>:
指定右上角点 <420,297>: 594,420
```

技巧点拨：

　　要显示设置的图限，需要在【草图设置】对话框的【捕捉和栅格】选项卡中取消勾选【显示超出界限的栅格】复选框。

② 通过【图层特性管理器】选项板新建一个图层，命名为【标题栏】，并将其设置为当前层。

③ 使用【矩形】命令绘制如图 11-21 所示的边框。

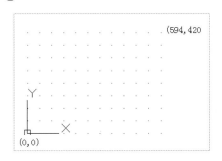

图 11-20　设置绘图图限

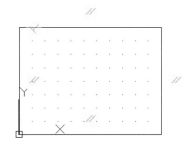

图 11-21　绘制矩形边框

④ 绘制标题栏。使用【直线】命令在矩形边框的右下角绘制标题栏，结果如图 11-22 所示。

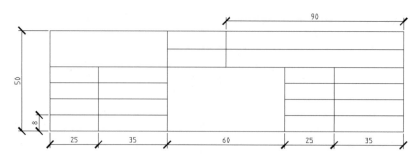

图 11-22　绘制标题栏

⑤　使用【多行文字】命令，在标题栏中输入文字，结果如图 11-23 所示。

	建设单位		
	工程项目		
审定		图别	
审核		图号	
设计		比例	
制图		日期	

图 11-23　输入标题栏文字

⑥　使用【偏移】命令，将边框分别以距离【10】和【24】进行偏移，得到装订边样式。

⑦　再使用【直线】命令，在图纸边框至装订边之间，绘制长度为【15】的直线，结果如图 11-24 所示。

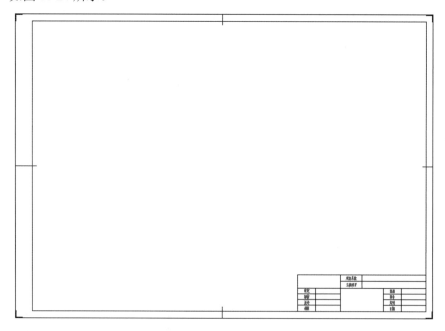

图 11-24　绘制完成的 A2 建筑图纸样板文件

⑧　至此，A2 建筑图纸的样板文件设计完成，最后将文件以 .dwt 格式保存。

提示：

同理，其余建筑图纸样板文件可以按此方法进行绘制。

11.3　案例二：绘制建筑总平面图

上面介绍了绘制建筑总平面图的知识引导，下面进入建筑总平面图的分析与设计阶段。本节主要以【建筑总平面图】的实例来阐述利用 AutoCAD 2020 绘制建筑总平面图的方法及技巧。

由于总平面图比较大，并且其地理环境是竖向伸展，但又不能使用 A0 或 A1 的图纸，所以本案例特意制作了一个新的图纸样板，此样板文件保存在本案例文件夹中，用户可以随意下载调用。本案例绘制的建筑总平面图如图 11-25 所示。

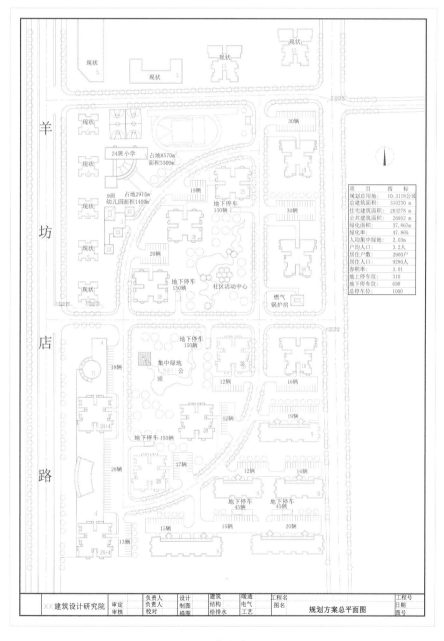

图 11-25　建筑总平面图

11.3.1 绘制道路轴线

操作步骤

① 新建一个文件，然后将其另存为【建筑总平面图.dwt】。

② 单击【新建】按钮，弹出【创建新图形】对话框，选择图纸样板文件【建筑总平面图.dwt】，单击【打开】按钮，如图 11-26 所示，新建一个图形文件。

③ 打开的 A2 竖放制图样板文件如图 11-27 所示。图纸样板文件中已经设置了建筑总平面图的所有制图设置，包括图层、标注样式、文字样式等。

图 11-26 选择图纸样板文件

图 11-27 打开的 A2 竖放制图样板文件

④ 将图层设为【道路轴线】图层。使用【直线】和【圆弧】命令，加以对象捕捉的应用，在边框内绘制道路轴线，如图 11-28 所示。

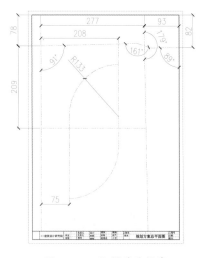

图 11-28 绘制道路轴线

　　图 11-28 中的单位为米。通常,在总平图中所需的有关地理位置、环境、交通路线等指标,有关部门都有详细资料,在实际绘制总平图的过程中可以直接借用。

11.3.2　绘制道路

操作步骤

① 使用【偏移】命令绘制道路主干线,结果如图 11-29 所示。

② 修剪偏移的道路主干线,并对交叉路口的道路进行倒圆设置,然后将道路图线转换成实线,如图 11-30 所示。

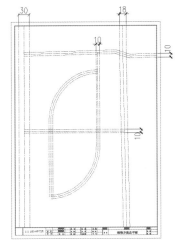

图 11-29　绘制道路主干线

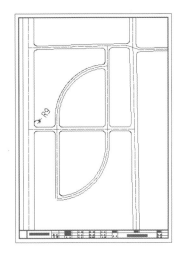

图 11-30　绘制道路

③ 再使用【偏移】命令,从道路线开始偏置,距离为 3,成为园区中间绿化带的界限,结果如图 11-31 所示。

④ 在园区左侧道路绘制绿化带界线,结果如图 11-32 所示。

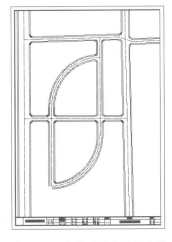

图 11-31　绘制园区中间绿化带

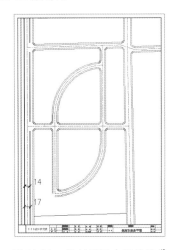

图 11-32　绘制园区左侧绿化带

11.3.3 绘制主建筑

建筑群是小区规划中尤为重要的一部分。在小区规划中，建筑通常分为原有建筑、住宅、公共建筑等。因此，使用 AutoCAD 绘制总平图中的建筑时，要分图层、分颜色来绘制。读者可以根据自己的习惯来规划不同类型的建筑的图层及其颜色。

操作步骤

① 打开素材文件【建筑图块.dwg】，然后将所有的建筑图块插入当前建筑总平面图中，结果如图 11-33 所示。

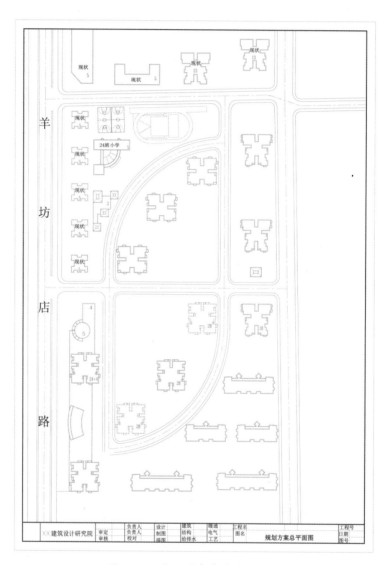

图 11-33 插入原有建筑图块

② 将【停车场】图块依次插入相应位置，结果如图 11-34 所示。

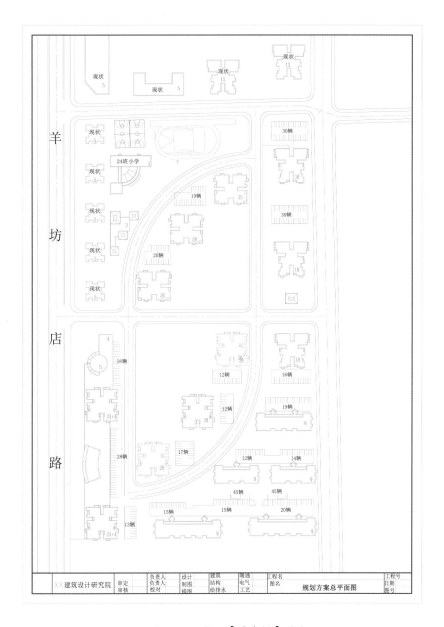

图 11-34　插入【停车场】图块

提示：

　　值得注意的是，插入建筑图块时，是按大概位置来插入的，而在插入【停车场】图块时，可能需要适度调整建筑群的位置。在下一个步骤中，主园路至停车场的小区道路的宽度至少是 5m。建筑物与停车场之间的道路宽度是 3m；小区道路的拐角位置需要进行倒圆。

③ 根据建筑群所在的位置，利用【直线】、【修剪】和【圆弧】等命令，绘制停车场和园区主干道至建筑的小区道路，结果如图 11-35 所示。

④ 除了小区道路，还要绘制地下停车场至主园区路的通道。本案例中绘制的通道均标注了【地下停车】字样。

⑤ 将园区【绿地】和【湖泊】图块插入总平面图中，结果如图 11-36 所示。

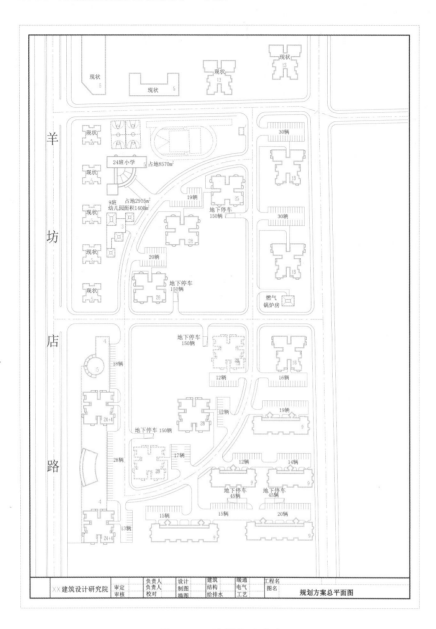

图 11-35　绘制小区道路

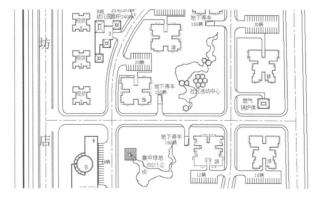

图 11-36　插入【绿地】和【湖泊】图块

11.3.4 绘制小区规划中的绿化部分

绿化在现代小区规划设计中是极其重要且不可缺少的一部分。在建筑总平面图中，大多用绿色圆圈表示树木，即规划图中的绿化部分。

操作步骤

① 将【绿化】图层置为当前层，然后绘制一个小圆圈表示树木。

② 使用【阵列】或【复制】等命令在道路两侧复制出多个绿色圆圈。

③ 使用【缩放】命令将圆圈适度放大，然后在重点绿化区复制多个，结果如图 11-37 所示。

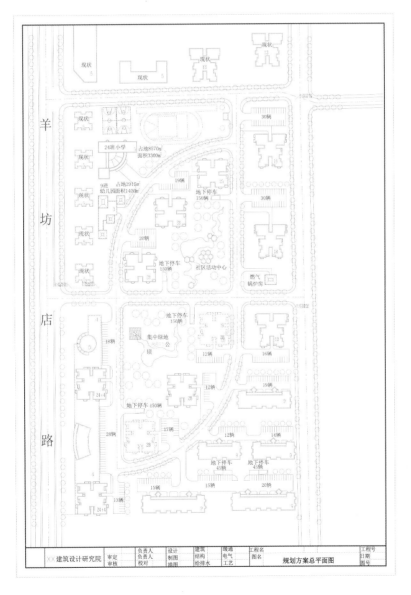

图 11-37 绘制绿化图形

11.3.5 文字标注

尺寸标注完成后，就要为图形输入说明性的文字，这就需要首先设置文字样式。

操作步骤

① 用【圆】和【多段线】命令绘制如图 11-38 所示的指南针图形，并将其定义成图块。

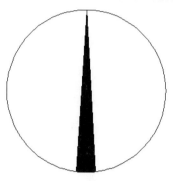

图 11-38 绘制的指南针图形

技巧点拨：

指南针图形中的实心指针可以使用【多段线】命令来绘制，只需要将其起点宽度设为 0，而端点宽度设为相应比例的宽度即可（这里可设为 2000）；另外，实心指针还可以通过图案填充的方法来完成。

② 用【矩形】、【直线】及【阵列】命令绘制如图 11-39 所示的表格。

③ 用【单行文字】命令在表格中输入文字内容，结果如图 11-40 所示。

项　　目	指　　标
规划总用地：	10.3118公顷
总建筑面积：	310230 m²
住宅建筑面积：	283278 m²
公共建筑面积：	26952 m²
绿化面积：	37,867m²
绿化率：	47.86%
人均集中绿地：	2.03m²
户均人口：	3.2人
居住户数：	2900户
居住人口：	9280人
容积率：	3.01
地上停车位：	310
地下停车位：	690
总停车位：	1000

图 11-39 绘制的表格　　　　　　图 11-40 输入文字内容

技巧点拨：

AutoCAD 2020 提供了绘制表格功能，但笔者认为其并不是很好用，有一定的限制，若读者有兴趣，可以尝试了解。

④ 用【单行文字】或【多行文字】命令输入图纸名称与绘图比例，由此完成建筑总平面图的绘制，结果如图 11-41 所示。

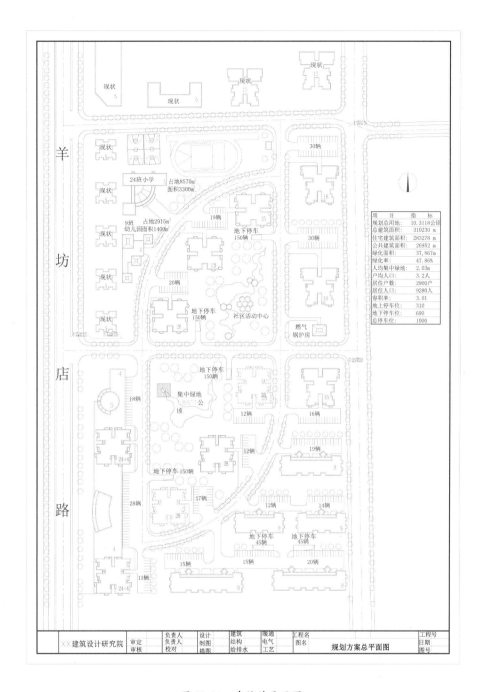

图 11-41 建筑总平面图

11.4 课后习题

1. 绘制某综合楼总平面图

根据本章所学知识，请读者尝试绘制如图 11-42 所示的某综合楼总平面图。

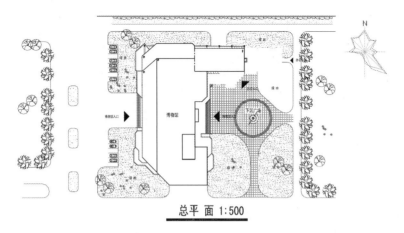

总平 面 1:500

图 11-42　某综合楼总平面图

2．绘制某规划总平面图

请读者练习绘制如图 11-43 所示的某规划总平面图。该建筑坐落于小区的 40#、45#、56# 和 39#楼之间的一块不规则地带。

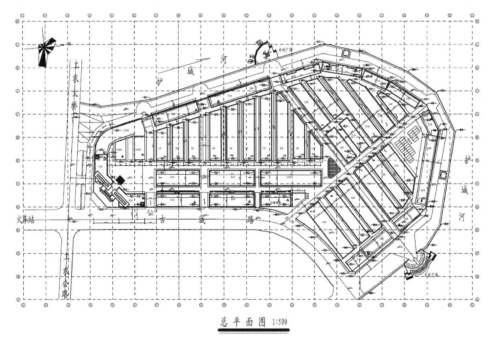

总平面图 1:500

图 11-43　某规划总平面图

要绘制该总平面图，应首先绘制总平面轴网，以方便图形定位及施工放线。总平面轴网绘制完成后再绘制已有地形地貌、用地红线及建筑红线，最后绘制拟建建筑，标注拟建建筑层及拟建建筑坐标定位。

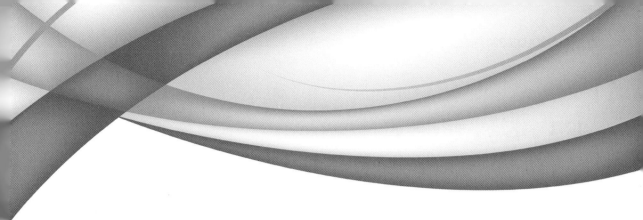

第 12 章

绘制建筑平面图

本章内容

建筑平面图是表示建筑物在水平方向房屋各部分的组合
关系，对于单独的建筑设计而言，其设计质量取决于建筑
的平面设计。建筑平面图一般由墙体、柱、门、窗、楼梯、
阳台、室内布置，以及尺寸标注、轴线和说明文字等辅助
图元组成。

知识要点

☑　建筑平面图概述

☑　绘制居室平面图

☑　绘制办公楼底层平面图

12.1　建筑平面图概述

建筑平面图是整个建筑平面的真实写照，用于表示建筑物的平面形状、布局、墙体、柱子、楼梯，以及门窗的位置等。

12.1.1　建筑平面图的形成与内容

为了便于理解，建筑平面图可用另一种方式表达：用假想水平剖切面经过房屋的门窗洞口之间把房屋剖切开，剖切面剖切的房屋实体部分为房屋截面，将此截面位置向房屋底平面做正投影，所得到的水平剖面图即为建筑平面图，如图 12-1 所示。

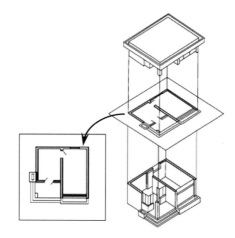

图 12-1　建筑平面图的形成示意图

建筑平面图其实就是房屋各层的水平剖面图。虽然平面图是房屋的水平剖面图，但按习惯不必标注其剖切位置，也不必称其为剖面图。

在一般情况下，房屋有几层就应画几个平面图，并在图的下方标注相应的图名，如【底层平面图】和【二层平面图】等。图名下方应加一条粗实线，图名右方应标注比例。

建筑平面图主要分为以下几种。

1．标准层平面图

当房屋中间若干层的平面布局、构造情况完全一致时，可以用一个平面图来表达相同布局的若干层，并称为标准层平面图。对于高层建筑，标准层平面图比较常见。

2．底层平面图

底层平面图（一层平面图）应画出房屋本层相应的水平投影，以及与本栋房屋有关的台阶、花池、散水等的投影，如图 12-2 所示。

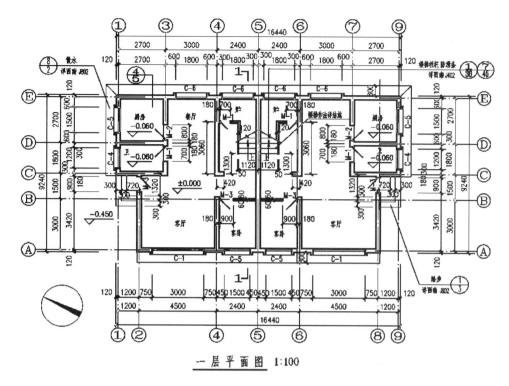

图 12-2　底层平面图

从图 12-2 可以看出，建筑平面图中的主要构成元素如下。

● 定位轴线：横向定位轴线和纵向定位轴线的位置及编号、轴线之间的间距（表示房间的开间和进深）。定位轴线用细单点画线表示。

● 墙体、柱：表示各承重构件的位置。剖到的墙、柱断面轮廓用粗实线表示，并画图例，如钢筋混凝土用涂黑表示；未剖到的墙用中实线表示。

● 内外门窗：门的代号为 M。内门用 NM 表示，外门用 WM 表示。窗的代号为 C，同一编号表示同一类型的门窗，它们的构造与尺寸都一样，从图中可表示门窗洞的位置及尺寸。剖到的门扇用中实线（单线）或细实线（双线）绘制，剖到的窗扇用细实线（双线）绘制。

● 标注的三道尺寸：第一道为总体尺寸，表示房屋的总长、总宽；第二道为轴线尺寸，表示定位轴线之间的距离；第三道为细部尺寸，表示外部门窗洞口的宽度和定位尺寸。建筑平面图的内部尺寸表示内墙上门窗洞口和某些构件的尺寸与定位。

● 标注：建筑平面图常以一层主要房间的室内地坪为零点（标记为 ±0.000 ），分别标注出各房间楼地面的标高。

● 其他设备的位置及尺寸：表示楼梯位置及楼梯上下方向、踏步数及主要尺寸；表示阳台、雨篷、窗台、通风道、烟道、管道井、雨水管、坡道、散水、排水沟、花池等位置及尺寸。

● 画出相关符号：剖面图的剖切符号位置，以及指北针、标注详图的索引符号。

● 文字标注说明：注写施工图说明、图名和比例。

3．二层平面图

二层平面图除了需要画出房屋二层范围的投影内容，还应画出底层平面图无法表达的雨篷、阳台、窗眉等内容，而底层平面图已表达清楚的台阶、花池、散水等内容就不再画出，如图 12-3 所示。

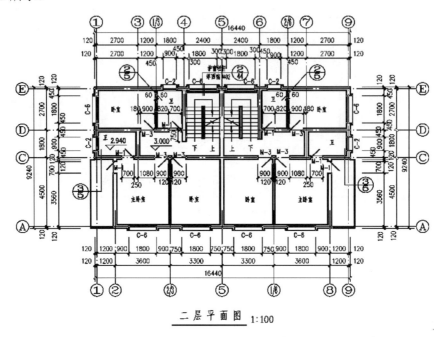

二层平面图 1:100

图 12-3 二层平面图

4．三层及三层以上平面图

三层及三层以上平面图则只需要画出本层的投影内容及下一层的窗眉、雨篷等这些下一层无法表达的内容。三层平面图如图 12-4 所示。

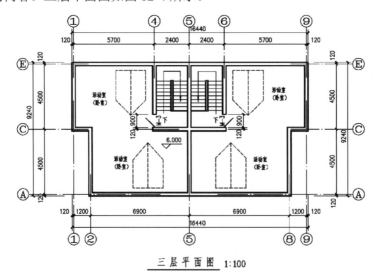

三层平面图 1:100

图 12-4 三层平面图

5．屋顶平面图

屋顶平面图主要用来表达房屋屋顶的形状、"女儿墙"位置、屋面排水方向，以及坡度、檐沟、水箱位置等，如图 12-5 所示。

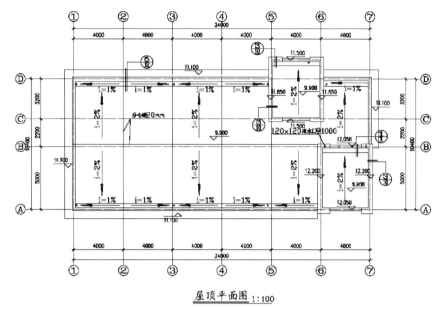

图 12-5　屋顶平面图

6．局部平面图

当某些楼层的平面布置图基本相同仅局部不同时，这些不同之处可用局部平面图表示。常见的局部平面图有卫生间、盥洗室、楼梯间等，如图 12-6 所示。

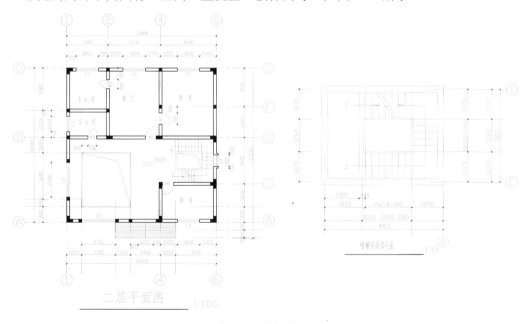

图 12-6　局部平面图

12.1.2　建筑平面图的作用

建筑平面图简称"平面图"。

平面图的作用表现在以下几个方面。

● 主要反映房屋的平面形状、大小和房间布置，墙（或柱）的位置、厚度和材料，门窗的位置、开启方向等，如图 12-7 所示。

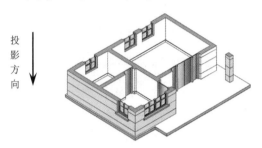

图 12-7　建筑平面图的作用

● 可以作为施工放线，砌筑墙、柱，门窗安装和室内装修及编制预算的重要依据。

12.1.3　建筑平面图的绘制规范

在绘制建筑平面图时（如底层平面图、楼层平面图、屋顶平面图等）应遵循国家制定的相关规定，使绘制的图形更加符合规范。

1. 比例、图名

绘制建筑平面图的常用比例有 1∶50、1∶100、1∶200 等，而实际工程中则常用 1∶100 的比例进行绘制。

平面图下方应标注图名，图名下方应绘制一条短粗实线，右侧应标注比例，比例字高宜比图名的字高小，如图 12-8 所示。

三层平面_{字体高度=5}1:100_{字体高度=3}

图 12-8　图名及比例的标注

> 提示：
>
> 如果几个楼层的平面布置相同，也可以只绘制一个标准层平面图，其图名及比例的标注如图 12-9 所示。

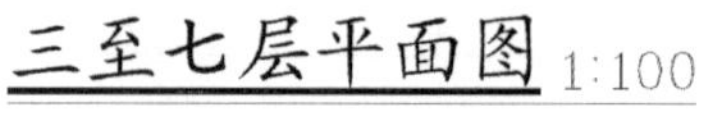

三至七层平面图 1:100

图 12-9　相同楼层图名及比例的标注

2. 图例

建筑平面图由于比例小，各层平面图中卫生间、楼梯间、门窗等的投影难以详尽表示，便采用国家标准规定的图例来表示，而相应的详尽情况则用较大比例的详图来表示。

建筑平面图的常见图例如图 12-10 所示。

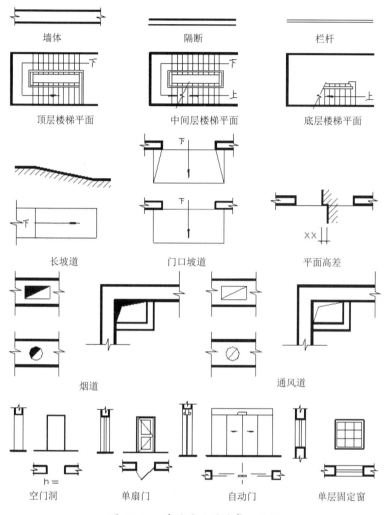

墙体　　　　　　　　隔断　　　　　　　　栏杆

顶层楼梯平面　　　中间层楼梯平面　　　底层楼梯平面

长坡道　　　　　　门口坡道　　　　　　平面高差

烟道　　　　　　　　　　　　通风道

空门洞　　　　单扇门　　　　自动门　　　单层固定窗

图 12-10　建筑平面图的常见图例

3．图线

线型比例大致取出图比例倒数的一半左右（在 AutoCAD 的模型空间中应按 1∶1 的比例绘图）。

- 用粗实线绘制被剖切到的墙、柱断面轮廓线。
- 用中实线或细实线绘制没有被剖切到的可见轮廓线（如窗台、梯段等）。
- 尺寸线、尺寸界线、索引符号、高程符号等用细实线绘制。
- 轴线用细单点长画线绘制。

建筑平面图中的图线如图 12-11 所示。

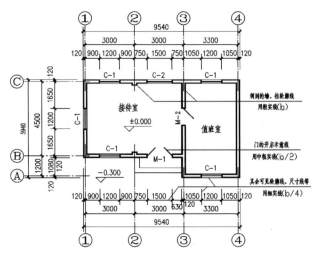

图 12-11 建筑平面图中的图线

4. 字体

汉字字型优先考虑采用 hztxt.shx 和 hzst.shx；西文优先考虑采用 romans.shx、simplex.shx 或 txt.shx。建筑平面图中的常用字型如表 12-1 所示。

表12-1 建筑平面图中的常用字型

用　途	图纸名称	说明文字标题	标注文字	说明文字	总说明	标注尺寸
	中文	中文	中文	中文	中文	中文
字型	St64f.shx	St64f.shx	Hztxt.shx	Hztxt.shx	St64f.shx	romans.shx
字高	10mm	5mm	3.5mm	3.5mm	5mm	3mm
宽高比	0.8	0.8	0.8	0.8	0.8	0.7

5. 尺寸标注

建筑平面图的标注包括外部尺寸、内部尺寸和标高。

- 外部尺寸：在水平方向和竖直方向各标注 3 道尺寸。

> **提示：**
>
> 第一道尺寸：标注房屋的总长、总宽尺寸，称为总尺寸。
>
> 第二道尺寸：标注房屋的开间、进深尺寸，称为轴线尺寸。
>
> 第三道尺寸：标注房屋外墙的墙段、门窗洞口等尺寸，称为细部尺寸。

- 内部尺寸：标注各房间长、宽方向的净空尺寸，墙厚及与轴线之间的关系、柱子截面、房内部门窗洞口、门垛等细部尺寸。
- 标高：在平面图中应标注不同楼地面标高、房间及室外地坪等标高，并且以米作为单位，精确到小数点后 2 位。

6. 剖切符号

剖切位置线长度宜为 6～10mm。投射方向线应与剖切位置线垂直，画在剖切位置线的同一侧，长度应短于剖切位置线，宜为 4～6mm。为了区分同一形体上的剖面图，在剖切符号上宜用字母或数字，并注写在投射方向线一侧。

7．详图索引符号

图样中的某个局部或构件，如需另见详图，应以索引符号标出。索引符号由直径为 10mm 的圆和水平直径组成，圆及水平直径均以细实线绘制。详图的位置和编号应以详图符号表示。详图符号的圆应以直径为 14mm 的粗实线绘制。

8．引出线

引出线应以细实线绘制，宜采用水平方向的直线，与水平方向成 30°、45°、60°、90°，或者经上述角度再折为水平线。文字说明宜标注在水平线的上方，也可标注在水平线的端部。

9．指北针

指北针是用来指明建筑物朝向的。圆的直径宜为 24mm，用细实线绘制，指针尾部的宽度宜为 3mm，指针头部应标示【北】或【N】。需要用较大直径绘制指北针时，指针尾部宽度宜为直径的 1/8。

10．高程

高程符号用以细实线绘制的等腰直角三角形表示，其高度控制在 3mm 左右。在模型空间绘图时，等腰直角三角形的高度值应是 30mm 乘以出图比例的倒数。

高程符号的尖端指向被标注高程的位置。高程数字写在高程符号的延长线一端，以米为单位，注写到小数点后的第 3 位。零点高程应写成【±0.000】，正数高程不用标注【+】，但负数高程应标注【—】。

11．定位轴线及编号

确定房屋主要承重构件（墙、柱、梁）位置及标注尺寸的基线称为定位轴线，如图 12-12 所示。

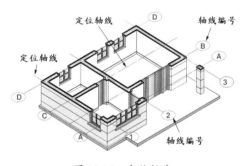

图 12-12　定位轴线

定位轴线用细单点长画线表示。定位轴线的编号注写在轴线端部直径为 8～10 的细线圆内。

● 横向轴线：从左至右，用阿拉伯数字标注。

● 纵向轴线：从下向上，用大写拉丁字母标注，但不用 I、O、Z 这 3 个字母，以免与阿拉伯数字 0、1、2 混淆。一般承重墙柱及外墙编为主轴线，非承重墙、隔墙等编为附加轴线（又称分轴线）。

定位轴线的编号注写如图 12-13 所示。

图 12-13 定位轴线的编号注写

为了便于读者理解，下面用图形来表达定位轴线的编号形式。

定位轴线的分区编号如图 12-14 所示。圆形平面定位轴线编号如图 12-15 所示。折线形平面定位轴线编号如图 12-16 所示。

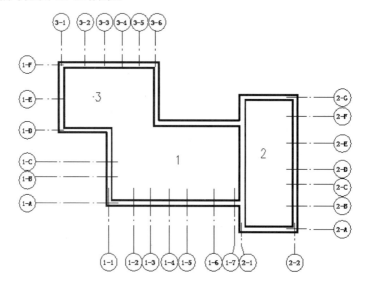

图 12-14 定位轴线的分区编号

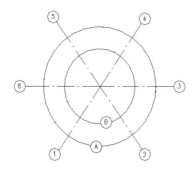

图 12-15 圆形平面定位轴线编号

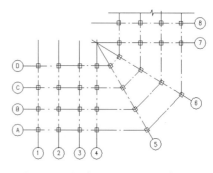

图 12-16 折线形平面定位轴线编号

12.2 案例一：绘制居室平面图

居室平面图是现代建筑中应用非常广泛的一种建筑结构形式，是现代民用建筑中最基本的组成单元。居室平面图是一种多平行图线图形，为了准确绘制，一般需要先绘制辅助线网，然后依次绘制墙体、阳台、门窗，最后进行必要的文字标注和文字说明。

本案例的制作思路如下：依次绘制墙体、门窗和建筑设备，最后进行尺寸标注和文字说明。

在绘制墙体的过程中，先绘制主墙，然后绘制隔墙，最后进行合并调整。绘制门窗时，先在墙上开出门窗洞，然后在门窗洞上绘制门和窗户。绘制建筑设备时应充分利用建筑设备图库中的图例，从而提高绘图效率。对于建筑平面图，尺寸标注和文字说明是一个非常重要的部分，建筑各个部分的具体大小和材料作法等都以尺寸标注、文字说明为依据，在本案例中充分体现了这一点。某商品房平面图如图 12-17 所示。

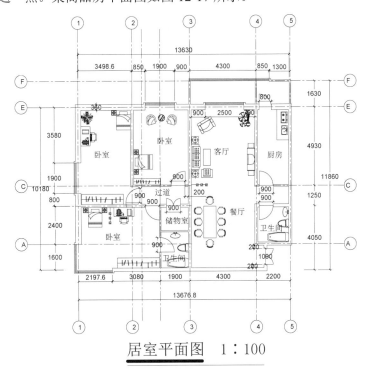

居室平面图　1∶100

图 12-17　某商品房平面图

12.2.1 绘图设置

 操作步骤

1. 设置图层

① 单击【图层】面板中的【图层特性管理器】按钮，系统会弹出【图层特性管理器】选项板。

② 在【图层特性管理器】选项板中单击【新建图层】按钮 ，新建【轴线】和【窗】图层，指定图层颜色分别为【115】和【洋红】；新建【墙体】图层，指定颜色为【红】；新建【门】和【设备】图层，指定颜色为【蓝】；新建【标注】和【文字】图层，指定颜色为【白】；其他采用默认设置（见图 12-18），这样就得到了初步的图层设置。

图 12-18　图层设置

2. 设置标注样式

① 执行菜单栏中的【标注】→【标注样式】命令，系统会弹出【标注样式管理器】对话框，如图 12-19 所示。单击【修改】按钮，系统会弹出【修改标注样式：ISO-25】对话框。

技巧点拨：

除了修改已有的标注样式，用户还可以创建新样式进行编辑。

② 选择【线】选项卡，设定【尺寸线】选项组中的【基线间距】为【1】，设定【尺寸界线】选项组中的【超出尺寸线】为【1】，【起点偏移量】为【0】；选择【符号和箭头】选项卡，单击【箭头】选项组中的【第一个】之后的下拉按钮 ，在弹出的下拉列表中选择【　建筑标记】选项，单击【第二个】之后的下拉按钮 ，在弹出的下拉列表中选择【　建筑标记】选项，并设定【箭头大小】为【2.5】，如图 12-20 所示。

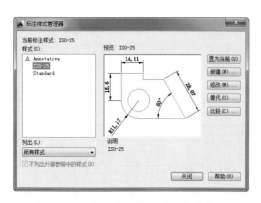

图 12-19　【标注样式管理器】对话框

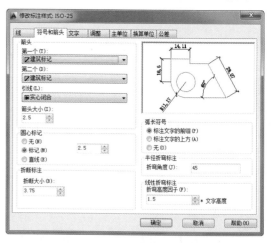

图 12-20　设置【符号和箭头】选项卡

③ 选择【文字】选项卡，在【文字外观】选项组中设定【文字高度】为【2】，如图 12-21 所示，这样就完成了【文字】选项卡的设置。

④ 选择【调整】选项卡，在【调整选项】选项组中选中【箭头】单选按钮，在【文字位置】选项组中选中【尺寸线上方，不带引线】单选按钮，在【标注特征比例】选项组中指定【使用全局比例】为【100.000】，这样就完成了【调整】选项卡的设置，结果如图 12-22 所示。单击【确定】按钮返回【标注样式管理器】对话框，最后单击【关闭】按钮返回绘图区。

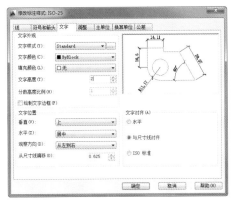
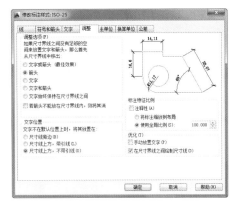

图 12-21　设置【文字】选项卡　　　　　图 12-22　设置【调整】选项卡

12.2.2　绘制轴线

① 单击【图层】面板中的【图层控制】下拉按钮，选择【轴线】选项，使当前图层是【轴线】。

② 单击【绘图】面板中的【构造线】按钮，在正交模式下绘制 1 条竖直构造线和 1 条水平构造线，组成【十】字轴线网。

③ 单击【绘图】面板中的【偏移】按钮，将水平构造线连续向上偏移【1600】、【2400】、【1250】、【4930】和【1630】，得到水平方向的轴线。将竖直构造线连续向右偏移【3480】、【1800】、【1900】、【4300】和【2200】，得到竖直方向的轴线。竖直构造线和水平构造线一起构成正交的轴线网格，如图 12-23 所示。

12.2.3　绘制墙体

图 12-23　底层建筑的轴线网格

1. 绘制主墙

① 单击【图层】面板中的【图层控制】下拉按钮，选择【墙体】选项，使当前图层是【墙体】。

② 单击【绘图】面板中的【偏移】按钮 ⬚，将轴线向两边偏移 180mm，然后通过【图层】面板把偏移的线条更改到【墙体】图层，得到宽为 360mm 的主墙体，如图 12-24 所示。

③ 采用同样的方法绘制宽为 200mm 的主墙体。单击【绘图】面板中的【偏移】按钮 ⬚，将轴线向两边偏移 100mm，然后通过【图层】面板把偏移得到的线条更改到【墙体】图层，绘制结果如图 12-25 所示。

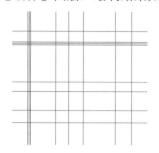

图 12-24　绘制主墙体结果（一）

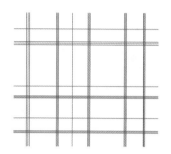

图 12-25　绘制主墙体结果（二）

④ 单击【修改】面板中的【修剪】按钮 ⼊，把墙体交叉处多余的线条修剪掉，使墙体连贯，绘制结果如图 12-26 所示。

2. 绘制隔墙

隔墙宽为 100，主要通过多线来绘制，具体的绘制步骤如下。

① 执行菜单栏中的【格式】→【多线样式】命令，系统会弹出【多线样式】对话框，单击【新建】按钮，系统会弹出【创建新的多线样式】对话框，在【新样式名】文本框中输入【100】，如图 12-27 所示。

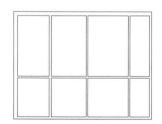

图 12-26　主墙绘制结果

图 12-27　【创建新的多线样式】对话框

② 单击【继续】按钮，系统会弹出【新建多线样式：100】对话框，把其中的图元偏移量设为 50、−50，如图 12-28 所示，单击【确定】按钮，返回【多线样式】对话框，选择多线样式【100】，单击【置为当前】按钮，然后单击【确定】按钮完成隔墙墙体多线的设置。

③ 执行菜单栏中的【绘图】→【多线】命令，根据命令提示设定多线样式为【100】，比例为【1】，对正方式为【无】，根据轴线网格绘制如图 12-29 所示的隔墙。命令行操作提示如下。

图 12-28　【新建多线样式】对话框

```
命令: MLINE↙
当前设置: 对正 = 上, 比例 = 20.00, 样式 = 100
指定起点或 [对正(J)/比例(S)/样式(ST)]: ST↙
输入多线样式名或 [?]: 100↙
当前设置: 对正 = 上, 比例 = 20.00, 样式 = 100
指定起点或 [对正(J)/比例(S)/样式(ST)]: S↙
输入多线比例 <20.00>: 1↙
当前设置: 对正 = 上, 比例 = 1.00, 样式 = 100
指定起点或 [对正(J)/比例(S)/样式(ST)]: J↙
输入对正类型 [上(T)/无(Z)/下(B)] <上>: Z↙
当前设置: 对正 = 无, 比例 = 1.00, 样式 = 100
指定起点或 [对正(J)/比例(S)/样式(ST)]: (选取起点)
指定下一点: (选取端点)
指定下一点或 [放弃(U)]: ↙
```

3．修改墙体

目前的墙体还是不连贯的，而且根据功能需要还要进行必要的改造，具体步骤如下。

① 单击【绘图】面板中的【偏移】按钮凸，将右下角的墙体分别向内偏移【1600】，
结果如图 12-30 所示。

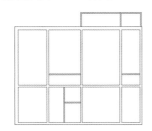

图 12-29　隔墙绘制结果

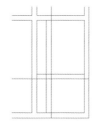

图 12-30　墙体偏移结果

② 单击【修改】面板中的【修剪】按钮⊢，把墙体交叉处多余的线条修剪掉，使墙体
连贯，修剪结果如图 12-31 所示。

③ 单击【修改】面板中的【延伸】按钮⊸，把右侧的一些墙体延伸到对面的墙线上，
如图 12-32 所示。

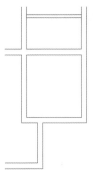

图 12-31　右下角的修剪结果

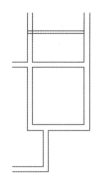

图 12-32　延伸操作结果

④ 单击【修改】面板中的【分解】按钮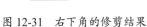和【修剪】按钮，把墙体交叉处多余的线条修剪掉，使墙体连贯，右侧墙体的修剪结果如图 12-33 所示。其中，分解命令操作如下。

```
命令：EXPLODE↙
选择对象：（选取一个项目）
选择对象：↙
```

⑤ 采用同样的方法修改全部墙体，使墙体连贯，并且符合实际功能需要，修改结果如图 12-34 所示。

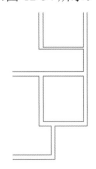

图 12-33　右侧墙体的修剪结果

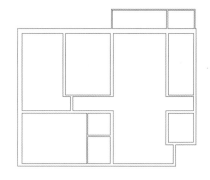

图 12-34　全部墙体的修剪结果

12.2.4　绘制门窗

操作步骤

1. 开门窗洞

① 单击【绘图】面板中的【直线】按钮，根据门和窗户的具体位置，在对应的墙上绘制这些门窗的一边。

② 单击【修改】面板中的【偏移】按钮，根据各个门和窗户的具体大小，将前面绘制的门窗边界偏移对应的距离，就能得到门窗洞在图上的具体位置，绘制结果如图 12-35 所示。

③ 单击【修改】面板中的【延伸】按钮 ⊣，将各个门窗洞修剪出来就能得到全部的门
窗洞，绘制结果如图 12-36 所示。

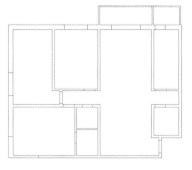

图 12-35　绘制门窗洞线

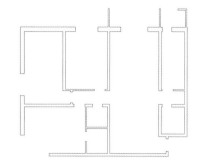

图 12-36　绘制的门窗洞

2. 绘制门

① 单击【图层】面板中的【图层控制】下拉按钮 ，选择【门】选项，使当前图层是
【门】。

② 单击【绘图】面板中的【直线】按钮 ，在门上绘制出门板线。

③ 单击【绘图】面板中的【圆弧】按钮 ，绘制圆弧表示门的开启方向，由此得到
门的图例。双扇门的绘制结果如图 12-37 所示。单扇门的绘制结果如图 12-38
所示。

④ 继续按照同样的方法绘制所有的门，绘制结果如图 12-39 所示。

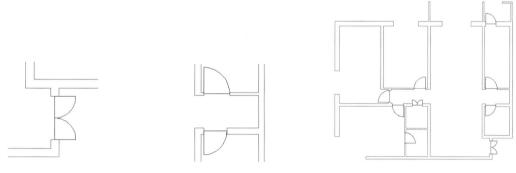

图 12-37　双扇门的绘制结果　　　图 12-38　单扇门的绘制结果　　　图 12-39　全部门的绘制结果

3. 绘制窗户

利用【多线】命令绘制窗户的具体步骤如下。

① 单击【图层】面板中的【图层控制】下拉按钮 ，选择【窗】选项，使当前图层是
【窗】。

② 执行菜单栏中的【格式】→【多线样式】命令，新建多线样式名称为【150】，如
图 12-40 所示；将图元偏移量分别设为【0】、【50】、【100】和【150】，其他采用默
认设置，设置结果如图 12-41 所示。

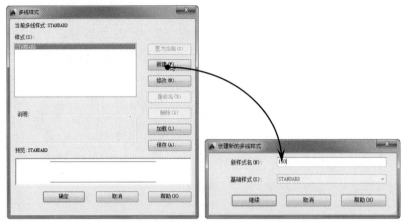

图 12-40　【多线样式】对话框和【创建新的多线样式】对话框

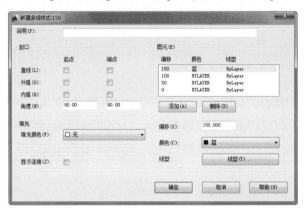

图 12-41　【新建多线样式：150】对话框

③　单击【绘图】面板中的【矩形】按钮□，绘制一个 100×100 的矩形。然后单击【修改】面板中的【复制】按钮，把该矩形复制到各个窗户的外边角上，作为突出的窗台，结果如图 12-42 所示。

④　单击【修改】面板中的【修剪】按钮，修剪掉窗台和墙重合的部分，使窗台和墙合并连通，修剪结果如图 12-43 所示。

图 12-42　复制矩形窗台

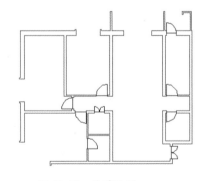

图 12-43　修剪结果

⑤　执行菜单栏中的【绘图】→【多线】命令，根据命令提示，设定多线样式为【150】，比例为【1】，对正方式为【无】，根据各个角点绘制如图 12-44 所示的窗户。

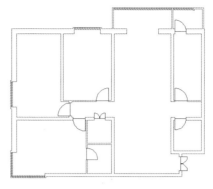

图 12-44　窗户的绘制结果

12.2.5　绘制建筑设备

🔩 **操作步骤**

① 单击【图层】面板中的【图层控制】下拉按钮 ✓，选择【设备】选项，使当前图层是【设备】。

② 单击【绘图】面板中的【插入】按钮 🗄，系统会弹出【插入】对话框，单击【浏览】按钮，系统会弹出【选择图形文件】对话框，找到要插入的图形，单击【打开】按钮，返回【插入】对话框，单击【确定】按钮，返回绘图区，此时可以根据需要设置基点、比例、旋转，插入其他建筑设备，左上部分的建筑设备绘制结果如图 12-45 所示。命令行操作提示如下。

```
命令：INSERT↙
指定插入点或 [基点(B)/比例(S)/旋转(R)]：S↙
指定 XYZ 轴的比例因子 <1>：（输入比例值）↙
指定插入点或 [基点(B)/比例(S)/旋转(R)]：（选取插入基点）
```

提示：

要插入的建筑图块可以在本书附送的资源中下载。

③ 采用同样的方法继续插入其他建筑设备，右上部分的建筑设备绘制结果如图 12-46 所示。

图 12-45　左上部分的建筑设备绘制结果

图 12-46　右上部分的建筑设备绘制结果

④ 采用同样的方法继续插入其他建筑设备，左下部分的建筑设备绘制结果如图 12-47 所示。

⑤ 采用同样的方法继续插入其他建筑设备，右下部分的建筑设备绘制结果如图 12-48 所示。

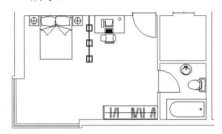

图 12-47　左下部分的建筑设备绘制结果

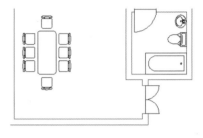

图 12-48　右下部分的建筑设备绘制结果

⑥ 插入全部建筑设备的绘制结果如图 12-49 所示。

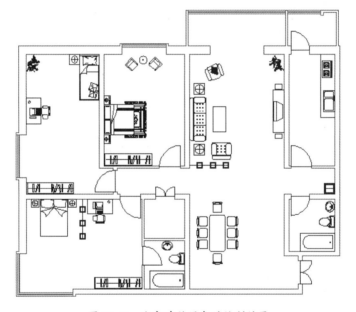

图 12-49　全部建筑设备的绘制结果

12.2.6　尺寸和文字标注

操作步骤

1. 文字标注

① 单击【图层】面板中的【图层控制】下拉按钮，选择【文字】选项，使当前图层是【文字】。

② 单击【绘图】面板中的【多行文字】按钮 A，在各个房间中间进行文字标注，设定文字高度为 300，文字标注完成的结果如图 12-50 所示。

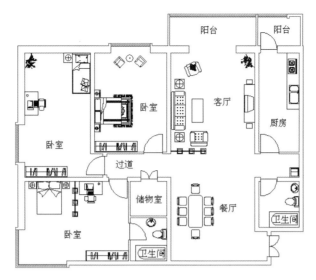

图 12-50 文字标注完成的结果

2. 尺寸标注

① 单击【图层】面板中的【图层控制】下拉按钮✓，选择【标注】选项，使当前图层
是【标注】。

② 执行菜单栏中的【标注】→【对齐】命令，进行外围尺寸标注，如图 12-51 所示。

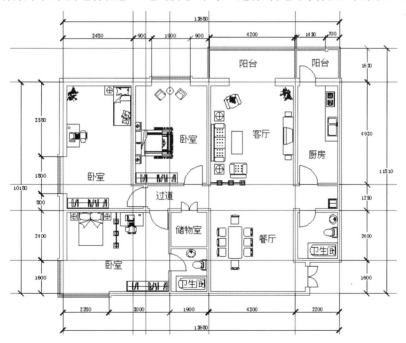

图 12-51 外围尺寸标注结果

③ 执行菜单栏中的【标注】→【对齐】命令，进行内部尺寸标注，如图 12-52 所示。

技巧点拨：

平面图内部的尺寸若无法看清，可以参考本案例完成的 AutoCAD 结果文件进行标注。

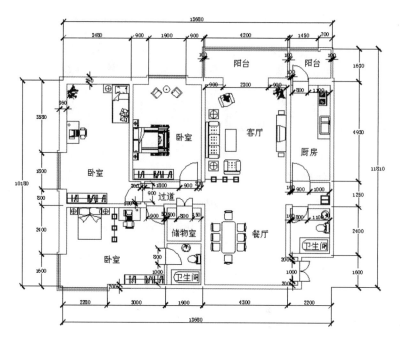

图 12-52　内部尺寸标注结果

3. 轴线编号

要进行轴线编号，需要先绘制轴线，建筑制图中使用点画线来绘制轴线。

① 单击【图层】面板中的【图层控制】下拉按钮☑，选择【轴线】选项，使当前图层是【轴线】。

② 执行菜单栏中的【格式】→【线型】命令，加载线型【ACAD_ISO04W100】，设定【全局比例因子】为【50.0000】，设置如图 12-53 所示。

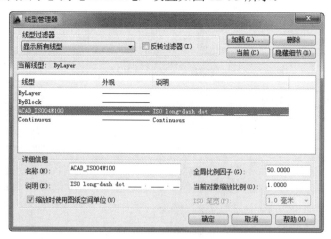

图 12-53　【线型管理器】对话框

③ 单击【图层】面板中的【图层特性管理器】按钮☑，系统会弹出【图层特性管理器】选项板。修改【轴线】图层线型为【ACAD_ISO04W100】，关闭【图层特性管理器】选项板，轴线显示结果如图 12-54 所示。

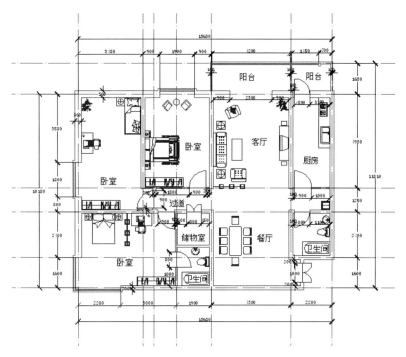

图 12-54　轴线显示结果

④　单击【绘图】面板中的【构造线】按钮 ✍，在尺寸标注的外围绘制构造线，截断轴
线，然后单击【修改】面板中的【修剪】按钮 ⊹，修剪掉构造线外边的轴线，结果
如图 12-55 所示。

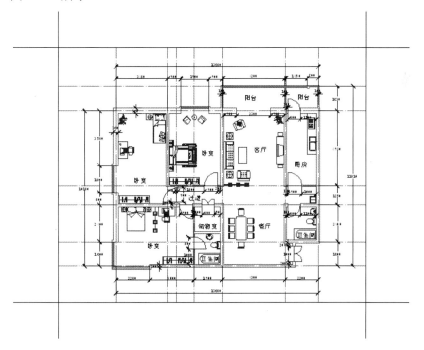

图 12-55　修剪轴线结果

⑤　将构造线删除，结果如图 12-56 所示。

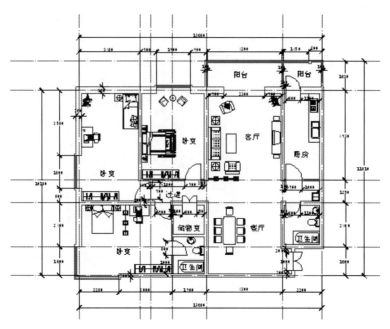

图 12-56　删除构造线结果

⑥　单击【绘图】面板中的【圆心、半径】按钮 ，绘制一个半径为【400】的圆。单击【绘图】面板中的【多行文字】按钮 **A**，绘制文字【A】，指定文字高度为【300】。单击【修改】面板中的【移动】按钮 ，把文字【A】移至圆的中心，再将轴线编号移至轴线端部，这样就能得到一个轴线编号。

⑦　单击【修改】面板中的【复制】按钮 ，把轴线编号复制到其他各条轴线的端部。

⑧　双击轴线编号内的文字，修改轴线编号内的文字，横向使用【1】、【2】、【3】、【4】等作为编号，纵向使用【A】、【B】、【C】、【D】等作为编号，结果如图 12-57 所示。

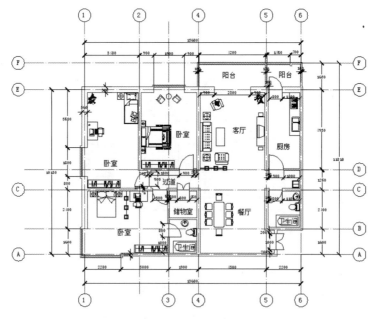

图 12-57　轴线编号结果

⑨　单击【绘图】面板中的【多行文字】按钮 **A**，设定文字大小为【600】，在平面图的
　　正下方标注【居室平面图 1：100】。

⑩　至此，商品房平面图绘制完成。最后保存绘制完成的结果文件。

12.3　案例二：绘制办公楼底层平面图

某办公楼底层平面图如图 12-58 所示，A3 图幅，按照 1：100 的比例绘制。与 12.2 节商品房平面图的绘制方法类似，办公楼底层平面图也是按墙体→门窗→建筑设备→尺寸标注→文字注释流程绘制的。

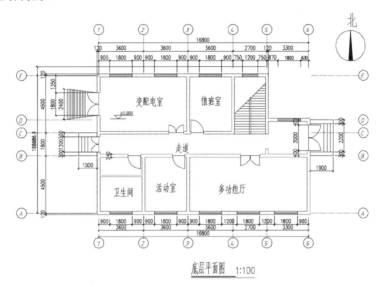

图 12-58　某办公楼底层平面图

12.3.1　设置的文字和标注样式

1. 线型设置

用 Layer 命令或单击【图层】面板中的【图层特性管理器】按钮 ，创建图层，设置线型、颜色、线宽。《房屋建筑制图统一标准》（GB/T 50001—2017）规定，图线的宽度 b 宜从下列线宽系列中选取：1.4mm、1.0mm、0.7mm、0.5mm。每个图样应根据复杂程度与比例大小，先选定基本线宽 b，再选用表 12-2 中相应的线宽组。

表12-2　线宽组　　　　　　　　　　　　　　　　　　　　　　单位：mm

线　宽　比	线　宽　组			
b	1.4	1.0	0.7	0.5
$0.7b$	1.0	0.7	0.5	0.35
$0.5b$	0.7	0.5	0.35	0.25

续表

线 宽 比	线 宽 组			
0.25b	0.35	0.25	0.18	0.13
注： 1．需要微缩的图纸，不宜采用 0.18mm 及更细的线宽。 　　2．同一张图纸内，各不同线宽中的细线，可统一采用较细的线宽组的细线。				

根据标准，设置图层的名称、颜色、线型和线宽，如图 12-59 所示。

图 12-59　线型设置

2．设置文字样式

图样及说明中的汉字，宜优先采用 TrueType 字体中的宋体字型，采用矢量字体时应采用长仿宋体字型，长仿宋体字型的宽度与高度的关系应符合表 12-3 的规定。打印线宽宜为 0.25～0.35mm，TrueType 字体的宽高比宜为 1。大标题、图册封面、地形图等的汉字，也可使用其他字体，但应易于辨认，其宽高比宜为 1。

表12-3　长仿宋体字高和字宽的关系　　　　　　　　单位：mm

字高	20	14	10	7	5	3.5
字宽	14	10	7	5	3.5	2.5

图样及说明中的字母与数字，宜优先采用 TrueType 字体中的 Roman 字型，书写规则应符合表 12-4 的规定。字母及数字，当需要写成斜体字时，其斜度应从字的底线逆时针向上倾斜 75°。斜体字的高度与宽度应与相应的直体字相等。字母及数字的字高不应小于 2.5mm。

表12-4　字母与数字的书写规则

书 写 格 式	一 般 字 体	窄 字 体
大写字母高度	h	h
小写字母高度（上下均无延伸）	$7/10h$	$10/14h$
小写字母伸出的头部或尾部	$3/10h$	$4/14h$
笔画宽度	$1/10h$	$1/14h$
字母间距	$2/10h$	$2/14h$
上下行基准线的最小间距	$15/10h$	$21/14h$
词间距	$6/10h$	$6/14h$

3．【工程图中汉字】样式的创建过程

操作步骤

① 执行菜单栏中的【格式】→【文字样式】命令，弹出【文字样式】对话框，如图 12-60 所示。

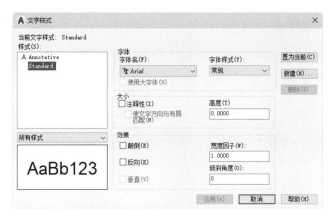

图 12-60　【文字样式】对话框

② 单击【新建】按钮，弹出【新建文字样式】对话框，输入【工程图中汉字】文字样式名，单击【确定】按钮，返回【文字样式】对话框。

③ 在【字体名】下拉列表中选择【T 仿宋_GB2312】选项（不要选成【T@仿宋_GB2312】选项，这种字体的输入方式是从右向左，并且字体的间距也不同），在【高度】文本框中设置高度值为【0.0000】，设置【宽度因子】为【0.7000】，其他使用默认值。

④ 单击【应用】按钮，完成【工程图中汉字】文字样式的创建。

4.【数字和字母】样式的创建过程

① 继续创建【数字和字母】文字样式。

② 单击【新建】按钮，弹出【新建文字样式】对话框，输入【数字和字母】文字样式名，单击【确定】按钮，返回【文字样式】对话框，如图 12-61 所示。

图 12-61　数字样式的设置

③ 在【字体名】下拉列表中选择【 gbeitc.shx】选项（不要选成【gbenor.shx】选项），在【高度】文本框中设置高度值为【0.0000】，设置【宽度因子】为【1.0000】，设置【倾斜角度】为【0】，字体本身带有倾斜角度。

④ 设置完后，单击【应用】按钮，完成【数字和字母】样式的创建。

5．绘制图框、标题栏和会签栏

用 PLINE、RECTANGLE、LINE 命令绘制图框、标题栏和会签栏（不注写具体内容），具体尺寸与要求如图 12-62 所示。

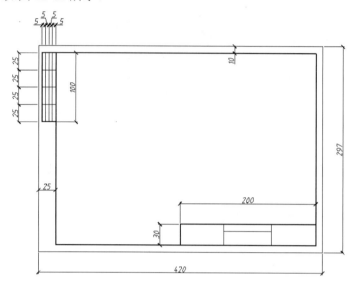

图 12-62　图框、标题栏和会签栏

12.3.2　绘制平面图的定位轴线

根据建筑物的开间和进深尺寸绘制墙与柱子的定位轴线，定位轴线应用细点画线绘制。

1．绘制轴线网

将【定位轴线】图层设置为当前图层，用【直线】命令绘制出最左侧和最下方的定位轴线，根据各轴线间距利用【偏移】或【复制】命令快速绘制轴线网，结果如图 12-63 所示。

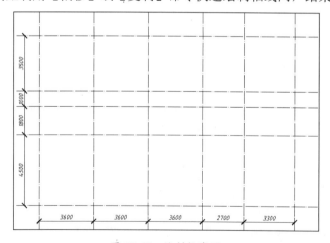

图 12-63　绘制轴线网

2．绘制定位轴线编号

定位轴线应编号，编号标注在轴线端部的圆内。圆应用细实线绘制，直径为 8～10mm。定位轴线圆的圆心，应在定位轴线的延长线上。平面图中定位轴线的编号，宜标注在图样的下方与左侧。横向编号应用阿拉伯数字，按从左至右的顺序编写，竖向编号应用大写拉丁字母，按从下至上的顺序编写。

采用创建属性图块的方法，可以实现对轴线编号的快速插入。插入点的选择很关键，在创建图块的过程中需要特别注意。如图 12-64 所示，插入点定在圆周的四分点上，选择时应把【捕捉】功能打开，以准确定位。

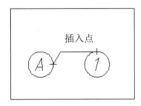

图 12-64　插入点

① 在【轴线编号与圆】图层用 CIRCLE 命令绘制出直径为 8mm 的圆。

② 执行菜单栏中的【绘图】→【块】→【定义属性】命令，弹出【属性定义】对话框。

③ 在【属性定义】对话框中设置属性模式，并输入标记信息、位置和文字选项。为了使轴线编号中心位于定位轴线圆的圆心，在【文字设置】选项组的【对正】下拉列表中选择【中间】选项，所设内容如图 12-65 所示。单击【确定】按钮后，在屏幕上指定文字的插入点时，利用【捕捉】功能指定定位轴线圆的圆心。

图 12-65　定义【轴线编号】图块的属性

④ 单击【绘图】面板中的【创建块】按钮，创建【轴线编号】图块。

⑤ 单击【绘图】面板中的【插入】按钮，在【插入】对话框的【名称】下拉列表中选择已经定义的【轴线编号】选项。

如果需要使用定点设备指定插入点、比例或旋转角度，请在命令行中选择【基点】、【比例】、【X】、【Y】、【Z】和【旋转】选项，并输入对应的值。

命令行操作提示如下。

```
命令：_INSERT
指定插入点或 [基点(B)/比例(S)/X/Y/Z/旋转(R)/预览比例(PS)/PX/PY/PZ/预览旋转(PR)]：(在图
上单击要插入的点)
输入 X 比例因子，指定对角点，或 [角点(C)/XYZ] <1>：(打回车不改变图块 X 方向上比例)
输入 Y 比例因子或 <使用 X 比例因子>：1（打回车或输入值 1 表示 Y 方向上不缩放）
指定旋转角度 <0>：0（不旋转图块）
输入属性值
输入轴线编号：A
```

⑥ 重复插入，完成对所有定位轴线编号的插入，如图 12-66 所示。

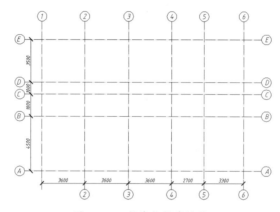

图 12-66 轴线与轴线编号

为了方便绘制，将插入点统一为各轴线的端点，待全部编号绘制完成后，再利用【移动】命令将偏向一侧的编号移至合适位置。

12.3.3 绘制平面图的墙体

根据墙厚标注尺寸绘制墙体，可以暂时不考虑门窗洞口，画出全部墙线。用 MLINE 命令绘制墙体。

MLINE 命令按当前多线样式指定的线型、条数、比例及端口形式绘制多条平行线段。最外侧两条线段的间距可在该命令中重新指定。用 MLINE 命令绘制建筑平面图中的墙体十分方便。

操作步骤

1. 多线样式的创建

① 执行菜单栏中的【格式】→【多线样式】命令，打开【多线样式】对话框。

② 单击【新建】按钮弹出【创建新的多线样式】对话框，在此对话框中输入多线样式的名称并选择开始绘制的多线样式。该多线样式的名称为【建筑墙体】，然后单击

【继续】按钮，如图 12-67 所示。

③ 在随后弹出的【新建多线样式：建筑墙体】对话框中建立两种样式，分别为【外墙线】和【内墙线】，【外墙线】是两端封口的，【内墙线】的端口不闭合，设置完成后单击【确定】按钮，如图 12-68 所示。

图 12-67　创建内外墙线　　　　图 12-68　创建【内墙线】和【外墙线】的参数设置

技巧点拨：

根据规范要求，比例小于 1∶50 的图，墙体断面不填充；由已知的尺寸标注可知，平面图中建筑墙体的墙厚是 240mm，元素偏移选为±120；多线的线型、颜色都为随层设置，粗实线，黑色，线宽为 0.7mm。说明是可选的，最多可以输入 255 个字符，包括空格，可输入对所设多线的描述。

④ 在【多线样式】对话框中单击【保存】按钮，将多线样式保存在文件中（默认文件为 acad.mln），可以将多个多线样式保存在同一个文件中。

技巧点拨：

如果要创建多个多线样式，请在创建新样式之前保存当前样式，否则将丢失对当前样式所做的修改。

2．绘制墙体

① 执行菜单栏中的【绘图】→【多线】命令，用外墙线绘制外墙，用内墙线绘制内墙，完成对所有墙体的绘制，效果如图 12-69 所示。命令行提示与输入操作过程如下。

```
命令: _MLINE
当前设置: 对正 = 上, 比例 = 20.00, 样式 = STANDARD
指定起点或 [对正(J)/比例(S)/样式(ST)]: S↙
输入多线比例 <20.00>: 1↙
当前设置: 对正 = 上, 比例 = 1.00, 样式 = STANDARD
指定起点或 [对正(J)/比例(S)/样式(ST)]: J
输入对正类型 [上(T)/无(Z)/下(B)] <上>: Z
当前设置: 对正 = 无, 比例 = 20.00, 样式 = STANDARD
指定起点或 [对正(J)/比例(S)/样式(ST)]: ST
当前设置: 对正 = 无, 比例 = 20.00, 样式 = 外墙线
指定起点或 [对正(J)/比例(S)/样式(ST)]: J
输入多线比例 <20.00>: 240 (设置多线间距为240)
当前设置: 对正 = 无, 比例 = 240.00, 样式 =外墙线
```

指定起点或 ［对正(J)/比例(S)/样式(ST)］：（根据墙体的定位轴线）
指定下一点或 ［放弃(U)］：（直到完成所有的墙体）

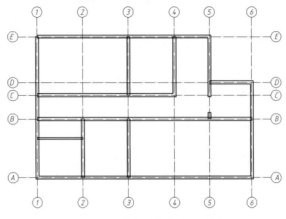

图 12-69　用【多线】命令绘制墙体

② 执行菜单栏中的【修改】→【修剪】命令，对定位轴线进行修剪，修剪后的轴线如图 12-70 所示。

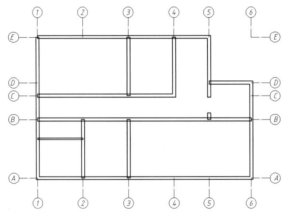

图 12-70　修剪后的轴线

3．编辑墙体线

使用 MLEDIT 命令可以编辑多线的交点，可以根据不同的交点类型（十字交叉、T 形相交或顶点）采用不同的工具进行编辑，还可以使一条或多条平行线断开或连接。

① 执行菜单栏中的【修改】→【多线】命令，或者在命令行中输入【MLEDIT】，按【Enter】键。

② 输入命令后会弹出如图 12-71 所示的【多线编辑工具】对话框。

③ 在弹出的【多线编辑工具】对话框中，单击【T 形打开】 图标和【角点结合】 图标，对墙体线 T 形和角点部位分别进行打开与结合编辑。【T 形打开】图标打开后的结果如图 12-72 所示。

④ 单击【角点结合】图标，墙体角点结合前后如图 12-73 所示。

⑤ 编辑后的墙体图如图 12-74 所示。

图 12-71　【多线编辑工具】对话框

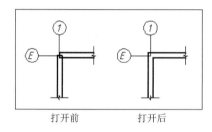

图 12-72　多线的编辑

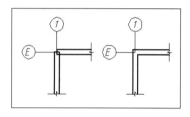

图 12-73　墙体角点结合前后

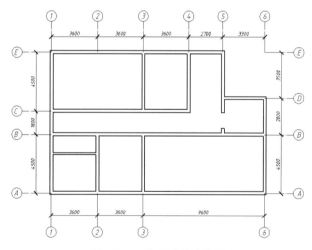

图 12-74　编辑后的墙体图

4．绘制门洞和窗洞

根据门窗的大小及位置，确定门窗的洞口位置，然后单击【绘图】面板中的【直线】按钮，按图中尺寸绘制门窗边界的辅助线，绘制用于修剪门窗的边界线，然后单击【修改】面板中的【修剪】按钮，修剪后的门窗洞如图 12-75 所示。

用同样的方法完成对其他所有门窗洞的绘制。

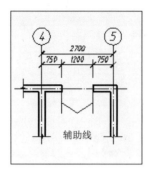

图 12-75　修剪后的门窗洞

12.3.4　绘制平面图的门窗

该平面图中的门有 3 种类型，即 M-1、M-2、M-3；窗户有 4 种类型，即 C-1、C-2、C-3、C-4。按规定图例绘制门窗符号，创建成图块，实现相同或类似图形的插入，提高绘图效率并且便于修改。

1．窗户的绘制

窗户图例由 4 条细线组成，总厚度与墙相同，宽度有 1800mm 和 1200mm 这 2 种。本案例绘制的窗户的宽度为 1800mm。

① 定义图块并创建【窗户】图块，宽度为 1800mm 的窗户可以直接插入，宽度为 1200mm 的窗户需要改变 X 方向的比例因子进行插入。如图 12-76 所示，插入【窗户】图块。具体的操作过程如下。

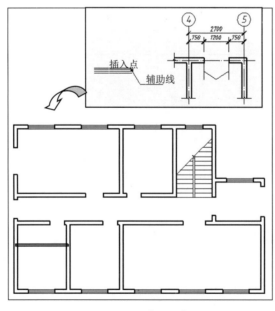

图 12-76　插入【窗户】图块

```
命令：_INSERT
指定插入点或 [基点(B)/比例(S)/X/Y/Z/旋转(R)/预览比例(PS)/PX/PY/PZ/预览旋转(PR)]：(捕捉
窗户的插入点)
输入 X 比例因子，指定对角点，或 [角点(C)/XYZ] <1>:3/4（或 0.667）
输入 Y 比例因子或 <使用 X 比例因子>：1
指定旋转角度 <0>：0（完成对 1200mm 的窗户插入）
```

② 以同样的方法完成对所有【窗户】图块的插入。

2．门的绘制

用中粗线绘制宽为 1000mm 的门的图例，创建【门】图块。插入【门】图块时需要注意门的大小、位置和方向，图 12-77 给出了不同参数下门的方向与位置，需要根据门的具体大小、位置与方向调整参数。

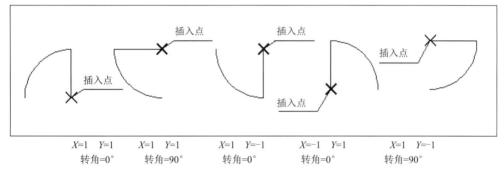

| X=1　Y=1 | X=1　Y=1 | X=1　Y=−1 | X=−1　Y=1 | X=1　Y=−1 |
| 转角=0° | 转角=90° | 转角=0° | 转角=0° | 转角=90° |

图 12-77　不同参数下门的方向与位置

左侧楼道门的插入过程如下。

```
命令：_INSERT
指定插入点或 [基点(B)/比例(S)/X/Y/Z/旋转(R)]：(选择在屏幕上指定插入点)
输入 X 比例因子，指定对角点，或 [角点(C)/XYZ(XYZ)] <1>: 0.9
输入 Y 比例因子或 <使用 X 比例因子>：
指定旋转角度 <0>：
命令：
INSERT（插入另外半扇门）
指定插入点或 [基点(B)/比例(S)/X/Y/Z/旋转(R)]：
输入 X 比例因子，指定对角点，或 [角点(C)/XYZ(XYZ)] <1>: 0.9
输入 Y 比例因子或 <使用 X 比例因子>：-0.9
指定旋转角度 <0>：
```

【门】图块的插入如图 12-78 所示。

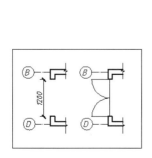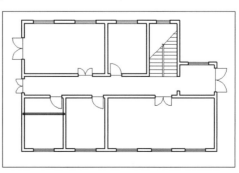

图 12-78　【门】图块的插入

12.3.5 绘制室外台阶、散水、楼梯、卫生器具、家具

室外的散水和台阶可以直接利用细实线依据图上所标的尺寸绘制，楼梯也可以直接绘制。而室内的家具和卫生器具常常采用插入图例给出。所需的图例可以从设计中心、建筑图库或自己建立的图库中调用，特殊图例应自己绘制，线型为细实线。绘制的室外台阶如图 12-79 所示。

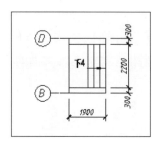

图 12-79 绘制的室外台阶

12.3.6 文字标注

本节主要标注尺寸、房间名称、门窗名称及其他符号，从而完成平面图的绘制。

平面图中的外墙尺寸一般有 3 层：最内层为门窗的大小和位置尺寸（门窗的定型和定位尺寸）；中间层为定位轴线的间距尺寸（房间的开间和进深尺寸）；最外层为外墙总尺寸（房屋的总长和总宽）。内墙上的门窗尺寸可以标注在图形内。此外，还需要标注某些局部尺寸，如墙厚、台阶、散水等，以及室内和室外等处的标高。

下面以图 12-80 为例对左侧进行连续尺寸标注。

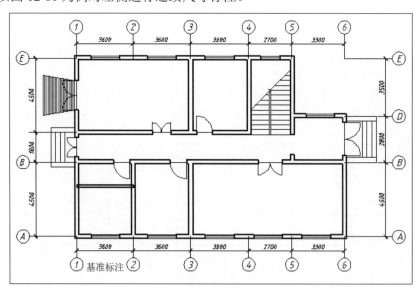

图 12-80 连续标注

操作步骤

1．连续标注

① 把【尺寸标注】层设为当前层。

② 打开【标注】工具栏。

③ 打开【对象捕捉】选项卡，选中【端点】、【垂足】和【中点】等复选框。

④ 单击【标注】工具栏中的【线性】标注按钮⊟，线性标注定位轴线Ⓐ至Ⓔ。

⑤ 把 4500 尺寸作为尺寸基准，单击【标注】工具栏中的【继续】按钮⊬，连续标注Ⓑ、Ⓒ间，Ⓒ、Ⓓ间定位轴线的尺寸。命令行操作提示如下。

```
命令：_DIMLINEAR
指定第一条尺寸界线原点或 <选择对象>：
指定第二条尺寸界线原点：
指定尺寸线位置或
[多行文字(M)/文字(T)/角度(A)/水平(H)/垂直(V)/旋转(R)]：
标注文字 = 4500
命令：_DIMCONTINUE
指定第二条尺寸界线原点或 [放弃(U)/选择(S)] <选择>：
标注文字 = 1800
指定第二条尺寸界线原点或 [放弃(U)/选择(S)] <选择>：
标注文字 = 4500
```

⑥ 重复步骤④和步骤⑤，完成对其他定位轴线间尺寸的标注。

2．基线标注

① 把完成定位轴线标注的图 12-81 作为尺寸基准。

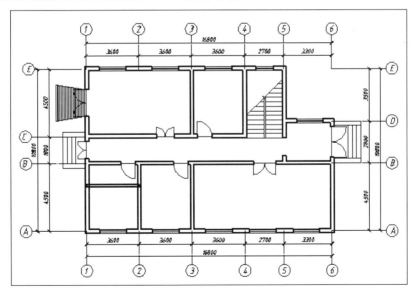

图 12-81 基线标注

② 单击【标注】工具栏中的【基线】标注按钮⊟，标注定位轴线Ⓐ至Ⓔ。

③ 当命令行提示选择【基准标注】时，把 4500 尺寸作为尺寸基准。

④ 完成对外形总体尺寸的标注。命令行操作提示如下。

```
命令：_DIMBASELINE
指定第二条尺寸界线原点或 [放弃(U)/选择(S)] <选择>：S
选择基准标注：
指定第二条尺寸界线原点或 [放弃(U)/选择(S)] <选择>：
标注文字 = 11040
指定第二条尺寸界线原点或 [放弃(U)/选择(S)] <选择>：U
```

3．高程的注写

标高符号应以直角等腰三角形表示，用细实线绘制，平面图中标高符号的具体画法如图 12-82 所示。

操作步骤

① 把【细实线】层设为当前层。

② 打开【DYN】功能，即【动态输入】功能。

③ 打开【对象捕捉】选项卡，选中【端点】和【垂足】复选框。

④ 单击【绘图】面板中的【直线】按钮，绘制等腰直角三角形和高程注写位置线。

⑤ 执行菜单栏中的【绘图】→【文字】→【单行文字】命令，选择【数字和字母】文字样式，注写底层室内高程±0.000 和室外高程-0.450，如图 12-83 所示。

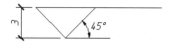

图 12-82　标高符号的绘制要求　　　　　图 12-83　底层室内高程和室外高程的注写

提示：

正负号的输入采用“%%P”。

4．指北针、图名及比例的绘制

① 把【细实线】层设为当前层。

② 单击【绘图】面板中的【圆心、半径】按钮，绘制直径为 24mm 的圆。

③ 打开象限点、交点等对象捕捉功能。

④ 单击【绘图】面板中的【直线】按钮，绘制内部的箭头。

⑤ 从菜单栏中选择【绘图】→【文字】→【单行文字】命令，选择【数字和字母】文字样式，注写【北】，表明朝向。

⑥ 单击【绘图】面板中的【多行文字】按钮，设定文字大小为【1000】，在平面图的正下方标注【底层平面图 1：100】。绘制完成的办公楼底层平面图如图 12-84 所示。

⑦ 保存绘制完成的结果。

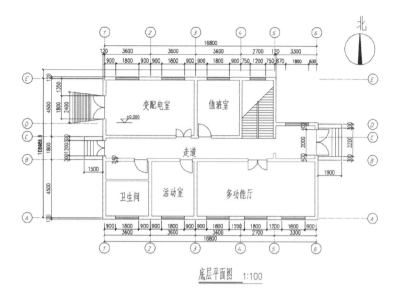

图 12-84 绘制完成的办公楼底层平面图

12.4 课后习题

1. 绘制学生宿舍楼一层平面图

通过绘制如图 12-85 所示的某学生宿舍楼一层平面图,学习图层、轴线、柱子、墙体和门窗的绘制技巧。本题的主要难点是绘制墙体和门窗,需要特别注意【多线】和【块】命令的应用。

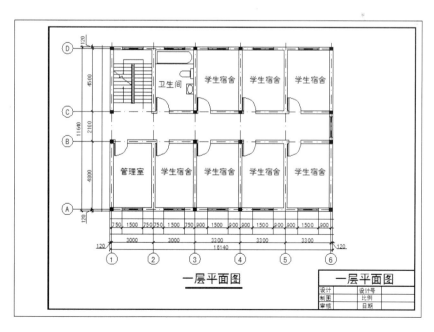

图 12-85 某学生宿舍楼一层平面图

2．绘制某住宅楼二层平面图

绘制如图 12-86 所示的住宅楼二层平面图。其绘制方法如下：根据需要绘制的设计方案对绘图环境进行设置，然后确定网柱，再绘制墙体、门窗、阳台、楼梯、雨篷、踏步、散水、设备，标注初步尺寸和必要的文字说明。

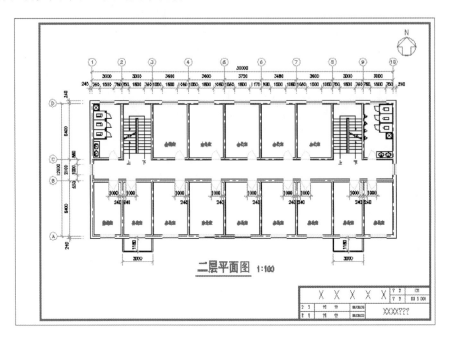

图 12-86　住宅楼二层平面图

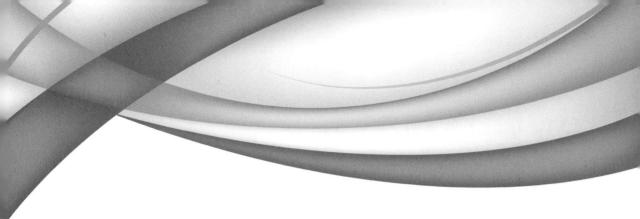

第 13 章
绘制立面图与剖面图

本章内容

建筑立面图是指用正投影法对建筑各个外墙面进行投影所得到的正投影图。与平面图一样，建筑的立面图也是表达建筑物的基本图样之一，主要反映建筑物的立面形式和外观情况。

建筑剖面图是指用一个假想的剖切面将房屋垂直剖开所得到的投影图。建筑剖面图是与平面图和立面图相互配合表达建筑物的重要图样，主要反映建筑物的结构形式、垂直空间利用、各层构造做法和门窗洞口高度等情况。

知识要点

- ☑ 建筑立面图概述
- ☑ 绘制办公楼正立面图
- ☑ 建筑剖面图概述
- ☑ 绘制学生宿舍楼剖面图

13.1 建筑立面图概述

立面图用来表达室内立面形状（造型），以及室内墙面、门窗、家具、设备等的位置、尺寸、材料和做法等，是建筑外装修的主要依据。

13.1.1 建筑立面图的形成、用途与命名方式

在与建筑立面平行的铅直投影面上所做的正投影图称为建筑立面图，简称"立面图"。如图 13-1 所示，从房屋的 4 个方向投影所得到的正投影图就是各方向的立面图。

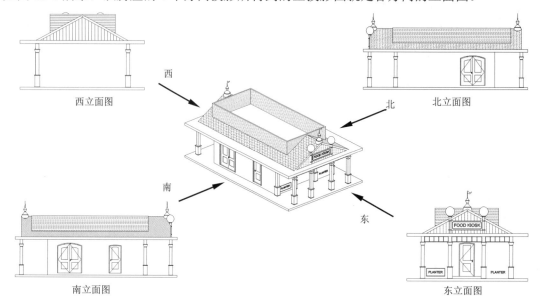

图 13-1　立面图的形成

立面图是用来表达室内立面形状（造型），以及室内墙面、门窗、家具、设备等的位置、尺寸、材料和做法等内容的图样，是建筑外装修的主要依据。

立面图的命名方式有以下 3 种。

● **按各墙面的朝向命名**：建筑物某个立面面向的那个方向，就称为该方向的立面图，如东立面图、西立面图、西南立面图、北立面图等。

● **按墙面的特征命名**：将建筑物反映主要出入口或比较显著地反映外貌特征的那一面称为正立面图，其余立面图依次为背立面图、左立面图和右立面图。

● **用建筑平面图中轴线两端的编号命名**：按照观察者面向建筑物从左到右的轴线顺序命名，如①—③立面图、Ⓒ—Ⓐ立面图等。

施工图中这 3 种命名方式都可以使用，但每套施工图只能采用其中的一种方式命名。

13.1.2　建筑立面图的内容与要求

某住宅南立面图如图 13-2 所示。

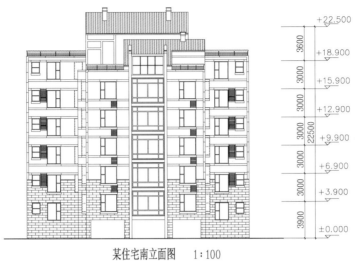

某住宅南立面图　　1:100

图 13-2　某住宅南立面图

由图 13-2 可知，建筑立面图应该表达的内容与要求包括以下几点。

● 画出室外地面线及房屋的踢脚、台阶、花台、门窗、雨篷、阳台，以及室外的楼梯、外墙、柱、预留孔洞、檐口、屋顶、流水管等。

● 注明外墙各主要部分的标高，如室外地面、台阶、窗台、阳台、雨篷、屋顶等处的标高。

● 在一般情况下，立面图上可以不注明高度、方向、尺寸，但对于外墙预留孔洞除注明标高尺寸外，还应注出其大小和定位尺寸。

● 标注立面图中图形两端的轴线及编号。

● 标注各部分构造、装饰节点详图的索引符号。用图例或文字来说明装修材料及方法。

13.2　案例一：绘制办公楼正立面图

如图 13-3 所示，办公楼正立面图比较复杂，主要由 1 个底层、4 个标准层和 1 个顶层组成。

绘制立面图的一般原则是自下而上。由于建筑物的立面现在越来越复杂，需要表现的图形元素也就越来越多。在绘制过程中，与建筑物立面相似或相同的图形对象很多，因此需要灵活应用复制、镜像、阵列等操作，这样才能快速绘制出建筑立面图。

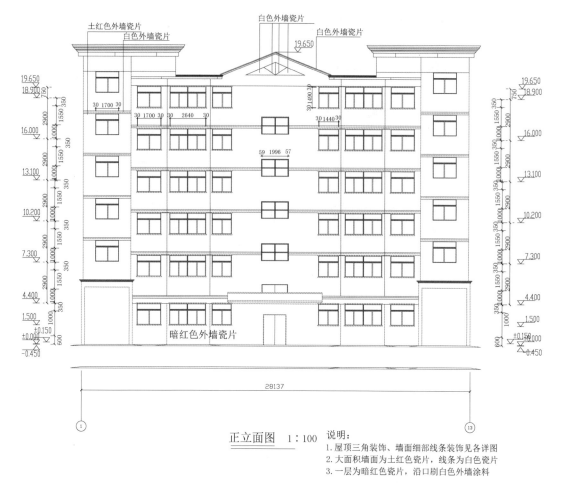

正立面图　1：100

说明：
1. 屋顶三角装饰、墙面细部线条装饰见各详图
2. 大面积墙面为土红色瓷片，线条为白色瓷片
3. 一层为暗红色瓷片，沿口刷白色外墙涂料

图 13-3　办公楼正立面图

13.2.1　设置绘图参数

建立本章需要的图层的具体步骤如下。

操作步骤

① 单击【图层】面板中的【图层特性管理器】按钮，系统会弹出【图层特性管理器】选项板。

② 在【图层特性管理器】选项板中单击【新建图层】按钮，新建【轴线】和【门】图层，指定图层颜色为【洋红】；新建【墙】和【屋顶房】图层，指定颜色为【红】；新建【屋板】和【窗户】图层，指定颜色为【蓝】；新建【标注】图层，其他栏采用默认设置。这样就得到了初步的图层设置，如图 13-4 所示。

图 13-4 图层设置

13.2.2 设置标注样式

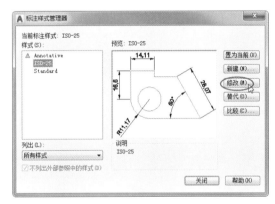

操作步骤

① 执行菜单栏中的【标注】→【标注样式】命令，系统会弹出【标注样式管理器】对话框，如图 13-5 所示。单击【修改】按钮，系统会弹出【修改标注样式：ISO-25】对话框。

图 13-5 【标注样式管理器】对话框

② 设置【线】和【符号和箭头】选项卡。在【线】选项卡设定【尺寸线】选项组中的【基线间距】为【1.0000】，设定【尺寸界线】选项组中的【超出尺寸线】为【100.0000】，【起点偏移量】为【200.0000】；在【符号和箭头】选项卡中单击【箭头】选项组中【第一个】的下拉按钮☑，在弹出的下拉列表中选择【☑建筑标记】选项，单击【第二个】的下拉按钮☑，在弹出的下拉列表中选择【☑建筑标记】选项，并设定【箭头大小】为【150.0000】，设置结果如图 13-6 所示。

③ 选择【文字】选项卡，在【文字外观】选项组中设定【文字高度】为【300.0000】，在【文字位置】选项组中设定【从尺寸线偏移】为【150.0000】，设置结果如图 13-7 所示。

④ 选择【调整】选项卡，在【调整选项】选项组中选中【箭头】单选按钮，在【文字位置】选项组中选中【尺寸线上方，不带引线】单选按钮，设置结果如图 13-8 所

示。单击【确定】按钮返回【标注样式管理器】对话框，最后单击【关闭】按钮返回绘图区。

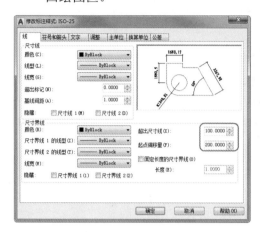 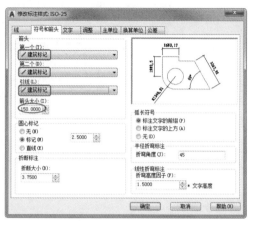

图 13-6　设置【线】选项卡与【符号和箭头】选项卡

 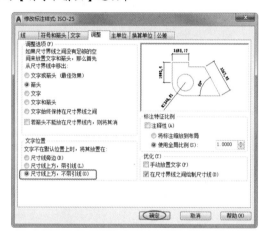

图 13-7　设置【文字】选项卡　　　　　图 13-8　设置【调整】选项卡

13.2.3　绘制底层立面图

操作步骤

1. 绘制底层轴线网

① 单击【图层】面板中的【图层控制】下拉按钮 ，选择【轴线】选项，使当前图层是【轴线】。

② 单击【绘图】面板中的【构造线】按钮 ，在正交模式下绘制 1 条竖直构造线和 1 条水平构造线，组成【十】字轴线网。

③ 单击【绘图】面板中的【偏移】按钮 ，将竖直构造线向右进行多次偏移；再将水平构造线向上进行多次偏移，偏移后的竖直构造线和水平构造线共同构成了底层的轴线网，如图 13-9 所示。

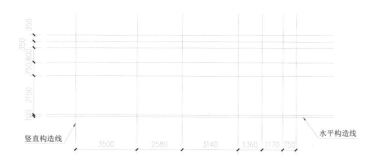

图 13-9　底层的轴线网

2. 绘制墙体

① 单击【图层】面板中的【图层控制】下拉按钮 ☑，选择【墙】选项，使当前图层是
【墙】。

② 单击【绘图】面板中的【偏移】按钮 ▣，把左边的两根竖直线往左右两边各偏移【120】，
得到墙的边界线，绘制结果如图 13-10 所示。

③ 单击【绘图】面板中的【多段线】按钮 ▣，设定多段线的宽度为【50】，根据轴线
绘制墙轮廓，绘制结果如图 13-11 所示。

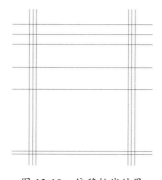

图 13-10　偏移轴线结果

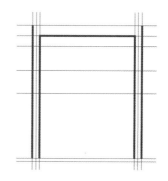

图 13-11　绘制墙轮廓

④ 单击【绘图】面板中的【多段线】按钮 ▣，根据轴线绘制中间的墙轮廓，绘制结果
如图 13-12 所示。

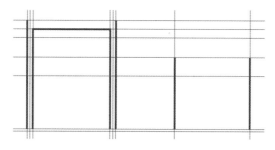

图 13-12　绘制中间的墙轮廓

⑤ 单击【绘图】面板中的【直线】按钮 ▣，沿着中间墙边界绘制两条竖直线，长为
【1520】。然后单击【修改】面板中的【移动】按钮 ▣，把左边的线往右边移动【190】，
把右边的直线往左边移动【190】，得到中间的墙体，绘制结果如图 13-13 所示。

⑥ 单击【绘图】面板中的【多段线】按钮🔄，设定多段线的宽度为【20】，根据右边的轴线绘制出一条水平直线。单击【修改】面板中的【偏移】按钮🔳，把刚才绘制的直线连续向上偏移【100】、【60】、【580】和【60】，绘制结果如图 13-14 所示。

图 13-13　中间墙体的绘制结果

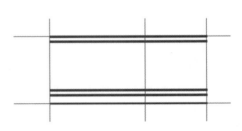

图 13-14　绘制直线

⑦ 单击【修改】面板中的【偏移】按钮🔳，把竖直轴线向左偏移【40】，再向右偏移【60】。然后使用夹点编辑命令把上边的 4 条直线拉到左边偏移轴线，把下边的 1 条直线拉到右边偏移轴线，绘制结果如图 13-15 所示。

⑧ 单击【绘图】面板中的【多段线】按钮🔄，绘制多段线把左边的偏移直线连上，绘制结果如图 13-16 所示。

图 13-15　夹点编辑结果

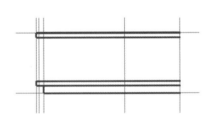

图 13-16　多线段连接结果

⑨ 单击【修改】面板中的【偏移】按钮🔳，把墙边的轴线往外偏移【900】。然后单击【绘图】面板中的【多段线】按钮🔄，绘制剖切的斜地面共 4 段，如图 13-17 所示。

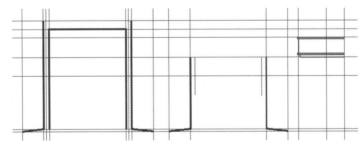

图 13-17　绘制地面剖切线

3．绘制屋板

① 单击【图层】面板中的【图层控制】下拉按钮🔽，选择【屋板】选项，使当前图

层是【屋板】。

② 单击【绘图】面板中的【多段线】按钮 ，设定多段线的宽度为【10】，在墙上绘制出如图 13-18 所示的檐边线。

③ 单击【修改】面板中的【镜像】按钮 ，镜像得到另一端的檐边线，绘制结果如图 13-19 所示。

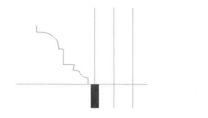

图 13-18　绘制檐边线（一）

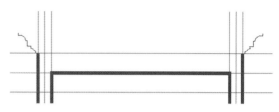

图 13-19　绘制檐边线（二）

④ 单击【绘图】面板中的【直线】按钮 ，捕捉两端檐边线的对称点绘制直线，将绘制结果放大，如图 13-20 所示。屋板整体绘制结果如图 13-21 所示。

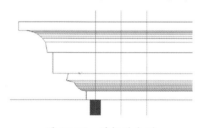

图 13-20　屋板放大图

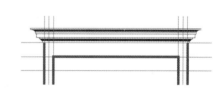

图 13-21　屋板整体绘制结果

4．绘制门窗

① 单击【图层】面板中的【图层控制】下拉按钮 ，选择【窗户】选项，使当前图层是【窗户】。

② 单击【绘图】面板中的【直线】按钮 ，绘制 3 个不同规格的窗户，如图 13-22 所示。

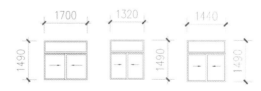

图 13-22　绘制 3 个不同规格的窗户

③ 单击【修改】面板中的【复制】按钮 ，将窗户复制到立面图中，如图 13-23 所示。其中，最左边是宽为【1700】的窗户，中间是两个宽为【1320】的窗户，最右边是宽为【1440】的窗户。

④ 单击【修改】面板中的【复制】按钮 ，将屋板的中间直线部分复制到窗户上方。单击【修改】面板中的【延伸】按钮 ，把屋板线延伸到两边的墙上，得到中间的屋板，绘制结果如图 13-24 所示。

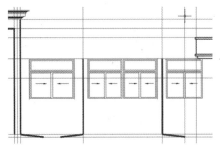

图 13-23　复制窗户结果

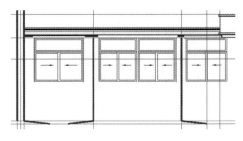

图 13-24　绘制中间的屋板

⑤　单击【绘图】面板中的【直线】按钮／，在入口屋板上绘制一个冒头的窗户，绘制
　　结果如图 13-25 所示。

⑥　单击【图层】面板中的【图层控制】下拉按钮▾，选择【门】选项，使当前图层是
　　【门】。

⑦　单击【绘图】面板中的【直线】按钮／，根据辅助线绘制入口的大门，绘制结果如
　　图 13-26 所示。

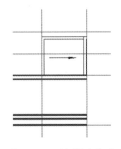

图 13-25　绘制的窗户

图 13-26　绘制的入口的大门

⑧　单击【绘图】面板中的【直线】按钮／，按照辅助线把地面线绘制出来。

⑨　单击【绘图】面板中的【多段线】按钮⟳，指定线的宽度为【50】，在各个窗户的
　　上方和下方绘制矩形窗台。这样底层立面就绘制好了，绘制结果如图 13-27 所示。

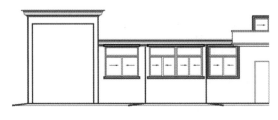

图 13-27　底层立面绘制效果

13.2.4　绘制标准层立面图

操作步骤

①　标准层高度为【2900】。单击【绘图】面板中的【多段线】按钮⟳，绘制一条长为
　　【2900】的竖直多段线作为墙的边线。单击【修改】面板中的【复制】按钮％，将

多段线复制到各个墙边处。然后单击【绘图】面板中的【直线】按钮 ，在墙的端部绘制两条直线作为顶板上边线。单击【修改】面板中的【偏移】按钮 ，将顶板上边线连续向下偏移【140】、【20】和【140】，这样就可以得到楼板线。由此，标准层框架就绘制好了，绘制结果如图 13-28 所示。

② 单击【修改】面板中的【复制】按钮 ，将一个宽为【1700】的窗户复制到左边的房间立面上，绘制结果如图 13-29 所示。

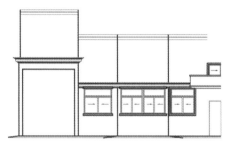

图 13-28 绘制标准层框架

图 13-29 复制窗户的结果

③ 单击【修改】面板中的【复制】按钮 ，把底层的 4 个窗户复制到标准层对应位置，结果如图 13-30 所示。

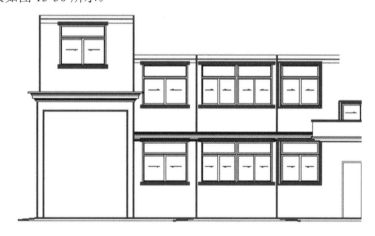

图 13-30 复制 4 个窗户

④ 绘制标准层右边的窗户。单击【修改】面板中的【复制】按钮 ，复制下边只有一半的窗户。单击【修改】面板中的【偏移】按钮 ，将窗户里边的最下边的水平直线连续向下偏移【625】、【40】和【30】，绘制结果如图 13-31 所示。

⑤ 使用夹点编辑命令把窗户里边的直线闭合。单击【绘图】面板中的【多段线】按钮 ，使用多段线把窗户包围起来，得到窗框，绘制结果如图 13-32 所示。

⑥ 单击【修改】面板中的【镜像】按钮 ，对上面的绘制结果进行镜像操作，这样就可以得到标准层右边的窗户，绘制结果如图 13-33 所示。

⑦ 由此，标准层绘制结果如图 13-34 所示。

图 13-31　偏移操作结果　　　　图 13-32　绘制窗框　　　　图 13-33　窗户的绘制结果

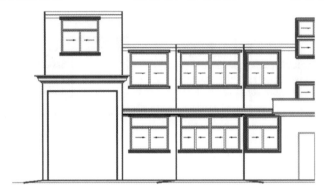

图 13-34　标准层绘制结果

⑧　单击【修改】面板中的【复制】按钮 ，选中标准层作为复制对象，如图 13-35 所示。

⑨　捕捉标准层的最左下角点作为基准点，不断把标准层复制到标准层的最左上角点，总共复制 4 个标准层，加上原来的 1 个标准层，共有 5 个标准层，绘制结果如图 13-36 所示。

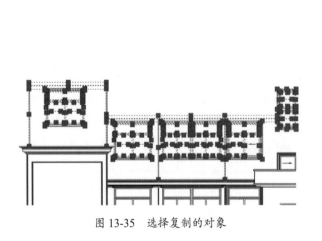

图 13-35　选择复制的对象　　　　　　图 13-36　复制标准层的结果

13.2.5　绘制顶层立面图

操作步骤

① 单击【修改】面板中的【删除】按钮 ✐，删除顶层立面图不需要的图形元素，如右边的窗户和楼板等，绘制结果如图 13-37 所示。

图 13-37　删除多余的图形元素

② 单击【绘图】面板中的【多段线】按钮 ⟲，在顶层上部绘制墙体框架，然后调出【修改】面板，单击【复制】按钮 ⅋，把底层的檐口边线复制到墙边处，绘制结果如图 13-38 所示。

图 13-38　绘制顶层左边框架

③ 单击【修改】面板中的【复制】按钮 ⅋，将底层的顶板图案复制到最顶层对应位置。单击【修改】面板中的【延伸】按钮 ⊸╱，把所有直线延伸到最远的两端，绘制结果如图 13-39 所示。

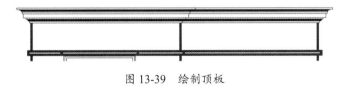

图 13-39　绘制顶板

④ 采用同样的方法绘制下一级的顶板，绘制结果如图 13-40 所示。

⑤ 单击【绘图】面板中的【直线】按钮 ╱，绘制一个三角屋顶，绘制结果如图 13-41 所示。

⑥ 单击【修改】面板中的【镜像】按钮 ⚎，选中所有图形，进行镜像操作，结果如图 13-42 所示。

⑦ 单击【修改】面板中的【删除】按钮 ✐，删除右下角的墙线，然后单击【修改】面板中的【复制】按钮 ⅋，将两个小窗户复制到对应的墙面上。至此，整个墙的立面图最终完成绘制，绘制结果如图 13-43 所示。

图 13-40　立面图绘制结果

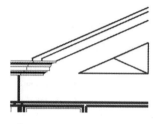

图 13-41　绘制顶层三角屋顶

图 13-42　镜像操作结果

图 13-43　正立面图绘制结果

13.2.6　尺寸和文字标注

操作步骤

① 单击【图层】面板中的【图层控制】下拉按钮，选择【标注】选项，使当前图层是【标注】。

② 单击【绘图】面板中的【直线】按钮，在立面图上引出折线。单击【绘图】面板中的【多行文字】按钮 **A**，在折线上标出各个立面的材料，这样就可以得到建筑外立面图，如图 13-44 和图 13-45 所示。

图 13-44 墙面绘制方法

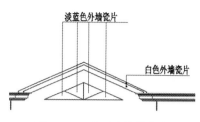

图 13-45 屋顶房绘制方法

③ 执行菜单栏中的【标注】→【对齐】命令，进行尺寸标注，立面图内部的标注结果如图 13-46 所示。

图 13-46 立面图内部的标注结果

④ 执行菜单栏中的【标注】→【对齐】命令，进行尺寸标注，立面图外部的标注结果如图 13-47 所示。

图 13-47 立面图外部的标注结果

⑤ 单击【绘图】面板中的【直线】按钮 ✏，绘制一个标高符号。单击【修改】面板中的【复制】按钮 🗐，把标高符号复制到各个需要处。单击【绘图】面板中的【多行文字】按钮 🅰，在标高符号上方标出具体的高度值。标高标注结果如图 13-48 所示。

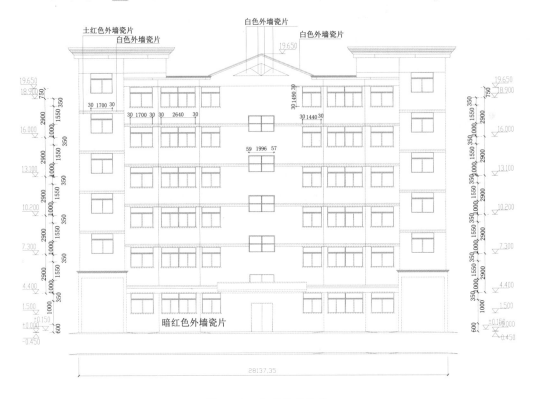

图 13-48 标高标注结果

⑥ 绘制两边的定位轴线编号：单击【绘图】面板中的【圆心、半径】按钮 ⊘，绘制一个小圆作为轴线编号的圆圈。然后单击【绘图】面板中的【多行文字】按钮 🅰，在圆圈内标注文字【1】，得到 1 轴的编号。单击【修改】面板中的【复制】按钮 🗐，复制一个轴线编号到 13 轴处，并双击其中的文字，把其中的文字改为【15】。轴线标注结果如图 13-49 所示。

图 13-49 轴线标注结果

⑦ 单击【绘图】面板中的【多行文字】按钮 🅰，在右下角标注如图 13-50 所示的文字。

⑧ 单击【绘图】面板中的【多行文字】按钮 🅰，在图纸正下方标注图名，如图 13-51 所示。

说明:
1. 屋顶三角装饰、墙面细部线条装饰见各详图
2. 大面积墙面为土红色瓷片,线条为白色瓷片
3. 一层为暗红色瓷片,沿口刷白色外墙涂料

图 13-50   文字说明

正立面图 1:100

图 13-51   绘制图名

⑨   最终绘制的办公楼正立面图如图 13-52 所示。

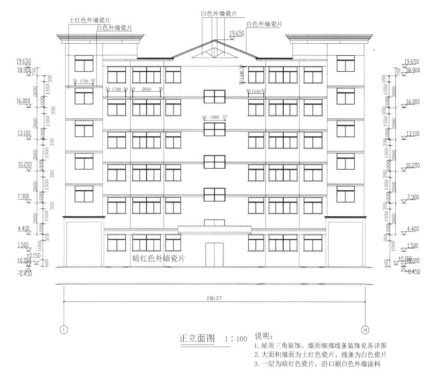

图 13-52   办公楼正立面图

13.3   建筑剖面图概述

建筑剖面图是建筑施工图的一部分。本节主要介绍建筑剖面图的基础知识,使读者了解建筑剖面图的重要性。

建筑剖面图是建筑设计、施工图纸中的重要组成部分,其设计与平面设计是从两个不同的方面来反映建筑内部空间关系的。平面设计着重解决内部空间的水平方向的问题,而剖面设计则主要研究垂直方向空间的处理,两个方面都涉及建筑的使用功能、技术经济条件和周围环境等问题。

13.3.1   建筑剖面图的形成与作用

假设用一个或多个垂直于外墙轴线的铅垂副切面将房屋剖开,由此所得的投影图称为建

筑剖面图，简称"剖面图"，如图 13-53 所示。

图 13-53　剖面图的形成

剖面图主要用来表达室内内部结构，以及墙体、门窗等的位置、做法、结构和空间关系。

13.3.2　剖切位置及投射方向的选择

由相关规范可知，剖面图的剖切部位应该根据图纸的用途或设计深度，在平面图上选择空间复杂、能反映全貌和构造特征，以及有代表性的部位剖切。

投射方向一般宜向左、向上，但也要根据工程情况而定。剖切符号标注在底层平面图中，短线的指向为投射方向。剖面图编号标注在投射方向一侧，剖切线若有转折，应在转角的外侧加注与该符号相同的编号。

13.4　案例二：绘制学生宿舍楼剖面图

本案例的制作思路如下：首先进行绘图系统的设置；然后绘制建筑剖面图本身；对于剖面图本身，将依据建筑结构层等级划分为 3 个部分，即底层、标准层和顶层，最后进行图案填充和文字标注。如图 13-54 所示，由于该建筑有错层设计，所以绘制难度有所提高，具体在讲解过程中会有所体现。整个绘图过程思路清晰，讲解也比较简单明了。

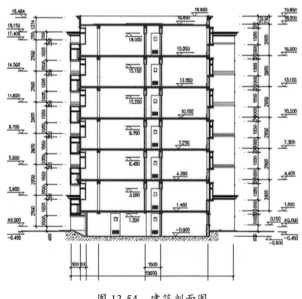

图 13-54　建筑剖面图

13.4.1　设置绘图参数

操作步骤

1．设置图层

① 单击【图层】面板中的【图层特性管理器】按钮，系统会弹出【图层特性管理器】选项板。

② 在【图层特性管理器】选项板中单击【新建图层】按钮，新建【辅助线】图层，指定图层颜色为【洋红】；新建【墙】图层，指定颜色为【红】；新建【门窗】图层，指定颜色为【蓝】；新建【标注】图层；其他设置采用默认设置。这样就可以得到初步的图层设置，如图 13-55 所示。

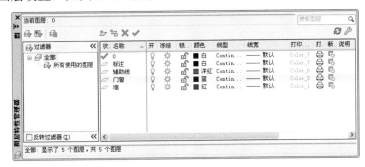

图 13-55　图层设置

2．设置标注样式

① 执行菜单栏中的【标注】→【标注样式】命令，系统会弹出【标注样式管理器】对话框，如图 13-56 所示。单击【修改】按钮，系统会弹出【修改标注样式：ISO-25】对话框。

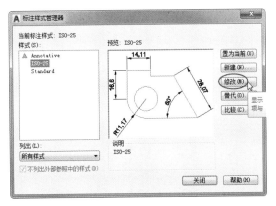

图 13-56　【标注样式管理器】对话框

② 选择【线】选项卡，设定【尺寸界线】选项组中的【超出尺寸线】为【150】，【起点偏移量】为【300】；选择【符号和箭头】选项卡，单击【箭头】选项组中【第一个】

后的下拉按钮☑，在弹出的下拉列表中选择【☑建筑标记】选项，单击【第二个】
后的下拉按钮☑，在弹出的下拉列表中选择【☑建筑标记】选项，并设定【箭头大
小】为【200】，设置结果如图 13-57 所示。

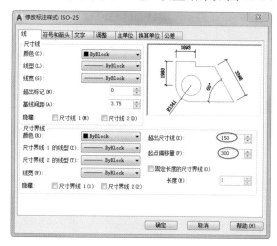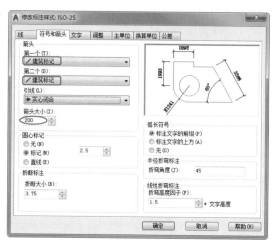

图 13-57　设置【线】选项卡和【符号和箭头】选项卡

③　选择【文字】选项卡，在【文字外观】选项组中设定【文字高度】为【300】，在【文
　　字位置】选项组中设定【从尺寸线偏移】为【150】，设置结果如图 13-58 所示。

④　选择【调整】选项卡，在【调整选项】选项组中选中【文字或箭头】单选按钮，
　　在【文字位置】选项组中选中【尺寸线上方，不带引线】单选按钮，在【标注特
　　征比例】选项组中指定【使用全局比例】为【1】，设置结果如图 13-59 所示。单
　　击【确定】按钮返回【标注样式管理器】对话框，最后单击【关闭】按钮返回绘
　　图区。

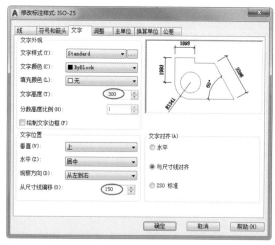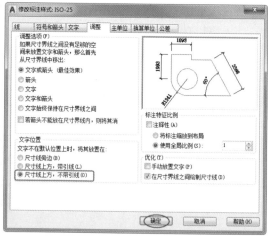

图 13-58　设置【文字】选项卡　　　　　　图 13-59　设置【调整】选项卡

13.4.2　绘制底层剖面图

操作步骤

① 单击【图层】面板中的【图层控制】下拉按钮 ✓，选择【辅助线】选项，使当前图层是【辅助线】。

② 单击【绘图】面板中的【构造线】按钮 ⤢，在正交模式下绘制竖直构造线和水平构造线，组成【十】字轴线网。

③ 单击【绘图】面板中的【偏移】按钮 ⤶，将水平构造线连续向上偏移【450】、【1800】和【100】；将竖直构造线连续向右偏移【1440】、【240】、【960】、【240】、【4260】、【240】、【1260】、【240】、【4260】、【240】和【2400】，结果如图 13-60 所示。

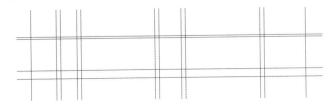

图 13-60　辅助线网绘制结果

④ 单击【图层】面板中的【图层控制】下拉按钮 ✓，选择【墙】选项，使当前图层是【墙】。

⑤ 单击【绘图】面板中的【多段线】按钮 ⤶，指定多段线的宽度为【50】，然后根据辅助线绘制剖切到的墙体。底层顶板左端的绘制结果如图 13-61 所示。

⑥ 单击【绘图】面板中的【多段线】按钮 ⤶，继续使用多段线绘制相邻的楼板，其中有一段梁。使用多段线绘制梁和楼板的结果如图 13-62 所示。

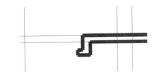

图 13-61　底层顶板左端的绘制结果

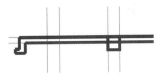

图 13-62　梁和楼板的绘制结果

⑦ 单击【绘图】面板中的【多段线】按钮 ⤶，继续使用多段线绘制楼板的右端部，底层顶板的剖切效果如图 13-63 所示。

图 13-63　底层顶板的剖切效果

⑧ 单击【绘图】面板中的【多段线】按钮 ⤶，继续使用多段线按照辅助线绘制底层地板的左端部，绘制结果如图 13-64 所示。

⑨ 单击【绘图】面板中的【多段线】按钮 ⤶，继续使用多段线按照辅助线绘制底层地板的右端部，绘制结果如图 13-65 所示。

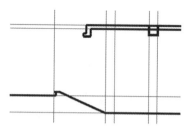

图 13-64   绘制底层地板的左端部

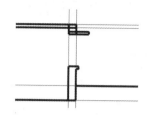

图 13-65   绘制底层地板的右端部

⑩   绘制底层剖切线，绘制结果如图 13-66 所示。

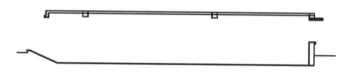

图 13-66   绘制底层剖切线

⑪   单击【图层】面板中的【图层控制】下拉按钮，选择【门窗】选项，使当前图层是【门窗】。

⑫   单击【绘图】面板中的【直线】按钮，绘制底层上剖切到的门和窗，绘制结果如图 13-67 所示。

图 13-67   绘制剖切到的门和窗

⑬   在剖面图上还有一部分建筑实体没有被剖切到，所以应该使用细实线进行绘制。单击【绘图】面板中的【直线】按钮，绘制底层左端的一段墙体，绘制结果如图 13-68 所示。

⑭   单击【绘图】面板中的【直线】按钮，绘制和左端相邻的门，绘制结果如图 13-69 所示。

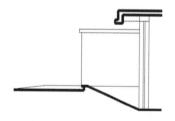

图 13-68   绘制左端的一段墙体

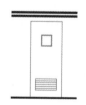

图 13-69   绘制和左端相邻的门

⑮   单击【修改】面板中的【复制】按钮，把刚才绘制的门复制到和右端相邻的门的位置，绘制结果如图 13-70 所示。

⑯   单击【绘图】面板中的【直线】按钮，绘制右端的墙体和地面，绘制结果如图 13-71 所示。

图 13-70　复制门的结果　　　　　　　　　图 13-71　绘制右端的墙体和地面

⑰ 至此，底层的图形就绘制好了，如图 13-72 所示。

图 13-72　底层绘制结果

⑱ 单击【绘图】面板中的【图案填充】按钮，然后在【图案填充创建】选项卡中选择填充图案【SOLID】，如图 13-73 所示，然后填充绘图区中的顶板。

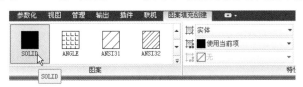

图 13-73　图案填充

⑲ 单击【绘图】面板中的【直线】按钮，在地板下方绘制矩形区域，作为地板钢筋混凝土填充的区域，绘制结果如图 13-74 所示。

图 13-74　绘制填充区域

⑳ 同理，选择填充图案【ANSI31】，更改填充比例为【60】，填充上一个步骤绘制的矩形区域，填充结果如图 13-75 所示。

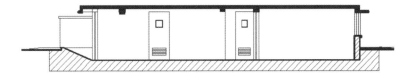

图 13-75　斜线填充结果

㉑ 继续选择填充图案【AR-CONC】，更改填充比例为【4】，选择上一个步骤的填充区

域进行填充，填充结果如图 13-76 所示。

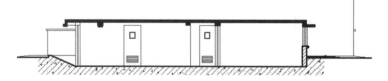

图 13-76　钢筋混凝土地板的填充结果

13.4.3　绘制标准层剖面图

1．绘制标准层轴线网

① 单击【图层】面板中的【图层控制】下拉按钮，选择【辅助线】选项，使当前图层是【辅助线】。

② 单击【绘图】面板中的【偏移】按钮，将原来最上边的水平辅助线连续向上偏移【2800】和【100】，这样就可以得到标准层的轴线网，绘制结果如图 13-77 所示。

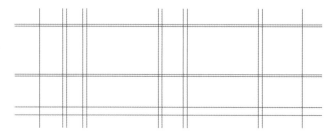

图 13-77　标准层轴线网的绘制结果

2．绘制墙体

① 单击【图层】面板中的【图层控制】下拉按钮，选择【墙】选项，使当前图层是【墙】。

② 单击【绘图】面板中的【多段线】按钮，绘制剖切到的墙体，标准层底板左端的绘制结果如图 13-78 所示，右端的绘制结果如图 13-79 所示。

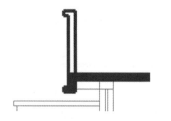
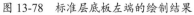

图 13-78　标准层底板左端的绘制结果

图 13-79　标准层底板右端的绘制结果

③ 单击【绘图】面板中的【多段线】按钮，绘制剖切到的墙体，标准层顶板左端的绘制结果如图 13-80 所示。

④ 单击【绘图】面板中的【多段线】按钮 🖉，绘制剖切到的墙体，标准层顶板中部的绘制结果如图 13-81 所示。

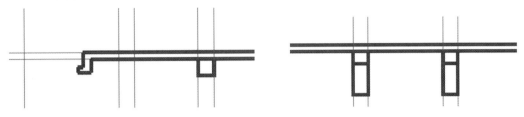

图 13-80　标准层顶板左端的绘制结果　　　图 13-81　标准层顶板中部的绘制结果

⑤ 单击【绘图】面板中的【多段线】按钮 🖉，绘制剖切到的墙体，标准层顶板右端的绘制结果如图 13-82 所示。

⑥ 最终，标准层的剖切效果如图 13-83 所示。

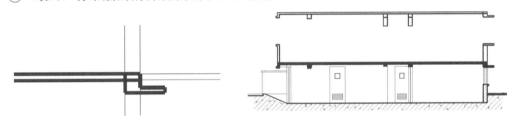

图 13-82　标准层顶板右端的绘制结果　　　图 13-83　标准层的剖切效果

3. 绘制门窗

① 单击【图层】面板中的【图层控制】下拉按钮 ∨，选择【门窗】选项，使当前图层是【门窗】。

② 单击【绘图】面板中的【直线】按钮 ╱，绘制标准层左端的一个窗户，绘制结果如图 13-84 所示。

③ 单击【绘图】面板中的【直线】按钮 ╱，绘制标准层左端的另一个窗户，绘制结果如图 13-85 所示。

图 13-84　左端的一个窗户　　　　　图 13-85　左端的另一个窗户

④ 单击【绘图】面板中的【直线】按钮 ╱，绘制标准层中间剖切到的门，绘制结果如图 13-86 所示。

⑤ 单击【绘图】面板中的【直线】按钮 ╱，绘制标准层右端的窗户，绘制结果如图 13-87 所示。

图 13-86　绘制标准层中间剖切到的门　　　　图 13-87　绘制标准层右端的窗户

⑥　这样，标准层的门窗就绘制完成了，绘制效果如图 13-88 所示。

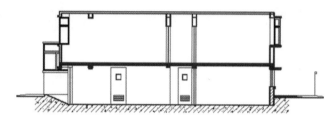

图 13-88　标准层门窗的绘制效果

⑦　使用细实线绘制标准层上没有剖切到的墙体。单击【绘图】面板中的【直线】按钮 ，绘制标准层左端的一段墙体，绘制结果如图 13-89 所示。

⑧　单击【修改】面板中的【复制】按钮 ，把底层的门复制到标准层的对应位置，得到标准层的门，绘制结果如图 13-90 所示。

⑨　单击【绘图】面板中的【直线】按钮 ，绘制标准层右端的墙体，绘制结果如图 13-91 所示。

图 13-89　绘制左端的一段墙体　　　图 13-90　标准层的门　　　图 13-91　绘制右端的墙体

⑩　这样，标准层的图形就绘制好了，绘制结果如图 13-92 所示。

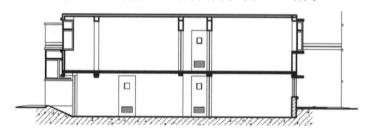

图 13-92　标准层的绘制结果

⑪　单击【绘图】面板中的【图案填充】按钮🔲，分别对楼板和梁进行填充，填充效果如图 13-93 所示。

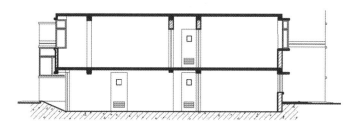

图 13-93　楼板和梁的填充效果

4．组合标准层

由于大楼在设计上有错层，在组合标准层的时候必须进行一定的调整，具体步骤如下。

①　单击【修改】面板中的【复制】按钮🔌，把标准层完全复制到原来的标准层之上，得到两个标准层，复制结果如图 13-94 所示。

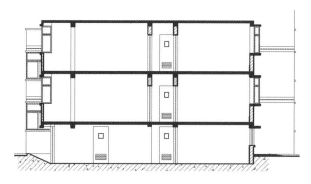

图 13-94　标准层的复制结果

②　单击【修改】面板中的【删除】按钮🖊️，删除第二层左边窗户上的水平窗台线。单击【绘图】面板中的【多段线】按钮🔄，设定多段线的宽度为 0，在窗户上边绘制如图 13-95 所示的屋板边线。

③　单击【绘图】面板中的【直线】按钮🖊️，按照屋板边线绘制水平直线，得到错层屋板左端的绘制结果，如图 13-96 所示。

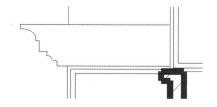

图 13-95　绘制屋板边线

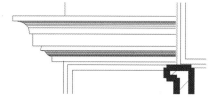

图 13-96　错层屋板左端的绘制结果

④　采用同样的方法绘制错层屋板的右端，绘制结果如图 13-97 所示。

⑤　单击【修改】面板中的【删除】按钮🖊️，删除第二层顶板的左端，绘制结果如图 13-98 所示。

⑥ 单击【修改】面板中的【复制】按钮 ，将下边的屋板边线复制到第二层顶板的左端。然后单击【修改】面板中的【修剪】按钮 ，修剪出头的多余线条，得到屋檐边线，绘制结果如图 13-99 所示。

图 13-97　错层屋板右端的绘制结果　　图 13-98　删除第二层顶板的左端　　图 13-99　绘制屋檐边线

⑦ 单击【绘图】面板中的【图案填充】按钮 ，把绘制的屋檐边线进行图案填充，如图 13-100 所示。

⑧ 由此，第二层和第三层的绘制结果如图 13-101 所示。

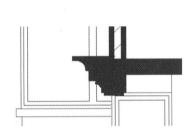 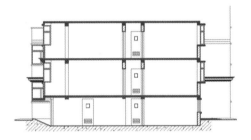

图 13-100　图案填充结果　　　　　　图 13-101　第二层和第三层的绘制结果

⑨ 单击【修改】面板中的【复制】按钮 ，将第三层复制到第三层上边得到第四层，将第三层复制到第四层上边得到第五层，共复制 4 个楼层，得到 7 个楼层，最终的绘制结果如图 13-102 所示，这就是标准层的组合结果。

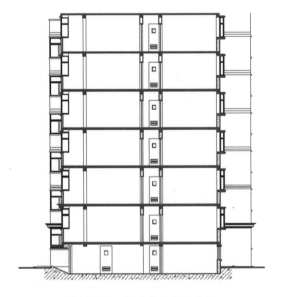

图 13-102　标准层的组合结果

13.4.4　绘制顶层剖面图

顶层，也就是第七层，现在就是一个标准层，只要在这个标准层的基础上进行修改就可以得到顶层剖面图，修改的具体步骤如下。

操作步骤

1．修改端部屋板

① 修改前的顶层左端现状如图 13-103 所示。单击【修改】面板中的【删除】按钮 ，删除窗户的窗台。然后单击【修改】面板中的【复制】按钮 ，将下边的屋板图案复制到刚才的位置。单击【修改】面板中的【延伸】按钮 ，把屋板图案的水平直线的端部延伸到墙边上，绘制结果如图 13-104 所示。

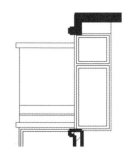

图 13-103　修改前的顶层左端　　　　　图 13-104　修改后的顶层左端屋板

② 单击【修改】面板中的【复制】按钮 ，将下边右端的屋板图案复制到顶层右端，得到顶层右端的屋板，绘制结果如图 13-105 所示。

2．修改顶部屋板

① 单击【修改】面板中的【复制】按钮 ，将对应的一段立墙复制到顶部的屋板上，得到女儿墙。单击【修改】面板中的【复制】按钮 ，将一个檐口图案复制到女儿墙的顶部，绘制结果如图 13-106 所示。

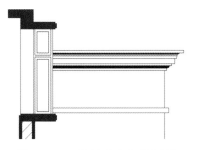

图 13-105　绘制顶层右端的屋板　　　　　图 13-106　绘制女儿墙

② 单击【修改】面板中的【镜像】按钮 ，对女儿墙进行镜像操作，得到另一端的女儿墙。单击【绘图】面板中的【直线】按钮 ，绘制直线把女儿墙的顶部连接起来，同时使用直线绘制屋板的坡度斜线，绘制结果如图 13-107 所示。

图 13-107　顶层剖面绘制结果

③　单击【绘图】面板中的【图案填充】按钮，选择【SOLID】图案对屋板坡度斜线内部进行填充，结果如图 13-108 所示。

图 13-108　图案填充操作结果

④　这样，顶层就绘制好了。整个大楼的剖面图如图 13-109 所示。

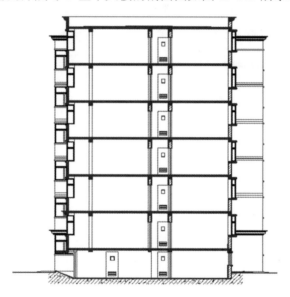

图 13-109　整个大楼的剖面图

13.4.5　尺寸和文字标注

操作步骤

①　单击【图层】面板中的【图层控制】下拉按钮，选择【标注】选项，使当前图层是【标注】。

②　执行菜单栏中的【标注】→【对齐】命令，对各个部件进行尺寸标注。尺寸标注结果如图 13-110 所示。

③　单击【绘图】面板中的【直线】按钮，绘制一个标高符号。单击【修改】面板中的【复制】按钮，把标高符号复制到各个需要处。单击【绘图】面板中的【多行文字】按钮 **A**，在标高符号上方标出具体的高度值。下底边的标高则使用镜像操作得到。标高标注结果如图 13-111 所示。

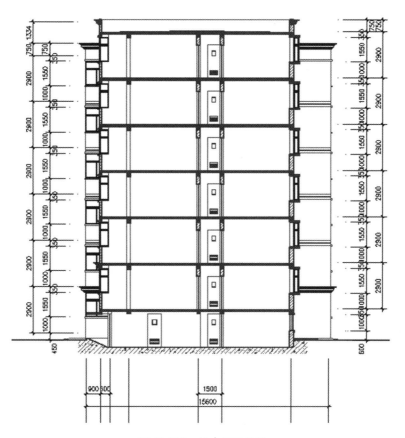

图 13-110　尺寸标注结果

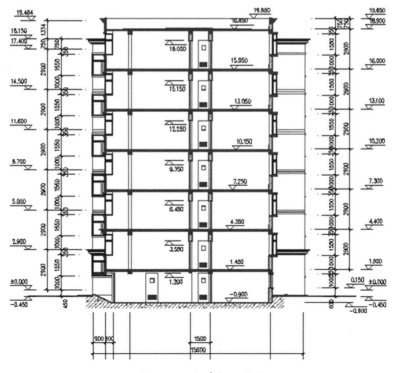

图 13-111　标高标注结果

④ 单击【绘图】面板中的【圆心、半径】按钮⊘，绘制一个小圆作为轴线编号的圆圈。然后单击【绘图】面板中的【多行文字】按钮 A，在圆圈内标上文字【A】，得到 A 轴的编号。单击【修改】面板中的【复制】按钮，把轴线编号复制到其他主轴线的端点处。然后双击其中的文字，分别改为对应的文字即可，绘制结果如图 13-112 所示。

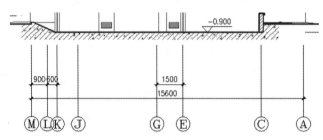

图 13-112　轴线编号绘制结果

⑤ 单击【绘图】面板中的【直线】按钮，在图纸的正下方绘制一条细直线。单击【绘图】面板中的【多段线】按钮，在细直线上方绘制一条粗直线。单击【绘图】面板中的【多行文字】按钮 A，在多段线上方标上文字【1-1 剖面图 1∶100】即可。

⑥ 至此，建筑剖面图绘制完成。最后保存结果。

13.5　课后习题

根据本章所学知识，再结合两个案例中所讲述的绘制立面图的方法，请绘制如图 13-113 所示的某商住楼立面图。

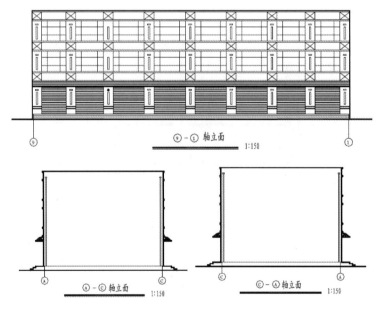

图 13-113　某商住楼立面图

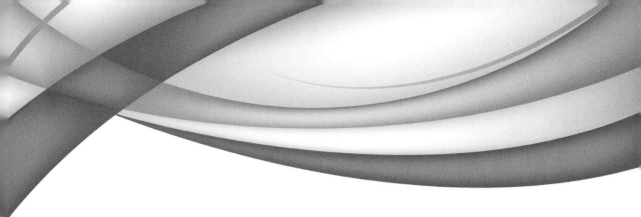

第 14 章

绘制建筑详图与结构图

本章内容

建筑详图又称为建筑节点大样图，所谓节点，缘由是大样图往往是从建筑平面图、建筑立面图、建筑剖面图上某一构件节点引出的，按比例放大，并注明其详细的工艺制作方法及所用材料等，通常都是基于国家规范和标准图集参照绘制的，特殊造型则必须单独绘制并注明。

结构施工图主要分为基础图、结构平面布置图和构件详图。本章主要介绍基础图、建筑结构平面布置图和构件详图的绘制。

知识要点

- ☑ 建筑详图概述
- ☑ 绘制天沟详图
- ☑ 建筑结构施工图规范
- ☑ 绘制建筑结构施工图

14.1 建筑详图概述

建筑详图是建筑施工图纸中不可或缺的一部分，属于建筑构造的设计范畴。建筑详图不仅为建筑设计师表达设计内容，体现设计深度，还将在建筑平面图、立面图、剖面图中，因图幅关系未能完全表达出来的建筑局部构造、建筑细部的处理手法进行补充和说明。

14.1.1 建筑详图的图示内容

前面介绍的平面图、立面图、剖面图都是全局性图纸，由于比例的限制，不可能将一些复杂的细部或局部做法表示清楚，所以需要将这些细部、局部的构造、材料及相互关系采用较大的比例详细绘制，以指导施工。这样的建筑图形称为详图。对于局部平面（如厨房、卫生间）放大绘制的图形，习惯叫作放大图。需要绘制详图的位置一般有室内外墙节点、楼梯、电梯、厨房、卫生间、门窗、室内外装饰等构造详图或局部平面放大图。

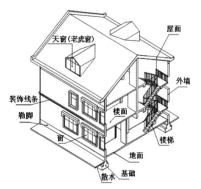

图 14-1 建筑物中需要使用详图表达的部位

建筑物中需要使用详图表达的部位如图 14-1 所示。

某公共建筑墙身详图如图 14-2 所示。建筑详图主要包括以下图示内容。

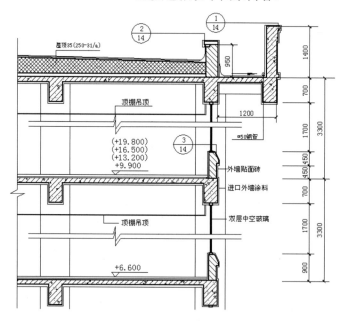

图 14-2 某公共建筑墙身详图

- 标注详图的名称与比例。
- 标注详图的符号及其编号，若要另画详图时，还要标注所引出的索引符号。
- 标注建筑构件的形状规格及其他构件的详细构造、层次、有关的详细尺寸和材料图例等。
- 各个部位和各个层次的用料、做法、颜色及施工要求等。
- 定位轴线及其编号，标高表示。

14.1.2　建筑详图的分类

建筑详图是整套施工图中不可或缺的部分，主要分为以下 3 类。

1. 局部构造详图

局部构造详图是指屋面、墙身、墙身内外装饰面、吊顶、地面、地沟、地下工程防水、楼梯等建筑部位的用料和构造做法。如图 14-3 所示的卫生间局部放大图就是局部构造详图。

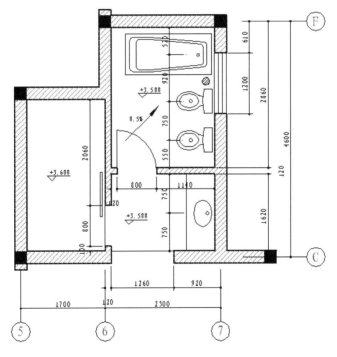

图 14-3　卫生间局部放大图

2. 构件详图

构件详图主要是指门、窗、幕墙，以及固定的台、柜、架、桌与椅等的用料、形式、尺寸和构造（活动的设施不属于建筑设计范围）。

某建筑的门窗详图如图 14-4 所示。绘制门窗详图一般先绘制樘，然后绘制开启扇及开启线。

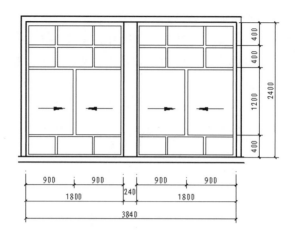

图 14-4 某建筑的门窗详图

3. 装饰构造详图

装饰构造详图是指为了美化室内外环境和视觉效果而在建筑物上所做的艺术处理，如花格窗、柱头、壁饰、地面图案的花纹、用材、尺寸和构造等。

14.2 案例一：绘制天沟详图

本节主要介绍天沟详图的绘制过程，以及 AutoCAD 的绘制技巧。下面以绘制如图 14-5 所示的天沟详图为例展开介绍。

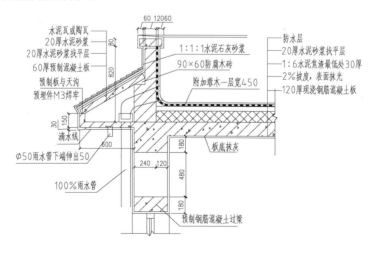

图 14-5 天沟详图

14.2.1 绘制天沟基本图形

本案例详图的画法与具体的操作步骤如下。

操作步骤

1. 绘制结构层

① 打开样板文件【A4 建筑样板-竖放.dwt】。

② 使用【矩形】命令在作图区域绘制一个长为 240、宽为 80 的矩形，如图 14-6 所示。

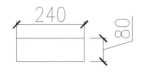

图 14-6　绘制矩形

③ 打开正交模式。使用【直线】命令绘制出如图 14-7 所示的多段线。命令行操作提示如下。

```
命令：_LINE 指定第一点：60              //从 A 点向右追踪 60 确定 B 点
指定下一点或 [放弃(U)]：415             //向下追踪 415 确定 C 点
指定下一点或 [放弃(U)]：120             //向左追踪 120 确定 D 点
指定下一点或 [闭合(C)/放弃(U)]：405     //向下追踪 405 确定 E 点
指定下一点或 [闭合(C)/放弃(U)]:540      //向左追踪 540 确定 F 点
指定下一点或 [闭合(C)/放弃(U)]：90      //向上追踪 90 确定 G 点
指定下一点或 [闭合(C)/放弃(U)]：60      //向左追踪 60 确定 H 点
指定下一点或 [闭合(C)/放弃(U)]：150     //向下追踪 150 确定 I 点
指定下一点或 [闭合(C)/放弃(U)]：600     //向右追踪 600 确定 J 点
指定下一点或 [闭合(C)/放弃(U)]：910     //向下追踪 910 确定 K 点
指定下一点或 [闭合(C)/放弃(U)]：360     //向右追踪 360 确定 L 点
指定下一点或 [闭合(C)/放弃(U)]：820     //向上追踪 820 确定 M 点
指定下一点或 [闭合(C)/放弃(U)]：1150    //向右追踪 1150 确定 N 点
指定下一点或 [闭合(C)/放弃(U)]：↵
```

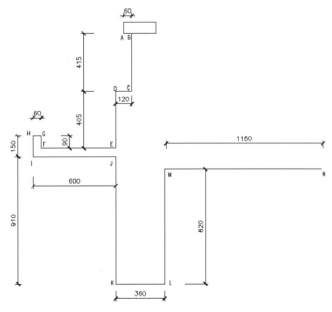

图 14-7　各条线段的位置及尺寸

④ 使用【偏移】命令将线段 *MN* 向上偏移【150】创建线段 *OP*，将线段 *BC* 向右偏移【120】创建线段 *UV*，如图 14-8 所示。

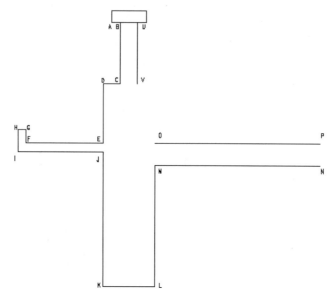

图 14-8　线段偏移后的结果（一）

⑤ 利用夹点编辑拉长线段 *OP* 和 *UV*，绘制结果如图 14-9 所示。

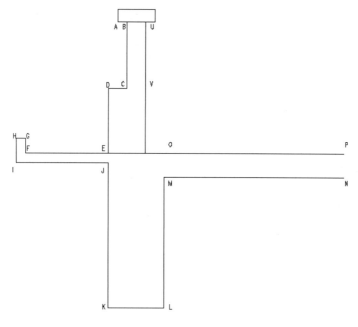

图 14-9　拉长 *OP* 和 *UV*

⑥ 使用【偏移】命令将线段 *KL* 向上偏移【160】创建线段 *ST*，再将线段 *ST* 向上偏移【480】，绘制结果如图 14-10 所示。

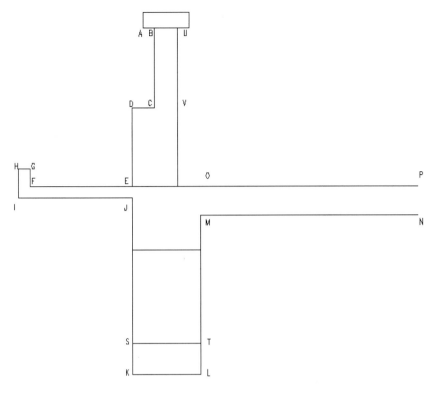

图 14-10　线段偏移后的结果（二）

⑦ 使用【直线】命令绘制一条以 D 点为起点、角度为 30°、任意长度的斜线段，然后使用【修剪】命令修剪斜线段，如图 14-11 所示。

⑧ 单击【延伸】按钮----/，将斜线段 QD 延伸到线段 GH 上，如图 14-12 所示。

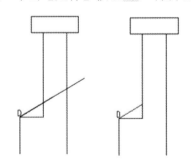

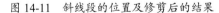

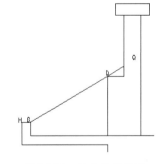

图 14-11　斜线段的位置及修剪后的结果　　　　图 14-12　延伸后的结果

⑨ 使用【偏移】命令，将斜线段 QG 向上偏移【60】创建偏移线段，单击【直线】按钮／，连接斜线段右上的两个端点，绘制结果如图 14-13 所示。

⑩ 单击【圆角】按钮，设置圆角半径为【0】，模式为修剪，为斜线段和线段 GH 做圆角处理，结果两条线段相交于 W 点，如图 14-14 所示。

⑪ 将垂足捕捉添加到运行中的捕捉方式中。

⑫ 使用【直线】命令，自 H 点作偏移线段的垂线并相交于 X 点，将 HX 线段沿着斜线段向右偏移【20】得到新的偏移线段，绘制结果如图 14-15 所示。

图 14-13 直线偏移及连接后的结果

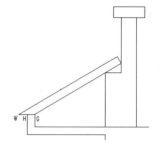

图 14-14 圆角处理后的结果

⑬ 单击【延伸】按钮，将新的偏移线段延伸到线段 *WG* 上，得到 *YZ* 线段，如图 14-16 所示。

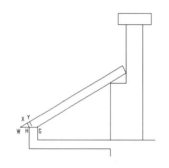

图 14-15 做垂线及偏移后的结果

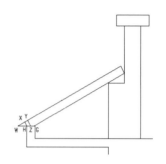

图 14-16 延伸 *WG* 后的结果

⑭ 单击【修剪】按钮 修剪多余线段，修剪完成的结果如图 14-17 所示。

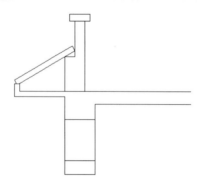

图 14-17 修剪完成的结果

2．画压顶的装饰层

在接下来的操作过程中，我们将重新对线段进行字母编号。以下步骤中所用到的字母虽然与前面步骤中的字母编号相同，但具体表明的线段却是不同的，值得注意，以避免引起理解混淆。

① 使用【偏移】命令，偏移第一个矩形，偏移距离为【20】，如图 14-18 所示。

② 利用夹点编辑将矩形左上角一点向上移动【20】，如图 14-19 所示。

③ 使用【直线】命令，以 *C* 点为起点绘制一条长为【1170】的水平线段 *A*，然后绘制一条以 *D* 点为起点且终点与线段 *A* 的终点对齐的水平线段 *B*，如图 14-20 所示。

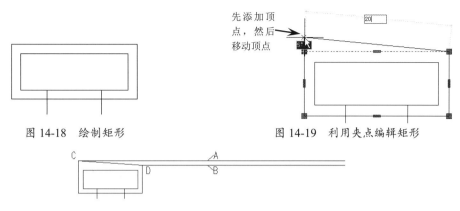

图 14-18 绘制矩形　　　　　　　图 14-19 利用夹点编辑矩形

图 14-20 两条水平线段的位置

3．画屋面上的构造层

① 使用【偏移】命令，将线段 L 向上偏移【120】，创建线段 Q 并修剪，将线段 Q 向上偏移【50】创建线段 R，将线段 R 向上偏移【40】创建线段 S，将线段 I 向右偏移【40】创建线段 J，绘制结果如图 14-21 所示。

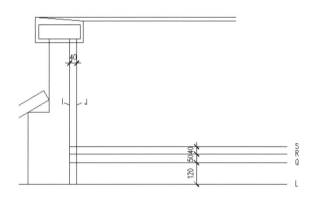

图 14-21 各条线段的位置及尺寸设置

② 单击【圆角】按钮，设置圆角半径为【100】，模式为修剪，为线段 J 和 S 做圆角处理，绘制结果如图 14-22 所示。

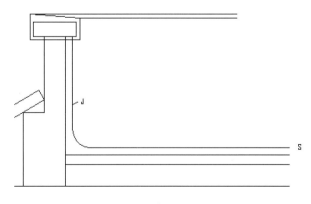

图 14-22 圆角处理后的结果

③ 使用【偏移】命令将线段 *I* 向右偏移【20】创建线段 *V*,将线段 *R* 向上偏移【25】创建线段 *U*,绘制结果如图 14-23 所示。

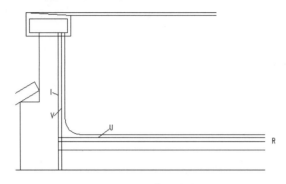

图 14-23　偏移后的结果

④ 单击【圆角】按钮 ,设置圆角半径为【100】,模式为修剪,为线段 *U* 和 *V* 做圆角处理,修剪多余线段,绘制结果如图 14-24 所示。

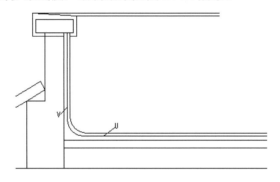

图 14-24　圆角处理及修剪后的结果

⑤ 执行菜单栏中的【修改】→【合并】命令,将线段 *V*、*U* 及圆角合并成一个对象。

⑥ 使用【偏移】命令将合并后的多段线向左偏移【20】,绘制结果如图 14-25 所示。

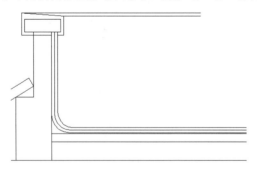

图 14-25　偏移合并的多段线

4. 利用定距等分功能填充防水层图案

① 使用【直线】命令在屏幕的空白处画一条长为【20】的垂直线段。单击【创建块】按钮,将此线段以【20d】为名定义成图块,插入点为下端点。

② 在【绘图】面板中单击【定数等分】按钮，然后等分插入前面创建的【20d】图块，结果如图 14-26 所示。命令行操作提示如下。

```
命令: _MEASURE
选择要定距等分的对象:          //选择偏移后的多段线
指定线段长度或 [块(B)]: B      //调用【块】选项
输入要插入的图块名: 20d        //输入图块名
是否对齐图块和对象? [是(Y)/否(N)] <Y>: ✓
输入线段数目: 60              //输入等分线段的长度
```

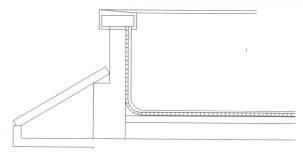

图 14-26　多段线的位置及定距等分后的结果

提示:

这里必须垂直画线段，否则将做不出需要的结果。

③ 单击【图案填充】按钮，然后在【图案填充创建】选项卡中选择【SOLID】图案，等分后的多段线填充结果（间断填充）如图 14-27 所示。

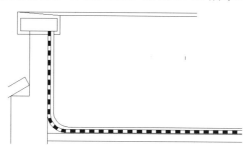

图 14-27　多段线填充结果

5. 画天沟上的装饰层及装饰瓦

① 使用【偏移】命令将线段 U 向上偏移【20】创建线段 T，将线段 T 向上偏移【20】创建线段 S，将线段 P 向右偏移【20】创建线段 Q，将线段 M 向左偏移【20】创建线段 V，将线段 V 向左偏移【14】创建线段 W，绘制结果如图 14-28 所示。

② 单击【延伸】按钮，将线段 S 和 T 延伸到线段 V 上，将线段 U 延伸到线段 M 上，然后修剪成如图 14-29 所示的形态。

③ 单击【圆角】按钮，设置圆角半径为【0】，模式为修剪，为线段 S 和 Q 做圆角处理，绘制结果如图 14-30 所示。

④ 单击【延伸】按钮，将线段 T 延伸到线段 Q 上，绘制结果如图 14-31 所示。

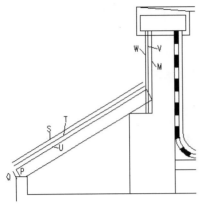

图 14-28 偏移后的结果

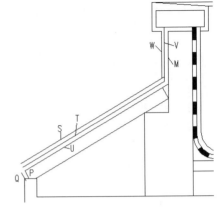

图 14-29 延伸及修剪后的结果

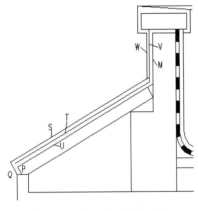

图 14-30 圆角处理后的结果

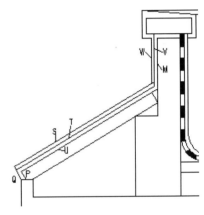

图 14-31 延伸后的结果

6．绘制屋顶瓦

① 使用【矩形】命令在线段 S 上绘制一个长为【94】、宽为【13】的矩形作为瓦片，绘制过程中使用延伸捕捉，并且在端点延长线上追踪【74】，如图 14-32 所示。命令行操作提示如下。

```
命令：_RECTANG
指定第一个角点或 [倒角(C)/标高(E)/圆角(F)/厚度(T)/宽度(W)]:-74
指定另一个角点或 [面积(A)/尺寸(D)/旋转(R)]: @-94,13✓
```

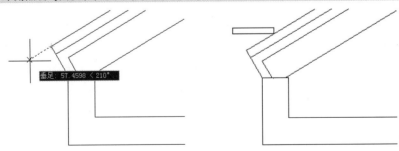

图 14-32 绘制矩形

② 单击【旋转】按钮 ⟳，以瓦片的右下角为基点，将其旋转 20°，如图 14-33 所示。

③ 选择瓦片，使用【线性阵列】命令将瓦片阵列，绘制结果如图 14-34 所示。命令行
操作提示如下。

```
命令：_ARRAYPATH
选择对象：找到 1 个                          //选择瓦片并单击鼠标右键
选择对象：
类型 = 路径   关联 = 是
选择路径曲线：                              //选择斜线
输入沿路径的项数或 [方向(O)/表达式(E)] <方向>: 12
指定沿路径的项目之间的距离或 [定数等分(D)/总距离(T)/表达式(E)] <沿路径平均定数等分(D)>: 74
按 Enter 键接受或 [关联(AS)/基点(B)/项目(I)/行(R)/层(L)/对齐项目(A)/Z 方向(Z)/退出(X)]
<退出>:↙
```

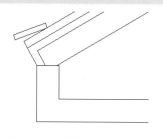 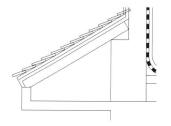

图 14-33　旋转矩形（瓦片）　　　　　图 14-34　线性阵列瓦片

④ 修剪多余线段，绘制结果如图 14-35 所示。

技巧点拨：

要修剪阵列后的矩形（已经是多段线），必须将其分解。

⑤ 以 *H* 点为圆心绘制一个半径为【25】的圆，如图 14-36 左图所示，然后将其修剪成
如图 14-36 右图所示的形态。

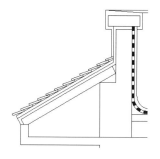 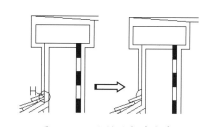

图 14-35　修剪多余线段　　　　　图 14-36　绘制圆角并修剪

⑥ 执行菜单栏中的【修改】→【合并】命令，选择如图 14-37 所示的多条线段，将其
合并在一起，成为一条多段线。

⑦ 使用【偏移】命令，将合并的多段线向外偏移【20】，绘制结果如图 14-38 所示。

⑧ 使用【直线】命令绘制一条线段。将偏移后的多段线的端点 *A* 连接到最外端的瓦片
B 上，如图 14-39 所示。

⑨ 使用【矩形】命令，从 *J* 点向下追踪至交点 *K*，确定矩形的第一个角点，输入另一
个角点的相对坐标（@10,-40），绘制一个矩形，如图 14-40 左图所示，将图形修剪
成如图 14-40 右图所示的形态。

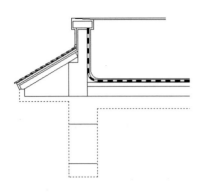

图 14-37　合并多条线段

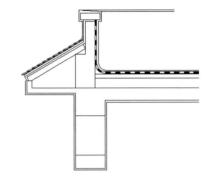

图 14-38　偏移合并的多段线

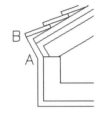

图 14-39　绘制连接线段

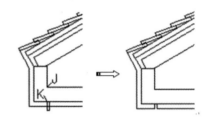

图 14-40　矩形的位置及修剪后的结果

⑩　利用夹点编辑将左下角向下移动【10】，绘制结果如图 14-41 所示。

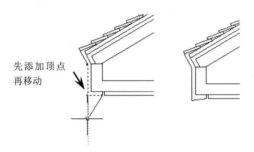

先添加顶点
再移动

图 14-41　左下角点移动后的结果

14.2.2　填充剖切图案

本节在同一区域内填充两种图案。

操作步骤

1. 填充第一层图案

①　使用【直线】命令绘制如图 14-42 所示的折断线。

②　将【填充】层置为当前层。使用【填充图案】命令，然后选择填充图案【AR-CONC】，比例为【1】，选择如图 14-43 所示的区域进行填充。

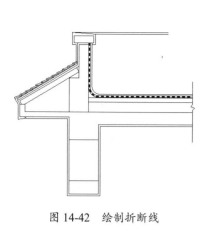

图 14-42　绘制折断线

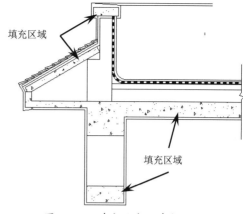

图 14-43　填充区域及填充结果

2. 填充第二层图案

① 选择填充图案【ANSI31】，比例为【25】，选择如图 14-44 所示的区域进行填充。

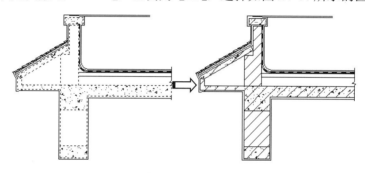

图 14-44　填充区域及填充结果（一）

② 选择填充图案【ANSI37】，比例为【20】，选择如图 14-45 所示的区域进行填充。

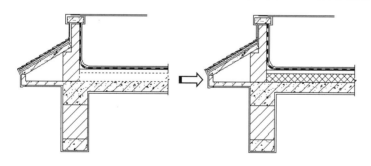

图 14-45　填充区域及填充结果（二）

14.2.3　绘制排水配件及其他

1. 绘制雨水管和弯头

① 使用【矩形】命令，自交点 *A* 向左追踪【21】，确定矩形的第一个角点，然后输入

对角点的相对坐标（@-147,90），绘制的第一个矩形如图 14-46 所示。

② 重复使用【矩形】命令，在图形区任意位置选择一点作为矩形的一个端点，然后输入【@100,190】确定矩形的第二个端点。再使用【移动】命令，选择矩形底边中点将矩形移至第一个矩形上边中点的垂直延长线上，并且向下延长捕捉距离为【60】。绘制的第二个矩形如图 14-47 所示。

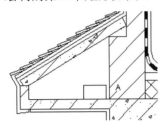

图 14-46　绘制的第一个矩形

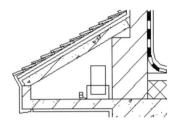

图 14-47　绘制的第二个矩形

③ 使用【直线】命令绘制如图 14-48 所示的斜线段。命令行操作提示如下。

```
命令：_LINE 指定第一点：120            //自 C 点向上追踪 120，确定线段的第一个点
指定下一点或 [放弃(U)]：<14            //输入线段的倾斜角度
角度替代：14.0
指定下一点或 [放弃(U)]：               //指定线段另一个点的位置
指定下一点或 [放弃(U)]：✓
```

④ 使用【直线】命令，捕捉 D 点作为线段的第一个点，利用角度替代的方法绘制一条斜线段，倾斜角度为 22°，位置如图 14-49 所示。

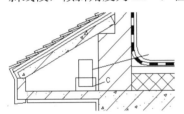

图 14-48　绘制斜线段（一）

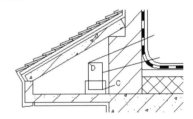

图 14-49　绘制斜线段（二）

⑤ 选择矩形 E，将其分解。再单击【圆角】按钮，模式为修剪，圆角半径为【100】，分别为图示垂直线和倾斜线做圆角处理，删除多余线段，修剪成如图 14-50 右图所示的形态。

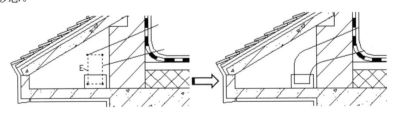

图 14-50　分解矩形 E 并做圆角处理

⑥ 使用【矩形】命令，自 F 点向左追踪【85】，确定矩形的第一个角点，然后输入对角点的相对坐标（@-50,-110），矩形的位置如图 14-51 所示。

⑦ 使用【直线】命令绘制长度为【920】的线段。

⑧　单击【偏移】按钮 🔧，将线段 *L* 向右偏移【100】，如图 14-52 所示。

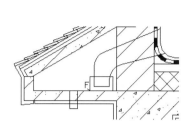

图 14-51　矩形的位置

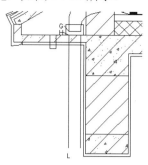

图 14-52　绘制偏移线段

2．绘制窗及其他

①　使用【直线】命令绘制线段，结果如图 14-53 所示。命令行操作提示如下。

```
命令：_LINE 指定第一点：160          //沿 A 点向右追踪 160 确定线段的第一点 B 点
指定下一点或 [放弃(U)]：54           //向下追踪 54 确定线段的第二点 C 点
指定下一点或 [放弃(U)]：80           //向右追踪 80 确定线段的第三点
指定下一点或 [闭合(C)/放弃(U)]：54    //向上追踪 54 确定线段的第四点
指定下一点或 [闭合(C)/放弃(U)]：✓
```

②　再绘制线段，自 *C* 点向下绘制一条长为【200】的竖直线段 *L*。使用【偏移】命令
将线段 *L* 分别向右偏移【30】、【50】和【80】，绘制结果如图 14-54 所示。

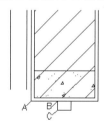

图 14-53　绘制 3 条线段

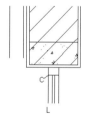

图 14-54　偏移线段

③　使用【直线】命令绘制两侧的线段及折断线，结果如图 14-55 所示。

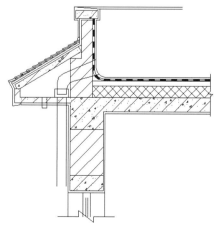

图 14-55　线段及折断线的位置

14.2.4　尺寸和文字标注

操作步骤

① 将当前图层设为【尺寸标注】层。

② 单击【标注样式】按钮，在【标注样式管理器】对话框中设置【建筑标注-1】为当前样式。

③ 利用【线性】标注按钮、【连续】标注按钮、【半径】标注按钮和【角度】标注按钮，为图形做尺寸标注，标注后的结果如图 14-56 所示

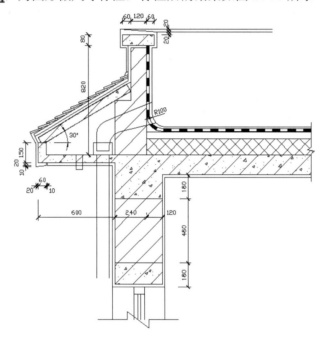

图 14-56　标注后的结果

④ 将【文字】层设为当前层，【工程字】样式为当前样式。

⑤ 单击【多行文字】按钮 **A**，设置多行文字区域后，在【多行文字编辑器】中单击鼠标右键，在弹出的快捷菜单中选择【段落对齐】→【右对齐】命令，然后输入说明文字，文字大小为【100】，如图 14-57 所示。

⑥ 单击【移动】按钮，将多行文字移到如图 14-58 所示的位置。

⑦ 使用【直线】命令，在如图 14-59 所示的位置绘制折线。

⑧ 选择水平线段进行复制，其位置对齐文字中心即可，结果如图 14-60 所示。

⑨ 利用相同的方法标注如图 14-61 所示的文字。不同之处是，本处应该选择【段落对齐】→【左对齐】命令。

⑩ 单击【多行文字】按钮 **A**，设置多行文字区域后，输入说明文字，文字大小为【300】，如图 14-62 所示。

⑪ 单击【直线】按钮，在如图 14-63 所示的位置绘制引线。

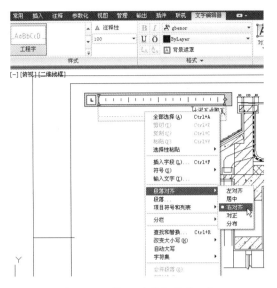

图 14-57　输入说明文字（一）

图 14-58　多行文字的位置

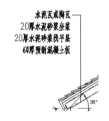

图 14-59　折线的位置

图 14-60　水平线段阵列后的结果

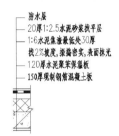

图 14-61　文字及直线位置

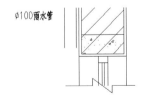

图 14-62　输入说明文字（二）

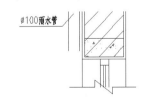

图 14-63　绘制引线

⑫ 利用【单行文字】命令输入其他位置的说明文字，文字大小为【300】，用【直线】
　 命令绘制相应位置的引线，如图 14-64 所示。

⑬ 利用【多段线】命令绘制图名底部的两条线，然后输入图名。

⑭ 单击【多段线】按钮 ，并设置线宽为【30】，绘制一条长为【2600】的水平线段，
　 并将其向下偏移【60】，如图 14-65 所示。

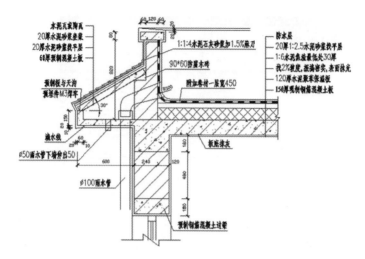

图 14-64　文字及引线

⑮　选择新偏移出的多段线，单击【分解】按钮　，分解后的结果如图 14-66 所示。

图 14-65　多段线及偏移后的结果　　　　　　图 14-66　多段线分解后的结果

⑯　单击【文字样式】按钮，弹出【文字样式】对话框，新建一个文字样式，取名为【图名】，在【字体】选项组的【字体名】下拉列表中选择【黑体】选项。【效果】选项组中的【宽度因子】设为【0.7】。

⑰　利用【单行文字】命令在屏幕的空白处输入【天沟详图】和【1：20】，其中【天沟详图】的文字高度为【600】，【1：20】的文字高度为【300】。将其移至多段线的相应位置，至此，完成了天沟详图的绘制，如图 14-67 所示，最后保存文件。

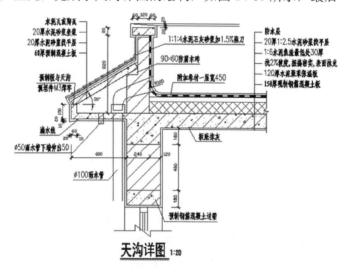

图 14-67　绘制完成的天沟详图

14.3　建筑结构施工图规范

建筑工程施工图通常由建筑施工图、结构施工图、设备施工图组成，这 3 类施工图的详细组成如下。

- 建筑施工图：建筑施工图主要表示房屋建筑的规划位置、外部造型、内部各房间的布置、内外装修、材料构造及施工要求等，主要包括建筑设计总说明、建筑总平面图、各层平面图、立面图、平面图及详图等内容。
- 结构施工图：结构施工图主要表示房屋结构系统的结构类型、构件布置、构件种类和数量，以及构件的内部构造和外部形状、大小与构件间的连接构造。
- 设备施工图：设备施工图主要表达房屋给水排水、供电照明、采暖通风、空调、燃气等设备的布置和施工要求等，主要包括各种设备的布置平面图、系统图和施工要求等内容。设备施工图可按工种不同进一步分为排水施工图、暖通施工图、电气施工图等。

14.3.1　结构施工图

在建筑设计过程中，为了满足房屋建筑安全和经济施工要求，需要依据力学原理和有关设计规范计算房屋的承重构件（基础、梁、柱、板等），从而确定它们的形状、尺寸及内部构造等。将确定的形状、尺寸及内部构造等内容绘制成图样，从而形成建筑施工所需的结构施工图。房屋结构图如图 14-68 所示。

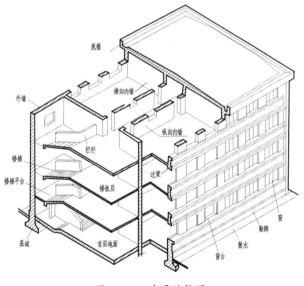

图 14-68　房屋结构图

14.3.2　结构施工图的内容

结构施工图的内容包括结构设计与施工总说明、结构平面布置图、构件详图等。

1. 结构设计与施工总说明

结构设计与施工总说明包括抗震设计、场地土质、基础与地基的连接、承重构件的选择、施工注意事项等内容。

2. 结构平面布置图

结构平面布置图是表示房屋中各承重构件总体平面布置的图样，主要包括以下几点。

- 基础平面布置图及基础详图。
- 楼层结构平面布置图及节点详图。
- 屋顶结构平面图。

3. 构件详图

构件详图包括以下几点。

- 梁、柱、板等结构详图。
- 楼梯结构详图。
- 屋架结构详图。
- 其他详图。

14.3.3　结构施工图中的有关规定

房屋建筑是由多种材料组成的结合体，目前国内建筑房屋的结构通常采用较为普遍的砖混结构和钢筋混凝土结构。

《建筑结构制图标准》（GB/T 50105—2010）对结构施工图的绘制有明确的规定，现将有关规定介绍如下。

1. 常用构件代号

常用构件代号如表 14-1 所示。

表14-1　常用构件代号

序号	名称	代号	序号	名称	代号	序号	名称	代号
1	板	B	12	天沟板	TGB	23	楼梯梁	TL
2	屋面板	WB	13	梁	L	24	框架梁	KL
3	空心板	KB	14	屋面梁	WL	25	框支梁	KZL
4	槽行板	CB	15	吊车梁	DL	26	屋面框架梁	WKL
5	折板	ZB	16	单轨吊车梁	DDL	27	檩条	LT
6	密肋板	MB	17	轨道连接	DGL	28	屋架	WJ
7	楼梯板	TB	18	车挡	CD	29	托架	TJ
8	盖板或沟盖板	GB	19	圈梁	QL	30	天窗架	CJ
9	挡雨板、檐口板	YB	20	过梁	GL	31	框架	KJ
10	吊车安全走道板	DB	21	连系梁	LL	32	刚架	GJ
11	墙板	QB	22	基础梁	JL	33	支架	ZJ

续表

序号	名称	代号	序号	名称	代号	序号	名称	代号
34	柱	Z	41	地沟	DG	48	梁垫	LD
35	框架柱	KZ	42	柱间支撑	DC	49	预埋件	M
36	构造柱	GZ	43	垂直支撑	ZC	50	天窗端壁	TD
37	承台	CT	44	水平支撑	SC	51	钢筋网	W
38	设备基础	SJ	45	梯	T	52	钢筋骨架	G
39	桩	ZH	46	雨篷	YP	53	基础	J
40	挡土墙	DQ	47	阳台	YT	54	暗柱	AZ

2. 常用钢筋符号

钢筋按其强度和品种分成不同的等级,并用不同的符号表示。常用钢筋图例如表 14-2 所示。

表14-2 常用钢筋图例

序 号	名 称	图 例	说 明
1	钢筋横断面	•	
2	无弯钩的钢筋端部		下图表示长、短钢筋投影重叠时,短钢筋的端部用 45°斜画线表示
3	带半圆形弯钩的钢筋端部		
4	带直钩的钢筋端部		
5	带丝扣的钢筋端部		
6	无弯钩的钢筋搭接		
7	带半圆弯钩的钢筋搭接		
8	带直钩的钢筋搭接		
9	花篮螺丝钢筋接头		
10	机械连接的钢筋接头		用文字说明机械连接的方式

3. 钢筋分类

配置在混凝土中的钢筋,按其作用和位置可分为受力筋、箍筋、架立筋、分布筋、构造筋等,如图 14-69 所示。

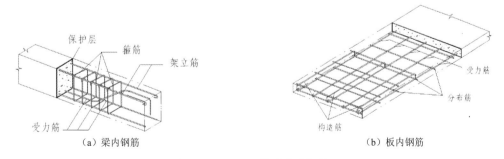

（a）梁内钢筋　　　　　　　　　（b）板内钢筋

图 14-69 混凝土构件中的钢筋

● 受力筋:承受拉、压应力的钢筋。
● 箍筋(钢箍):承受一部分斜拉应力,并固定受力筋的位置,多用于梁和柱内。

- 架立筋：用于固定梁内钢箍的位置，构成梁内的钢筋骨架。
- 分布筋：用于屋面板、楼板内，与板的受力筋垂直布置，将承受的重量均匀地传给受力筋，并固定受力筋的位置，以及抵抗热胀冷缩所引起的温度变形。
- 其他：因构件构造要求或施工安装需要而配置的构造筋，如腰筋、预埋锚固筋、环等。

4．保护层

钢筋外缘到构件表面的距离称为钢筋的保护层。其作用是保护钢筋免受锈蚀，提高钢筋与混凝土的黏结力。

5．钢筋的标注

钢筋的直径、根数及相邻钢筋中心距在图样上一般采用引出线方式标注，其标注形式有如下两种。

- 标注钢筋的根数和直径，如图 14-70 所示。
- 标注钢筋的直径和相邻钢筋中心距，如图 14-71 所示。

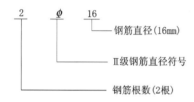

图 14-70　标注钢筋的根数和直径

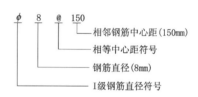

图 14-71　标注钢筋的直径和相邻钢筋中心距

6．钢筋混凝土构件图示方法

为了清楚地表明构件内部的钢筋，可以假设混凝土为透明体，这样构件中的钢筋在施工图中就可以看见。钢筋在结构图中的长度方向用单根粗实线表示，断面钢筋用圆黑点表示，构件的外形轮廓线用中实线绘制。

14.4　案例二：绘制建筑结构施工图

本节主要介绍在 AutoCAD 中绘制结构施工图的方法，包括基础平面图、结构平面布置图、楼板配筋图、梁配筋图、结构大样图及钢结构施工图等。完成学习后，读者基本上可以掌握结构施工图的绘制方法。

在房屋设计中，除了进行建筑设计、画出建筑施工图，还要进行结构设计。也就是说，根据建筑各方面的要求进行结构选型和构件布置，决定房屋各承重构件的材料、形状、大小，以及内部构造等，并将设计结果绘制成图样，以指导施工，这种图样称为结构施工图，简称"结施"。

14.4.1 绘制基础平面图

在房屋施工过程中，需要先放灰线、挖基坑和砌筑基础，这些工作需要根据基础平面图和基础详图来进行。

本案例绘制完成的某建筑条形基础图和基础详图如图 14-72 所示。

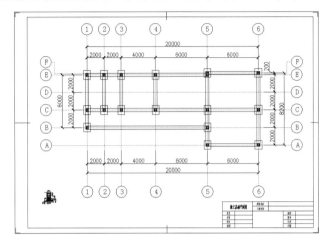

图 14-72 某建筑条形基础图和基础详图

操作步骤

① 打开样板文件【A2 建筑样板.dwt】。

② 执行菜单栏中的【修改】→【缩放】命令，将整个图框放大 60 倍，从而容下整个基础图形。

③ 打开【标注样式管理器】对话框，修改【建筑标注-1】样式。其中，【线】、【符号和箭头】和【文字】选项卡的设置如图 14-73 所示。

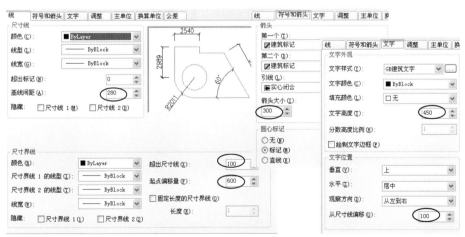

图 14-73 修改标注样式设置

④ 将【轴线】层设为当前层。调用【直线】和【偏移】命令绘制如图 14-74 所示的轴线。

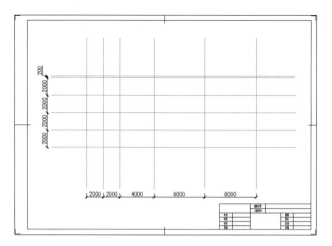

图 14-74　绘制轴线

⑤　使用【圆心、半径】和【多行文字】命令在轴线端点绘制编号，如图 14-75 所示。其中，圆的半径为【650】，字体高度为【600】，字体样式为【Standard】。

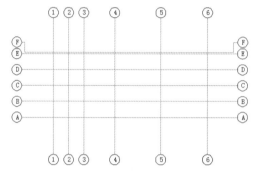

图 14-75　绘制编号

技巧点拨：

绘制时先绘制其中一个编号。其余的编号采用复制方法进行复制，然后修改复制编号的文字即可。

⑥　执行菜单栏中的【格式】→【多线样式】命令，打开【多线样式】对话框。新建【基础墙】多线样式，设置偏移距离为【120】和【-120】，并将【基础墙】层置为当前层，如图 14-76 所示。

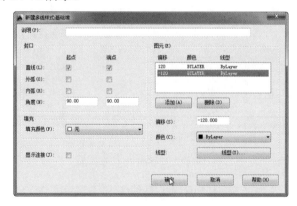

图 14-76　设置多线样式

技巧点拨：

在【新建多线样式】对话框中，偏移值为"±120"，实际上就是墙体实际厚度为 120mm。因此，在绘制多线时，必须将系统默认的比例 20 改为 1，否则不能创建正确的墙体多线。

⑦　将图层设为【轮廓实线】。执行菜单栏中的【绘图】→【多线】命令，然后捕捉轴线交点，绘制多线，如图 14-77 所示。

⑧　使用【分解】命令将多线分解，然后对多线进行修剪，结果如图 14-78 所示。

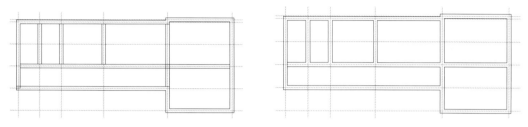

图 14-77　绘制多线　　　　　　　　　　图 14-78　分解和修剪多线

⑨　标注尺寸。标注纵向与横向各轴线之间的距离，以及轴线到基础底边和墙边的距离，如图 14-79 所示。

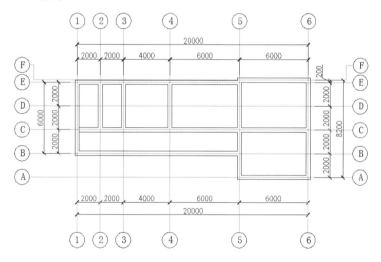

图 14-79　标注尺寸

⑩　至此，基础平面图绘制完成，然后保存结果。

14.4.2　绘制独立基础图及基础详图

采用框架结构的房屋及工业厂房的基础常采用独立基础方法。绘制独立基础图通常包括基础平面布置图与独立基础图或大样图（详图）。下面详细介绍绘制过程。

绘制完成的独立基础图及基础详图如图 14-80 所示。

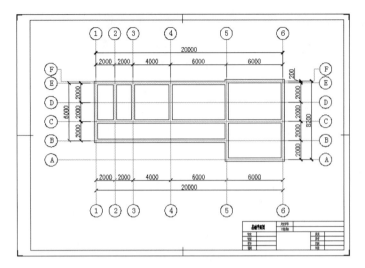

图 14-80　独立基础图及基础详图

操作步骤

① 复制前面绘制的基础平面图，作为本案例独立基础图的样板。

② 打开复制的基础平面图，然后将其另存为【独立基础图】。

③ 使用夹点编辑模式，拉长轴线相交位置的多线，以形成基础柱，如图 14-81 所示。

④ 使用【填充图案】命令，选择【SOLID】图案进行填充，填充结果如图 14-82 所示。

图 14-81　拉长多线

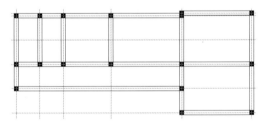

图 14-82　填充结果

⑤ 绘制【800×1000】的矩形基础，插入图中柱子位置，如图 14-83 所示。

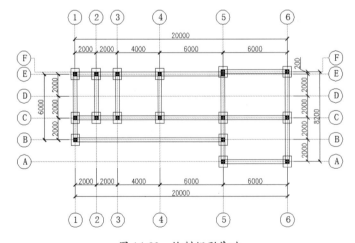

图 14-83　绘制矩形基础

⑥　绘制【基础大样】，按照尺寸调用【直线】命令画出大样轮廓，如图 14-84 所示。

⑦　调用【直线】命令，绘制基础剖面大样钢筋，如图 14-85 所示。

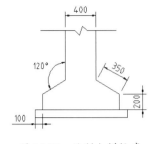

图 14-84　绘制大样轮廓

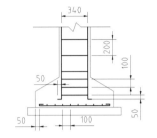

图 14-85　绘制基础剖面大样钢筋

⑧　至此，独立基础图及基础详图绘制完成，如图 14-86 所示，最后保存结果。

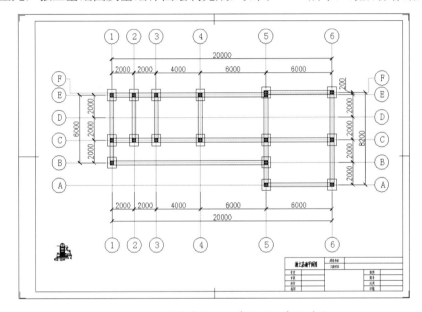

图 14-86　绘制完成的独立基础图及基础详图

14.4.3　结构平面布置图

结构平面布置图是表示建筑物构件平面布置的图样，分为楼层结构平面布置图、屋面结构平面布置图。本节着重介绍民用建筑的楼层结构平面布置图。

楼层结构平面布置图是假设沿楼板面将房屋水平剖开后所做的楼层结构水平投影图，用来表示每层楼的梁、板、柱、墙等承重构件的平面布置，或者现浇板的构造与配筋，以及它们之间的结构关系。

本案例绘制的结构平面布置图如图 14-87 所示。

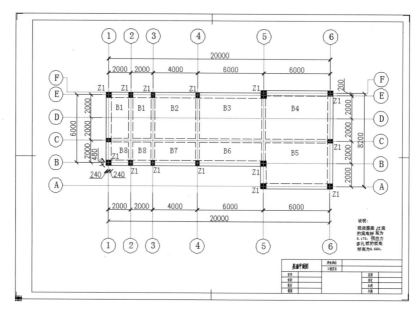

图 14-87　结构平面布置图

操作步骤

① 打开基础平面图，然后将其另存为【结构平面图】。

② 删除图形中的多线。

③ 在菜单栏中选择【格式】→【多线样式】命令，打开【多线样式】对话框。新建【外部墙】多线样式。在【新建多线样式：外部墙】对话框中设置偏移距离为【150】和【-150】，编辑【-150】的偏移值时单击【线型】按钮，如图 14-88 所示。

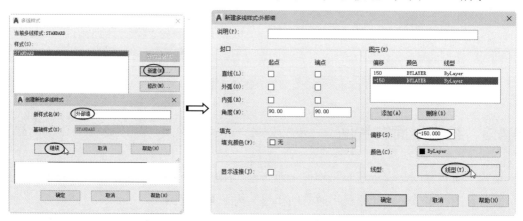

图 14-88　创建【外部墙】多线样式

④ 在弹出的【选择线型】对话框中单击【加载】按钮会弹出【加载或重载线型】对话框，如图 14-89 所示。

⑤ 单击【文件】按钮会弹出【选择线型文件】对话框。选择【acadiso.lin】文件单击鼠标右键，在弹出的快捷菜单中选择【打开】命令，如图 14-90 所示。

图 14-89 加载线型

图 14-90 选择【acadiso.lin】文件单击鼠标右键

⑥ 在打开的【acadiso.lin-记事本】窗口中复制并粘贴【ACAD_ISO02W100,ISO dash ＿＿＿】线型。修改此线型参数，如图 14-91 所示。

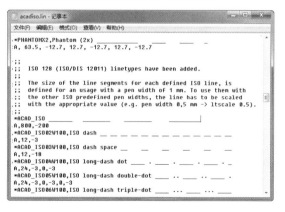

图 14-91 修改线型参数

⑦ 修改后将文件另存为【acadiso-1.lin】，并关闭记事本窗口。在【选择线型文件】对话框中选择新建的【acadiso-1.lin】文件并加载到 AutoCAD 中。

⑧ 在【加载或重载线型】对话框中选择【ACAD_ISO】线型后单击【确定】按钮，然后在【选择线型】对话框中单击【确定】按钮完成加载，如图 14-92 所示。

AutoCAD 2020 中文版建筑设计完全自学一本通

图 14-92　完成新线型的加载

> **技巧点拨：**
>
> 　　设置线型的参数是为了在绘制中心线时将比例增大，以便于观察。但还有另一种方法可以设置线型的比例，就是在菜单栏中选择【格式】→【线型】命令，然后在打开的对话框中单击【显示细节】按钮，并在下方设置【全局比例因子】。

⑨　关闭【新建多线样式】对话框，完成【外部墙】多线样式的创建。

⑩　同理，创建命名为【内部墙】的多线样式。此样式偏移为【90】和【-90】，并且两条线的线型均选择前面新建的【ACAD_ISO02W100】，如图 14-93 所示。

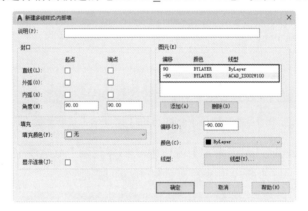

图 14-93　创建【内部墙】多线样式

⑪　将【外部墙】多线样式置为当前绘制多线的样式。使用【多线】命令在轴线中绘制外墙。再将【内部墙】置为当前绘制多线的样式，然后绘制内墙多线，结果如图 14-94 所示。

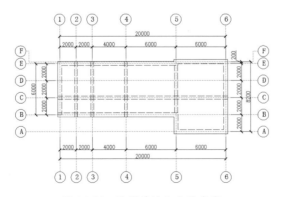

图 14-94　绘制外墙与内墙多线

⑫　使用【分解】命令分解多线，然后在某些 24 墙与 18 墙的交接处填充水泥柱子图案，选择填充的图案为【SOLID】，如图 14-95 所示。

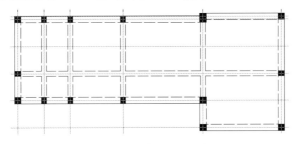

图 14-95　填充柱子图案

⑬　为墙、柱、梁等构件标注位置和编号，文字高度为【500】，选择【工程图】样式。最后输入图纸的说明文字，如图 14-96 所示。

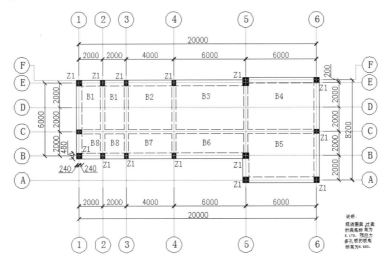

图 14-96　标注位置和编号

⑭　至此，结构平面布置图绘制完成，然后保存结果。

14.4.4　绘制楼板配筋图

在一般情况下，结构平面图已经包括了楼板配筋的标注，但也有另外独立绘制楼板配筋图的做法，本节主要介绍如何为结构平面布置图绘制楼板配筋图。绘制完成的楼板配筋图如图 14-97 所示。

楼板配筋图应画出板的钢筋详图，表示受力筋的形状和配置情况，并注明其编号、规格、直径、间距和数量等。每种规格的钢筋只画一根，按其立面形状画在钢筋安放的位置上。如果总图不能清楚地表示钢筋详细，可另外画出钢筋详图。在结构平面图中，不必画出分布筋。配筋相同的板，画出其中一块的配筋即可。

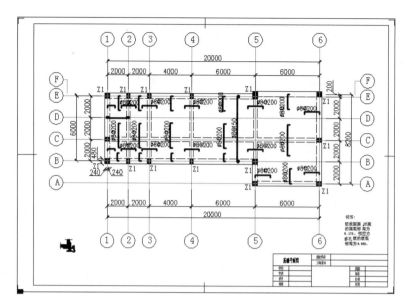

图 14-97　楼板配筋图

操作步骤

① 打开素材文件【结构平面图.dwg】。

② 删除平面布置图中内部的编号，然后使用【直线】命令绘制钢筋（顶层钢筋，也叫扣筋）图例，如图 14-98 所示。由于图 14-97 中仅使用了两种钢筋，故绘制两种图例。

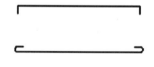

图 14-98　钢筋图例

③ 将绘制的钢筋图例依次插入平面图中，如图 14-99 所示。

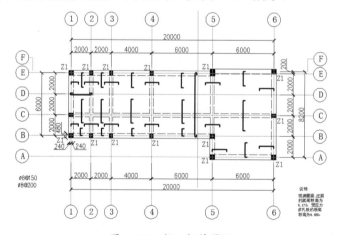

图 14-99　插入钢筋图例

技巧点拨：

　　如果钢筋长度不够，可以采用延伸或拉长的方法，使钢筋至少有一端在轴线上。

④ 使用【多行文字】命令为钢筋（顶层钢筋）注明直径和间距，文字高度为【400】，字体为【工程图文字】，标注结果如图 14-100 所示。

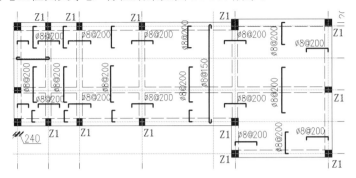

图 14-100　标注直径和间距

⑤ 由于图中的钢筋不能清楚表示，所以需要在图外画出钢筋详图。使用【直线】命令画出折断墙体，如图 14-101 所示。

⑥ 将钢筋图形按其楼板形状画在钢筋的实际安放位置，如图 14-102 所示。

⑦ 在构造详图旁画上钢筋的另外几种可能的配置形式，如图 14-103 所示。

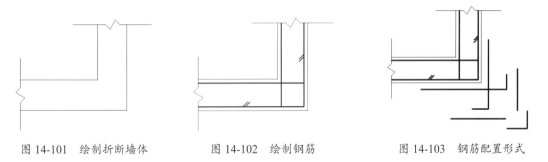

图 14-101　绘制折断墙体　　　　图 14-102　绘制钢筋　　　　图 14-103　钢筋配置形式

⑧ 至此，本案例楼板配筋图绘制完成，然后保存结果。

14.5　课后习题

1．绘制檐口详图

以如图 14-104 所示的檐口节点详图为例，介绍建筑详图的绘制方法，涉及的命令主要有【偏移】、【复制】和【填充】等。

2．绘制基础平面图

通过绘制如图 14-105 所示的基础平面图，读者可以学习图层、辅助线、定位轴线和墙体的绘制技巧。

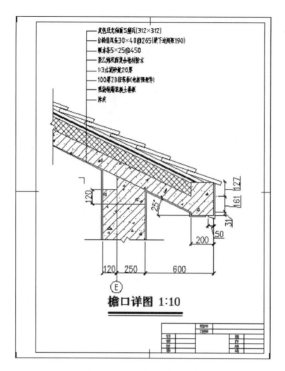

图 14-104 檐口节点详图

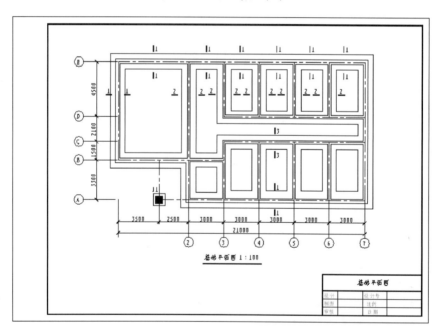

图 14-105 基础平面图

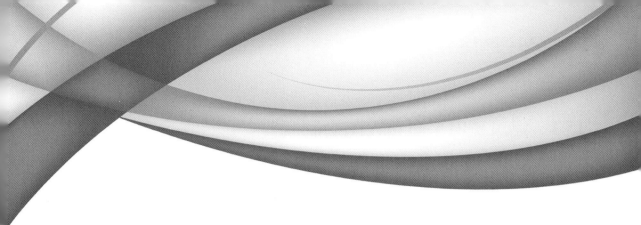

第 15 章

建筑室内布置图设计

本章内容

在建筑室内装饰设计过程中，施工人员要能够准确、快捷地施工，必须有事先准备好的室内装饰施工图，包括平面布置图、天花布置图、各立面图、电气布置图、门窗节点构造详图等，而在这些室内装饰施工图中，尤以平面图最为重要，其他立面图、电气布置图、构造详图等都是在其基础上设计的。

本章将详细讲解室内设计中平面布置图的绘制。绘制平面布置图需要考虑人体尺度、空间位置、色彩等诸多因素，以及 AutoCAD 2020 在设计过程中需要注意的问题。

知识要点

- ☑ 建筑室内平面布置图绘制概要
- ☑ 室内空间与常见布置形式
- ☑ 绘制居室室内平面布置图

15.1 建筑室内平面布置图绘制概要

平面布置图是室内装饰施工图纸中的关键性图纸。它是在原建筑结构的基础上，根据业主的要求和设计师的设计意图，对室内空间进行详细的功能划分和室内设施定位。

15.1.1 如何绘制室内平面布置图

放线工作完成后，通常会将平面图复印数张，或者直接将图纸覆盖在平面图上，做平面配置的规划草图。

1. 考虑各空间的用途

住宅空间可分为玄关、客厅、餐厅、主卧室、儿童房、幼儿房、长辈房、客房、书房、起居室、工作室、音乐室、收藏品室、音响视听室、休闲娱乐室、储藏室、厨房、浴室和阳台等。考虑空间的大小及用途时，设计师应依据业主所给予的家庭资料及需求进行规划。

2. 考虑各空间之间的分隔方式

室内采用不同的分隔方式，可使空间有层次而生动地发生变化。

1）全隔间或封闭式隔间

空间以砖墙、木制隔间，或者用高柜来分隔空间，其视线完全被阻隔，隔音效果良好，成为一个强调隐私性的空间。

2）局部隔间或半开放式（半封闭式）隔间

以隔屏、透空式的高柜、矮柜，不到顶的矮墙，或者透空式的墙面来分隔空间，其视线可相互透视，强调与相邻空间之间的连续性与流动性。

3）开放式隔间或称为象征式隔间

空间以建筑架构的梁柱、材质、色彩、绿化植物，或者地坪的高低差等来区分空间。其空间的分隔性不明确，视线上没有有形物的阻隔，但通过象征性的区隔，在心理层面上仍是区隔的两个空间。

4）弹性隔间

有时两个空间之间的区隔方式是开放式隔间或半开放式隔间，但在有特定目的时可利用暗拉门、拉门、活动帘、叠拉帘等方式分隔空间。例如，和室兼起居室或儿童游戏空间，当有访客时将和室门关闭，可成为独立而又具有隐私性的空间。

3. 考虑各空间与空间之间的动线是否流畅

具有良好的动线连接，才能妥善地安排人们日常的生活作息。

- 依据人体工学将各种家具、设备及储藏等，在空间内做合理且适当的安排。
- 考虑住宅自身条件，以及梁、柱、窗、空调位、空气对流性、采光和户外景观等，在整个平面规划上的相对关系。

在数个平面配置草图中，逐一加以检查，修正后，绘制 1～3 个平面配置图，再一一与业主沟通、讲解。在沟通和协调的过程中，除了口头叙述，以及资料、材料的说明，常以透视图来辅助说明，从而使业主了解设计者的设计理念，同时使设计者能更进一步地了解业主对自身住宅的要求和品味。在与业主充分沟通和协调后，设计师就可以修正图面定案，并完成平面配置图。

15.1.2　室内装饰、装修和设计的区别与联系

室内装饰或装潢、室内装修、室内设计，是几个通常为人们所认同的，但内在含义实际上是有所区别的词义。

1．室内装饰或装潢

装饰和装潢原义是指"器物或商品外表"的"修饰"，着重从外表、视觉艺术的角度来探讨和研究问题。例如，对室内地面、墙面、顶棚等各界面的处理，装饰材料的选用，以及对家具、灯具、陈设和小品的选用、配置与设计。

2．室内装修

室内装修着重于工程技术、施工工艺和构造做法等方面，主要是指土建施工完成之后，对室内各个界面、门窗、隔断等最终的装修工程。

3．室内设计

现代室内设计是综合的室内环境设计，既包括视觉环境和工程技术方面的问题，也包括声、光、热等物理环境，氛围、意境等心理环境，以及文化内涵等内容。

15.1.3　常见户型室内平面图的布置

平面图应有墙、柱的定位尺寸，并有确切的比例。不管图纸如何缩放，其绝对面积不变。有了室内平面图后，设计师就可以根据不同的房间布局进行室内平面设计。设计师在布置之前一般会征询业主的想法。

居家的家具可以自己购买，也可以委托设计师设计。如果房间的形状不是很好，根据设计定做家具可以取得较好的效果。各房间家具、电器、厨具及洁具的配置可参考如下几点。

- 卧室一般需要布置衣柜、床、梳妆台、床头柜、电视柜、电脑桌等家具。
- 客厅一般需要布置沙发、组合电视柜、矮柜、茶几等。
- 厨房一般需要布置一些矮柜、吊柜、灶台，以及冰箱、洗衣机、抽油烟机等家用电器。

● 卫生间需要布置抽水马桶、浴缸、洗脸盆等。

● 写字台与书柜是书房中必不可少的，如果业主是电脑爱好者，通常还会布置一张电脑桌。

15.1.4　平面布置图的标注

在室内设计制图规范下，平面布置图应标注如下几项。

● 各个房间的名称。

● 房间开间、进深，以及主要空间分隔物和固定设备的尺寸。

● 不同地坪的标高。

● 立面指向符号。

● 详图索引符号。

● 图名和比例等。

某室内平面布置图的标注如图 15-1 所示。

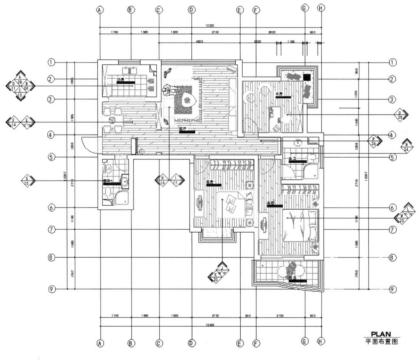

图 15-1　某室内平面布置图的标注

15.2　室内空间与常见布置形式

在进行住宅室内装修设计时，应根据不同的功能空间需求进行相应的设计，也必须符合相关的人体尺度要求。下面针对住宅中主要空间的设计要点进行讲解。

15.2.1　玄关的设计

玄关，原义是指大门，现多指进入户内的入口空间。

玄关是进入一个家的第一眼，所以设计成什么样完全取决于业主的想象，无论是装饰型的还是收纳实用型的都必须用心。

1. 玄关的设计要点

在设计玄关时，可参考以下几个要点。

（1）间隔和私密性：在进门处设置"玄关对景"主要是为了遮挡人们的视线，不至于开门见厅，让人们一进门就对客厅的情形一览无余。这种遮蔽并不是完全的遮挡，而是要有一定的通透性，同时注重户内行为的私密性及隐蔽性。如图 15-2 所示为几种具有间隔和私密性特点的玄关设计。

图 15-2　玄关的间隔和私密性

（2）实用性和保洁：玄关同室内其他空间一样，也有其使用功能，就是供人们进出家门时，在这里更衣、换鞋，以及整理装束，如图 15-3 所示。

图 15-3　玄关的实用性和保洁

（3）风格与情调：玄关的装修设计浓缩了整个设计的风格和情调。如图 15-4 所示为几种风格的玄关设计。

（4）装修和家具：玄关地面通常采用耐磨、易清洗的材料，墙壁的装饰材料一般和客厅墙壁统一。顶部要做一个小型的吊顶。玄关中的家具通常包括鞋柜、衣帽柜、镜子、小坐凳等，玄关中的家具要与整体风格相匹配。如图 15-5 所示。

地中海风格　　　　　　　简约风格　　　　　　　　中式风格

图 15-4　玄关风格

图 15-5　玄关装修风格的一致性

（5）采光和照明：玄关处的照度要亮一些，以免给人晦暗、阴沉的感觉。狭长形的玄关通常采光不足，所以会给家庭成员带来很多不便。为了解决这个问题，通常使用灯饰和光管照明，令玄关更为明亮；或者通过改造空间格局，使自然光线照进玄关，如图 15-6 所示。

图 15-6　玄关的采光和照明

（6）材料选择：玄关采用的材料通常包括木材、夹板贴面、雕塑玻璃、喷砂彩绘玻璃、镶嵌玻璃、玻璃砖、镜屏、不锈钢、花岗石、塑胶饰面材，以及壁毯、壁纸等，如图 15-7 所示。

图 15-7　玄关的材料选择

2．玄关的家具摆设

布置家具有以下 3 种方式。

- 设置一半高的搁架作为鞋柜，并储藏部分物品，衣物可直接挂在外面，许多现有的住宅玄关面积较小，多采用此种做法，南方地区也多采用这种做法。
- 设置一通高的柜子兼作衣柜、鞋柜与杂物柜，这样比较容易保持玄关的整洁有序，但这要求玄关区要有较大的空间。
- 在入口旁单独设立衣帽间。有些家庭把更衣功能从玄关中分离出来，将入口附近的房间改造为单独的更衣室，这样增加了此空间的面积，但这大多是住宅设计中玄关区没有足够的面积而后期改造的方法。

3．玄关设计尺寸

玄关的宽度最好保证在 1.5m 以上，建议取 1.6～2.4m。入口的交通通道最好不要与入户后更换衣物的空间重合。若无法避免，则入口通道与衣柜之间应留一个人更换衣物的最小尺度空间，其宽度一般为 0.7～1m。玄关的面积不宜小于 2m²，如图 15-8 所示。

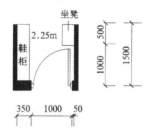

图 15-8　玄关的面积尺寸参考

当鞋柜、衣柜需要布置在户门一侧时，要确保门侧墙垛有一定的宽度：摆放鞋柜时，墙垛净宽度不宜小于 400mm；摆放衣柜时，则不宜小于 650mm。门侧墙垛尺寸参考如图 15-9 所示

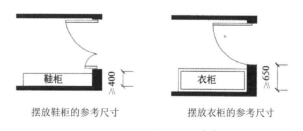

摆放鞋柜的参考尺寸　　　　摆放衣柜的参考尺寸

图 15-9　门侧墙垛尺寸参考

15.2.2　客厅的设计

客厅既是家人欢聚、共享生活情趣的空间，也是家中会友待客的社交场所，可以看作一个家庭的"脸面"，客人可以从这里体会主人的热情和周到，了解主人的品位、性情，因此，客厅具有举足轻重的地位，客厅装修是家居装修的重中之重。

1．客厅的配置

客厅的配置是室内设计的重点，但配置上不着重考虑的是客厅使用面积及动线。客厅配置的对象主要有单人沙发、双人沙发、三人沙发、L 形沙发、沙发组、茶几、脚凳等，这些配置可以使客厅的空间极富有变化性。

布置客厅需要注意以下几点。

（1）行走动线宽度（沙发与茶几的间距）宜为 450～600mm，而沙发与沙发转角的间距为 200mm，如图 15-10 所示。

（2）沙发的中心点尽量与电视柜的中心点对齐，如图 15-11 所示。

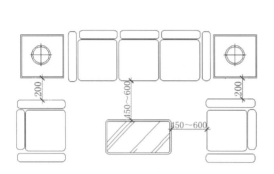

图 15-10　行走动线宽度

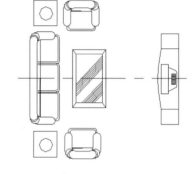

图 15-11　沙发的中心点尽量与电视柜的中心点对齐

（3）配置【沙发组】图块时，不一定将图块摆放成水平或垂直状态，否则会使客厅显得比较呆板，此时可将【单人沙发】图块旋转 25°、35°或 45°，以此使整体配置显得较为活泼，如图 15-12 所示。

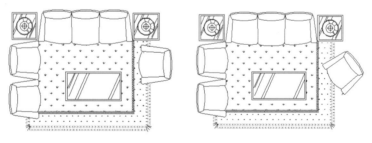

图 15-12　沙发组的配置

（4）客厅的配置可以与另一空间结合，可以使用开放性、半开放性、穿透性的处理手法，这些方法可以使客厅空间拓展性更大。客厅与其他空间的组合配置主要包括以下几种情况。

- 客厅与阅读区的有效结合，这样可以使空间更有机动性，如图 15-13 所示。
- 客厅与开放书房结合，这样可以使空间多样化，合理使用有效空间，互动性增强，如图 15-14 所示。
- 客厅与餐厅巧妙结合，除了可以更加合理地利用格局，还可以使用餐和休息变得更加顺畅，如图 15-15 所示。
- 客厅与吧台区的结合，这种组合配置比较适合好客的居住者使用，如图 15-16 所示。

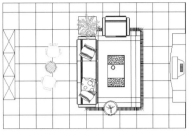

图 15-13　客厅与阅读区的有效结合

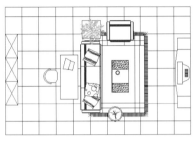

图 15-14　客厅与开放书房结合

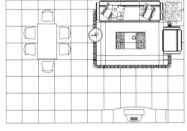

图 15-15　客厅与餐厅巧妙结合

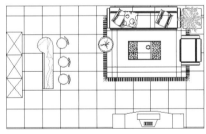

图 15-16　客厅与吧台区的结合

2. 客厅空间尺寸

在不同平面布局的套型中，起居室面积的变化幅度较大。其设置方式大致有两种情况：相对独立的起居室；与餐厅合二为一的起居室。在一般的两居室、三居室套型中，其面积指标如下。

- 起居室相对独立时，起居室的使用面积一般在 $15m^2$ 以上。
- 当起居室与餐厅合二为一时，二者的使用面积通常为 $20\sim25m^2$；或者共同占套内使用面积的 $25\%\sim30\%$ 为宜。

起居室开间尺寸呈现一定的弹性：有小户型中满足基本功能的 3600mm 小开间"迷你型"起居室，也有大户型中追求气派的 6000mm 大开间的"舒适型"起居室（见图 15-17）。

- 常用尺寸：一般来讲，110～150m² 的三室两厅套型设计中，比较常见和普遍使用的起居室面宽为 4200～4500mm。
- 经济尺寸：当用地面宽条件或单套总面积受到某些因素限制时，可以适当压缩起居室面宽至 3600mm。
- 舒适尺寸：在追求舒适的豪华套型中，其面宽可以达到 6000mm 以上。

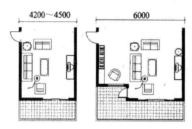

图 15-17　客厅面宽与家具布置

15.2.3　厨房的设计

市场调研表明，近几年居住者希望扩大厨房面积的需求依然比较强烈。目前，新建住宅厨房面积已从过去的平均 5～6m² 扩大到 7～8m²，但从使用角度来讲，厨房面积不应一味地扩大，面积过大、厨具安排不当也会影响厨房操作的工作效率。

厨房的常见配置有以下 5 种。

1）一字形厨房

一字形厨房的平面布局就是只在厨房空间的一侧墙壁上布置家具设备（见图 15-18），在一般情况下，水池置于中间，冰箱和炉灶分布在两侧。这种类型的厨房工作流程完全在一条直线上进行，这样难免使三点之间的工作互相干扰，尤其是多人同时进行操作时。因此，三点间的科学站位就成为厨房工作顺利进行的保证。

一字形厨房在布置时，冰箱和炉灶之间的距离应控制在 2.4～3.6m。若距离小于 2.4m，橱柜的储藏空间和操作台会很狭窄；若距离过长，则会增加厨房工作往返的路程，使人疲劳，从而降低工作效率。

2）双列型厨房

双列型厨房的布局就是在厨房空间相对的两面墙壁布置家具设备（见图 15-19），这样可以重复利用厨房的走道空间，提高空间的作用效率。双列型厨房可以排成一个非常有效的"工作三角区"，通常将水池和冰箱组合在一起，而将炉灶设置在相对的墙上。

在这种布局形式下，水池和炉灶往返最频繁，距离为 1.2～1.8m 较为合理，冰箱与炉灶之间的净宽应为 1.2～2.1m。另外，人体工程专家建议，双列型厨房空间净宽应不小于 2.1m。最好为 2.2～2.4m，这样的格局适用于空间狭长形的厨房，可容纳几个人同时操作，但分开的两个工作区仍会给操作带来不便。

图 15-18　一字形厨房

图 15-19　双列型厨房

3）L 形厨房

L 形厨房的布局是沿厨房相邻的两边布置家具（见图 15-20），这种布置方式比较灵活，橱柜的储藏量比较大，既方便使用又能在一定程度上节省空间。

这种布置方式动线短，是效率比较高的厨房设计。为了保证"工作三角区"在有效的范围内，L 形的较短一边长不宜小于 1.7m，较长一边在 2.8m 左右，水池和炉灶间的距离为 1.2～1.8m，冰箱与炉灶的距离应为 1.2～2.7m，冰箱与水池的距离为 1.2～2.1m。

另外，为了满足人体的活动要求，水槽与转角间应留出 30cm 的活动空间，以配合使用者操作上的需要。但是也可能由于"工作三角区"的一边与厨房过道交合产生干扰。

4）U 形厨房

U 形厨房就是在厨房的三边墙面均布置家具（见图 15-21），这种布置方式操作面长，储藏空间充足，空间利用充分，设计布置也较为灵活，基本集中了双列型和 L 形布局的优点。

图 15-20　L 形厨房

图 15-21　U 形厨房

水池置于厨房的顶端，冰箱和炉灶分设在其两翼。U 形厨房最大的特点在于厨房空间工作流线与其他空间的交通可以完全分开，避免了厨房内其他空间之间的相互干扰，如甲在水池旁进行清洗的时候，绝对不会阻碍乙在橱柜中取物品。U 形厨房"工作三角区"的三边宜设计成一个三角形，这样的布局动线简洁方便，而且距离最短。U 形相对两边内两侧之间的距离应为 1.2～1.5m，使之符合"省时、省力工作三角区"的要求。

5）岛型厨房

岛型厨房沿着厨房四周设立橱柜，并在厨房的中央设置一个单独的工作中心，人在厨房的操作活动围绕这个"岛"进行。这种布置方式适合多人参与厨房工作，创造活跃的厨房氛围，增进家人之间的感情交流。由于各个家庭对于"岛"内的设置各异，如纯粹作为一个料理台或在上面设置炉灶和水池，所以"工作三角区"会变得不固定，但是仍然要遵循一些原则，使工作能够顺利进行。无论是单独的操作"岛"还是与餐桌相连的"岛"，边长都不得超过 2.7m，"岛"与橱柜之间至少间隔 0.9m，如图 15-22 所示。

图 15-22　L 形+岛型厨房

15.2.4　卫生间的设计

设计卫生间时应注意保持良好的自然采光与通风。无自然通风的卫生间应采取有效的通风换气措施。在实际工程设计中，往往将自然通风与机械排风结合起来，从而提高使用的舒适性。

卫生间的地面应设置地漏，并且具有可靠的排水、防水措施，地面装饰材料应具有良好的防滑性能，同时易于清洁，卫生间门口处应有防止积水外溢的措施。墙面和吊顶能够防潮，维护结构采用隔声能力较强的材料。卫生间装修效果图如图 15-23 所示。

图 15-23　卫生间装修效果图

1. 卫生间的设计要求

设计卫生间时需要考虑以下几点。

- 有适当的面积，满足设备、设施的功能和使用要求；设备、设施的布置及尺度要符合人体工程学的要求；创造良好的室内环境的要求。设计卫生间基本上以方便、安全、私密、易于清理为主。

● 厕所、盥洗室、浴室不应直接设置在餐厅、食品加工或贮存、电气设备用房等有严格卫生要求或防潮要求的用房上层。

● 男女厕所宜相邻或靠近布置，以便于寻找及上下水管道和排风管道的集中布置，同时应注意避免视线的相互干扰。

● 卫生间宜设置前室。无前室的卫生间外门不宜同办公、居住等房门相对。

● 卫生间外门应保持经常关闭状态，通常在门上设弹簧门、闭门器等。

● 清洁间宜靠近卫生间单独设置。清洁间内设置拖布池、拖布挂钩和存放清洁用具的搁架。

● 卫生间内应设置洗手台或洗手盆，并配置镜子、手纸盒、烘手器、衣钩等设施。

● 公共卫生间各类卫生设备的数量需要按总人数和男女比例进行计算，并且符合相关建筑设计规范的规定。其中，小便槽按 0.65m 换算成一件设备，盥洗槽按 0.7m 换算成一件设备。

● 卫生间地面标高应略低于走道标高，门口处高差一般约为 10mm，地面排水坡度不小于 5‰。

● 有水直接冲刷的部位（如小便槽处），浴室内墙面应可防水。

厕所、浴室隔间的最小尺寸如图 15-24 所示。隔断高度如下：厕所隔断高 1.5～1.8m，淋浴、盆浴隔断高 1.8m。

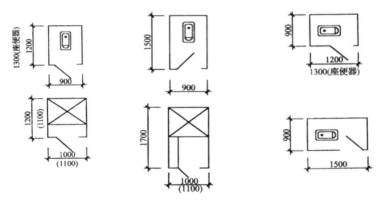

图 15-24　厕所、浴室隔间的最小尺寸

2．卫生间的设计尺寸

卫生设备间距的最小尺寸如图 15-25 所示，同时应符合下列规定。

● 洗脸盆或盥洗槽水嘴中心与侧墙面净距不宜小于 550mm。

● 并列洗脸盆或盥洗槽水嘴中心间距不应小于 700mm。

● 单侧并列洗脸盆或盥洗槽外沿至对面墙的净距不应小于 1250mm。

● 双侧并列洗脸盆或盥洗槽外沿之间的净距不应小于 1800mm。

卫生设备间距规定有以下几个尺度。

● 供一个人通过的宽度为 550mm。

● 供一个人洗脸，左右所需尺寸为 700mm。

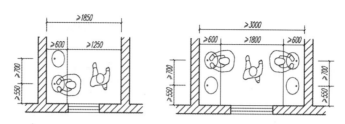

图 15-25　卫生设备间距的最小尺寸

- 前后所需尺寸（离盆边）为 550mm。
- 供一个人捧一只洗脸盆将两肘收紧所需尺寸为 700mm，隔间小门宽 600mm。

各款规定的依据如下。

- 考虑靠侧墙的洗脸盆旁留有下水管位置或靠墙活动无障碍距离。
- 弯腰洗脸左右尺寸所需。
- 一人弯腰洗脸，一人捧洗脸盆通过所需。
- 二人弯腰洗脸，一人捧洗脸盆通过所需。

15.2.5　卧室的设计

卧室在套型中扮演着十分重要的角色。人的一生中近 1/3 的时间处于睡眠状态，拥有一个温馨、舒适的卧室是很多人追求的目标。卧室分为主卧室和次卧室，其效果图如图 15-26 所示。

图 15-26　主卧室和次卧室的效果图

1．卧室设计要点

卧室应有直接采光、自然通风。因此，设计住宅时应千方百计地将外墙让给卧室，保证卧室与室外自然环境有必要的直接联系，如采光、通风和景观等。

卧室空间尺度比例要恰当，一般开间与进深之比不要大于 1：2。

2．主卧室的家具布置

（1）床的布置（见图 15-27）。床是卧室中最主要的家具，双人床应居中布置，满足两个人可以在不同方向上下床，以及铺设、整理床褥的需求。

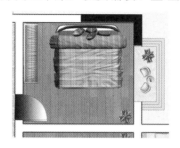

图 15-27　床的布置

（2）床边缘与其他障碍物间的距离（见图 15-28）。床的边缘与墙或其他障碍物之间的通行距离不宜小于 500mm；考虑到方便在两边上下床、整理被褥、开拉门取物等动作，该距离最好不要小于 600mm；当照顾到穿衣动作时，如弯腰、伸臂等，其距离应保持在 900mm 以上。

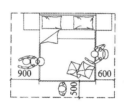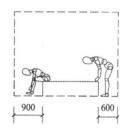

图 15-28　床边缘与其他障碍物间的距离

（3）其他使用要求和生活习惯上的要求如下。

● 床不要正对门布置，以免影响私密性，如图 15-29 所示。

● 床不宜紧靠窗摆放，以免妨碍开关窗和窗帘的设置，如图 15-30 所示。

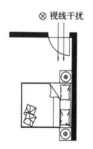

图 15-29　影响私密性的布置

图 15-30　不宜靠窗布置床

● 寒冷地区不要将床头正对窗布置，以免夜晚着凉，如图 15-31 所示。

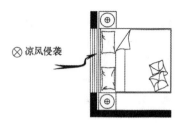

图 15-31　床不能正对窗布置

3．主卧室的尺寸

（1）面积。在一般情况下，主卧室的使用面积不应小于 12m²。

在常见的户型中，主卧室的使用面积宜为 15～20m²。过大的卧室往往存在空间空旷、缺乏亲切感、私密性较差等问题，此外还存在能耗高的缺点。

（2）开间。很多人有躺在床上边休息边看电视的习惯，所以在主卧室床的对面放置电视柜，但这种布置方式是对主卧室开间的最大制约。

主卧室开间净尺寸可参考以下内容确定。

- 双人床长度（2000～2300mm）。
- 电视柜或矮柜宽度（600mm）。
- 通行宽度（600mm 以上）。
- 两边踢脚宽度和电视后插头突出等引起的家具摆放缝隙所占宽度（100～150mm）。
- 面宽不宜小于 3300mm，设计为 3600～3900mm 较为合适。

主卧室的平面布置尺寸如图 15-32 所示。

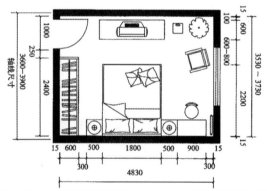

图中 15mm 为装修踢脚线高度，100mm 为电视柜与墙面的距离

图 15-32　主卧室的平面布置尺寸

15.3　综合案例：绘制居室室内平面布置图

本套室内设计更多地考虑了业主的需求，以简约、高雅、实用的格调展开设计。其平面布置图如图 15-33 所示。

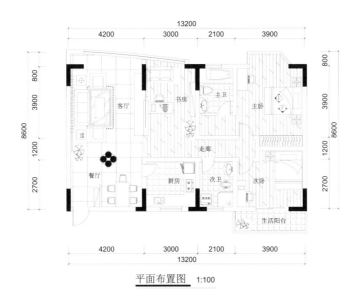

平面布置图　1:100

图 15-33　平面布置图

15.3.1　创建室内装饰图形

在创建室内装饰图形的过程中，主要绘制鞋柜、电视地台和沙发背景墙等简单图形，一些比较复杂的对象可以使用【插入】命令插入收集的素材。

操作步骤

① 打开素材文件【建筑结构平面图.dwg】，将其作为平面布置图的编辑基础。

② 将【家具】层设为当前层。执行【矩形】和【直线】命令，在如图 15-34 所示的位置绘制【300×1000】和【80×1220】的两个矩形，并绘制连接前一个矩形对角点的斜线。

③ 执行【移动】命令，将绘制的矩形及斜线向右移动【280】，如图 15-35 所示。

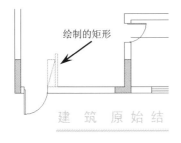

图 15-34　绘制矩形和斜线

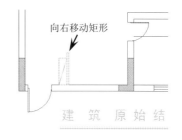

图 15-35　移动矩形

④ 执行【偏移】、【延伸】和【修剪】命令，绘制如图 15-36 所示的交叉线段。

⑤ 使用【偏移】命令向右偏移上面修剪好的垂直线段，偏移距离依次为 520mm、100mm、12mm、150mm，图 15-37 所示。

⑥ 继续使用【偏移】命令向上偏移水平线段，偏移距离依次为 420mm、1500mm、450mm、1000mm，如图 15-38 所示。

图 15-36　绘制交叉线段

⑦ 使用【修剪】命令对线段进行修剪，创建出电视地台与电视墙的平面效果，如图 15-39 所示。

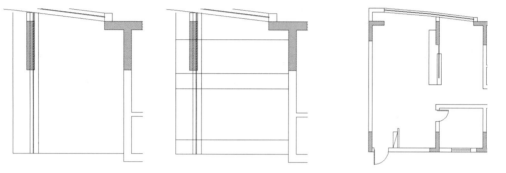

图 15-37　向右偏移线段　　　图 15-38　向上偏移线段　　　图 15-39　电视地台与电视墙的平面效果

⑧ 使用【偏移】命令向右偏移客厅左边的内墙线，偏移距离依次为 50mm、50mm、80mm，如图 15-40 所示。

⑨ 使用【偏移】命令向下偏移客厅上边的内墙线，偏移距离为 4500mm，使用【修剪】命令修剪多余线段，创建沙发背景墙平面效果，如图 15-41 所示。

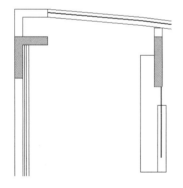

图 15-40　绘制客厅左边的内墙线

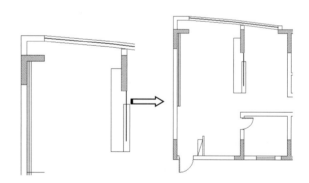

图 15-41　沙发背景墙平面效果

15.3.2　插入装饰图块

在绘制室内设计图时，通常会使用【插入】命令插入收集的素材，这样可以提高绘图的效率。

操作步骤

① 执行【工具】→【选项板】→【设计中心】命令，打开【设计中心】选项板。

② 在【设计中心】选项板中选择素材文件【图库.dwg】，然后在展开的树列单击【块】选项，此时选项板右侧会显示所有图块对象的预览，如图 15-42 所示。

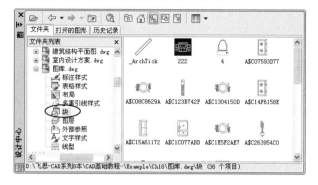

图 15-42　通过【设计中心】选项板打开图块对象

③ 双击要插入的【沙发】图块，打开【插入】对话框，单击【确定】按钮，返回绘图区，在屏幕上拾取一点，插入【沙发】图块，如图 15-43 所示。

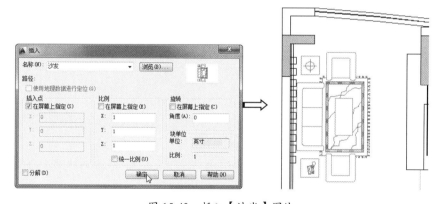

图 15-43　插入【沙发】图块

④ 使用同样的方法在客厅和餐厅中插入【图库.dwg】素材文件中的【餐桌】和【植物】图块，如图 15-44 所示。

⑤ 执行【偏移】命令，对厨房中的内墙线进行偏移，偏移距离为 650mm，然后使用【修剪】命令对其进行修剪，结果如图 15-45 所示。

⑥ 在厨房区域插入【图库.dwg】素材文件中的【冰箱】、【洗菜盆】和【燃气灶】图块，在主卧室中插入【衣柜】和【双人床】图块，在次卧室中插入【小衣柜】、【单人床】和【椅子】图块，效果如图 15-46 所示。

⑦ 在书房区域中插入【办公椅】、【沙发】和【植物】图块，在卫生间区域插入【浴缸】、【面盆】、【洗衣机】、【蹲便器】和【坐便器】图块，效果如图 15-47 所示。

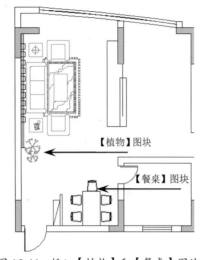

图 15-44　插入【植物】和【餐桌】图块

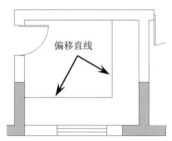

图 15-45　绘制的厨房内墙线

图 15-46　在厨房、主卧室和次卧室插入图块

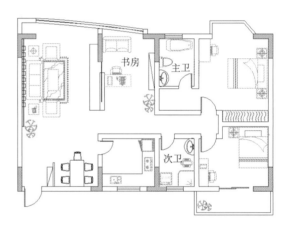

图 15-47　在书房和卫生间插入图块

15.3.3　填充室内地面

使用【插入】命令插入收集的素材后，接下来就需要为地面填充材质，填充地面材质时，可以使用【多段线】命令绘制填充区域的辅助线条。

操作步骤

① 将【填充】层设为当前层，按【F3】和【F8】键，关闭对象捕捉和正交功能。执行【直线】命令，在如图 15-48 所示的位置绘制一条连接线。

② 执行【图案填充】命令，在打开的【图案填充创建】选项卡中选择【NET】图案，并设置图案的比例为【8000】，然后选择客厅和餐厅区域进行填充，填充结果如图 15-49 所示。

③ 同理，在书房、过道、主卧室、次卧室中，选择填充的样例为【DOLMIT】，设置角度为【90】、比例为【30】，填充效果如图 15-50 所示。

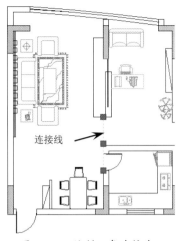

图 15-48　绘制一条连接线

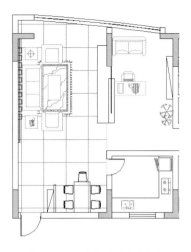

图 15-49　为客厅填充图案

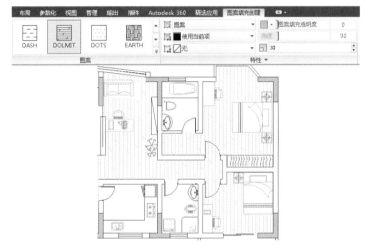

图 15-50　填充书房、过道、主卧室和次卧室

④　选择填充样例【ANGIE】，分别对厨房、卫生间、卧室阳台进行填充，设置的比例为【40】，填充效果如图 15-51 所示。

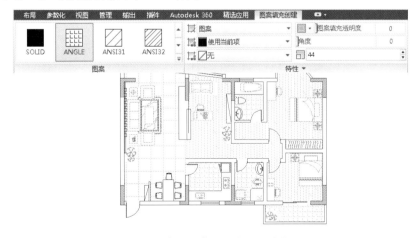

图 15-51　填充厨房、卫生间、卧室阳台

15.3.4　添加文字说明

创建文字说明，可以使客户清楚地了解各个房间的功能，不仅有利于与客户沟通，还可以清楚地表达设计内容。

操作步骤

① 将【文字】层设为当前层，然后执行【多行文字】命令，在客厅位置处用鼠标拖曳出一个矩形框确定创建文字的区域。

② 在弹出的文字编辑器中创建【客厅】说明文字，设置的字体高度为【300】，字体为【宋体】，颜色为【红色】，如图 15-52 所示。

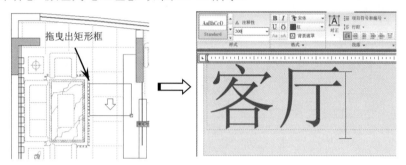

图 15-52　创建【客厅】说明文字

③ 使用同样的方法创建【餐厅】、【厨房】和【书房】等说明文字，如图 15-53 所示。

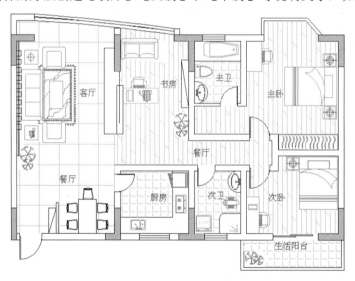

图 15-53　创建其他说明文字

④ 将【图库.dwg】素材文件中的【局部剖面详图标记】复制到图形中，如图 15-54 所示。

⑤ 使用【多行文字】命令创建图形说明文字【平面布置图】，将文字高度设置为【480】。再输入绘图比例【1∶100】，字高为【300】。最后使用【直线】命令绘制图纸名称下面的横线，其中短横线加粗，如图 15-55 所示。至此，完成平面布置图的绘制。

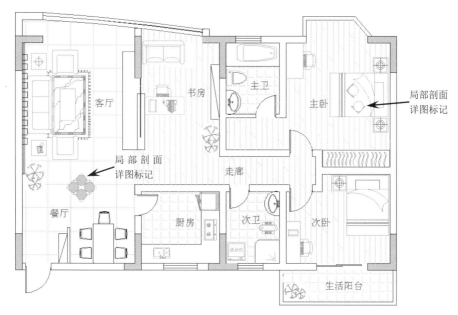

图 15-54　复制【局部剖面详图标记】

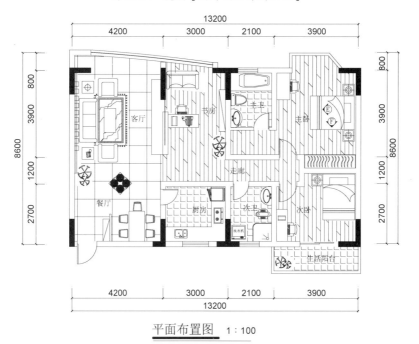

平面布置图　1∶100

图 15-55　绘制完成的平面布置图

15.4　课后习题

在综合所学知识的前提下，通过绘制如图 15-56 所示的室内平面布置图，可以熟悉室内家具的快速布置方法和布置技巧。

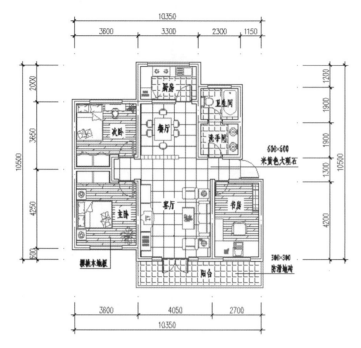

图 15-56　室内平面布置图

绘制步骤如下。

（1）打开原始户型图（见图 15-57），然后进行家具布置（见图 15-58）。

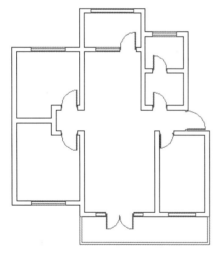

图 15-57　原始户型图

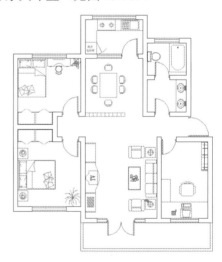

图 15-58　绘制完成的家具布置图

（2）绘制如图 15-59 所示的地面材质图，从而学习室内地面装修材料的快速表达方法和绘制技巧。

（3）标注如图 15-60 所示的文字注解，主要学习户型图房间功能及地面材质的快速标注方法和标注技巧。

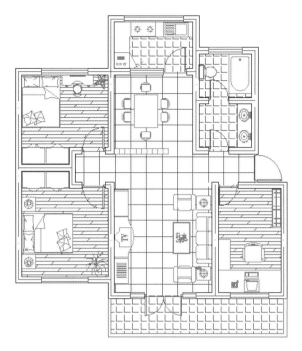

图 15-59　地面材质图

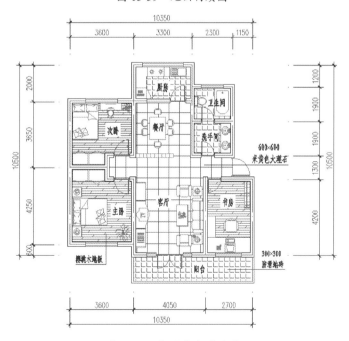

图 15-60　标注完成的效果

第 16 章
建筑室内顶棚平面图设计

本章内容

本章重点讲解建筑室内装饰施工设计的表现——顶棚平面
图的相关理论及制图知识。室内装饰施工图属于建筑装饰
设计范围,在图样标题栏的图别中简称"装施"或"饰施"。

知识要点

☑　建筑室内顶棚平面图设计要点

☑　吊顶装修必备知识

☑　绘制某服饰旗舰店顶棚平面图

16.1 建筑室内顶棚平面图设计要点

顶棚设计，在建筑装饰行业中常称为"吊顶"，是室内空间的主要界面，其设计必须满足功能要求、艺术要求、经济性和整体性要求。

用假想的水平剖切面从房屋门、窗台位置把房屋剖开，并向顶棚方向进行投影，由此所得的视图就是顶棚平面图，如图 16-1 所示。

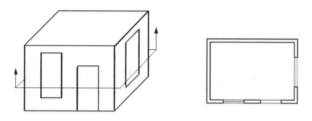

图 16-1 顶棚平面图形成示意图

根据顶棚平面图可以进行顶棚材料准备和施工，购置顶棚灯具和其他设备，以及灯具、设备的安装等工作。

表示顶棚时，既可以使用水平剖面图，也可以使用仰视图。两者的区别如下：水平剖面图画墙身剖面（含其上的门、窗、壁柱等）；仰视图不画墙身剖面，只画顶棚的内轮廓。顶棚平面图的表示如图 16-2 所示。

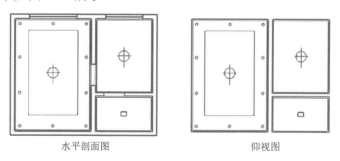

水平剖面图　　　　　　　　　仰视图

图 16-2 顶棚平面图的表示

1．顶棚平面图的主要内容

顶棚平面图主要表达室内各房间顶棚的造型、构造形式、材料要求，顶棚上设置的灯具的位置、数量、规格，以及在顶棚上设置的其他设备的情况等内容。

2．顶棚平面图的画法与步骤

① 取适当比例（常用 1：100、1：50）绘制轴线网。

② 绘制墙体（柱）、楼梯等构（配）件，以及门窗位置（可以不绘制门窗图例）。

③ 绘制各房间顶棚的造型。

④ 绘制灯具及顶棚上的其他设备。

⑤ 标注顶棚造型尺寸和各房间顶棚底面标高，输入顶棚材料、灯具要求及其他有关的文字说明。

⑥ 标注房间开间、进深尺寸，对轴线进行编号，输入图名和比例。

某户型的顶棚平面图如图 16-3 所示。

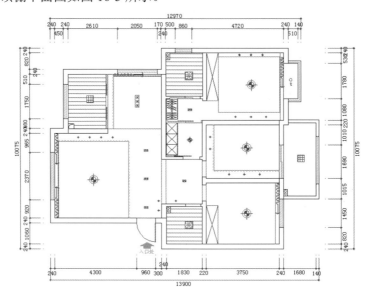

图 16-3　某户型的顶棚平面图

3．顶棚平面图的标注

顶棚平面图的标注应包含以下内容。

● 天花底面和分层吊顶的标高。

● 分层吊顶的尺寸、材料。

● 灯具、风口等设备的名称、规格和能够明确其位置的尺寸。

● 详图索引符号。

● 图名和比例等。

为了方便施工人员查看标注图例，一般把顶棚平面图中使用的图例以列表形式加以说明，如图 16-4 所示。

序号	图形	名称	06	•	射灯
01	✾	造型吊灯	07	- - - -	暗藏灯带
02	▭	单管日光灯	08	〰〰	窗帘盒
03	⊞	35×35日光灯	09	▦	浴霸
04	▨	排风扇	10	◉	吸顶灯
05	※	筒灯	11	▬	镜前灯

图 16-4　顶棚平面图中使用的图例

16.2　吊顶装修必备知识

大多数人对吊顶都非常熟悉，下面介绍一些吊顶装修中的基本知识。

16.2.1　吊顶的装修种类

吊顶一般有平板吊顶、局部吊顶、藻井式吊顶等类型。

1．平板吊顶

平板吊顶通常使用 PVC（聚氧乙烯）板、石膏板、矿棉吸音板、玻璃纤维板、玻璃等作为材料。由于房间顶一般安排在卫生间、厨房、阳台和玄关等部位，所以照明灯位于顶部平面之内或吸于顶上，如图 16-5 所示。

平板吊顶的构造做法是在楼板底下直接铺设固定龙骨（龙骨间距根据装饰板规格确定），固定装饰板主要用于装饰要求较高的建筑。平板吊顶的构造图如图 16-6 所示。

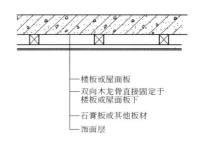

图 16-5　平板吊顶效果图　　　　　　　　　　　图 16-6　平板吊顶的构造图

2．局部吊顶

为了避免居室的顶部有水、电、气管道，同时房间的高度又不允许进行全部吊顶时可以采用局部吊顶的方式。这种方式的最好模式是，水、电、气管道靠近边墙附近，装修出来的效果与异型吊顶相似。玄关的局部吊顶效果图如图 16-7 所示。

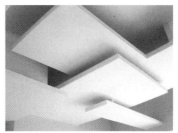

图 16-7　玄关的局部吊顶效果图

据笔者对装修行业的了解，目前大多数业主都喜欢在客厅做局部吊顶。做了吊顶使客厅看起来更加美观，所以目前客厅做局部吊顶才会特别流行。局部吊顶也分为很多种，如异型吊顶、格栅式吊顶、直线反光吊顶、凹凸吊顶、木质吊顶及无吊顶造型等。

- 异型吊顶（见图 16-8）：适用于卧室、书房等房间，在楼层比较低的房间，把顶部的管线遮挡在吊顶内，顶面可嵌入筒灯或内藏日光灯，产生只见光影不见灯的装饰效果。异型吊顶可以采用云形波浪线或不规则弧线，一般不超过整体顶面面积的三分之一，产生浪漫轻盈的感觉。

- 格栅式吊顶（见图 16-9）：先用木材或其他金属材料做成框架，镶嵌上透光或磨砂玻璃，光源在玻璃上面，造型生动活泼，装饰效果比较好，多用于阳台。它的优点是光线柔和，轻松自然。

图 16-8　异型吊顶

图 16-9　格栅式吊顶

- 直线反光吊顶（见图 16-10）：目前这种造型比较普遍，大多数人比较崇尚简约、自然的装修风格，顶面只做简单的平面造型处理。为了避免单调，业主会在电视墙的顶部利用石膏板做一个局部的直角造型，将射灯暗藏进去，晚上打开射灯看电视，光线轻柔、温和，别有一番情调。

- 凹凸吊顶（见图 16-11）：这种造型也是选用石膏板，多用于客厅。如果顶面的高度允许，可以利用石膏板做一面造型，顶面凸起，留出四周内镶射灯，晚上打开灯就是一圈灯带。

图 16-10　直线反光吊顶

图 16-11　凹凸吊顶

- 木质吊顶（见图 16-12）：比较厚重、古朴，可以用于卧室、客厅、阳台等。目前，市场有专门的木质吊顶板，厚度、长度、宽度都不尽相同，业主可以根据自家风格量身选择。

- 无吊顶造型（见图 16-13）：由于城市的住房普遍较低，吊顶后使人感觉压抑和沉闷，所以很多人不做吊顶，只把顶面的漆面处理好就算是"无吊顶"装修方式，并且日益受到广大业主的喜爱。

图 16-12　木质吊顶

图 16-13　无吊顶造型

3. 藻井式吊顶

藻井式吊顶的前提是，房间必须有一定的高度（高于 2.85m），并且房间较大。它的式样是在房间的四周进行局部吊顶，可设计成一层或两层，装修后有增加空间高度的效果，还可以改变室内的灯光照明效果。藻井式吊顶如图 16-14 所示。

图 16-14　藻井式吊顶

16.2.2　吊顶顶棚的基本结构形式

常见吊顶结构安装示意图如图 16-15 所示。

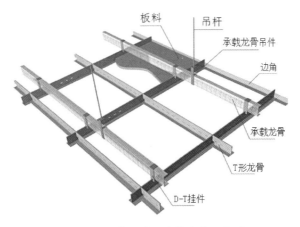

图 16-15　常见吊顶结构安装示意图

按顶棚面层与结构位置的关系，可分为直接式顶棚和悬吊式顶棚，如图 16-16 和图 16-17 所示。

图 16-16　直接式顶棚

图 16-17　悬吊式顶棚

直接式顶棚不但构造简单，构造层厚度小，可以充分利用空间，而且材料用量少，施工方便，造价较低。因此，直接式顶棚适用于普通建筑及功能较为简单、空间尺度较小的场所。

1．直接式顶棚的基本构造

直接式顶棚的基本构造包括直接抹灰顶棚构造、喷刷类顶棚构造、裱糊类顶棚构造、装饰板顶棚构造和结构式顶棚构造。

直接抹灰顶棚构造的做法如下：先在顶棚的基层（楼板底）上刷一遍纯水泥浆，使抹灰层能与基层很好地黏合；然后用混合砂浆打底，再做面层。要求较高的房间，可在底板增设一层钢板网，再在钢板网上做抹灰，这种做法强度高、结合牢，不易开裂脱落。抹灰面的做法和构造与抹灰类墙面装饰相同。直接抹灰顶棚构造如图 16-18 所示。

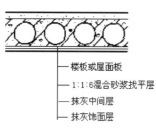

楼板或屋面板
1:1:6混合砂浆找平层
抹灰中间层
抹灰饰面层

图 16-18　直接抹灰顶棚构造

喷刷类顶棚是在上部屋面或楼板的底面上直接用浆料喷刷而成的，常用的材料有石灰浆、大白浆、色粉浆、彩色水泥浆、可赛银等。其具体做法可参照涂刷类墙体饰面的构造。喷刷类顶棚构造如图 16-19 所示。

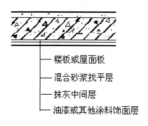

楼板或屋面板
混合砂浆找平层
抹灰中间层
油漆或其他涂料饰面层

图 16-19　喷刷类顶棚构造

裱糊类顶棚是对于有些要求较高、面积较小的房间顶棚面而言的，可采用直接贴壁纸、贴壁布及其他织物的饰面方法。这类顶棚主要用于装饰要求较高的建筑，如宾馆的客房、住宅的卧室等。裱糊类顶棚的具体做法与墙饰面的构造相同。裱糊类顶棚构造如图 16-20 所示。

　　　　图 16-20　裱糊类顶棚构造

　　装饰板顶棚构造是直接将装饰板粘贴在经抹灰找平处理的顶板上。直接装饰板顶棚构造如图 16-21 所示。

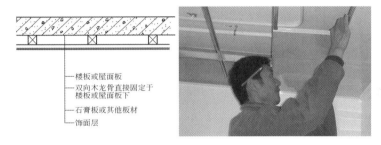

　　　　图 16-21　直接装饰板顶棚构造

　　结构式顶棚构造将屋盖或楼盖结构暴露在外，利用结构本身的韵律做装饰，不再另做顶棚，所以称为结构式顶棚。结构式顶棚充分利用屋顶结构构件，并巧妙地组合照明、通风、防火、吸声等设备，形成和谐统一的空间景观，一般应用于体育馆、展览厅、图书馆、音乐厅等大型公共建筑中。结构式顶棚构造如图 16-22 所示。

　　　　图 16-22　结构式顶棚构造

2．悬吊式顶棚的基本构造

　　悬吊式顶棚的装饰表面与结构底表面之间留有一定的距离，通过悬挂物与结构联结在一起。常见悬吊式顶棚的结构安装示意图如图 16-23 所示。

　　可以结合灯具、通风口、音响、喷淋、消防设施等整体设计。

● 特点：立体造型丰富，改善室内环境，满足不同使用功能的要求。

● 类型外观：平滑式顶棚、井格式顶棚、叠落式顶棚、悬浮式顶棚。

● 龙骨材料：木龙骨、轻钢、铝合金龙骨悬吊式顶棚。

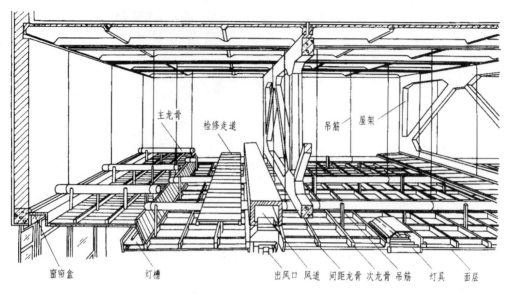

图 16-23　常见悬吊式顶棚的结构安装示意图

悬吊式顶棚的构造分为抹灰类顶棚和板材类顶棚。

1）抹灰类顶棚

抹灰类顶棚的抹灰层必须附着在木板条、钢丝网等材料上，因此首先应将这些材料固定在龙骨架上，然后做抹灰层。抹灰类顶棚包括板条抹灰顶棚和钢板网抹灰顶棚。板条抹灰顶棚装饰构造如图 16-24 所示。

钢板网抹灰顶棚采用金属制品作为顶棚的骨架和基层：主龙骨用槽钢，其型号根据结构计算而定；次龙骨用等边角钢，中距为 400mm；面层选用 1.2mm 厚的钢板网；网后衬垫一层直径为 6mm、中距为 200mm 的钢筋网架；在钢板网上抹灰。钢板网抹灰顶棚装饰构造如图 16-25 所示。

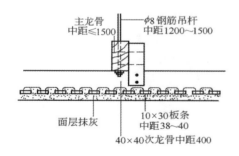

图 16-24　板条抹灰顶棚装饰构造

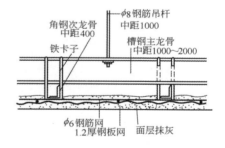

图 16-25　钢板网抹灰顶棚装饰构造

2）板材类顶棚

常见板材类顶棚包括石膏板顶棚（见图 16-26）、矿棉纤维板顶棚（见图 16-27）、玻璃纤维板顶棚和金属板顶棚（见图 16-28）等。

图 16-26　石膏板顶棚

图 16-27　矿棉纤维板顶棚

图 16-28　金属板顶棚

16.3　综合案例：绘制某服饰旗舰店顶棚平面图

本案例的某服饰旗舰店顶棚平面图主要体现了顶面灯位及顶面装饰材料的设计。设计完成的某服饰旗舰店顶棚平面图如图 16-29 所示。

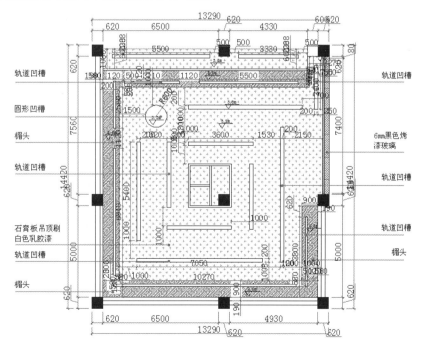

图 16-29　某服饰旗舰店顶棚平面图

16.3.1 绘制顶面造型

顶面造型主要是吊顶和灯具槽的绘制，下面介绍详细的绘制过程与方法。

操作步骤

① 打开素材文件【服饰店原始户型图.dwg】。

② 使用【直线】和【偏移】命令绘制如图 16-30 所示的天窗轮廓线。

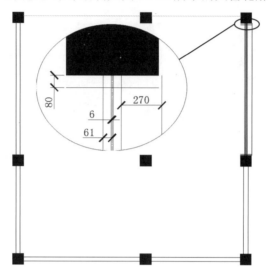

图 16-30　绘制天窗轮廓线

③ 使用夹点【拉长】模式将上一个步骤绘制的线段拉长，得到如图 16-31 所示的图形。

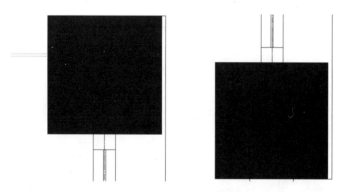

图 16-31　拉长并整理轮廓线

④ 使用【直线】命令在原始图中绘制长为【1668】的线段，暂且不管位置关系，如图 16-32 所示。

⑤ 使用 AutoCAD 2020 的参数化【线型】功能，对线段进行尺寸约束，结果如图 16-33 所示。

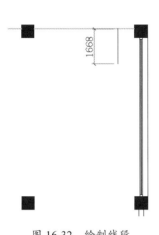

图 16-32　绘制线段

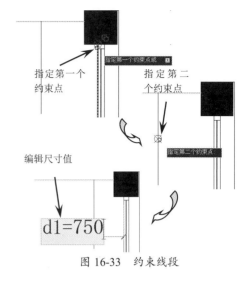

图 16-33　约束线段

⑥ 使用【多段线】命令，在线段的端点依次绘制出多段线，结果如图 16-34 所示。

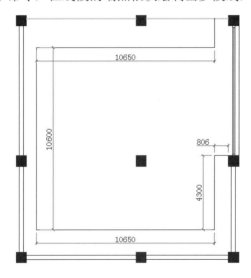

图 16-34　绘制多段线

⑦ 使用【偏移】命令绘制如图 16-35 所示的两条偏移线段。

图 16-35　绘制两条偏移线段

⑧ 使用【直线】命令绘制如图 16-36 所示的内侧墙线。

⑨ 将两条偏移线段拉长至与左侧内墙线相交，如图 16-37 所示。

⑩ 使用【复制】命令在右上角复制矩形柱子并将其粘贴，如图 16-38 所示。

⑪ 使用【直线】命令在粘贴的矩形左下角绘制一条线段，然后使用【修剪】命令修剪相交的线段，结果如图 16-39 所示。

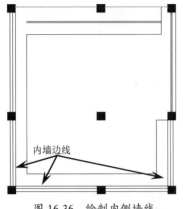

图 16-36 绘制内侧墙线

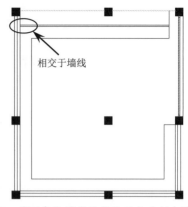

图 16-37 将两条偏移线段拉长至与左侧内墙线相交

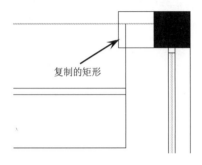

图 16-38 复制矩形

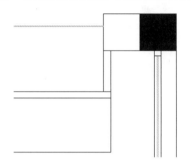

图 16-39 绘制并修剪线段

⑫ 使用【矩形】命令在图形中绘制多个矩形，其位置与尺寸任意，如图 16-40 所示。

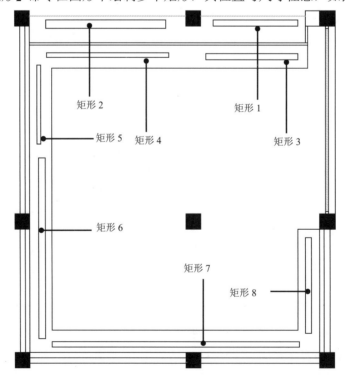

图 16-40 绘制任意尺寸及位置的多个矩形

⑬ 在【参数化】选项卡的【标注】面板中单击【线性】按钮 ⬛️，对矩形做尺寸约束，
如图 16-41 所示。

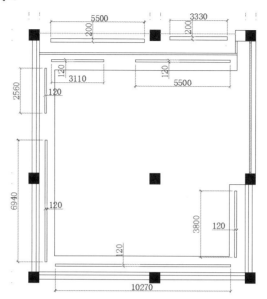

图 16-41　尺寸约束各个矩形

技巧点拨：

　　在指定约束点时，必须指定矩形各边的中点，以此才可以使矩形按要求进行尺寸约束。若是约束线段，
那么选择线段的两个端点即可。

⑭ 同理，再使用【参数化】选项卡的【标注】面板中的【线性】命令，对各个矩形
进行位置（定位）约束，结果如图 16-42 所示。

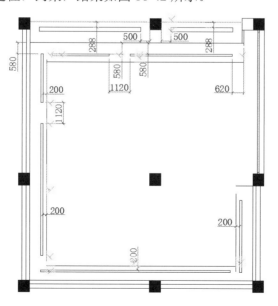

图 16-42　定位约束各个矩形

技巧点拨：

在进行定位约束时，先指定固定边作为约束第一个点，然后指定矩形中的点作为约束的第二个点。在此案例中，部分定位可使用"平行""垂直""共线"等几何约束。此外，在定位约束时，不要删除尺寸约束，否则矩形会发生变化。如果在约束过程中矩形发生改变，在尺寸没有删除的情况下，可以使用几何约束来整理矩形。

⑮ 使用【矩形】和【圆心、半径】命令，在户型图中绘制多个宽度一致的矩形和半径为【600】的圆，如图 16-43 所示。

⑯ 对绘制的矩形和圆进行定位约束，结果如图 16-44 所示。

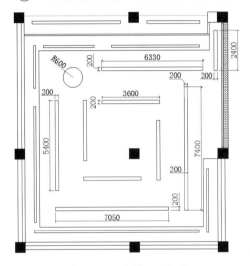

图 16-43 绘制矩形和圆

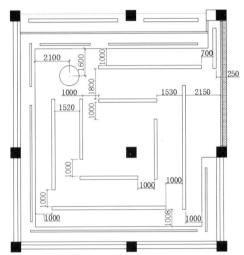

图 16-44 定位约束矩形和圆

⑰ 使用【矩形】和【偏移】命令，在图形中央绘制 1 个【2200×2200】的矩形，然后以此作为偏移参照，向外绘制偏移距离为【100】的矩形，如图 16-45 所示。

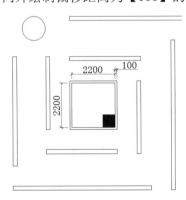

图 16-45 绘制矩形

⑱ 使用【直线】命令，在矩形中绘制两条中心线，如图 16-46 所示。

⑲ 使用【偏移】和【修剪】命令，以中心线作为参照，绘制偏移距离为【50】的线段，然后进行修剪，绘制结果如图 16-47 所示。

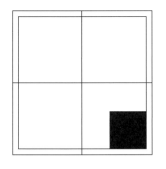

图 16-46　绘制两条中心线

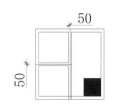

图 16-47　绘制偏移线段并修剪

⑳　至此，顶面的造型设计完成。

16.3.2　添加顶面灯具

在本案例中，灯具的插入是通过已创建的灯具图例完成的。

操作步骤

①　打开素材文件【灯具图例.dwg】，通过按快捷键【Ctrl+C】和【Ctrl+V】将灯具图例
　　复制到图形区中，结果如图 16-48 所示。

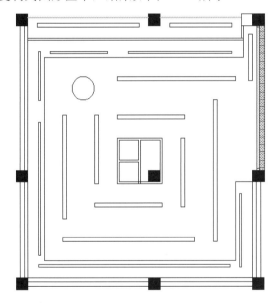

图例	类型	数量
	艺术吊灯	1
	轨道射灯a	55
	轨道射灯b	48
	筒灯	

图 16-48　复制、粘贴灯具图例

②　使用【复制】命令将灯具图例中的【轨道射灯 b】图块复制、粘贴到宽度仅有【120】
　　的轨道凹槽中，且间距为【720】，结果如图 16-49 所示。

③　同理，按此方法将【轨道射灯 a】图块复制到其余轨道凹槽矩形中（间距自行安排，
　　大致相等即可），结果如图 16-50 所示。

④　使用【复制】命令将【筒灯】图块复制到顶面中心的天窗位置，如图 16-51 所示。

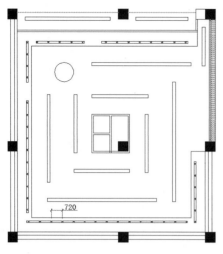

图 16-49　复制【轨道射灯 b】图块

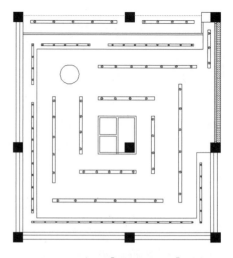

图 16-50　复制【轨道射灯 a】图块

技巧点拨：

粘贴时，在矩形上先确定中心点，然后利用极轴追踪功能将筒灯粘贴至矩形垂直中心线的极轴交点上。

⑤　将【艺术吊灯】图块复制到圆心凹槽中，如图 16-52 所示。

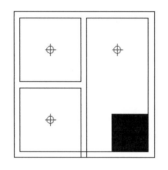

图 16-51　复制【筒灯】图块

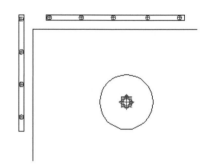

图 16-52　复制【艺术吊灯】图块

⑥　使用【样条曲线拟合】命令绘制灯具之间的串联电路，如图 16-53 所示。

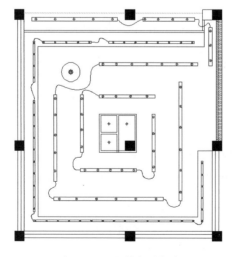

图 16-53　绘制串联电路

16.3.3　填充顶面图案

⚙⚙ 操作步骤

① 执行【图案填充】命令，打开【图案填充创建】选项卡。在该选项卡中选择【CROSS】图案，填充比例为【30】，然后对顶棚平面图进行填充，结果如图 16-54 所示。

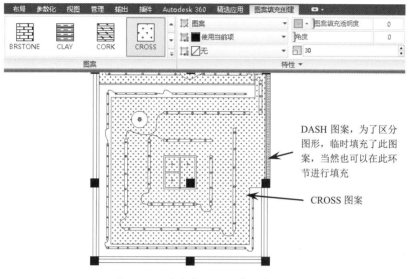

图 16-54　填充【CROSS】图案

② 同理，选择【JIS_SIN_1E】图案对其余区域进行填充，结果如图 16-55 所示。

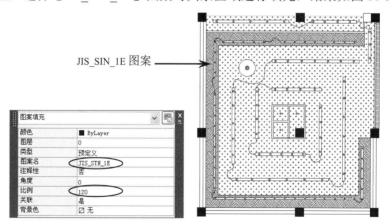

图 16-55　填充其余区域

16.3.4　标注顶棚平面图形

在完成了前面几个环节后，最后对图形进行文字标注，主要是标明所使用的灯具和天花吊顶的材料名称。

操作步骤

① 使用【直线】命令绘制标高标注的图形，如图 16-56 所示。

② 使用【单行文字】命令在图形上方输入【3.3m】，如图 16-57 所示。

图 16-56　绘制标高图形　　　　　　　　　图 16-57　输入标高值

③ 复制前两个步骤创建的标高图形及标高值，粘贴到顶棚平面图中。

技巧点拨：

粘贴标高图块时，可以先将填充的图案删除。待完成标高标注的编辑后，再填充图案。

④ 双击标高标注的值，将部分值更改，如图 16-58 所示。

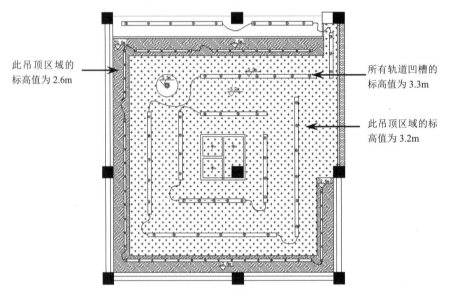

图 16-58　编辑标高标注

⑤ 执行菜单栏中的【格式】→【多重引线样式】命令，然后在弹出的【多重引线样式管理器】对话框中选择【Standard】样式，并单击【修改】按钮，如图 16-59 所示。

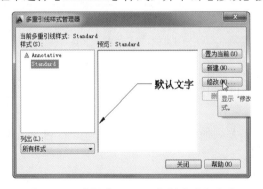

图 16-59　选择【Standard】样式进行修改

⑥ 在随后弹出的【修改多重引线样式：Standard】对话框的【引线格式】选项卡中设置如图 16-60 所示的选项，完成设置后单击【确定】按钮关闭该对话框。

图 16-60　设置多线样式

⑦ 在【常规】选项卡的【注释】面板中单击【引线】按钮，然后在顶棚图中创建多条引线。引线的箭头放置图形中的各区域、轨道槽、灯具位置，如图 16-61 所示。

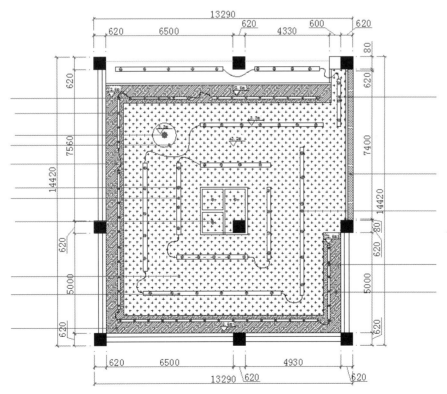

图 16-61　创建多重引线

⑧ 使用【多行文字】命令，在引线末端输入相应的文字，文字高度设置为【216】，如图 16-62 所示。

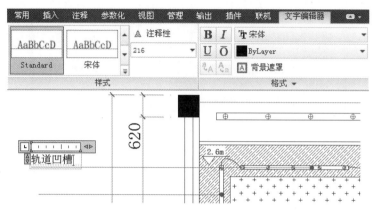

图 16-62　创建多行文字

⑨ 同理，在其他多重引线上创建多行文字，结果如图 16-63 所示。

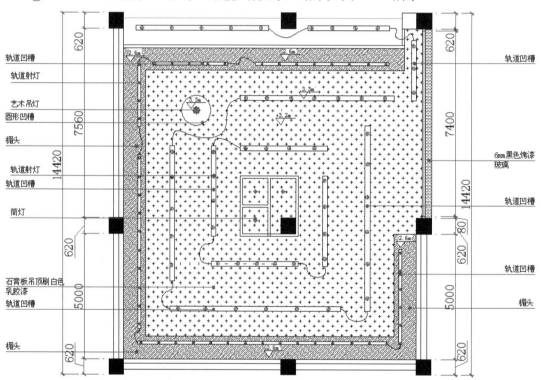

图 16-63　创建其他多行文字

⑩ 在图形下方创建【顶棚平面图　1：100】的多行文字，如图 16-64 所示，至此完成了整个顶棚平面图的绘制。

⑪ 保存绘制完成的结果。

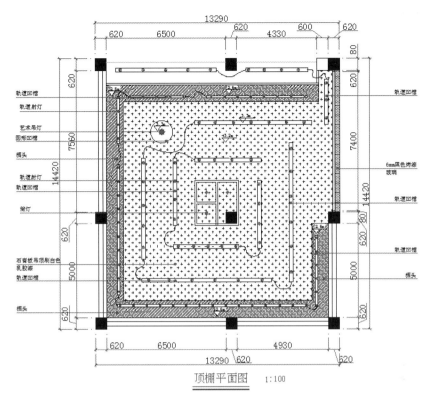

图 16-64 创建图名及绘图比例

16.4 课后习题

顶棚平面图（也称天花布置图）是室内装饰设计图中必不可少的装饰图形，用于直观地反映室内顶面的装饰风格。某户型室内顶棚平面图如图 16-65 所示。

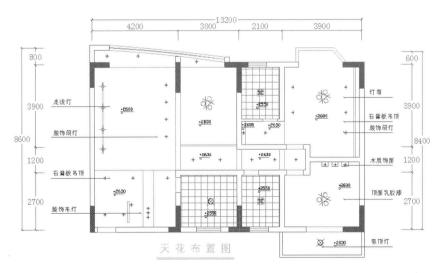

图 16-65 某户型室内顶棚平面图

绘制步骤如下。

① 绘制顶面造型。原始户型图如图 16-66 所示，顶面造型结果图如图 16-67 所示。

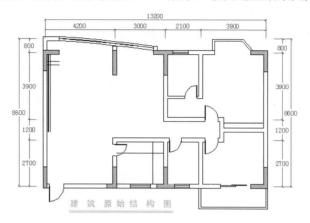

图 16-66　原始户型图

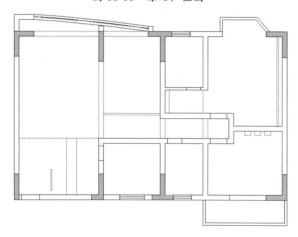

图 16-67　顶面造型结果图

② 绘制顶面灯具，绘制结果如图 16-68 所示。

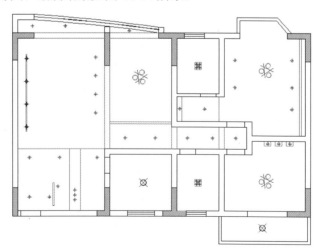

图 16-68　绘制顶面灯具

③ 填充顶面图案。在室内装修设计中，填充顶面图案主要是填充厨卫顶面的铝扣板等图形，在填充图案时可以选择【用户定义】类型。顶面图案填充效果如图 16-69 所示。

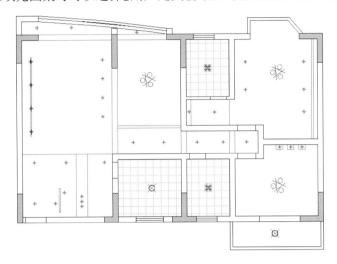

图 16-69　顶面图案填充效果

④ 标注图形。在标注顶面图形时，除了需要标注顶面的尺寸，还需要标注顶面的高度，因此需要先绘制标高符号。绘制完成的顶棚平面图如图 16-70 所示。

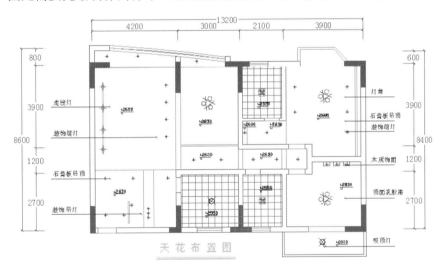

图 16-70　绘制完成的顶棚平面图

第 17 章
建筑室内立面图设计

本章内容

室内户型立面图是室内设计施工图中的一种，能反映室内空间标高的变化、室内空间中门窗位置及高低、室内垂直界面和空间划分构件在垂直方向上的形状及大小、室内空间与家具（尤其是固定家具）及有关室内设施在立面上的关系，以及室内垂直界面上装饰材料的划分与组合等。本章主要介绍使用 AutoCAD 绘制室内立面图的技巧及过程。

知识要点

☑ 建筑室内立面图设计基础

☑ 绘制某户型立面图

☑ 绘制某豪华家居室内立面图

17.1 建筑室内立面图设计基础

在一个完整的室内施工设计中，立面图是唯一能够直观地表达室内装饰结果的图纸。下面介绍有关室内立面图设计的相关理论知识。

17.1.1 室内立面图的内容

室内立面图一般包含如下内容。

- 墙体、门洞、窗洞、抬高地坪、吊顶空间等的断面。
- 未被剖切的可见装修内容，如家具、灯具及挂件、壁画等装饰。
- 施工尺寸与室内标高。
- 标注索引号、图号、轴线号及轴线尺寸。
- 标注装修材料的编号及说明。

某户型客厅的立面效果图如图 17-1 所示。

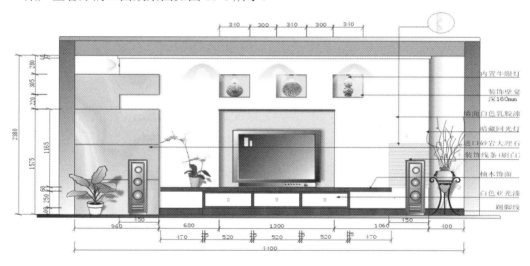

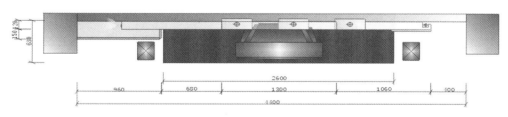

图 17-1 某户型客厅的立面效果图

剖立面图中需要画出被剖的侧墙及顶部楼板和顶棚等，而前面介绍的立面图则是直接绘制垂直界面的正投影图，画出侧墙内表面，不必画侧墙及楼板等。剖立面图和立面图如图 17-2 所示。

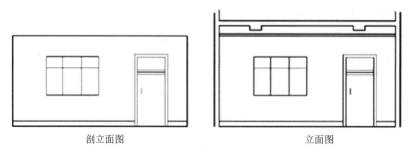

图 17-2　剖立面图和立面图

17.1.2　立面图的画法与标注

与平面图的绘制基本相同，立面图的绘制表现在以下几个方面。

● 最外轮廓线用粗实线绘制。

● 地坪线可用加粗线（是标注粗度的 1.4 倍）绘制。

● 装修构造的轮廓线和陈设的外轮廓线用中实线绘制。

● 对材料和质地的表现宜用细实线绘制。

立面图的标注包括纵向尺寸、横向尺寸、标高、材料的名称、详图索引符号，以及图名和比例等。室内立面图常用的比例是 1：50、1：30、1：190。如图 17-3 所示为某卫生间立面图的绘制与标注完成结果。

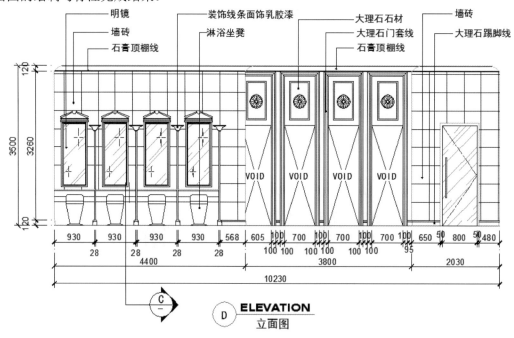

图 17-3　某卫生间立面图

17.1.3　室内立面图的绘制步骤

室内立面图的绘制步骤如下。

① 选定图幅与比例。

② 画出立面轮廓线及主要分隔线。

③ 画出门窗、家具及立面造型的投影。

④ 在此基础之上完成各细部作图。

⑤ 擦去多余图线并按线型和线宽加深图线。

⑥ 注全立面图中的相关尺寸，并注写文字说明。

17.2　案例一：绘制某户型立面图

立面图是房屋不同方向的立面正投影图，详细地反映了房屋的设计意图及其使用材料和尺寸。

17.2.1　绘制客厅和餐厅立面图

通常，每个房间都有 4 个朝向，立面图可以根据房屋的标识来命名，如 A 立面图、B 立面图、C 立面图、D 立面图等。下面详细介绍客厅和餐厅立面图的绘制步骤。

1. 绘制客厅 A 立面图

客厅 A 立面图展示了沙发背景墙的设计方案，如图 17-4 所示。

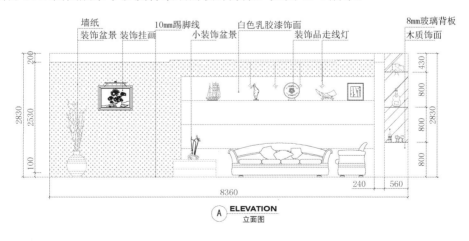

图 17-4　客厅 A 立面图

操作步骤

① 新建一个文件，然后将其另存为【某户型室内立面图.dwg】。

② 使用【直线】和【偏移】命令在绘图区域绘制如图 17-5 所示的线段。

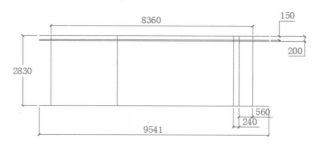

图 17-5 绘制线段

③ 使用【修剪】命令对绘制的线段进行修剪，修剪结果如图 17-6 所示。

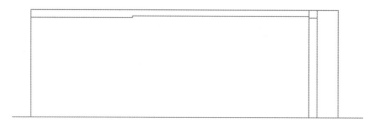

图 17-6 修剪线段

④ 使用【偏移】命令绘制如图 17-7 所示的偏移线段。

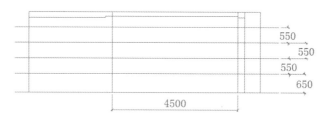

图 17-7 绘制偏移线段

⑤ 使用【修剪】命令对偏移线段进行修剪处理，修剪结果如图 17-8 所示。

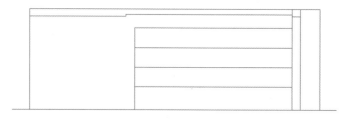

图 17-8 修剪偏移线段

⑥ 使用【矩形】命令绘制如图 17-9 所示的储物柜，然后使用【修剪】命令修剪图形。

⑦ 使用【直线】和【偏移】命令绘制如图 17-10 所示的线段与偏移线段。

⑧ 打开本案例的素材文件【图库.dwg】，然后在新窗口中复制【沙发】立面图块。在菜单栏中选择【窗口】→【某户型室内立面图.dwg】命令，切换至立面图绘制窗口，

并将复制的【沙发】立面图块粘贴到 A 立面图中，如图 17-11 所示。

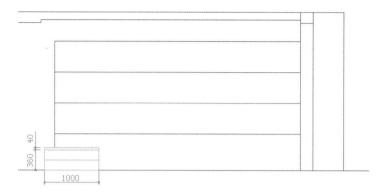

图 17-9 绘制储物柜

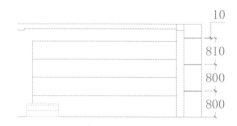

图 17-10 绘制线段和偏移线段

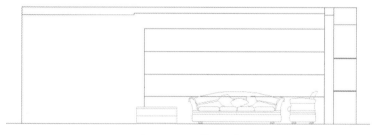

图 17-11 复制、粘贴【沙发】立面图块

⑨ 同理，按此方法陆续将【花瓶】、【装饰画】和【灯具】等图块插入立面图中，结果如图 17-12 所示。

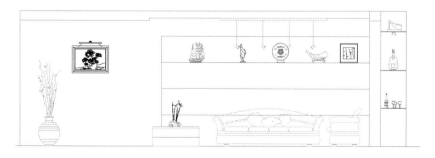

图 17-12 复制、粘贴其他图块

⑩ 使用【修剪】命令修剪立面图形，修剪结果如图 17-13 所示。

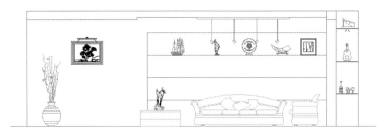

图 17-13　修剪立面图形

⑪　执行【图案填充】命令，选择【CROSS】图案，将比例设为【200】，对立面图进行
　　填充，填充结果如图 17-14 所示。

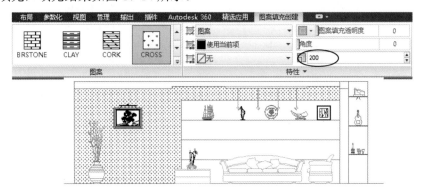

图 17-14　填充立面图主墙

⑫　再次执行【图案填充】命令，对右侧的酒柜玻璃门进行填充，填充结果如图 17-15
　　所示。

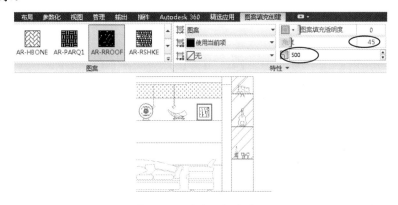

图 17-15　填充酒柜玻璃门

⑬　将【标注】层设为当前层，结合使用【线性】和【连续】标注工具对图形进行标注，
　　标注结果如图 17-16 所示。

技巧点拨：

尺寸标注的样式、文字样式等，可以参照前面介绍的步骤进行设置。

⑭　将【文字说明】层设为当前层，执行【多重引线】命令，绘制文字说明的引线，使
　　用【多行文字】命令创建说明文字，如图 17-17 所示。

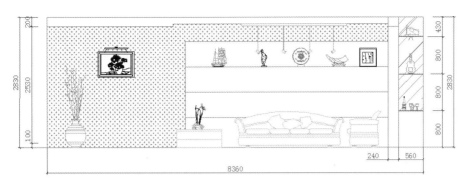

图 17-16　尺寸标注立面图

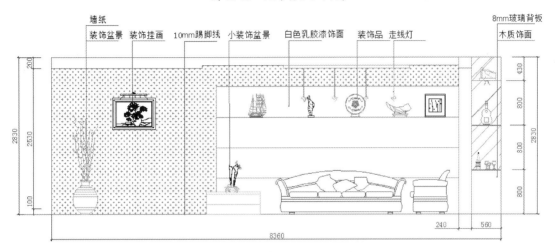

图 17-17　创建引线和说明文字

⑮　将【图库 16.dwg】素材文件中的【剖析线符号】图块复制到客厅 A 立面图中。至此，完成了客厅 A 立面图的绘制，绘制结果如图 17-18 所示。

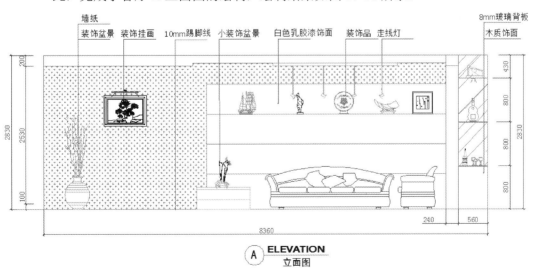

A ELEVATION
立面图

图 17-18　将【剖析线符号】图块复制到客厅 A 立面图中

2．绘制客厅 B 立面图

客厅 B 立面图展示了电视墙、厨房装饰门、鞋柜和玄关的设计方案，其结果如图 17-19 所示。客厅 B 立面图主要包括电视墙、电视、装饰门、隔断等装饰物，在绘图过程中可以使用【插入】命令插入常见的图块，绘制客厅 B 立面图的操作步骤如下。

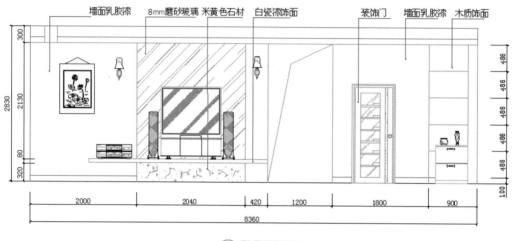

图 17-19　客厅 B 立面图

操作步骤

① 复制 A 立面图中的墙边线，如图 17-20 所示。

图 17-20　复制 A 立面图中的墙边线

② 使用【直线】和【偏移】命令绘制如图 17-21 所示的线段与偏移线段。

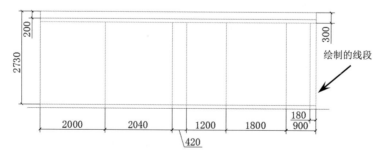

图 17-21　绘制线段与偏移线段

③ 使用【直线】命令在图形右侧绘制 4 条水平线段，并且不定位。

④ 使用【参数化】选项卡中的约束功能，对 4 条线段进行定位约束，如图 17-22 所示。

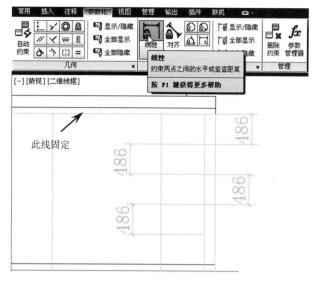

图 17-22　对 4 条线段进行定位约束

⑤ 使用【矩形】命令绘制【33190×80】的矩形，然后使用约束功能进行定位，如图 17-23 所示。

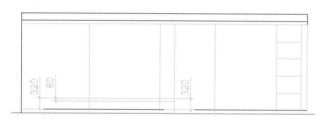

图 17-23　绘制并定位矩形

⑥ 使用【直线】命令绘制线段，然后使用【修剪】命令修剪图形，结果如图 17-24 所示。

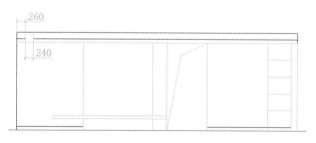

图 17-24　绘制并修剪线段

⑦ 将【图库.dwg】素材文件中的【电视机】、【DVD】、【电灯器具】、【门】和【工艺品】图块插入立面图中，如图 17-25 所示。

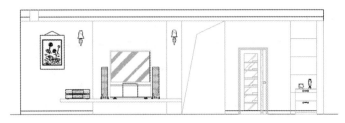

图 17-25　插入图块

⑧　插入图块后，需要对图形再次进行修剪，修剪结果如图 17-26 所示。

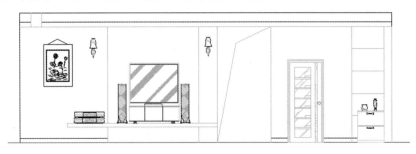

图 17-26　修剪结果

⑨　执行【图案填充】命令对 B 立面图进行填充，填充结果如图 17-27 所示。

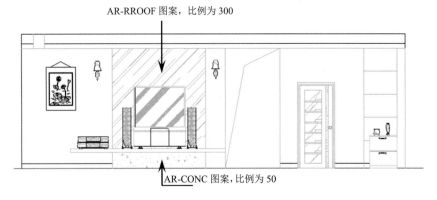

图 17-27　B 立面图的填充

⑩　使用【徒手画】命令绘制电视装饰台面上的大理石材质花纹，绘制结果如图 17-28 所示。

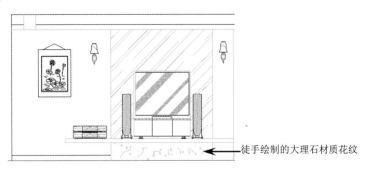

图 17-28　徒手绘制大理石材质花纹

⑪ 将【标注】层设为当前层，使用【线性】和【连续】标注工具对图形进行标注，结果如图 17-29 所示。

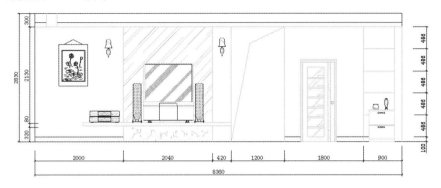

图 17-29　标注 B 立面图

⑫ 将【文字说明】层设为当前层，使用【多重引线】命令，绘制需要文字说明的引线，结合使用【多行文字】和【复制】命令，对图形中各内容的材质用文字进行说明，将文字高度设为【120】，结果如图 17-30 所示。

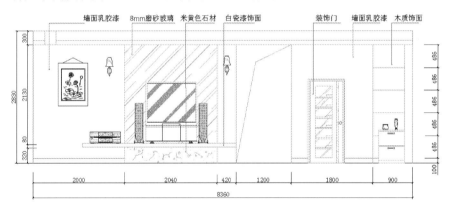

图 17-30　标注文字

⑬ 将【图库.dwg】素材文件中的【剖析线符号】图块复制到客厅 B 立面图中，结果如图 17-31 所示。

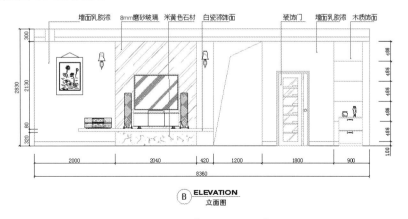

图 17-31　复制【剖析线符号】图块

⑭ 至此，完成客厅 B 立面图的绘制。

3．绘制餐厅 C 立面图

餐厅 C 立面图主要包括餐桌、挂画、进户门、隔断等装饰物，在绘图过程中可以使用【插入】命令插入常见的图块，其结果如图 17-32 所示。

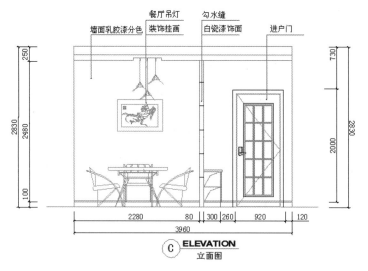

图 17-32　餐厅 C 立面图

操作步骤

① 复制 A 立面图中的墙边线。

② 执行菜单栏中的【修改】→【拉伸】命令，将图形整体拉伸，操作过程如图 17-33 所示。命令行操作提示如下。

```
命令：_STRETCH
以交叉窗口或交叉多边形选择要拉伸的对象...
选择对象：指定对角点：找到 0 个
选择对象：指定对角点：找到 3 个
选择对象：↙
指定基点或 [位移(D)] <位移>：
指定第二个点或 <使用第一个点作为位移>：
>>输入 ORTHOMODE 的新值 <1>：
正在恢复执行 STRETCH 命令。
指定第二个点或 <使用第一个点作为位移>：4400↙
```

③ 使用【偏移】命令向右偏移左边的垂直线段，偏移距离依次为 2280mm 和 80mm。向上偏移水平线段，偏移距离依次为 80mm、20mm、2480mm、190mm，如图 17-34 所示。

④ 使用【修剪】命令对线段进行修剪处理，修剪后的图形如图 17-35 所示。

⑤ 使用【偏移】命令将天花外框线向下偏移 200mm，再将左边第一条垂直线段向右依次偏移 1100mm 和 500mm，如图 17-36 所示。

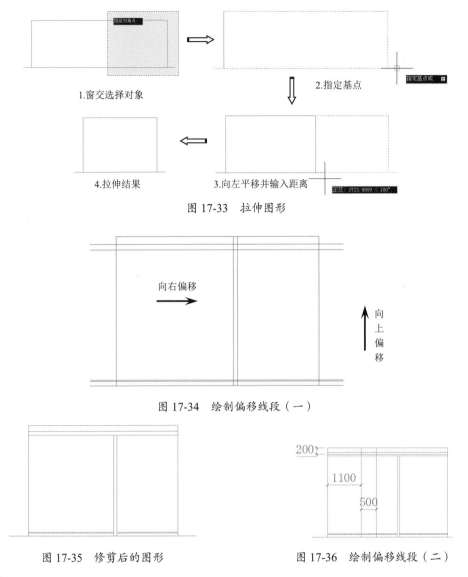

图 17-33　拉伸图形

图 17-34　绘制偏移线段（一）

图 17-35　修剪后的图形

图 17-36　绘制偏移线段（二）

⑥ 使用【修剪】命令对线段进行修剪，绘制出餐厅的灯槽图形。

⑦ 使用【偏移】命令和尺寸约束功能绘制餐厅装饰隔板的造型，其尺寸和结果如图 17-37 所示。

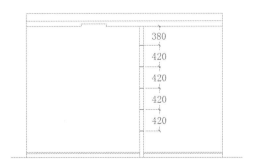

图 17-37　绘制餐厅装饰隔板的造型

⑧ 在立面图中插入【图库.dwg】素材文件中的【餐桌】、【装饰画】、【门】、【灯具】及【鞋柜】图块等，结果如图 17-38 所示。

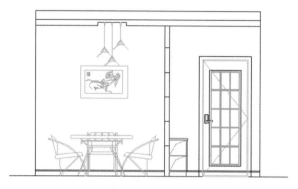

图 17-38 插入图块

⑨ 将【标注】层设为当前层，结合使用【线性】和【连续】标注工具对图形进行标注。

⑩ 将【文字说明】层设为当前层，使用【多重引线】命令创建文字说明，然后将【剖析线符号】图块复制到餐厅 C 立面图中，完成餐厅 C 立面图的绘制。

⑪ 最终绘制完成的餐厅 C 立面图如图 17-39 所示。

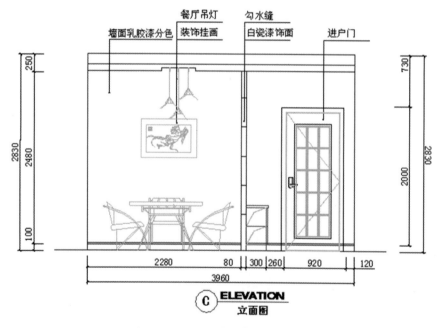

图 17-39 绘制完成的餐厅 C 立面图

17.2.2 绘制卧室立面图

卧室立面图展示了卧室中衣柜、床、灯具等元素的设计方案。本案例的卧室立面图如图 17-40 所示。

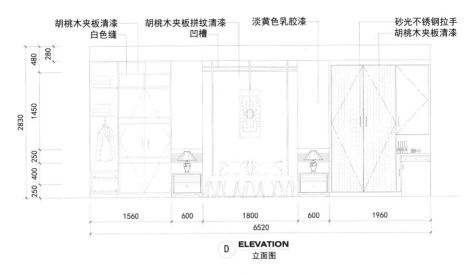

图 17-40　卧室立面图

操作步骤

① 新建一个文件，然后将其另存为【某户型卧室立面图.dwg】。

② 使用【直线】命令绘制 6520mm×2830mm 的矩形，如图 17-41 所示。

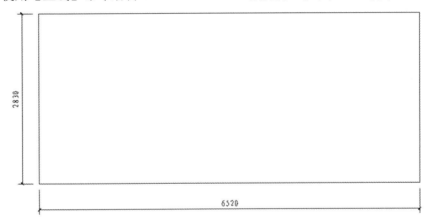

图 17-41　绘制矩形

③ 利用夹点模式拉长底边，如图 17-42 所示。

图 17-42　拉长底边

④ 使用【偏移】命令绘制如图 17-43 所示的偏移线段。

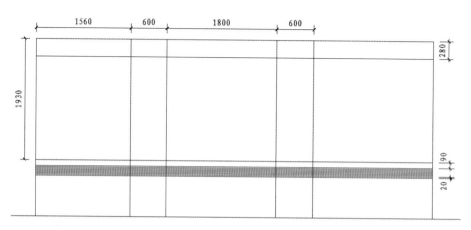

图 17-43　绘制偏移线段

⑤　使用【修剪】命令修剪绘制的偏移线段，结果如图 17-44 所示。

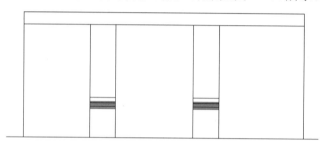

图 17-44　修剪偏移线段

⑥　利用【直线】、【偏移】、【镜像】和【修剪】命令绘制如图 17-45 所示的木条装饰图形。

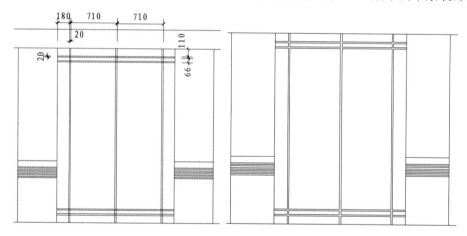

图 17-45　绘制木条装饰图形

⑦　将素材文件【图库.dwg】中的【衣柜】、【床】、【床头柜】、【台灯】和【写字桌】等图块插入立面图中，结果如图 17-46 所示。

⑧　使用【修剪】命令修剪立面图中与图块重合的图形，结果如图 17-47 所示。

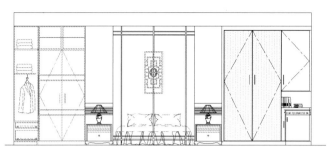

图 17-46　插入图块

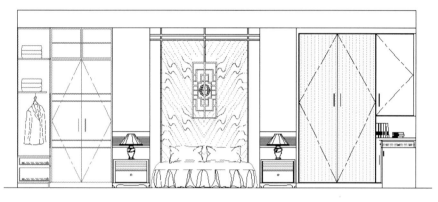

图 17-47　修剪图形

⑨　使用【线性】和【连续】标注工具对图形进行标注。

⑩　使用【多重引线】命令创建文字说明，然后将【剖析线符号】图块复制到卧室立面
　　图中。

⑪　最终绘制完成的卧室立面图如图 17-48 所示。

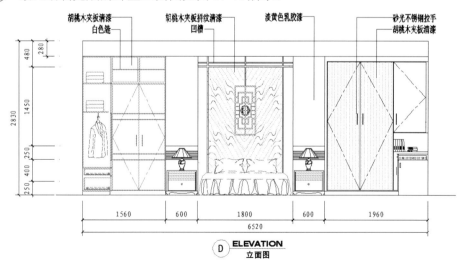

图 17-48　绘制完成的卧室立面图

⑫　保存绘制完成的卧室立面图。

17.2.3 绘制厨房立面图

厨房立面图中展现了厨具、橱柜、灯具及抽油烟机等元素的布置方案，本案例的厨房立面图如图 17-49 所示。

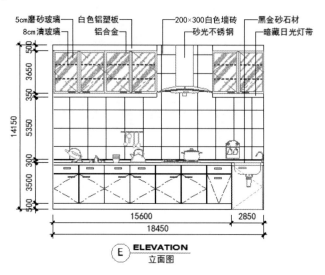

图 17-49 厨房立面图

操作步骤

① 新建一个文件，然后将其另存为【某户型厨房立面图.dwg】。

② 使用【直线】命令绘制如图 17-50 所示的【3690×2830】的矩形。

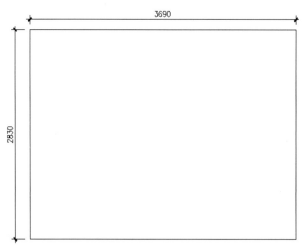

图 17-50 绘制矩形

③ 使用【偏移】命令绘制如图 17-51 所示的偏移线段。

④ 使用【修剪】命令修剪绘制的偏移线段，结果如图 17-52 所示。

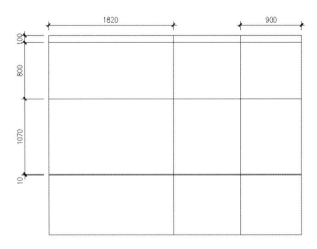

图 17-51 绘制偏移线段

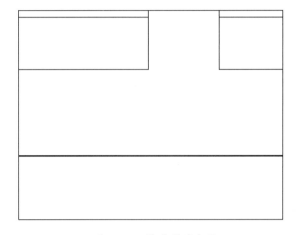

图 17-52 修剪偏移线段

⑤ 将素材文件【图库.dwg】中的【酒杯架】、【茶杯】、【水壶】、【碗】、【烧水壶】、【燃气灶】、【挂架】、【水槽】和【组合橱柜】等图块插入立面图中，结果如图 17-53 所示。

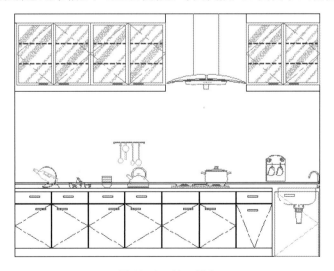

图 17-53 插入图块

⑥ 使用【修剪】命令修剪立面图与图块重合的图线，结果如图 17-54 所示。

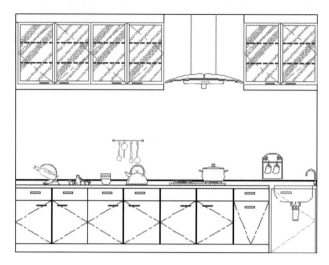

图 17-54　修剪图形

⑦ 执行【图案填充】命令，选择【NET】图案，将比例设为【80】，对厨房立面图进行填充，结果如图 17-55 所示。

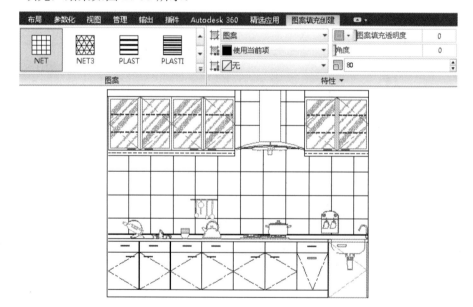

图 17-55　填充图案

⑧ 使用【线性】和【连续】标注命令对图形进行标注。

⑨ 使用【多重引线】命令创建文字说明，然后将【剖析线符号】图块复制到厨房立面图中。

⑩ 最终绘制的厨房立面图如图 17-56 所示。

⑪ 保存绘制完成的厨房立面图。

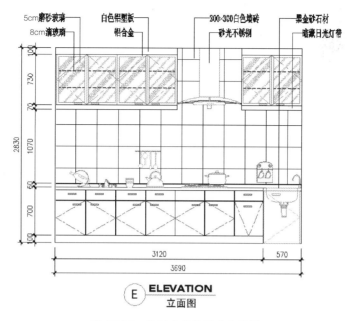

图 17-56　绘制完成的厨房立面图

17.3　案例二：绘制某豪华家居室内立面图

室内施工立面图是室内墙面与装饰物的正投影图，表明了墙面装饰的式样及材料、位置、尺寸，墙面与门、窗、隔断的高度尺寸，以及墙与顶、地的衔接方式等。

下面以某豪华居室的客厅及餐厅、书房、儿童房、厨房等立面图的绘制实例，来说明 AutoCAD 2020 绘图功能的应用技巧。某豪华居室的室内平面布置图如图 17-57 所示。

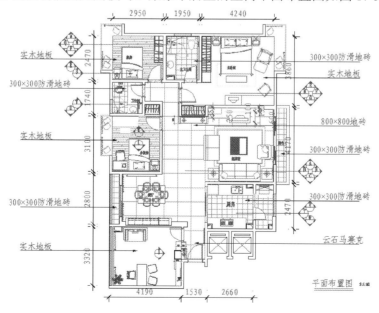

图 17-57　某豪华居室的室内平面布置图

17.3.1 绘制客厅及餐厅立面图

客厅及餐厅立面图主要表达了客厅电视背景墙与餐厅背景的做法、尺寸和材料等，下面讲解绘制方法。

立面图的绘制方法与 17.2 节中某户型立面图中同类图纸的画法基本相同，不同的是本节的立面图内部也要标注关键性的结构尺寸。客厅及餐厅 A 立面图如图 17-58 所示。

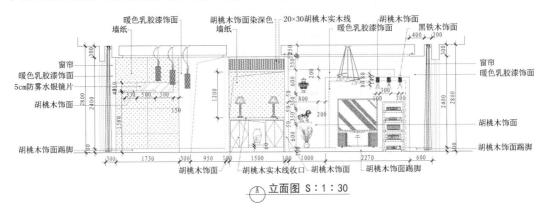

图 17-58　客厅及餐厅 A 立面图

1．绘制立面图轮廓

操作步骤

① 新建一个文件，然后将其另存为【客厅及餐厅立面图.dwg】。

② 使用【直线】和【偏移】命令绘制如图 17-59 所示的图形。

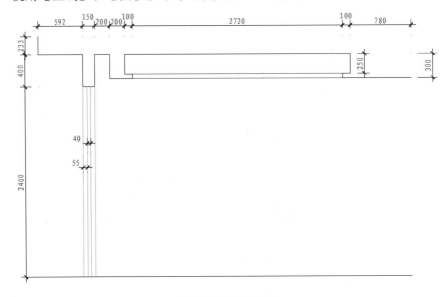

图 17-59　绘制图形

③ 使用【镜像】命令将绘制的图形镜像，结果如图 17-60 所示。

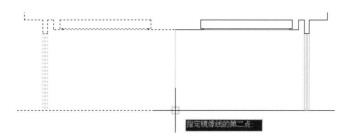

图 17-60　镜像图形

④ 执行菜单栏中的【修改】→【拉伸】命令，然后将镜像的右边图形整体向右拉伸【1900】，如图 17-61 所示。

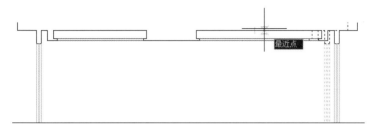

图 17-61　拉伸右边的图形

⑤ 使用【直线】和【偏移】命令绘制竖直线段。

技巧点拨：

绘制竖直线段后，利用约束功能进行定位约束，然后以此线段来绘制其他偏移线段，如图 17-62 所示。

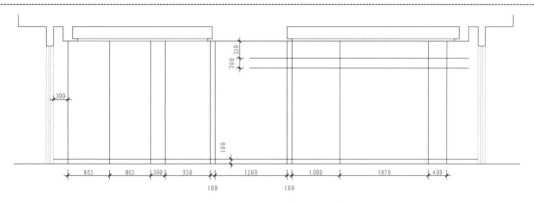

图 17-62　绘制偏移线段（一）

⑥ 使用【修剪】命令修剪偏移线段，结果如图 17-63 所示。

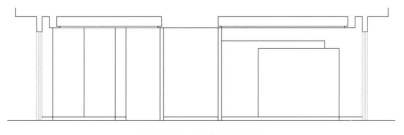

图 17-63　修剪偏移线段

⑦ 使用【偏移】命令绘制如图 17-64 所示的偏移线段。

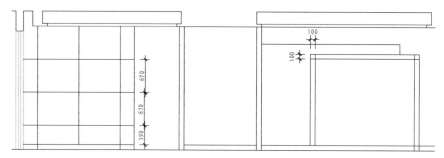

图 17-64　绘制偏移线段（二）

⑧ 使用【矩形】命令绘制如图 17-65 所示的矩形，并利用尺寸约束功能进行定位。

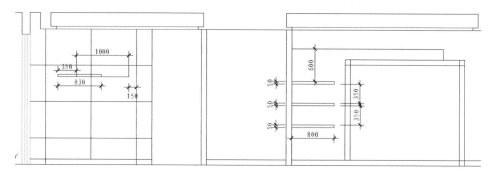

图 17-65　绘制矩形并约束定位

⑨ 使用【修剪】命令对图形进行修剪整理，结果如图 17-66 所示。

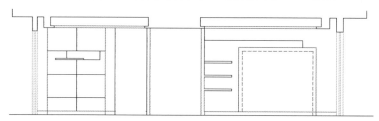

图 17-66　修剪图形

⑩ 使用【直线】命令绘制如图 17-67 所示的线段，绘制线段后使用约束功能进行定位。

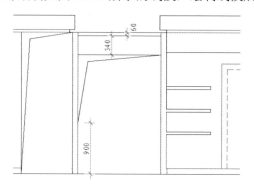

图 17-67　绘制线段

2.　插入图块及图层标注

① 将素材文件【豪华家居图块.dwg】中的客厅及餐厅 A 立面图的图块全部插入 A 立面图中，结果如图 17-68 所示。

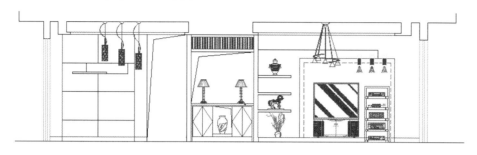

图 17-68　插入图块

② 执行【图案填充】命令，选择【CROSS】图案，将比例设为【220】，然后对图形进行填充。

③ 使用【线性】和【连续】标注命令对图形进行标注。

④ 创建文字说明，然后将【剖析线符号】图块复制到客厅及餐厅 A 立面图中，最终绘制完成的客厅及餐厅 A 立面图如图 17-69 所示。

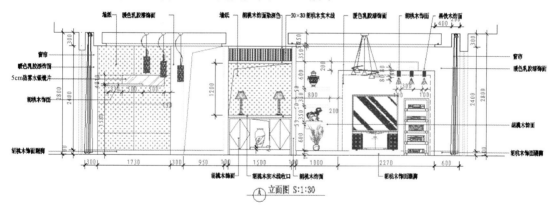

图 17-69　绘制完成的客厅及餐厅 A 立面图

17.3.2　绘制书房立面图

书房立面图展现了业主的个人喜好，以及对环境的一种特殊要求，包括家具、电器、书籍等。书房立面图包括 I 立面图和 J 立面图。

1.　绘制 I 立面图

书房 I 立面图如图 17-70 所示。

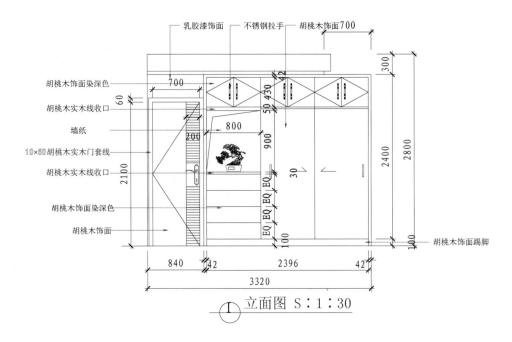

图 17-70　书房Ⅰ立面图

操作步骤

① 新建一个文件，然后将其另存为【书房立面图.dwg】。

② 使用【矩形】命令绘制如图 17-71 所示的 3 个矩形。

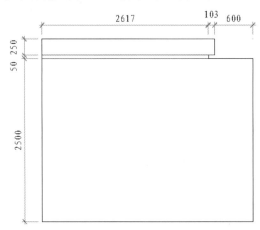

图 17-71　绘制 3 个矩形

③ 将素材文件【豪华家居图块.dwg】中的书房Ⅰ立面图的图块全部插入 A 立面图中，结果如图 17-72 所示。

④ 使用【线性】和【连续】标注工具对图形进行标注。

⑤ 创建文字说明，然后将【剖析线符号】图块复制到书房Ⅰ立面图中，最终绘制完成的书房Ⅰ立面图如图 17-73 所示。

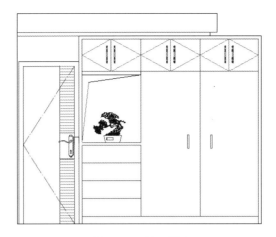

图 17-72　插入图块

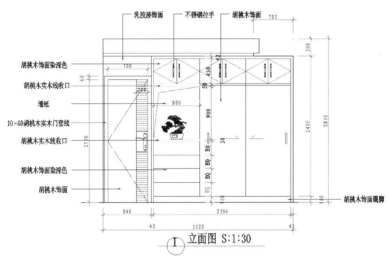

图 17-73　绘制完成的书房 I 立面图

2．书房 J 立面图

书房 J 立面图如图 17-74 所示。

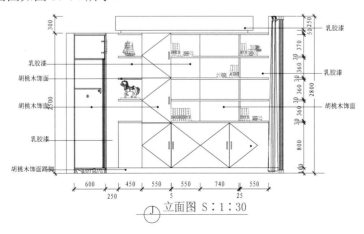

图 17-74　书房 J 立面图

操作步骤

① 使用【直线】和【矩形】命令绘制如图 17-75 所示的图形。

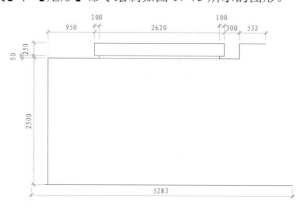

图 17-75　绘制图形

② 将素材文件【豪华家居图块.dwg】中的书房 J 立面图的图块全部插入图形中，结果如图 17-76 所示。

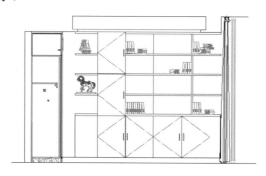

图 17-76　插入图块

③ 使用【线性】和【连续】标注工具对图形进行标注。

④ 创建文字说明，然后将【剖析线符号】图块复制到书房 J 立面图中，最终绘制完成的书房 J 立面图如图 17-77 所示。

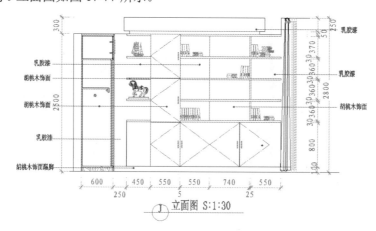

图 17-77　绘制完成的书房 J 立面图

17.3.3　绘制儿童房立面图

儿童房立面图如图 17-78 所示。

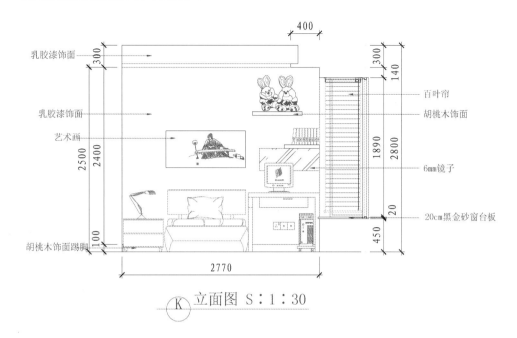

图 17-78　儿童房立面图

操作步骤

① 使用【直线】和【矩形】命令绘制如图 17-79 所示的图形。

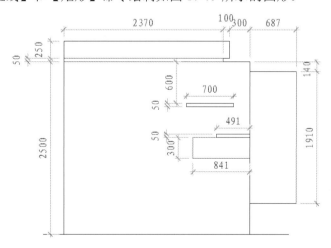

图 17-79　绘制图形

② 将素材文件【豪华家居图块.dwg】中的儿童房立面图的图块全部插入立面图中，结果如图 17-80 所示。

图 17-80　插入图块

③　使用【修剪】命令修剪电脑与镜子重叠的图线。修剪后再执行【图案填充】命令，
　　选择【AR-RROOF】图案，将比例设为【250】，然后对镜子进行填充，如图 17-81
　　所示。

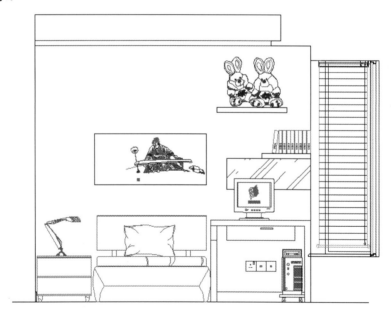

图 17-81　填充镜子

④　使用【线性】和【连续】标注工具对图形进行标注。

⑤　创建文字说明，然后将【剖析线符号】图块复制到儿童房立面图中，最终绘制完
　　成的儿童房立面图如图 17-82 所示。

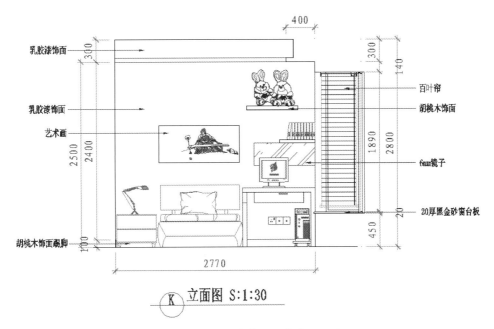

图 17-82　绘制完成的儿童房立面图

17.3.4　绘制厨房立面图

厨房立面图比较简单，主要体现业主在厨房整体设计上的构思及布局。厨房立面图展现的是橱柜、电器及厨具的设计方案，如图 17-83 所示。

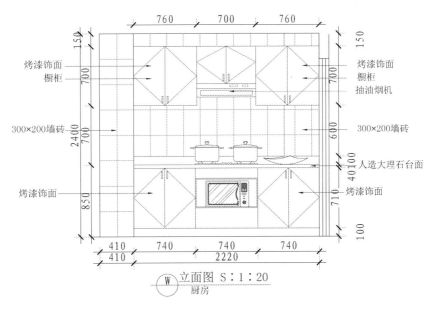

图 17-83　厨房立面图

1．厨房 V 立面图

操作步骤

① 使用【直线】命令绘制如图 17-84 所示的厨房 V 立面图的轮廓图形。

② 将素材文件【豪华家居图块.dwg】中的厨房 V 立面图的图块全部插入立面图中，结果如图 17-85 所示。

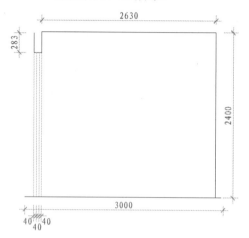

图 17-84　绘制轮廓图形

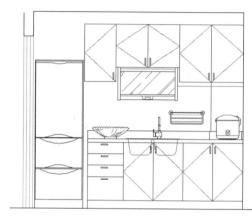

图 17-85　插入图块

③ 使用【线性】和【连续】标注工具对图形进行标注。

④ 创建文字说明，然后将【剖析线符号】图块复制到厨房 V 立面图中，最终绘制完成的厨房 V 立面图如图 17-86 所示。

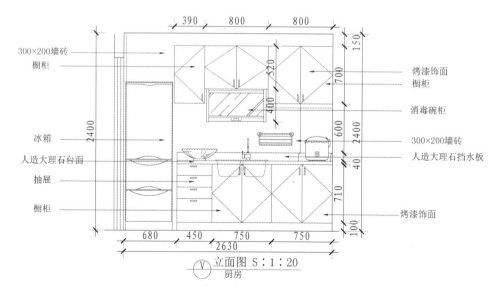

图 17-86　绘制完成的厨房 V 立面图

2. 厨房 W 立面图

操作步骤

① 将如图 17-84 所示的厨房 V 立面图轮廓图形镜像，然后删除原图形，就可以得到厨房 W 立面图的轮廓，如图 17-87 所示。

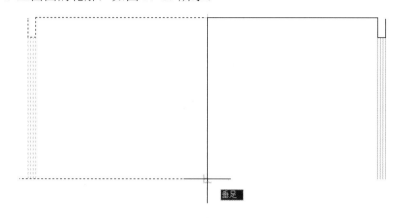

图 17-87　镜像图形

② 将素材文件【豪华家居图块.dwg】中的厨房 W 立面图的图块全部插入立面图中，结果如图 17-88 所示。

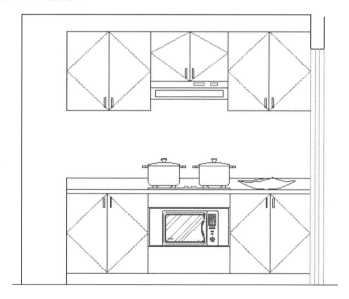

图 17-88　插入图块

③ 执行【图案填充】命令，选择【NET】图案，将比例设为【190】，然后对图形进行填充。

④ 使用【线性】和【连续】标注工具对图形进行标注。

⑤ 创建文字说明，然后将【剖析线符号】图块复制到厨房 W 立面图中，最终绘制完成的厨房 W 立面图如图 17-89 所示。

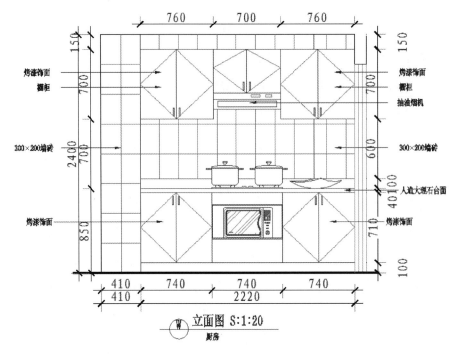

图 17-89　绘制完成的厨房 W 立面图

17.4　课后习题

1. 绘制某卧室 A 立面图

请结合前面学习的绘图技巧，练习绘制如图 17-90 所示的 A 立面图。

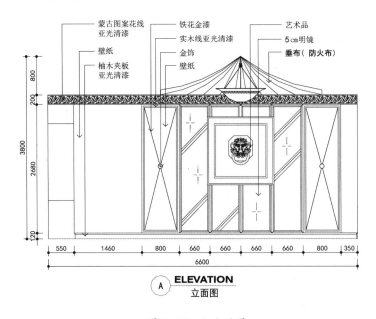

图 17-90　A 立面图

2．绘制某客厅立面图

绘制如图 17-91 所示的客厅立面图。

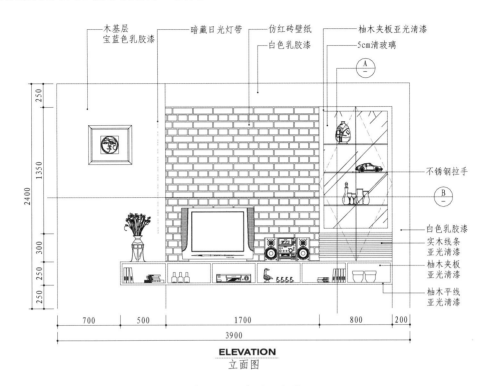

图 17-91　客厅立面图

第 18 章

建筑室内详图设计

本章内容

一般建筑室内施工图中需要绘制详图及局部剖面图，本章将介绍这两方面的知识，包括详图的绘制方法。

知识要点

- ☑ 建筑室内设计详图知识要点
- ☑ 绘制宾馆总台详图
- ☑ 绘制某酒店楼梯剖面图

18.1　建筑室内设计详图知识要点

详图是建筑室内设计中重点部分的放大图和结构做法图。一个工程需要画多少详图、画哪些部位的详图需要根据设计情况、工程大小及复杂程度而定。

18.1.1　室内详图内容

在一般情况下，室内详图应包括局部放大图、剖面图和断面图。

某吧台的三维效果图及立面图如图 18-1 和图 18-2 所示。

图 18-1　某吧台的三维效果图

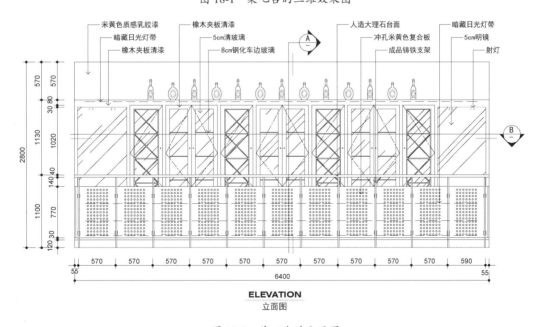

图 18-2　某吧台的立面图

如图 18-3 所示为吧台的 A 剖面图和 B 剖面图。

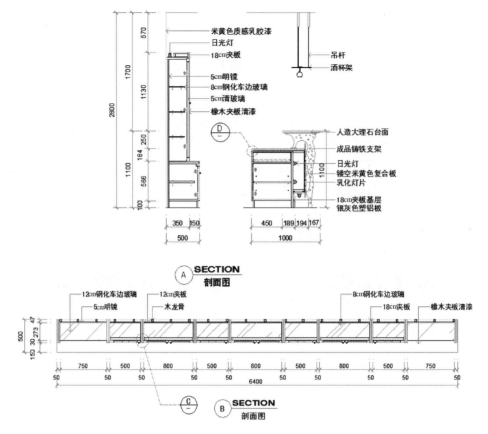

图 18-3　吧台的 A 剖面图和 B 剖面图

如图 18-4 所示为吧台的 A 剖面图和 B 剖面图中扩展的 C 大样图与 D 大样图（局部放大图或节点详图）。

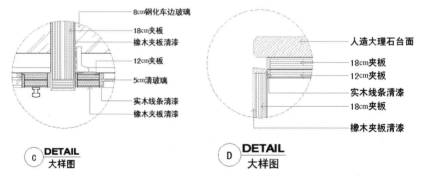

图 18-4　C 大样图与 D 大样图

18.1.2　详图的画法与标注

凡是剖到的建筑结构和材料的断面轮廓线以粗实线绘制，其余以细实线绘制。

详图的标注方法与室内设计施工图的其他类型图纸的标注方法是相同的，包括标注加工尺寸、材料名称及工程做法。

18.2　案例一：绘制宾馆总台详图

前面介绍了室内设计详图的知识要点，下面绘制某宾馆的总台详图。详图是以室内立面图作为绘制基础的，本案例的宾馆总台的三维效果图如图 18-5 所示。

图 18-5　宾馆总台的三维效果图

18.2.1　绘制总台 A 剖面图

绘制 A 剖面图，首先要在总台外立面图中做出剖面符号，然后根据高、平、齐的原理绘制 A 剖面图中的轮廓。总台外立面图如图 18-6 所示。

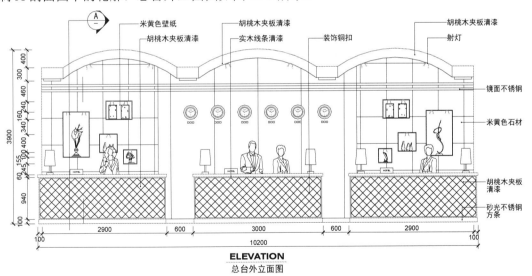

图 18-6　总台外立面图

要绘制的 A 剖面图如图 18-7 所示。

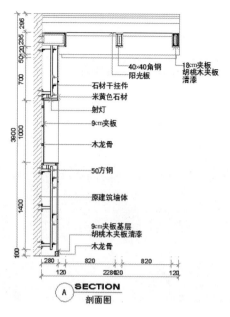

图 18-7　A 剖面图

操作步骤

① 复制素材文件【总台外立面图.dwg】，然后重命名为【总台 A 立面图.dwg】。

② 打开重命名后的【总台 A 立面图.dwg】。

③ 将【总台详图图库.dwg】中的 A 剖面符号复制到【总台 A 立面图.dwg】中，并使用【直线】命令绘制剖切线，如图 18-8 所示。

④ 将总台外立面图中左侧的尺寸标注全部删除。

⑤ 使用【直线】命令，从外立面图 A 剖切线位置向左绘制水平线段，以此作为 A 立面图的外轮廓。如图 18-9 所示。

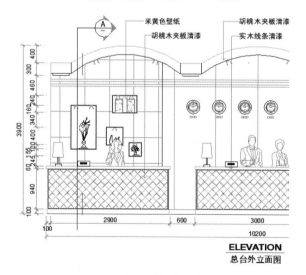

图 18-8　绘制剖切线及符号

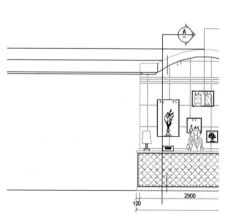

图 18-9　绘制水平线段

技巧点拨：

从此处剖切是因为有一个装饰门洞结构需要表达。

⑥ 使用【直线】命令绘制竖直线段，然后使用【修剪】命令进行修剪，结果如图 18-10 所示。

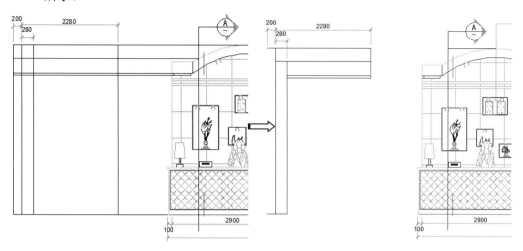

图 18-10　绘制竖直线段并修剪

⑦ 使用【矩形】命令绘制如图 18-11 所示的矩形。

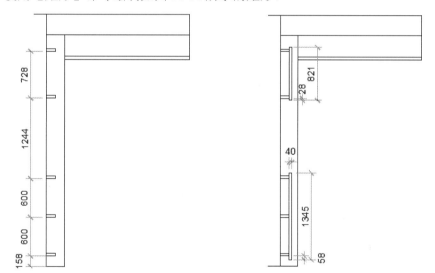

图 18-11　绘制矩形

⑧ 使用【直线】命令绘制如图 18-12 所示的线段。

⑨ 使用【偏移】命令绘制如图 18-13 所示的偏移线段。

⑩ 使用【偏移】命令对图形进行修剪，结果如图 18-14 所示。

⑪ 将素材文件【总台详图图库.dwg】中的图块全部复制到当前图形中，放置图块的结果如图 18-15 所示。

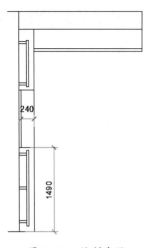

图 18-12　绘制线段

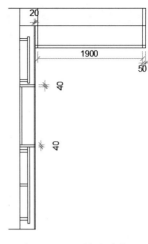

图 18-13　绘制偏移线段

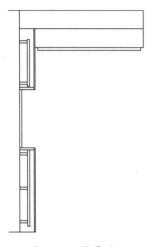

图 18-14　修剪图形

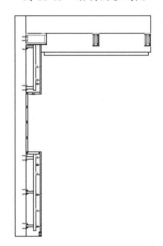

图 18-15　复制、粘贴图块

⑫　使用【图案填充】命令，在【图案填充创建】选项卡中选择【ANSI31】图案，并将比例设为【400】，结果如图 18-16 所示。

⑬　删除左侧的边线，然后添加几条线段，结果如图 18-17 所示。

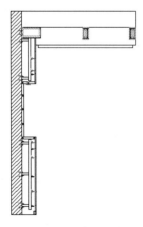

图 18-16　填充图案

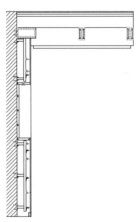

图 18-17　添加线段

⑭　图形绘制完成后，使用尺寸标注、引线和文字功能对图形进行标注，图形标注结果如图 18-18 所示。

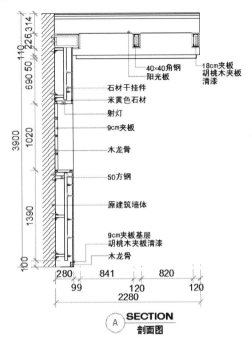

图 18-18　图形标注结果

⑮　至此，总台 A 剖面图绘制完成，最后将结果进行保存。

18.2.2　绘制总台 B 剖面图

总台 B 剖面图是以总台内立面图为基础绘制的，即在内立面图中创建剖切位置。总台内立面图如图 18-19 所示。

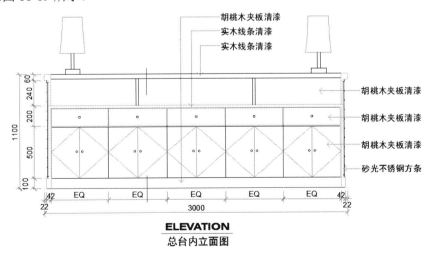

图 18-19　总台内立面图

操作步骤

① 复制素材文件【总台内立面图.dwg】，然后重命名为【总台 B 立面图.dwg】。

② 打开重命名后的【总台 B 立面图.dwg】。

③ 将源文件【总台详图图库.dwg】中的 B 剖面符号复制到【总台 B 立面图.dwg】图形中，并使用【直线】命令绘制剖切线，如图 18-20 所示

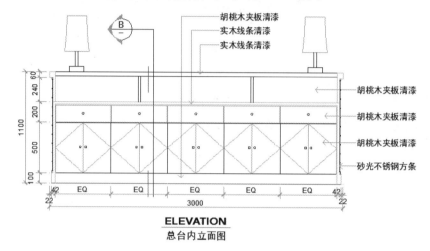

图 18-20　绘制剖切线及符号

④ 将总台内立面图中左侧的尺寸标注全部删除。

⑤ 使用【直线】命令，从内立面图 A 剖切线位置向左绘制水平线段，以此作为 A 立面图的外轮廓，如图 18-21 所示。

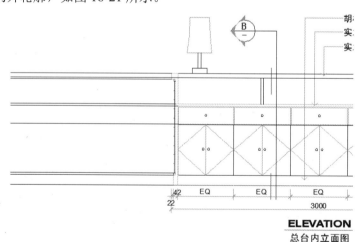

图 18-21　绘制水平线段

技巧点拨：

从此处剖切是因为有一个装饰门洞结构需要表达。

---

⑥ 使用【直线】命令绘制竖直线段，结果如图 18-22 所示。

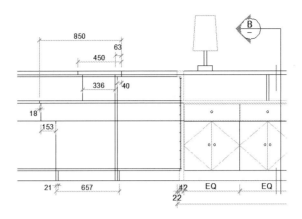

图 18-22　绘制竖直线段

⑦　使用【修剪】命令进行修剪，结果如图 18-23 所示。

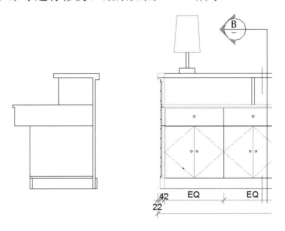

图 18-23　修剪线段

⑧　使用【偏移】命令绘制如图 18-24 所示的偏移线段，然后使用夹点编辑模式拉长偏移线段。

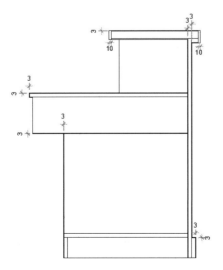

图 18-24　绘制偏移线段

⑨ 将总台内立面图左侧的装饰条纹截面图形进行镜像，结果如图 18-25 所示。

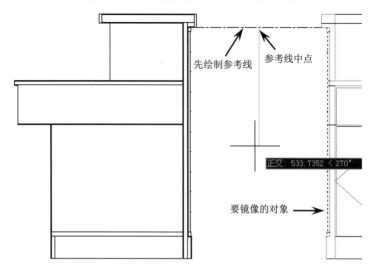

图 18-25　镜像装饰条纹截面图形

⑩ 将素材文件【总台详图图库.dwg】中 B 剖面图的图块全部复制到当前图形中，放置图块的结果如图 18-26 所示。

⑪ 将总体内立面图中的【台灯】图块复制到 B 剖面图中，如图 18-27 所示。

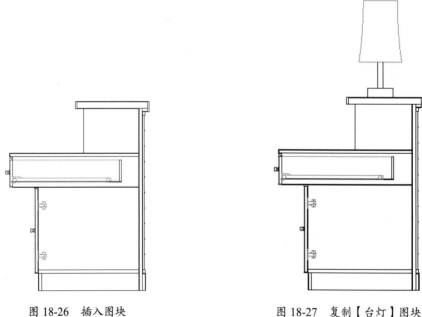

图 18-26　插入图块　　　　　　　　图 18-27　复制【台灯】图块

⑫ 图形绘制完成后，使用尺寸标注、引线和文字功能对图形进行标注，标注完成的结果如图 18-28 所示。

⑬ 至此，总台 B 剖面图绘制完成，最后将结果进行保存。

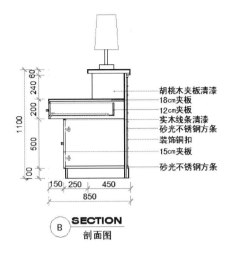

图 18-28　B 剖面图标注结果

18.2.3　绘制总台 B 剖面图的 C 大样图和 D 大样图

C 大样图和 D 大样图是总台 B 剖面图的两个局部放大图，如图 18-29 所示。下面介绍绘制过程。

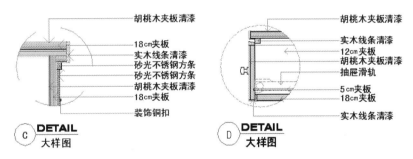

图 18-29　C 大样图和 D 大样图

操作步骤

1. 绘制 C 大样图

① 打开素材文件【总台 B 剖面图.dwg】。

② 使用【圆心、半径】和【直线】命令，在 B 剖面图中绘制 4 个圆及其引线，如图 18-30 所示。

③ 使用【单行文字】命令，在有中心线的 2 个圆内分别输入图编号文字，如图 18-31 所示。

④ 利用窗交选择图形的方式，选择 C 编号所在位置的图形，并复制、粘贴至 B 剖面图外，如图 18-32 所示。

⑤ 使用【修剪】命令修剪圆以外的图形，然后执行菜单栏中的【修改】→【缩放】命令，将修剪后的图形放大 4 倍，结果如图 18-33 所示。

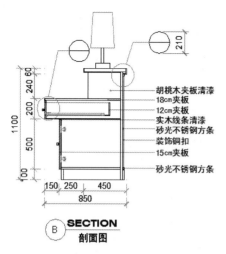

图 18-30 在 B 剖面图中绘制圆和引线

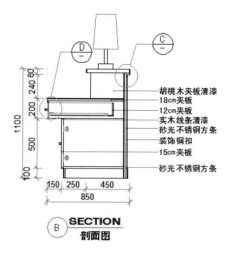

图 18-31 输入大样图编号

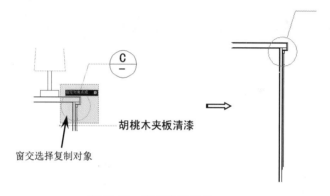

图 18-32 窗交选择图形

⑥ 使用【图案填充】命令对图形进行填充，结果如图 18-34 所示。

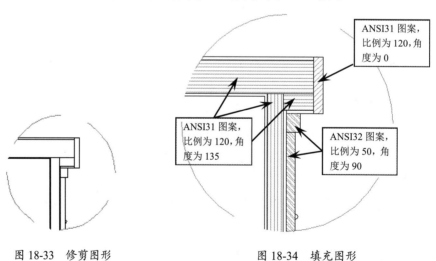

图 18-33 修剪图形

图 18-34 填充图形

⑦ 使用【多重引线】和【单行文字】命令在图形中创建文字注释，引线箭头为【点】，单行文字的高度为【60】。

⑧　在【总台详图图库.dwg】中将 C 大样图的图号、图名复制到当前图形中。至此，基于总台 B 剖面图的 C 大样图绘制完成。

2.绘制 D 大样图

①　在 B 剖面图中将标号 B 的部分进行窗交选择，并使用【复制】命令将其复制、粘贴到 B 剖面图外，结果如图 18-35 所示。

②　使用【修剪】命令修剪圆以外的图形，执行菜单栏中的【修改】→【缩放】命令，将修剪后的图形放大 4 倍，结果如图 18-36 所示。

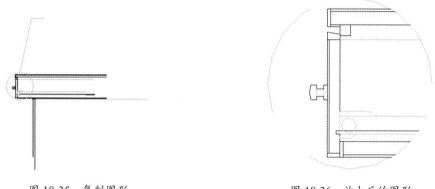

图 18-35　复制图形　　　　　　　　　　　图 18-36　放大后的图形

③　使用【图案填充】命令对图形进行填充，结果如图 18-37 所示。

④　使用【多重引线】和【单行文字】命令在图形中创建文字注释，引线箭头为【点】，单行文字的高度为【60】。

⑤　在【总台详图图库.dwg】中将 D 大样图的图号、图名复制到当前图形中。至此，基于总台 B 剖面图的 D 大样图绘制完成，如图 18-38 所示。

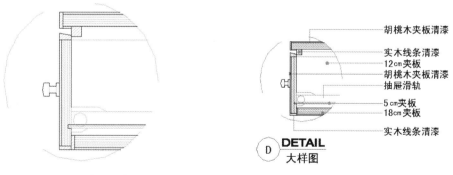

图 18-37　填充图案　　　　　　　　　　　图 18-38　绘制完成的 D 大样图

⑥　绘制完成的 B 剖面图、C 大样图和 D 大样图如图 18-39 所示。

⑦　保存结果。

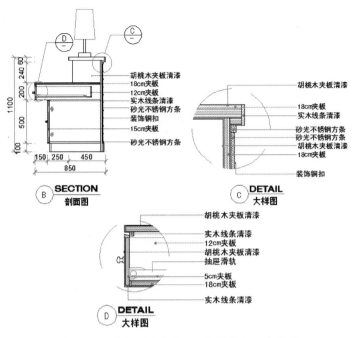

图 18-39   总台 B 剖面图、C 大样图和 D 大样图

18.2.4   绘制总台 A 剖面图的 E 大样图

基于总台 A 剖面图的 E 大样图的绘制方法及操作步骤与 C 大样图和 D 大样图是完全相同的，所以这里不再赘述。按上述方法绘制完成的基于总台 A 剖面图的 E 大样图如图 18-40所示。

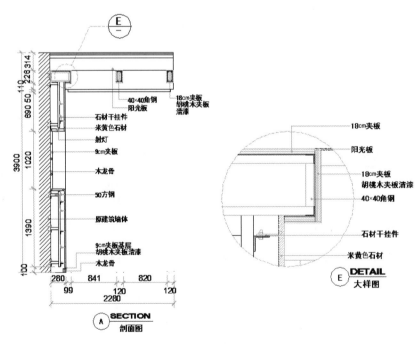

图 18-40   基于总台 A 剖面图的 E 大样图

18.3 案例二：绘制某酒店楼梯剖面图

本案例详细讲解某酒店楼梯剖面图的绘制。楼梯剖面图是基于楼梯立面图参考绘制的，我们将楼梯立面图在 3 个位置剖切，以此得到 3 个剖面图。

整个楼梯可以分为楼梯扶手、楼梯踏步和装饰灯座。

A 剖切位置为楼梯扶手，B 剖切位置为楼梯踏步，C 剖切位置为装饰石材灯座。

如图 18-41 所示为某酒店楼梯立面图。

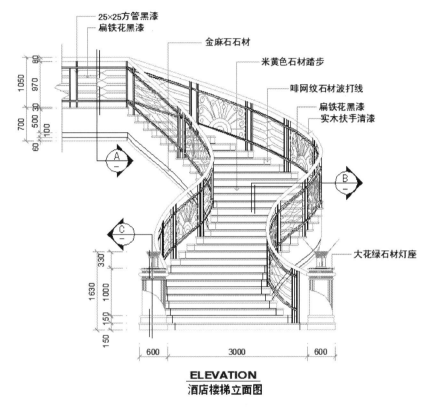

图 18-41 某酒店楼梯立面图

18.3.1 绘制楼梯 A 剖面图

操作步骤

① 新建一个文件，然后将其另存为【楼梯 A 剖面图.dwg】。

② 将素材文件【酒店楼梯立面图.dwg】复制到新建的窗口中。

③ 在立面图中将 A 剖切位置的部分图形复制并移至左侧，结果如图 18-42 所示。

④ 复制图形后将符号及剖切线删除。使用【偏移】命令重新做一条辅助线，如图 18-43 所示。

⑤ 使用【删除】命令将多余的图线删除，结果如图 18-44 所示。

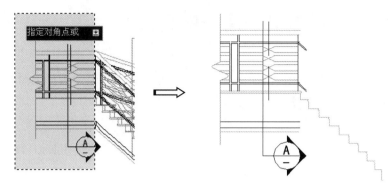

图 18-42　复制图形

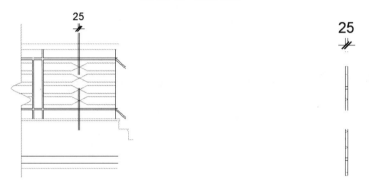

图 18-43　绘制辅助线　　　　　　　　　　　图 18-44　删除多余的图线

⑥　打开素材文件【酒店楼梯剖面图图库.dwg】，将楼梯实木扶手、方形管截面、扁铁截面等图块添加到当前图形（楼梯 A 剖面图）中，结果如图 18-45 所示。

⑦　使用【直线】和【偏移】命令绘制楼梯底板的截面图形，绘制结果如图 18-46 所示。

⑧　修剪图形，这便于后续的操作，结果如图 18-47 所示。

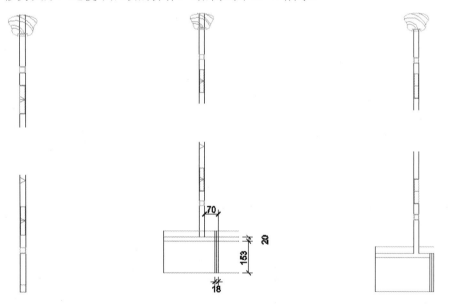

图 18-45　插入图块（一）　　　　图 18-46　绘制楼梯底板的截面图形　　　　图 18-47　修剪图形

⑨　使用【圆弧】命令绘制半径为【15】的圆弧，如图 18-48 所示。

⑩　在扶手的截面图形下面绘制配合图形，并使用夹点模式编辑图形，结果如图 18-49 所示。

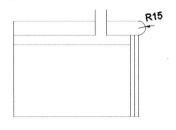

图 18-48　绘制圆弧

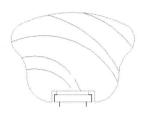

图 18-49　绘制、编辑图形

⑪　使用【直线】命令绘制折断线。绘制折断线后将上面部分图形整体向下平移，结果如图 18-50 所示。

⑫　将图库中的【螺钉】及【膨胀螺栓】图块插入当前图形中，如图 18-51 所示。

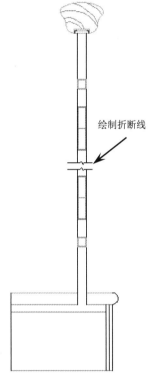

图 18-50　绘制折断线

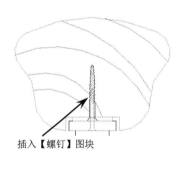

插入【螺钉】图块

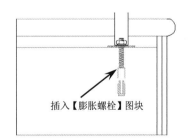

插入【膨胀螺栓】图块

图 18-51　插入图块（二）

⑬　使用【填充图案】命令对楼梯底板的图形进行填充，结果如图 18-52 所示。

⑭　图形绘制完成后，使用尺寸标注、引线和文字功能对图形进行标注，标注完成的楼梯 A 剖面图如图 18-53 所示。

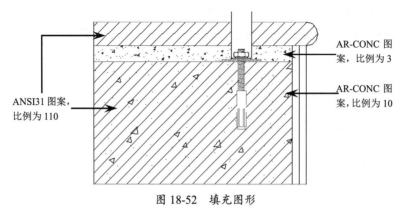

图 18-52   填充图形

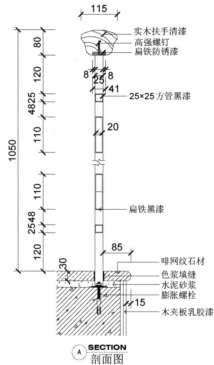

图 18-53   标注完成的楼梯 A 剖面图

18.3.2   绘制楼梯 B 剖面图

楼梯 B 剖面图是为了表达楼梯踏步的截面形状及尺寸。楼梯踏步包括楼梯斜底板、水泥砂浆、石材踏步和防滑铜条等。

绘制楼梯 B 剖面图的方法及步骤如下。

操作步骤

①   新建一个文件，然后将其另存为【楼梯 B 剖面图.dwg】。

②   使用【多段线】命令绘制如图 18-54 所示的多段线。

③ 使用【偏移】命令将多段线偏移，结果如图 18-55 所示。

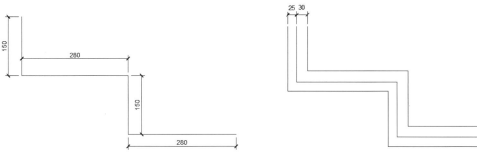

图 18-54　绘制多段线　　　　　　　图 18-55　绘制偏移多段线

④ 使用【直线】和【偏移】命令绘制底板边线，如图 18-56 所示。

⑤ 使用【直线】命令绘制如图 18-57 所示的线段。

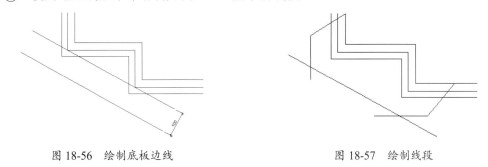

图 18-56　绘制底板边线　　　　　　　图 18-57　绘制线段

⑥ 执行菜单栏中的【修改】→【分解】命令，将多段线分解，然后使用【圆弧】命令绘制如图 18-58 所示的圆弧。

⑦ 使用夹点模式修改部分图线，然后使用【修剪】命令修剪图形，结果如图 18-59 所示。

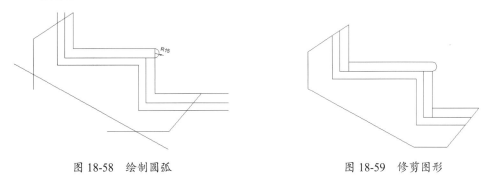

图 18-58　绘制圆弧　　　　　　　　图 18-59　修剪图形

⑧ 使用【填充图案】命令对楼梯 B 剖面图的图形进行填充，结果如图 18-60 所示。

⑨ 将【黄铜防滑条】图块插入当前图形中，然后使用尺寸标注、引线和文字功能对图形进行标注，标注完成的楼梯 B 剖面图如图 18-61 所示。

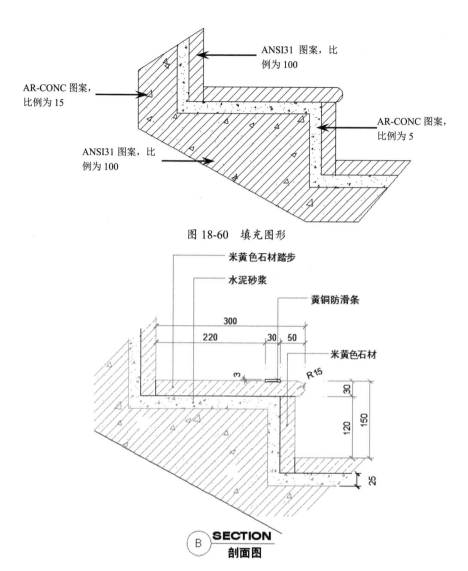

图 18-60　填充图形

图 18-61　标注完成的楼梯 B 剖面图

⑩　至此，楼梯 B 剖面图绘制完成，保存结果。

18.4　课后习题

根据前面学习的知识，请绘制如图 18-62 所示的楼梯立面图及其详图。

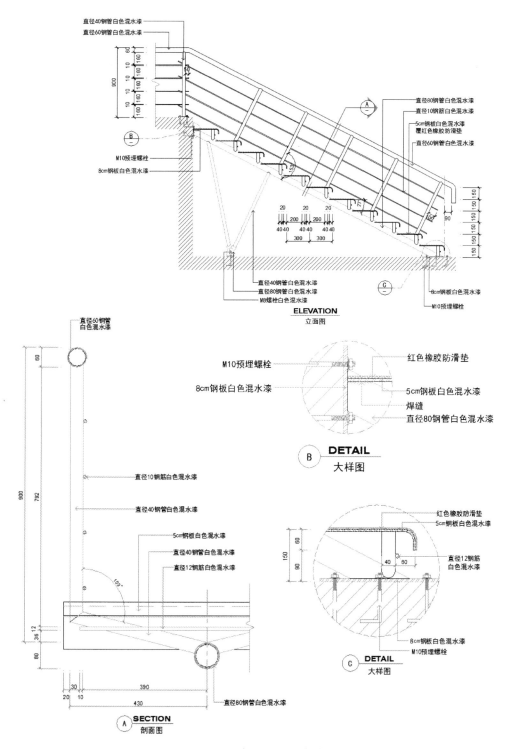

图 18-62　楼梯立面图及其详图

第 19 章

图纸的打印与输出

本章内容

完成建筑图纸的绘制工作以后，最终要将图形及尺寸注释打印到图纸上，以便能在建筑施工阶段应用。图纸图形的输出一般使用打印机或绘图仪，不同型号的打印机或绘图仪只是在配置上有所不同，其他操作基本相同。

知识要点

- ☑ 添加和配置打印设备
- ☑ 布局的使用
- ☑ 图形的输出设置
- ☑ 输出图形

19.1　添加和配置打印设备

要对绘制好的图形进行输出，需要先添加和配置打印图纸的设备。

动手操练——添加绘图仪的操作方法

① 执行菜单栏中的【文件】→【绘图仪管理器】命令，系统会弹出【Plotters】窗口，如图 19-1 所示。

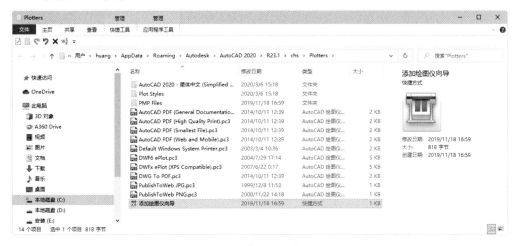

图 19-1　【Plotters】窗口

② 在打开的【Plotters】窗口中双击【添加绘图仪向导】图标会弹出【添加绘图仪-简介】对话框，如图 19-2 所示，单击【下一步】按钮。

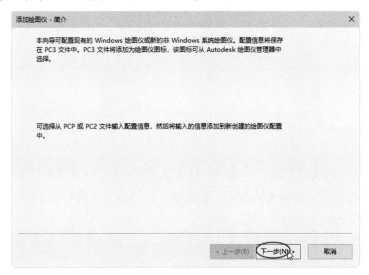

图 19-2　【添加绘图仪-简介】对话框

③ 随后会弹出【添加绘图仪-开始】对话框，如图 19-3 所示，该对话框的左侧是添加新的绘图仪的 6 个步骤，前面标有三角符号的是当前步骤，可按向导逐步完成。

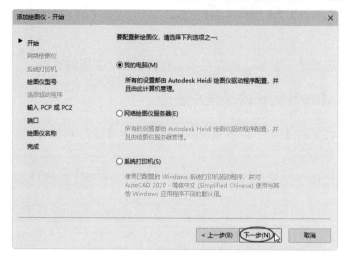

图 19-3 【添加绘图仪-开始】对话框

④ 单击【下一步】按钮，弹出【添加绘图仪-绘图仪型号】对话框，在该对话框中选择绘图仪的【生产商】和【型号】，如图 19-4 所示，或者单击【从磁盘安装】按钮，从设备的驱动进行安装。

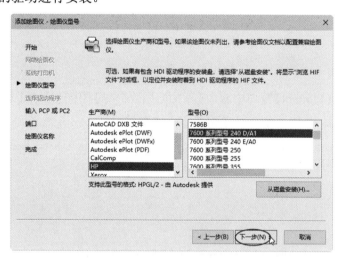

图 19-4 【添加绘图仪-绘图仪型号】对话框

⑤ 单击【下一步】按钮，弹出【添加绘图仪-输入 PCP 或 PC2】对话框，如图 19-5 所示，在对话框中单击【输入文件】按钮，可以从原来保存的 PCP 或 PC2 文件中输入绘图仪的特定信息。

⑥ 单击【下一步】按钮，弹出【添加绘图仪-端口】对话框，如图 19-6 所示，在该对话框中可以选择打印设备的端口。

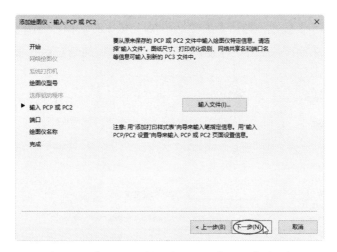

图 19-5　【添加绘图仪-输入 PCP 或 PC2】对话框

图 19-6　【添加绘图仪-端口】对话框

⑦　单击【下一步】按钮，弹出【添加绘图仪-绘图仪名称】对话框，如图 19-7 所示，在该对话框中可以输入绘图仪的名称。

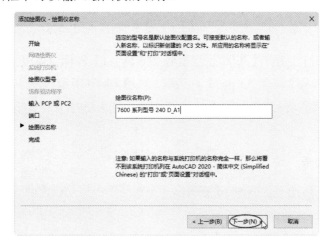

图 19-7　【添加绘图仪-绘图仪名称】对话框

⑧ 单击【下一步】按钮，弹出【添加绘图仪-完成】对话框，如图 19-8 所示，单击【完成】按钮完成绘图仪的添加。如图 19-9 所示，添加的是【7600 系列型号 240 D_A1】绘图仪。

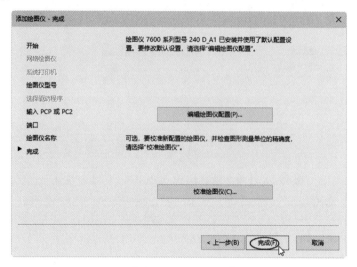

图 19-8 【添加绘图仪-完成】对话框

图 19-9 添加的【7600 系列型号 240 D_A1】绘图仪

⑨ 双击新添加的绘图仪【7600 系列型号 240 D_A1】图标会弹出【绘图仪配置编辑器-7600 系列型号 240 D_A1.pc3】对话框，如图 19-10 所示。该对话框中包括【常规】选项卡、【端口】选项卡和【设备和文档设置】选项卡，读者可以根据需要重新配置。

1.【常规】选项卡

切换到【常规】选项卡，如图 19-11 所示。

【常规】选项卡中各选项的含义如下。

- 绘图仪配置文件名：显示在【添加打印机】向导中指定的文件名。
- 说明：显示绘图仪的相关信息。

图 19-10　【绘图仪配置编辑器-7600 系列型号 240 D_A1.pc3】对话框

● 驱动程序信息：显示绘图仪驱动程序类型（系统或非系统）、名称、型号和位置，以及 HDI 驱动程序文件版本号（AutoCAD 专用驱动程序文件）、网络服务器 UNC 名（如果绘图仪与网络服务器连接）、I/O 端口（如果绘图仪连接在本地）、系统打印机名（如果配置的绘图仪是系统打印机）、PMP（绘图仪型号参数）文件名和位置（如果 PMP 文件附着在 PC3 文件中）。

2.【端口】选项卡

切换到【端口】选项卡，如图 19-12 所示。

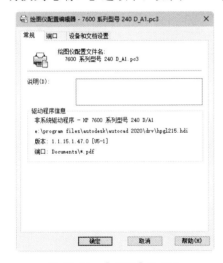

图 19-11　【常规】选项卡

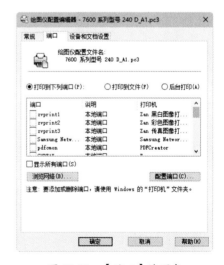

图 19-12　【端口】选项卡

【端口】选项卡中各选项的含义如下。

● 打印到下列端口：将图形通过选定端口发送到绘图仪。

● 打印到文件：将图形发送至【打印】对话框中指定的文件。

● 后台打印：整个打印过程隐藏在程序后台进行，可快速打印图形。

● 端口列表：显示可用端口（本地和网络）的列表和说明。

- 显示所有端口：显示计算机上的所有可用端口，不管绘图仪使用哪个端口。
- 浏览网络：显示网络选择，可以连接到另一台非系统绘图仪。
- 配置端口：打印样式显示【配置 LPT 端口】对话框或【COM 端口设置】对话框。

3.【设备和文档设置】选项卡

切换到【设备和文档设置】选项卡，控制 PC3 文件中的许多设置，如图 19-10 所示。

配置了新绘图仪后，应在系统配置中将该绘图仪设置为默认的打印机。

执行菜单栏中的【工具】→【选项】命令，弹出【选项】对话框，切换到【打印和发布】选项卡，在该对话框中进行有关打印的设置，如图 19-13 所示。在【用作默认输出设备】的下拉列表中选择要设置为默认的绘图仪名称，如【7600 系列型号 240 D_A1.pc3】，单击【确定】按钮后该绘图仪就是默认的打印机。

图 19-13 设置打印

19.2 布局的使用

在 AutoCAD 2020 中，既可以在模型空间输出图形，也可以在布局空间输出图形，下面介绍关于布局的知识。

19.2.1 模型空间与布局空间

在 AutoCAD 中，可以在模型空间和布局空间中完成设计与绘图工作。大部分设计与绘图工作都是在模型空间中完成的；布局空间用于模拟手动绘图，是为绘制平面图而准备的一张虚拟图纸，是一个二维空间的工作环境。从某种意义上来说，布局空间就是为布局图面、打印出图而设计的，我们还可以在其中添加诸如边框、注释、标题和尺寸标注等内容。

在绘图区域底部有【模型】选项卡和一个或多个【布局】选项卡，如图 19-14 所示。

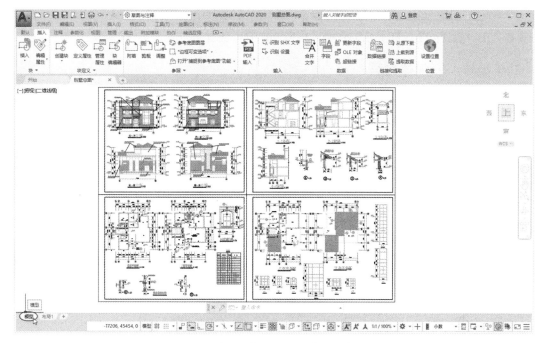

图 19-14　【模型】选项卡和【布局】选项卡

单击这些选项卡可以在空间之间进行切换，如图 19-15 所示是切换到【布局 1】选项卡的效果。

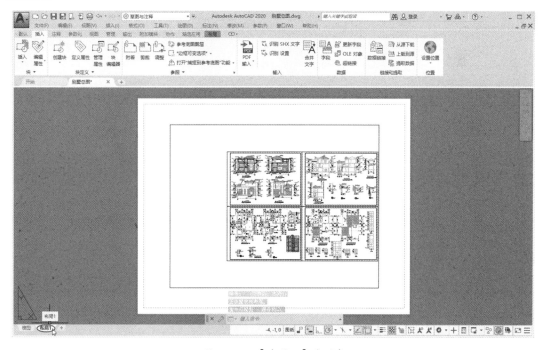

图 19-15　【布局 1】选项卡

19.2.2　创建布局

在布局空间中可以设置一些环境布局，如指定图纸大小、添加标题栏、创建图形标注和注释等。在一般情况下，如果相同图幅图框的图纸打印数量不多时，不建议创建新布局。

💻动手操练——创建布局

① 执行菜单栏中的【插入】→【布局】→【创建布局向导】命令，弹出【创建布局-开始】对话框。

技巧点拨：
也可以在命令行中输入【LAYOUTWIZARD】，然后按【Enter】键。

② 在【输入新布局的名称】文本框中输入新布局名称，如【建筑施工图】，如图 19-16 所示，然后单击【下一步】按钮。

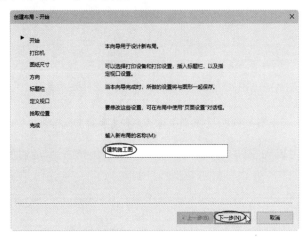

图 19-16　输入新布局的名称

③ 弹出【创建布局-打印机】对话框，如图 19-17 所示，在该对话框中选择绘图仪（打印机），然后单击【下一步】按钮。

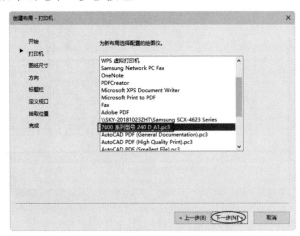

图 19-17　【创建布局-打印机】对话框

④ 弹出的【创建布局-图纸尺寸】对话框用于选择打印图纸的单位和尺寸，选中【毫米】单选按钮，选择图纸的大小，如【ISO A1（594.00×841.00 毫米）】选项，如图 19-18 所示，单击【下一步】按钮。

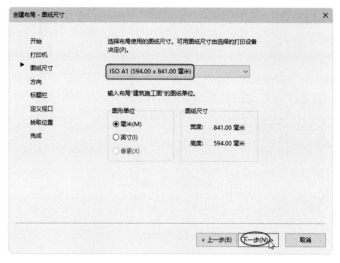

图 19-18 【创建布局-图纸尺寸】对话框

⑤ 弹出的【创建布局-方向】对话框用于设置图形在图纸上的方向，可以选择【纵向】或【横向】，如图 19-19 所示，单击【下一步】按钮。

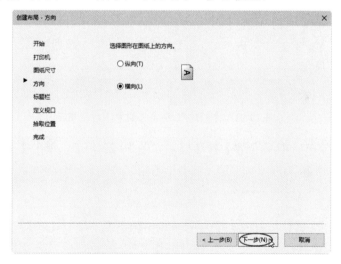

图 19-19 【创建布局-方向】对话框

⑥ 弹出【创建布局-标题栏】对话框，选择 AutoCAD 的建筑模板的【标题栏】样式选项，然后单击【下一步】按钮，如图 19-20 所示。

⑦ 弹出【创建布局-定义视口】对话框，保留默认设置，单击【下一步】按钮，如图 19-21 所示。

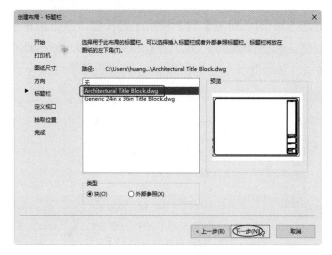

图 19-20　【创建布局-标题栏】对话框

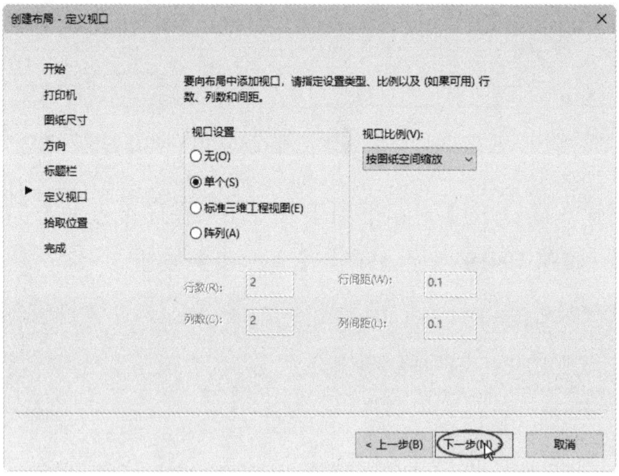

图 19-21　【创建布局-定义视口】对话框

⑧　弹出【创建布局-拾取位置】对话框，如图 19-22 所示，单击【下一步】按钮。

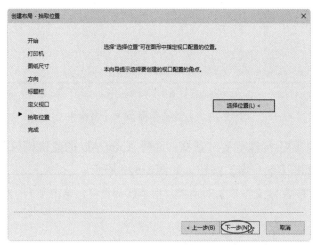

图 19-22　【创建布局-拾取位置】对话框

⑨ 弹出【创建布局-完成】对话框，如图 19-23 所示，单击【完成】按钮。

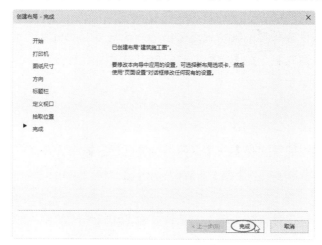

图 19-23 【创建布局-完成】对话框

⑩ 创建好的【建筑施工图】布局如图 19-24 所示。

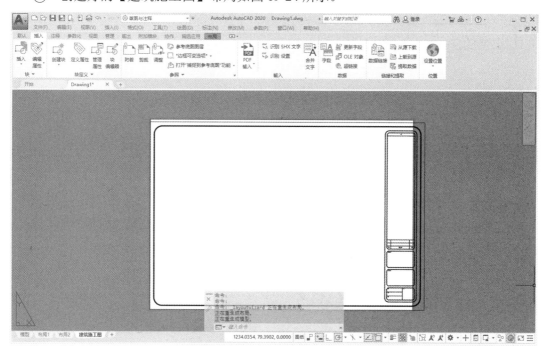

图 19-24 【建筑施工图】布局

19.3 图形的输出设置

AutoCAD 的输出设置包括页面设置和打印设置。页面设置和打印设置保证了图形输出的正确性。

19.3.1 页面设置

页面设置是打印设备和其他影响最终输出的外观与格式的设置的集合。可以修改这些设置并将其应用到其他布局中。在【模型】选项卡中完成图形之后，可以通过单击【布局】选项卡开始创建要打印的布局。

📔 动手操练——页面设置

① 执行菜单栏中的【文件】→【页面设置管理器】命令，或者在【模型空间】或【布局空间】中右击【模型】或【布局】，在弹出的快捷菜单中选择【页面设置管理器】选项。

② 此时弹出【页面设置管理器】对话框，如图 19-25 所示，在该对话框中可以完成新建布局、修改原有布局、输入存在的布局和将某一布局置为当前等操作。

图 19-25 【页面设置管理器】对话框

③ 单击【新建】按钮会弹出【新建页面设置】对话框，如图 19-26 所示，在【新页面设置名】文本框中输入新建页面的名称，如【建筑施工图纸】。

图 19-26 【新建页面设置】对话框

④　单击【确定】按钮，进入【页面设置-模型】对话框，如图 19-27 所示。

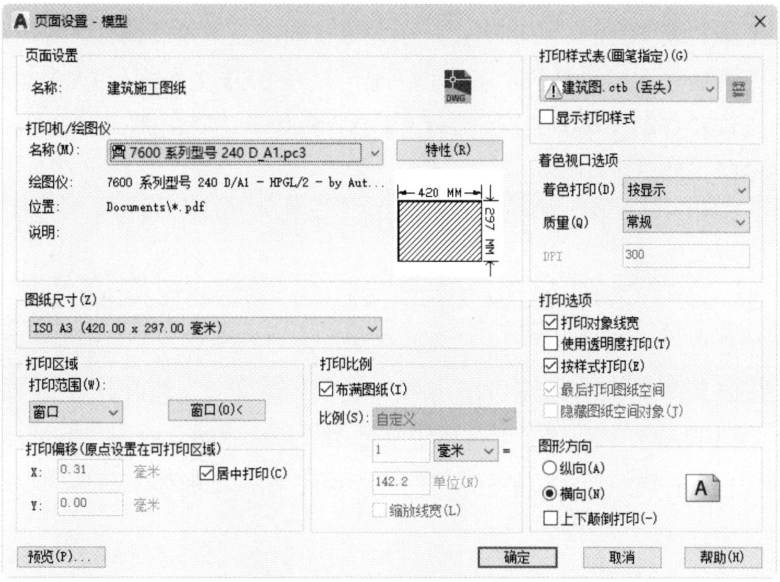

图 19-27　【页面设置-模型】对话框

⑤　在该对话框中可以指定布局设置和打印设备设置并预览布局的结果。对于一个布局，可以利用【页面设置】对话框来完成它的设置，虚线表示图纸中当前配置的图纸尺寸和绘图仪的可打印区域。设置完毕后，单击【确定】按钮。

【页面设置】对话框中各选项的功能如下。

1.【打印机/绘图仪】选项组

在【名称】下拉列表中，列出了所有可用的系统打印机和 PC3 文件，从中选择一种打印机，并指定为当前已配置的系统打印设备，以打印输出布局图形。

单击【特性】按钮可以弹出【绘图仪配置编辑器】对话框。

2.【图纸尺寸】选项组

在【图纸尺寸】选项组中，可以从标准列表中选择图纸尺寸，列表中可用的图纸尺寸由当前为布局所选的打印设备确定。如果配置绘图仪进行光栅输出，则必须按像素指定输出尺寸。通过使用绘图仪配置编辑器可以添加存储在绘图仪配置（PC3）文件中的自定义图纸尺寸。

3.【打印区域】选项组

在【打印区域】选项组中，可以指定图形实际打印的区域。在【打印范围】下拉列表中有【显示】、【窗口】和【图形界限】3 个选项，其中选中【窗口】选项，系统将关闭对话框返回绘图区，这时通过指定区域的两个对角点或输入坐标值来确定一个矩形打印区域，然后返回【页面设置】对话框。

4.【打印偏移】选项组

在【打印偏移】选项组中，可以指定打印区域自图纸左下角的偏移。在布局中，指定打印区域的左下角默认在图纸边界的左下角点，也可以在【X】文本框和【Y】文本框中输入一个正值或负值来偏移打印区域的原点，在【X】文本框中输入正值时，原点右移；在【Y】文本框中输入正值时，原点上移。

在【模型空间】中，选中【居中打印】复选框，系统将自动计算图形居中打印的偏移量，将图形打印在图纸的中间。

5.【打印比例】选项组

在【打印比例】选项组中，控制图形单位与打印单位之间的相对尺寸。打印布局的默认比例是1∶1，在【比例】下拉列表中可以定义打印的精确比例，选中【缩放线宽】复选框，将对有宽度的线也进行缩放。在一般情况下，打印时，图形中的各实体按图层中指定的线宽来打印，不随打印比例缩放。

从【模型】选项卡打印时，默认设置为【布满图纸】。

6.【打印样式表】选项组

在【打印样式表】选项组中，可以指定当前赋予布局或视口的打印样式表。打印样式表中列出了可赋予当前图形或布局的打印样式。如果要更改包含在打印样式表中的打印样式定义，则单击【编辑】按钮 ，弹出【打印样式表编辑器】对话框，从中可以修改选中的打印样式的定义。

7.【着色视口选项】选项组

在【着色视口选项】选项组中，可以选择若干用于打印着色和渲染视口的选项，还可以指定每个视口的打印方式，并且可以将该打印设置与图形一起保存。另外，可以从各种分辨率（最大为绘图仪分辨率）中进行选择，同时可以将该分辨率设置与图形一起保存。

8.【打印选项】选项组

在【打印选项】选项组中，可以确定线宽、打印样式及打印样式表等相关属性。选中【打印对象线宽】复选框，打印时系统将打印线宽；选中【按样式打印】复选框，以便使用在打印样式表中定义的、赋予几何对象的打印样式来打印；选中【隐藏图纸空间对象】复选框，不打印布局环境（布局空间）对象的消隐线，即只打印消隐后的效果。

9.【图形方向】选项组

在【图形方向】选项组中，可以设置打印时图形在图纸上的方向。选中【横向】单选按钮，将横向打印图形，使图形的顶部在图纸的长边；选中【纵向】单选按钮，将纵向打印图形，使图形的顶部在图纸的短边。如果选中【上下颠倒打印】复选框，将使图形颠倒打印。

19.3.2　打印设置

当页面设置完成并预览效果后，如果满意就可以着手进行打印设置。下面以在模型空间出图为例介绍打印前的设置。

在快速访问工具栏中单击【打印】按钮，打开【打印-模型】对话框，如图 19-28 所示。

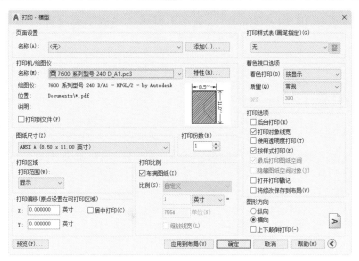

图 19-28　【打印-模型】对话框

1.【页面设置】选项组

【页面设置】选项组列出了图形中已命名或已保存的页面设置，可以将这些保存的页面设置作为当前页面设置，也可以单击【添加】按钮，基于当前设置创建一个新的页面设置。【添加页面设置】对话框如图 19-29 所示。

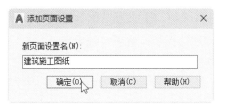

图 19-29　【添加页面设置】对话框

2.【打印机/绘图仪】选项组

在【打印机/绘图仪】选项组中，可以指定打印布局时使用已配置的打印设备。如果所选绘图仪不支持布局中选定的图纸尺寸，将显示警告信息，我们可以选择绘图仪的默认图纸尺寸或自定义图纸尺寸。

【名称】下拉列表中列出了可用的 PC3 文件或系统打印机，可以从中进行选择，以打印当前布局。设备名称前面的图标识别其为 PC3 文件还是系统打印机。PC3 文件图标表示 PC3文件；系统打印机图标表示系统打印机。

3.【打印份数】选项组

在【打印份数】选项组中可以指定要打印的份数。当打印到文件时，此选项不可用。

4.【应用到布局】按钮

单击【应用到布局】按钮可以将当前打印设置保存到当前布局中。

其他选项的设置与 19.3.1 节相同，这里不再赘述。完成所有设置后，单击【确定】按钮就开始打印。

19.4 输出图形

准备好打印前的各项设置后就可以输出图形，输出图形包括从模型空间输出图形和从布局空间输出图形。

19.4.1 从模型空间输出图形

从模型空间输出图形时，需要在打印时指定图纸尺寸。

动手操练——从模型空间输出图形

具体的操作步骤如下。

① 打开素材文件【别墅二层平面图.dwg】，执行【打印】命令，弹出【打印】对话框。

② 在【打印】对话框中可以进行相应的打印设置。建议用户在模型空间打印图纸时，【打印范围】最好选择【窗口】选项，因为此方式最灵活，可以根据图纸的实际大小打印任何比例和尺寸的图纸，如图 19-30 所示。

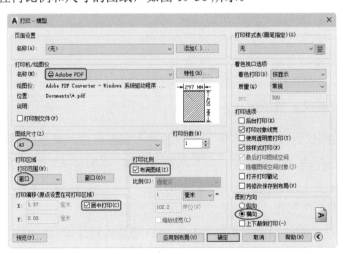

图 19-30　【打印-模型】对话框

③ 选择【窗口】打印范围选项后，自动切换到模型空间中，通过光标绘制一个矩形框，使图纸边界完全包容在此矩形框内，以此作为打印范围，如图 19-31 所示。

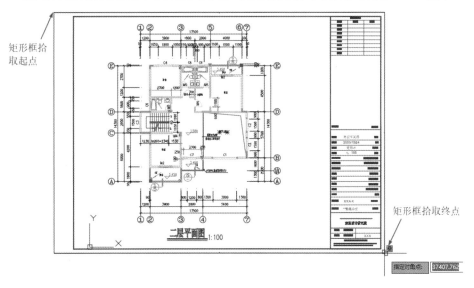

图 19-31 绘制打印范围

④ 绘制打印范围后，单击【打印】对话框左下角的【预览】按钮可查看打印预览，如图 19-32 所示。

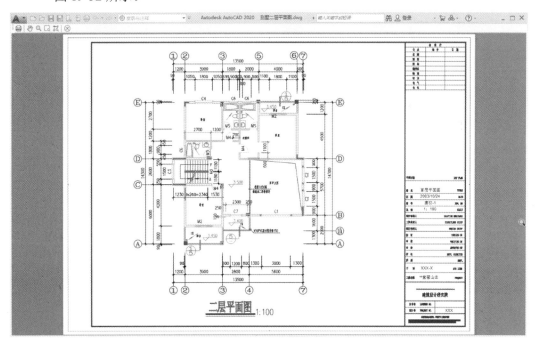

图 19-32 打印预览

⑤ 单击【确定】按钮开始打印出图。当打印的下一张图样和上一张图样的打印设置完全相同时，打印时只需要直接单击【打印】按钮，然后在弹出的对话框中选择【页面设置】→【名称】→【上一次打印】选项，不必再进行其他的设置就可以打印出图。

19.4.2　从布局空间输出图形

要从布局空间中输出图形必须先定义好布局空间，使其能够完全包容图纸。

💻动手操练——从布局空间输出图形

具体的操作步骤如下。

① 切换到【布局1】选项卡，如图 19-33 所示。

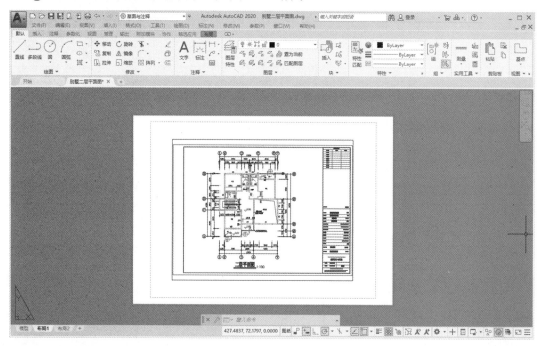

图 19-33　切换到【布局1】选项卡

② 为布局空间定义打印范围。在【布局1】选项卡中单击【页面设置】按钮，弹出【页面设置管理器】对话框，如图 19-34 所示，然后单击【新建】按钮，弹出【新建页面设置】对话框。

③ 在【新建页面设置】对话框的【新页面设置名】文本框中输入【建筑平面图】，如图 19-35 所示。

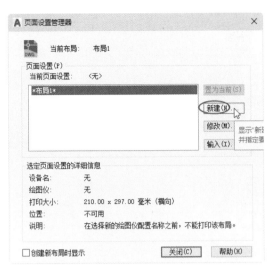

图 19-34　【页面设置管理器】对话框

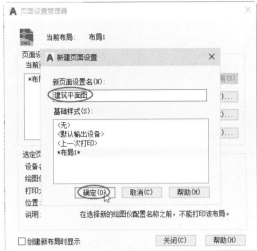

图 19-35　【新建页面设置】对话框

④　单击【确定】按钮，弹出【页面设置-布局 1】对话框，根据打印需求设置相关参数，如图 19-36 所示。

图 19-36　在【页面设置-布局 1】对话框中设置相关参数

⑤　设置完成后，单击【确定】按钮，返回【页面设置管理器】对话框。选中【建筑平面图】选项，单击【置为当前】按钮，将其置为当前布局。单击【关闭】按钮，完成【建筑平面图】布局的创建，如图 19-37 所示。

⑥　在布局空间中单击视口边界线并拖曳角点到图纸边界线上与其重合，如图 19-38 所示。布局空间的图纸边界线是图纸打印的默认打印范围。

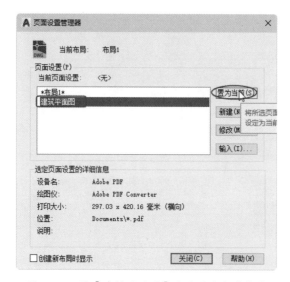

图 19-37　将【建筑平面图】布局置为当前布局

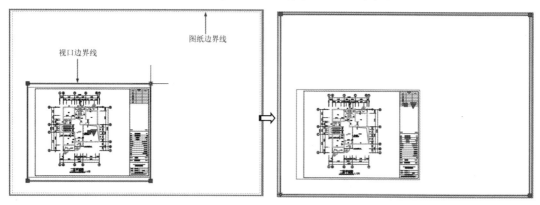

图 19-38　改变视口边界线的位置

⑦　在视口边界线内部双击，激活视口，然后执行菜单栏中的【视图】→【缩放】→【全部】命令，将图纸放大到整个窗口，如图 19-39 所示。

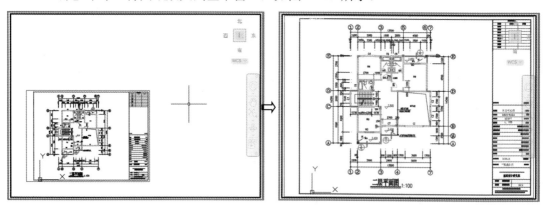

图 19-39　调整图纸的显示

⑧　单击【打印】按钮，在弹出的对话框中不需要重新设置，单击左下方的【预览】按钮就可以查看预览打印效果，如图 19-40 所示。

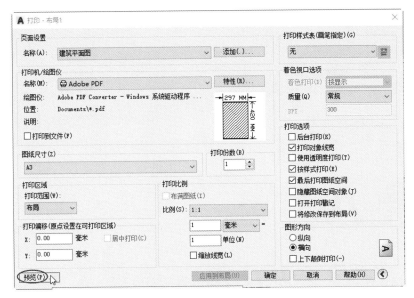

图 19-40　【打印】对话框

⑨ 预览打印效果图如图 19-41 所示。如果满意，则在预览窗口中单击鼠标右键，在弹出的快捷菜单中选择【打印】命令开始打印。至此，输出图形的基本操作就结束了。

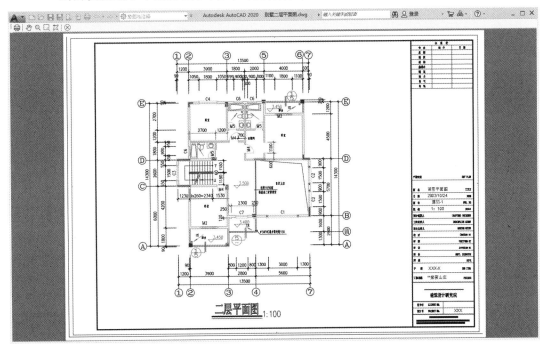

图 19-41　预览打印效果图

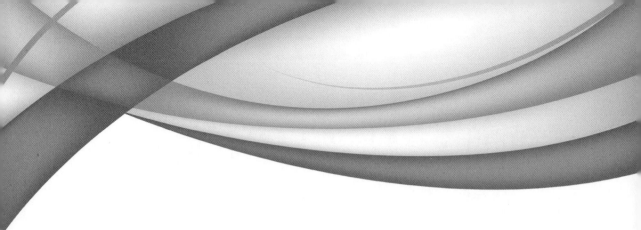

附录 A

AutoCAD 2020 系统变量大全

外部命令快捷键

命　　令	执 行 内 容	说　　明
CATAOG	DIR/W	查询当前目录所有的文件
DEL	DEL	执行 DOS 删除命令
DIR	DIR	执行 DOS 查询命令
EDIT	STARTEDIT	执行 DOS 编辑执行文件 EDIT
SH		暂时离开 AutoCAD，将控制权交给 DOS
SHELL		暂时离开 AutoCAD，将控制权交给 DOS
START	START	激活应用程序
TYPE	TYPE	列表文件内容
EXPLORER	START ERPLORER	激活 Windows 系统中的程序管理器
NOTEPAD	START NOTEPAD	激活 Windows 系统中的记事本
PBRUSH	START PBRUSH	激活 Windows 系统中的画板

AutoCAD2020 常用系统变量

快　捷　键	执 行 命 令	命 令 说 明
A、B、C 字头命令		
A	ARC	圆弧
ADC	ADCENTER	AutoCAD 设计中心
AA	AREA	面积
AR	ARRAY	阵列

快　捷　键	执　行　命　令	命　令　说　明
A、B、C 字头命令		
AV	DSVIEWER	鸟瞰视图
B	BLOCK	对话框式图块建立
-B	-BLOCK	命令式图块建立
BH	BHATCH	对话框式绘制图案填充
BO	BOUNDARY	对话框式封闭边界建立
-BO	-BOUNDARY	命令式封闭边界建立
BR	BREAK	截断
C	CIRCLE	圆
CH	PROPERTIES	对话框式对象特性修改
-CH	CHANGE	命令式特性修改
CHA	CHAMFER	倒角
CO	COPY	复制
COL	COLOR	对话框式颜色设定
CP	COPY	复制
D 字头命令		
D	DIMSTYLE	尺寸样式设定
DAL	DIMALIGNED	对齐式线性标注
DAN	DIMANGULAR	角度标注
DBA	DIMBASELINE	基线式标注
DCE	DIMCENTER	圆心标记
DCO	DIMCONTNUE	连续式标记
DDI	DIMDIAMETER	直径标注
DED	DIMEDIT	尺寸修改
DI	DIST	求两点间距离
DIMALI	DIMALIGNED	对齐式线性标注
DIMANG	DIMANGULAR	角度标注
DIMBASE	DIMBASELINE	基线式标注
DIMCONT	DIMCONTNUE	连续式标注
DIMDLA	DIMDIAMETER	直径标注
DIMED	DIMEDIT	尺寸修改
DIMLIN	DIMLINEAR	线性标注
DIMORD	DIMORDINATE	坐标式标注
DIMOVER	DIMOVERRRIDE	更新标注变量
DIMRAD	DIMRADIUS	半径标注
DIMSTY	DIMSTYLE	尺寸样式设定
DIMTED	DIMTEDIT	尺寸文字对齐控制
DIV	DIVIDE	等分布点
DLI	DIMLINEAR	线性标注
DO	DONUT	圆环
DOR	DIMORDINATE	坐标式标注

快 捷 键	执 行 命 令	命 令 说 明
D 字头命令		
DOV	DIMORERRIDE	更新标注变量
DR	DRAWORDER	显示顺序
DRA	DIMRADIUS	半径标注
DS	DSETTINGS	打印设定
DST	DIMSTYLE	尺寸样式设定
DT	DTEXT	写入文字
E、F、G 字头命令		
E	ERASE	删除对象
ED	DDEDIT	单行文字修改
EL	ELLIPSE	椭圆
EX	EXTEND	延伸
EXP	EXPORT	输出文件
F	FILLET	倒圆角
FI	FILTER	过滤器
G	GROUP	对话框式选择集设定
-G	-GROUP	命令式选择集设定
GR	DDGRIPS	夹点控制设定
H、I、J、K、L、M 字头命令		
H	BHATCH	对话框式绘制图填充
-H	HATCH	命令式绘制图案填充
HE	HATCHEDIT	编辑图案填充
I	INSERT	对话框式插入图块
-I	-INSERT	命令式插入图块
J	JOIN	合并对象
JOG	DIMJOGGED	折弯标注
KNURL	HATCH	图案填充
IAD	IMAGEADJUST	图像调整
IAT	IMAGEATTCH	并入图像
ICL	MIAGECLIP	截取图像
IM	IMAGE	贴附图像
-IM	-IMAGE	输入文件
LMP	IMPORT	输入文件
L	LINE	画线
LA	LAYER	对话框式图片层控制
-LA	-LAYER	命令式图片层控制
LE	LEADER	引导线标注
LEAD	LEADER	引导线标注
LEN	LENGTHEN	长度调整
LI	LIST	查询对象文件
LO	-LAYOUT	配置设定

快　捷　键	执 行 命 令	命 令 说 明
H、I、J、K、L、M 字头命令		
LS	LIST	查询对象文件
LT	LINETYPE	对话框式线型加载
-LT	-LINETYPE	命令对线型加载
LTYPE	LINETYPE	对话框式线型加载
-LTYPE	-LINETYPE	命令式线型加载
LW	LWEIGHT	线宽设定
M	MOVE	搬移对象
MA	MATCHPROP	对象特性复制
ME	MEASURE	量测等距布点
MI	MIRROR	镜像对象
ML	MLINE	绘制多线
MO	PROPERTIES	对象特性修改
MT	MTEXT	多行文字写入
MV	MVIEW	浮动视口
O、P、R、S 字头命令		
O	OFFSET	偏移复制
OP	OPTIONS	选项
OS	OSNAP	对话框式对象捕捉设定
-OS	-OSNAP	命令式对象捕捉设定
P	PAN	即时平移
-P	-PAN	两点式平移控制
PA	PASTESPEC	选择性粘贴
PE	PEDIT	编辑多段线
PL	PLINE	绘制多段线
PO	POINT	绘制点
POL	POLYGON	绘制正多边形
PR	OPTIONS	选项
PRCLOSE	PROPERTIESCLOSE	关闭对象特性修改对话框
PROPS	PROPERTIES	对象特性修改
PRE	PREVIEW	输出预览
PRINT	PLOT	打印输出
PS	PSPACE	图纸空间
PU	PURGE	肃清无用对象
R	REDRAW	重绘
RA	REDRAWALL	所有视口重绘
RE	REGEN	重新生成
REA	REGENALL	所有视口重新生成
REC	RECTANGLE	绘制矩形
REG	REGTON	二维面域
REN	RENAME	对话框式重命名

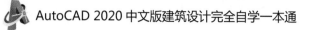

快　捷　键	执　行　命　令	命　令　说　明
O、P、R、S 字头命令		
-REN	-RENAME	命令式重命名
RO	ROTATE	旋转
S	STRETCH	拉伸
SC	SCALE	比例缩放
SCR	SCRIPT	调入剧本文件
SE	DSETTINGS	草图设置
SET	SETVAR	设定变量值
SN	SNAP	捕捉控制
SO	SOLID	填实的三边形或四边形
SP	SPELL	拼字
SPE	SPLINEDIT	编辑样条曲线
SPL	SPLINE	样条曲线
ST	STYLE	字型设定
T、U、V、W、X、Z 字头命令		
T	MTEXT	多行文字写入
TA	TABLET	数字化仪规划
TI	TILEMODE	图纸空间和模型空间认定切换
TM	TILEMODE	图纸空间和模型空间设定切换
TO	TOOLBAR	工具栏设定
TOL	TOLERANCE	公差符号标注
TR	TRIM	修剪
UN	UNITS	对话框式单位设定
-UN	-UNITS	命令式单位设定
V	VIEW	对话框式视图控制
-V	-VIEW	视图控制
W	WBLOCK	对话框式图块写出
-W	-WBLOCK	命令式图块写出
X	EXPLODE	分解
XA	XATTACH	贴附外部参考
XB	XBIND	并入外部参考
-XB	-XBIND	文字式并入外部参考
XC	XCLIP	截取外部参考
XL	XLINE	构造线
XR	XREF	对话框式外部参考控制
-XR	-XREF	命令式外部参考控制
Z	ZOOM	视口缩放控制